Robert Storz / Florian Schneider-Lips / Fabrice Takin

Konkrete Fachdidaktik Mathematik

Grundlagen für das Lernen und Lehren
im Mathematikunterricht

Klett | Kallmeyer

Unter www.friedrich-verlag.de finden Sie Materialien zum Buch als Download.
Bitte geben Sie den achtstelligen Download-Code in das Suchfeld ein:
d31912gm

Bibliografische Information der Deutschen Nationalbibliothek
Die Deutsche Nationalbibliothek verzeichnet diese Publikation in der Deutschen Nationalbibliografie; detaillierte bibliografische Daten sind im Internet über http://dnb.d-nb.de abrufbar.

Impressum

Robert Storz / Florian Schneider-Lips / Fabrice Takin
Konkrete Fachdidaktik Mathematik
Grundlagen für das Lernen und Lehren im Mathematikunterricht

1. Auflage

Redaktion: Dirk Haupt, Berlin
Druck: Beltz Grafische Betriebe GmbH, Am Fliegerhorst 8, 99947 Bad Langensalza
Printed in Germany

Für Fragen oder Hinweise zur Produktsicherheit unserer Publikationen wenden Sie sich bitte an folgende E-Mail-Adresse: produktsicherheit@friedrich-verlag.de.
Unsere Produkte erfüllen die Anforderungen der EU-Produktsicherheitsverordnung (GPSR).

ISBN (Print): 978-3-7727-1912-7
ISBN (E-Book): 978-3-7727-1913-4

Robert Storz / Florian Schneider-Lips / Fabrice Takin

Konkrete Fachdidaktik Mathematik

Grundlagen für das Lernen und Lehren im Mathematikunterricht

Klett | Kallmeyer

Übersicht der Downloadmaterialien, darunter alle Abbildungen in Farbe

Kap. 5

Kap. 6

Kap. 7

Vorwort

Können Sie mir ein Fachdidaktikbuch empfehlen, in dem alle Themen angesprochen werden, die für mich als (zukünftige) Mathematiklehrkraft relevant sind? Unzählige Male wurden mir solche oder ähnliche Fragen in meiner Funktion als Lehrbeauftragter[1] am Seminar für Sekundarstufenlehrkräfte gestellt. Die Fragen waren nicht mit Lesefaulheit begründet, sondern man war bereit und willens, sich auch anderweitig zu informieren. Aber sie signalisierten den Bedarf für ein fachbezogenes Leitmedium in durchgängiger Fachsprache.

Wir haben uns vorgenommen, ein solches Leitmedium zu erstellen, was Hilbert Meyer eine Profididaktik nennt:

- routinierte Berufspraxis,
- Überformung des Theoriewissens durch schulisches Betriebswissen,
- Rechtfertigung subjektiver Vorlieben,
- Aufbau praxisgerechter Haltungen,
- reflektierte Routinebildung (Meyer 1987, S. 35).

Die „Konkrete Fachdidaktik Mathematik" kommt erstens aus unserer langjährigen Praxis an Schule, Seminar, Lehrerfortbildung und Unterrichtsentwicklung und ist durchgängig erfahrungsgestützt. Zweitens haben wir die theoretischen Grundlagen sorgfältig recherchiert und als Basis unserer Ausführungen genommen, und drittens haben wir das Buch deshalb geschrieben, weil wir der Überzeugung sind, dass theoretisch begründeter und praxistauglicher Mathematikunterricht immer noch zu dem zählt, was Lernende brauchen, um am gesellschaftlichen Leben selbstbestimmt teilhaben zu können, und was die Gesellschaft braucht, um sich erfolgreich reproduzieren zu können.

Das Autorenteam

Robert Storz

Ich nenne mich hier an erster Stelle, weil ich das Projekt initiiert und die meiste Zeit damit verbracht habe. Ich war ein Berufsleben lang als Realschullehrer tätig und zusätzlich ein halbes Berufsleben lang als Lehrbeauftragter am Sekundarstufen-Seminar. Stets habe ich meinen Beruf so aufgefasst, dass ich nicht nur reproduziere, was ich schon kann, sondern jeden Tag dazulerne und meine Kompetenzen und Materialien ständig weiterentwickle.

---

1 In vielen Bundesländern heißt diese Funktion „Fachleiter".

Ob dadurch die Qualität meiner Arbeit stetig besser geworden ist, müssen andere beurteilen.

Sehr genossen habe ich die Zeit des Schreibens an diesem Buch nach Beendigung meiner offiziellen Berufstätigkeit. Ich habe es verfasst, weil es mir Freude bereitet hat, mein Theorie- und Praxiswissen zu bündeln und zu komplettieren, immer noch dazuzulernen, und weil ich kompetente Mitautoren gefunden habe, um über einen Mathematikunterricht zu schreiben, wie er aktuell an den Schulen stattfindet oder wie er sein sollte.

Was dabei auffällt: Der Mathematikunterricht hat sich in den vergangenen Jahrzehnten weit weniger geändert als die Lebenswelt der Kinder und Jugendlichen. Zwar wird während der gesamten Schulzeit für kein anderes Fach – mit Ausnahme von Deutsch – mehr Unterrichtszeit aufgewendet als für Mathematik. Dennoch lässt sich ein Großteil der im Mathematikunterricht vermittelten Inhalte kaum mit einem lebenspraktischen Nutzen begründen, während alltagsrelevante mathematische Kompetenzen nach wie vor unzureichend vermittelt werden (Heymann 2025, S. 31). Mit *Konkrete Fachdidaktik Mathematik* wollen wir die Lehrkräfte unterstützen, dieses Ungleichgewicht zu beseitigen oder zu minimieren.

Es gibt kaum etwas Befriedigenderes, als heranwachsende Generationen auf ihrem Weg in ihr Erwachsenenleben zu begleiten. Lehrkraft ist der schönste Beruf und der allerschönste ist es, wenn er um die Aufgaben erweitert wird, Lehrkräfte aus- und weiterzubilden.

Außerdem gibt es kaum ein Unterrichtsfach, dessen Bedeutung für das aktuelle und künftige Lebensumfeld eines jeden mehr Bedeutung hat als Mathematik. Nur wissen das nicht alle. Mathematik ist in allem drin, ohne Mathematik würde nichts funktionieren. Mathematik ist eine kulturelle Errungenschaft ersten Ranges. Dem Wesen der Mathematik entspricht es, dass ihre Anwendungen unabhängig davon funktionieren, ob Nutzende sie kennen oder sich ihrer zumindest bewusst sind (Heymann 2025, S. 30).

Florian Schneider-Lips
Florian ist eine Generation jünger als ich. Auch er kann auf mehr als ein Jahrzehnt Tätigkeit als Lehrkraft zurückblicken und ist seit mehreren Jahren erfolgreich in Lehrerausbildung und -fortbildung tätig. Er gehört zur ersten Generation der Fortbildner im Team des *QuaMath*-Projekts.[2]

2 *QuaMath* ist ein auf zehn Jahre (2023 – 2033) angelegtes, von der Kultusministerkonferenz (KMK) und dem Deutschen Zentrum für Lehrkräftebildung Mathematik (DZLM) gefördertes Projekt zur Förderung der Unterrichts- und Fortbildungsqualität. Es ist geplant, 10 000 Schulen in ganz Deutschland fortzubilden und gemeinsam mit den Lehrkräften Konzepte und Materialien zu erarbeiten.

Wir kennen uns aus der Zeit, als wir gemeinsam am selben Seminar tätig waren. Weil ich seine hohe Kompetenz zu schätzen lernte, fragte ich ihn, ob er Lust habe, gemeinsam mit mir eine „große Fachdidaktik Mathematik“ zu schreiben, und er war sofort begeistert dabei.

Fabrice Takin
Fabrice hat zusammen mit Florian studiert und war mit ihm mal an derselben Schule tätig. Auch er war und ist seit mehr als einem Jahrzehnt als Lehrkraft tätig, dazu in herausragender Position in der Lehrerfortbildung und in der Qualitätssicherung. Wir holten ihn mit ins Boot, als der Verlag uns bat, die Arbeit an *Konkrete Fachdidaktik Mathematik* zu unterbrechen, um zuerst *Digital Mathematik unterrichten* zu schreiben (Storz/Schneider/Takin 2022). Auch er musste nicht lange überlegen. Seine Kompetenzen ergänzen das Team ideal und haben unser Vertrauen darin gestärkt, dass wir unsere Inhalte zeitgemäß ausgewählt und aufbereitet haben. Unser gemeinsames Konzept können wir daher allen Lehrkräften – den jungen, den erfahrenen und den zukünftigen – mit gutem Gewissen empfehlen.

Wir haben die Themen nicht aufgeteilt, sondern das ganze Buch wurde mit derselben Arbeitsteilung vom ganzen Team erarbeitet. Wir sind stolz darauf, dass uns das tatsächlich gelungen ist, und finden, dass das ein weiterer Grund ist, das Buch zu empfehlen.

Robert Storz für das Autorenteam

Robert Storz, Reutlingen und Eckernförde
Florian Schneider-Lips, Freiburg
Fabrice Takin, Stuttgart

1 Die Wurzeln heutigen Mathematikunterrichts

Was Sie in diesem Kapitel erwartet:

- fachliche Grundlagen der Schulmathematik;
- lern- und entwicklungspsychologische Erkenntnisse als Grundlagen des Mathematiklernens;
- Forschungsergebnisse und Erkenntnisse von psychologischen Theorien, die Ihnen Begründungszusammenhänge für die Gestaltung von Lernprozessen bieten;
- konkrete Unterscheidungsmerkmale, um Unterrichtsbeispiele und die eigene Tätigkeit im Spannungsfeld zwischen traditionellem und allgemeinbildendem Mathematikunterricht einzuordnen.

Die Natur ist der wahre Erfinder der Mathematik. Parkettierung, Goldener Schnitt, irrationale Zahlen, Fibonacci-Folgen sind nicht von menschlichen Gehirnen ausgedacht worden, sondern kommen in der Natur schon länger vor, als der Mensch begonnen hat, sie zu verstehen.

Unsere Mathematik geht weitgehend auf Geometrie und Arithmetik der alten Griechen zurück: Thales, Pythagoras, Hippokrates, Aristoteles, Euklid, Archimedes, Erathostenes.

Weiterhin unterrichtet man unter Berücksichtigung teils alter Erkenntnisse und Prinzipien: Comenius, Pestalozzi, Herbart, Kühnel, Pólya, Piaget, Aebli, Bruner, Ausubel, Gagné, Bloom. Warum sind diese Erkenntnisse für uns noch heute relevant?

Auf dem Parkplatz des Supermarkts sah ich ihn auf mich zukommen und ich konnte ihm nicht ausweichen: Rüdiger. Ich kannte ihn aus der Zeit, als wir noch Teenager waren. Er war mir nie wirklich sympathisch gewesen, aber wir hatten gemeinsame Wurzeln. Was uns verband, war damals, dass wir als Jugendliche an derselben Haltestelle in die Straßenbahn einsteigen mussten, um in unsere jeweils „höhere" Schule in der Kernstadt zu kommen. Jetzt waren wir längst erwachsen, fast schon alt, hatten über viele Jahre keinen Kontakt gehabt. Er kam freudig auf mich zu, erzählte mir in kurzen Sätzen sein ganzes Leben seit damals und fragte mich dann, was ich denn so machen würde.

„Ich bin eigentlich Lehrer, arbeite aber hauptsächlich in der Lehrerausbildung, und ich schreibe.“
„Was schreibst du denn?“
„Bücher über Fachdidaktik. Fachdidaktik Mathematik.“
„Wie kann man über Mathematik Bücher schreiben, da ändert sich doch nichts?“
Rüdiger war inzwischen Arzt, ein gebildeter Mensch, aber er war der Überzeugung, sich über Mathematikdidaktik ein stabiles Urteil bilden zu können, weil er ja schließlich selbst als Schüler Mathematikunterricht erlebt hatte, und dass die Mathematik sich schließlich niemals ändere. Zwischen Mathematik und Mathematikdidaktik differenzierte er nicht, auch nicht nach meinen behutsamen Erklärungsversuchen. Stattdessen erklärte er mir meinen eigenen Job. Und resümierte, wie einfach ich es doch hätte, im Gegensatz zu ihm.

In der Tat ist es so, dass in der Mathematik Erkenntnisse bestehen, die „schon immer“ so waren und die sich nicht ändern. Es stellt sich nur die Frage, von welcher Relevanz solche uralten Erkenntnisse für den heutigen Menschen noch sind.

Der Satz des Pythagoras ist schon sehr alt und man kann vermutlich über ihn kaum noch neue Erkenntnisse gewinnen. Außer man bittet das Gegenüber, den Satz zu formulieren. Die Antwort ist in fast hundert Prozent der Fälle: „Das ist doch einfach: $a^2 + b^2 = c^2$“. Wenn man dann antwortet, das sei falsch, denn das Vorgetragene sei kein Satz, erntet man erstaunte Gesichter, bisweilen auch in Gruppen von Lehramtsanwärtern. Man ergänzt dann, ein Satz bestehe nämlich aus einer Beziehung der Form „wenn ... dann ...“, und sofort kommt die erinnernde Erleuchtung: „Ach so, das gilt ja nur im rechtwinkligen Dreieck.“

Aber welche Rolle spielen Themen wie der Satz des Pythagoras heute in unserer digitalisierten Welt? Und mathematische Muster und Folgen? Oder die Bool’sche Algebra? Mengenlehre, Primzahlen, Gleichungssysteme, Bruchrechnen? Negative Zahlen? Rechenverfahren? Gibt es Letztere womöglich auch in der Mathematik?

In diesem Kapitel wird auch der Frage nachgegangen, wo die Mathematik ihren Ursprung hat, welche historischen Wurzeln bis heute bedeutsam sind und weshalb es Erkenntnisse gibt, die – trotz oder gerade wegen ihres hohen Alters – weiterhin als bewahrenswert gelten. Aber wir wollen nicht historisieren, sondern unser Fokus ist der Mathematikunterricht heute, und zwar ganz konkret, mit allen Problemen, die in seinem Zusammenhang zu lösen sind.

Trotz seiner historischen Wurzeln ist Mathematikunterricht etwas fundamental anderes als Geschichtsunterricht, und das gilt in jeder einzelnen Mathematikstunde. Zum Beispiel Pythagoras: Wir befürworten nicht, dass man den Satz des Pythagoras „einführen“ sollte, beginnend mit Informationen, wer Pythagoras war, wann und wo er lebte. Pythagoras als Person interessiert im Mathematikunterricht frühestens, nachdem man den Inhalt des Satzes verstanden hat. Den Satz des Pythagoras lernt man im 21. Jahrhundert, weil er uns heute noch hilft, unser Heute besser zu verstehen, und weil er uns nützlich sein kann.

Da es sich bei diesem Buch nicht um eine wissenschaftliche Abhandlung über Mathematik selbst, sondern um eine didaktische Auseinandersetzung mit dem Mathematikunterricht handelt, liegen die inhaltlichen Wurzeln vorrangig im Bereich der Vermittlung von Mathematik – weniger in der Mathematik als Wissenschaft. Dennoch beginnen wir mit Letzterer, da ihre Wurzeln die älteren sind.

1.1 Die Natur

> „Mathematik (griechisch), eine der ältesten Wissenschaften, hervorgegangen aus den praktischen Aufgaben des Zählens, Rechnens und Messens, die sich zu einer ‚Wissenschaft von den formalen Systemen‘ (D. Hilbert) entwickelte. Die Mathematik sieht ihre Aufgabe vor allem in der Untersuchung sogenannter Strukturen, die durch die in einer vorgegebenen Menge beliebiger Objekte definierten Relationen und Verknüpfungen bestimmt sind […]“
>
> (Duden 1996, S. 2167)

Mathematik ist der oben stehenden Lexikondefinition zufolge ein kognitives Konstrukt des Menschen mit den Aufgaben des Zählens, Rechnens, Messens und Untersuchens von Strukturen. Daraus ergibt sich ein formales System mit zunehmender Abstraktion. Wenden wir uns der letztgenannten Aufgabe zu, der Untersuchung von Strukturen, dann stellt sich die Frage, ob Mathematik nicht „eigentlich“ Naturwissenschaft ist, obwohl sie nicht zu den klassischen Naturwissenschaften gezählt wird. Denn auch die Mathematik beschäftigt sich „mit der systematischen Erforschung der Natur (bzw. eines Teils von ihr) und dem Erkennen der für sie geltenden Naturgesetze“ (Definition für „Naturwissenschaft“ in: Duden 1996, S. 2351), aber eben nicht nur damit.

Bienenwaben

Nehmen wir ein Beispiel: Wildbienen und gezüchtete Honigbienen errichten aus Wachs Zellengebilde in höchster Präzision (Abb. 1.1). Mithilfe der Mathematik lassen sich diese als Parkettierungen aus regelmäßigen Sechs-

Abb. 1.1: Bienenwabe

ecken beschreiben (Abb. 1.2): Wie die Bienen diese Gebilde hinbekommen, damit muss sich die Biologie beschäftigen.

Eine **Parkettierung** ist eine vollständige und lückenlose Auslegung einer Ebene mit kongruenten Figuren. Dadurch, dass die Bienen ihre Waben zu einer Ebene verbinden, sparen sie Wachs, denn jede Seitenwand einer Wabe ist gleichzeitig Wand der Nachbarwabe.

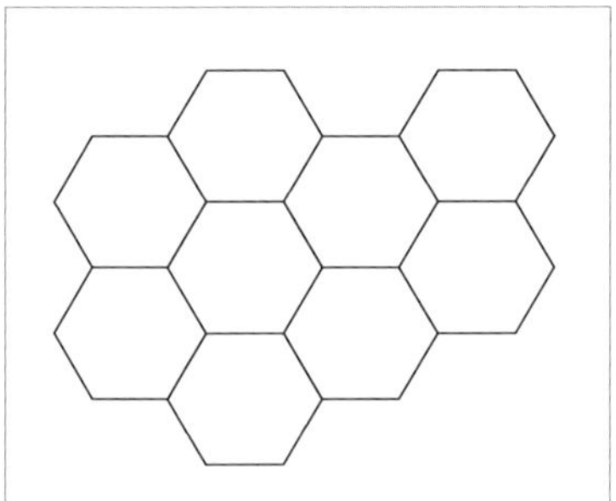

Abb. 1.2: Parkettierung mit regelmäßigen Sechsecken

Eine weitere Möglichkeit, mit möglichst wenig Wachs möglichst viel Innenraum zu begrenzen, besteht in der Form der verwendeten Figuren. Geht man davon aus, dass die Bienen ihre Waben nur aus kongruenten Figuren zusammensetzen, dann gibt es lediglich drei Möglichkeiten: Dreiecke, Vierecke und Sechsecke, die sogenannten platonischen Parkettierungen. Dieses Wissen ist Mathematik und seit Jahrhunderten bekannt. Wurde zeitweise angenommen, die Bienen würden über noch nicht erforschte intellektuelle Fähigkeiten verfügen, kann man die Entscheidung für Sechsecke auch damit begründen, dass archimedische Parkettierungen, also solche mit mehr als einer Figurenform, den Bienen zu kompliziert sind.

Zieht man dann noch die Tatsache in Betracht, dass von den Möglichkeiten, *gleichseitiges Dreieck, Quadrat, regelmäßiges Sechseck,* die Parkettierung mit Sechsecken die statisch stabilste ist, beginnt man zu verstehen, weshalb Bienen ohne Messen von Längen und Winkeln imstande sind, so exakte Figuren zu erzeugen. Außerdem bietet das Sechseck das günstigste Verhältnis von Materialaufwand zu begrenzter Fläche, denn das Verhältnis von Umfang zu umgebenem Flächeninhalt ist günstiger als bei Viereck und Dreieck. Noch günstiger wären Kreisflächen, aber Kreise lassen sich nicht parkettieren.

Da das Wachs bei bestimmten Temperaturen fließfähig ist, könnte man zu der These gelangen, dass sich die regelmäßige Parkettierung quasi „von selbst“ einstellt, sofern die beteiligten Wachsportionen exakt gleich groß sind. Aber das ist nur eine Überlegung und weit entfernt von einer wissenschaftlichen Hypothese.

Bienenwaben stehen also für diejenige Parkettierung, die mit dem geringsten Materialaufwand die größte Summe von Flächeninhalten umschließt bei gleichzeitig bestmöglicher Stabilität der Konstruktion. Wir unterstellen, dass Bienenwaben auch zu Zeiten der alten Griechen so konstruiert waren wie heute. Deshalb setzen wir die Natur an die Spitze der Wurzeln des Mathematikunterrichts, noch vor die alten Griechen. Mithilfe unserer Mathematik können wir die Genialität der Natur zwar erkennen, aber sie war zuerst da, bevor wir Menschen lernten, sie zu verstehen und zu erklären.

Goldener Schnitt

Wohl die bekannteste Beschreibung des Goldenen Schnittes ist die Studie über Körperproportionen von **Leonardo da Vinci** (1452 – 1519) (Abb. 1.3). Da Vinci wies damit nach, dass die Proportionen des „idealen“ Menschen, man könnte auch sagen des durchschnittlichen, mathematischen Gesetzmäßigkeiten folgen.

Der Goldene Schnitt beschreibt die Teilung einer Strecke in zwei Teilstrecken, die als besonders harmonisch gilt und in Kunst, Fotografie und Architektur häufig zur Anwendung kommt. Bereits Euklid von Alexandrien, der im 3. Jahrhundert vor Christus gelebt haben soll, hat ihn beschrieben.

Der **Goldene Schnitt** beschreibt die Teilung einer Strecke so, dass das Verhältnis der größeren Teilstrecke a zur kleineren Teilstrecke b gleich ist wie das Verhältnis der Gesamtstrecke (a + b) zur größeren Teilstrecke a.

$$\frac{a}{b} = \frac{(a+b)}{a}$$

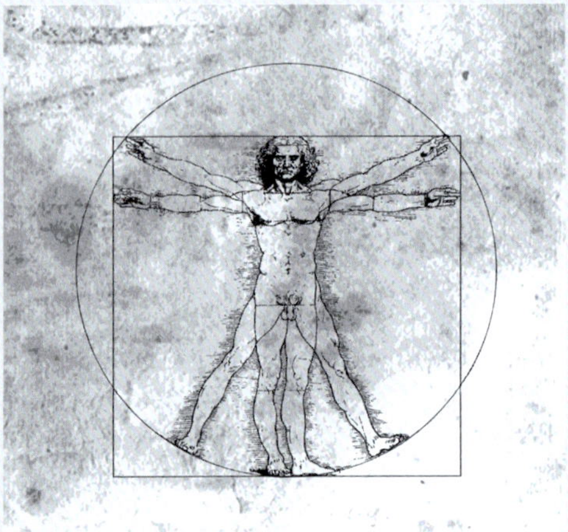

Abb. 1.3: Körperproportionen nach Leonardo da Vinci

Das Verhältnis des Goldenen Schnitts lässt sich auch in der Anordnung von Blättern und Blütenblättern nachweisen. Es mag etwas zu tun haben mit dem Bestreben der Pflanzen, ihre Blüten und Blätter so auf Abstand zu halten, dass es zu keinen Überdeckungen kommt und die gleichmäßige Verteilung des Lichteinfalls auf die einzelnen Pflanzenteile optimiert wird.

Fibonacci-Folgen

Im Jahr 1202 n.Chr. hat **Leonardo Fibonacci** (um 1170 – 1240) das Wachstum einer Kaninchenpopulation beobachtet und mit einer Folge natürlicher Zahlen beschrieben. Diese Zahlenfolge wird als Fibonacci-Folge bezeichnet und besagt, dass jede Zahl in der Folge der Summe der zwei vorhergegangenen entspricht:

1, 1, 2, 3, 5, 8, 13, 21, 34, 55, 89, 144, 233, ...

Bildet man den Quotienten zweier aufeinanderfolgender Zahlen in der Fibonacci-Folge, dann ergibt sich ungefähr das Verhältnis des Goldenen Schnitts:

$\frac{144}{89} \approx 1{,}617977528$; $\frac{233}{144} \approx 1{,}618055556$.

Jede Fibonacci-Zahl ist also ungefähr das 1,6-Fache ihrer Vorgängerzahl in der Folge. Je größer die benachbarten Zahlen in der Fibonacci-Folge sind, deren Quotient man bildet, desto näher liegt dieser an einer irrationalen Zahl, der Zahl ϕ (Phi). Phi wird meist mit gerundet 1,618 angegeben und entspricht dem Verhältnis des Goldenen Schnitts.

Die Zahl **ϕ (Phi)** ist irrational, da ihre Dezimaldarstellung weder abbricht noch periodisch ist, sich also nicht als rationale Zahl darstellen lässt. Sie wurde nicht in menschlichen Gehirnen erfunden, sondern durch Beobachtung von Vorgängen und Zusammenhängen in der Natur entdeckt.

Zahlen, die zum Abzählen verwendet werden können, bilden in der Mathematik die Menge $\mathbb{N}$ der natürlichen Zahlen. Das darf aber nicht dergestalt interpretiert werden, „natürlich" wäre gleichbedeutend mit „in der Natur vorkommend". Denn das obige Beispiel zeigt, dass sogar irrationale Zahlen, also Zahlen, für deren Darstellung die Menge der reellen Zahlen $\mathbb{R}$ nötig ist, weil sie in der Menge $\mathbb{Q}$ der rationalen Zahlen nicht dargestellt werden können, in der Natur vorkommen.

Man könnte noch weitere mathematische Inhalte anführen, wie sich Mathematik in der Natur beobachten lässt, zum Beispiel:

- der Aufbau von Kristallen in Form platonischer Körper,
- Achsensymmetrie und Punktsymmetrie bei Pflanzen und Tieren,
- Anzahlen aus der Fibonacci-Reihe bei Pflanzen und Tieren,
- spiralförmiger Aufbau von Muschelgehäusen,
- der Sonnenlauf aus Sicht der Erde als Sinusfunktion,
- die zu- und abnehmende Tageslänge als Sinusfunktion,
- die Kommunikation unter Bienen mithilfe eines Winkelverständnisses.

Offensichtlich nutzt die Natur die Mathematik schon länger, als der Mensch begonnen hat, sie zu verstehen.

1.2 Die Mathematik der alten Griechen

Wenn mein eingangs erwähnter Bekannter Rüdiger meinte, in der Mathematik ändere sich nichts, dann lag er natürlich nicht ganz falsch. Denn unsere heutige Schulmathematik besteht zu nicht unwesentlichen Anteilen aus Erkenntnissen, die viele Jahrhunderte alt sind. Offensichtlich hat es sich jahrhundertelang bewährt, diese Erkenntnisse an nachfolgende Generationen weiterzugeben. Es stellt sich aber immer die Frage, in welcher Form dieses Wissen weitergegeben wird und ob das in Anbetracht des jeweiligen gesellschaftlichen und technischen Stands noch optimal ist oder ob Veränderungen sinnvoll bis nötig sind.

Das ist dann Thema der Fachdidaktik, und im Gegensatz zur Mathematik ist die Fachdidaktik sehr wohl Änderungen unterworfen. Man könnte auch der Meinung sein, dass hier drastische Änderungen notwendig sind oder bereits stattgefunden haben, dass fachdidaktische Überlegungen an den Schulen, wie wir sie heute als Lehrkräfte erleben, immer mehr in den Hintergrund gedrängt werden von allgemein pädagogischen Aspekten, deren Dringlichkeit größer ist.

Das sollte aber nicht zu dem Schluss führen, didaktische Gesichtspunkte außen vor zu lassen. Denn dann bestünde die Gefahr, dass didaktische Modelle wiederbelebt würden, die den aktuellen pädagogischen Anforderungen noch weniger gerecht werden als die aktuell scheiternden.

Man könnte das schlechte Abschneiden unseres deutschen Bildungssystems in internationalen Studien auf einen Rückzug der Schulen von der Didaktik, wenn auch aus pädagogischer Not, interpretieren. Wir sollten solche Resignation nicht zulassen, sondern Bereitschaft zeigen, unsere Bildungsarbeit ständig der Realität anzupassen in dem Bewusstsein, dass es sich gesamtgesellschaftlich betrachtet, nur um ein zartes Pflänzchen handeln kann, welches ständig weiter gepflegt werden muss.

Nun endlich zu den alten Griechen. Es gibt Nachweise, dass schon vor ca. 50 000 Jahren gezählt wurde. Die Pyramiden im alten Ägypten von vor 4 500 Jahren hätten ohne Rechen- und Geometriekenntnisse nicht entstehen können. Grundlage unserer Schulmathematik ist aber heute noch weitgehend die Mathematik der alten Griechen, die wir als den Ursprung unserer Mathematik ansehen.

Ebenfalls auf die alten Griechen geht das Konstruktionsprinzip „nur mit Zirkel und Lineal" zurück. Als Lehrkraft erzählt man gern, die alten Griechen hätten schließlich ihre Konstruktionen mit Holzstöcken in den Sand gezeichnet. Aber was hat das mit der heutigen Zeit zu tun, in der es viel einfacher ist, Geometrieaufgaben mit einem kleinen elektronischen Gerät zu lösen, das man immer dabeihat, als einen Stock und eine Sandkiste zu finden?

Man darf sich die Bemerkung erlauben, dass einerseits ein Beharren auf dem Prinzip „nur mit Zirkel und Lineal" historisch begründbar ist, es andererseits aber Jahrhunderte technischer Entwicklung einfach ignoriert. Spätestens seit der Erfindung des Geodreiecks mit seinen Hilfslinien und dessen erlaubter Benutzung im Unterricht wurde es aufgeweicht, und in der

Thales von Milet (624 – 546 v.Chr.) werden mehrere Sätze zugeschrieben, der wichtigste findet sich als Satz des Thales heute bestimmt noch in allen Sekundarstufen-Bildungsplänen, damals wurde er mehrfach bewiesen. Auch der Winkelsummensatz und der Goldene Schnitt gehen mittelbar auf Thales zurück.

Pythagoras von Samos (570 – 510 v.Chr.) ist für seinen Satz für rechtwinklige Dreiecke berühmt. Der Satz des Pythagoras ist neben den binomischen Formeln wohl derjenige mathematische Inhalt, der am häufigsten unverstanden auswendig gelernt wird. Vielleicht sind solche Formeln mit verantwortlich dafür, dass ein nicht unerheblicher Teil der Bevölkerung das Prinzip der Mathematik nicht nur nicht versteht, sondern auch nicht verstehen will.

Hippokrates von Chios (~ 440 v. Chr.) hat wohl dazu beigetragen, die logische Struktur *Voraussetzung – Satz – Beweis* aus der Philosophie zu übernehmen, was als Geburt der Mathematik als Wissenschaft gesehen werden kann (Gronau 2009, S. 19).

Zeit von Geometriesoftware und anderer digitaler Medien wird das Prinzip zu einer von Lernenden nicht verstehbaren, längst überholten, fast absurden Forderung.

Mit dem Prinzip „nur mit Zirkel und Lineal“ schule man Sorgfalt und Genauigkeit, wird oft argumentiert. Dabei wird übersehen, dass unsere heutigen Lernenden durchaus Sorgfalt und Genauigkeit beherrschen, nur eben in anderen Bereichen als ihre Vorfahren. Die heutigen Lernenden bedienen ihr Smartphone mit einer Sorgfalt und Genauigkeit, die zumindest die nicht mehr ganz so jungen unter ihren Lehrkräften neidisch macht, schon weil sie mit der Geschwindigkeit und Behändigkeit ihrer Daumen nicht nachkommen.

Als Lehrkraft sollten Sie sich dann überlegen, ob Sie sich über die händischen Unzulänglichkeiten der Jugendlichen im Umgang mit Bleistift, Lineal und Zirkel beschweren oder darauf einstellen können. Wie relevant ist es heute noch, so genau an der Kante eines Geodreiecks oder Lineals einen Bleistift anlegen und führen zu können, dass eine wirklich gerade Linie entsteht, oder das Bedienteil eines Zirkels so zwischen Daumen und Zeigefinger abrol-

Der Grieche **Aristoteles** (384 – 322 v. Chr.) führte die Mathematik seiner Zeit auf die Ägypter zurück, die mit einem ähnlichen wie dem römischen Zahlensystem rechneten und geometrische Probleme lösten, nicht aber den mathematischen Beweis oder höhere Algebra kannten (Gronau 2009, S. 12). Der Mathematik „vor" den Griechen ist gemeinsam, dass sie vor allem anwendungsbezogen betrieben wurde, was auch heute noch eine sinnvolle Herangehensweise ist.

Euklid von Alexandria (um 300 v.Chr.) trug mit seinem Werk „Die Elemente", das bis heute als das wichtigste Buch der Mathematik gilt, alles Wissen seiner Zeit rund um die Geometrie logisch strukturiert zusammen und legte damit den Grundstein für die abstrakte Mathematik. Er schuf das Prinzip „vom Einfachen zum Komplizierten" und die Axiomatische Methode mit der Reihenfolge: Definition, Postulat, Axiom, Probleme, Lösung, Satz, Hilfssätze, Beweis.

Archimedes von Syrakus (287 – 212 v.Chr.) gilt als genial und als der größte Mathematiker des Altertums. Neben seinen Leistungen in Physik, Astronomie und Technik gilt er als der Entdecker der Kreiszahl π und nahm außerdem mit seinen Überlegungen Inhalte der Integralrechnung vorweg.

Erathostenes von Kyrene (~ 276 – ~ 195 v.Chr.) ist wegen des Siebs des Erathostenes zur Bestimmung von Primzahlen, das wegen seiner Einfachheit vor allem als exemplarisches Lösungsverfahren Bedeutung hat, noch in aktuellen Klassenzimmern präsent.

len zu können, dass der Bleistift am anderen Ende des Zeichengeräts den genau richtigen Druck auf das Zeichenpapier ausübt, um eine erkennbare und saubere Kreislinie entstehen zu lassen?

Die jahrhundertealte und bewährte Mathematik und Geometrie der alten Griechen lassen sich mit Unterstützung aktueller technischer Hilfsmittel immer noch betreiben, weil sie abseits von händischen Herausforderungen geniale Inhalte transportieren.

1.3 Das Entstehen einer Didaktik für Mathematikunterricht

Rechenunterricht, wie er sich aus dem Mittelalter entwickelt hatte, war mechanisches Auswendiglernen und hatte mit Verstehen wenig zu tun, bis im 17. Jahrhundert Johann Amos **Comenius** (1592 – 1670) eine Bildung für alle forderte, und nicht nur für Eliten und Auserwählte. Dies erforderte ein Umdenken im Hinblick der Vermittlung von Wissen, eine Didaktik der Mathematik.

„Bis zum beginnenden 18. Jahrhundert kannte man im Mathematik- bzw. Rechenunterricht kaum etwas anderes als mechanisch-verbalistisches Lernen [...]" (vom Hofe 2001, S. 4). Wenn die Lernenden Glück hatten, wurde zu behaltender Stoff in neckische Sprüchlein eingekleidet, die sich reimten und deshalb leicht merken ließen, zum Beispiel:

B

- Rechne erst die Klammer, sonst gibt's großen Jammer!
- Mach den Divisor kommafrei, sonst sagt der Lehrer „ei ei ei"!
- Schreibst du die Minusklammer nicht, bist du der allerschlimmste Wicht!
- Wer das Kürzen tut vergessen, wird vom Rechnen aufgefressen!
- Das Komma wird nach rechts geführt, wenn die Einheit kleiner wird!
- In Summen kürzen nur die Dummen!
- Du darfst dich nicht genieren: am Anfang: potenzieren; die Punktrechnung das Zweite ist, sonst wird die Rechnung großer Mist. Am Ende rechnen wir mit „Strich", dann ist's okay, dann freust du dich.

Für die letztgenannte Regel gibt es auch eine kürzere, genauso einprägsame Form: „Potenz vor Klammer vor Punkt vor Strich", abgekürzt PoKlaPS. Dass sie ein wenig sexistisch ist, fördert das Behaltenspotenzial. Eine Förderung logischen Denkens ist das alles auf jeden Fall nicht.

Leider ist es die Wahrheit, dass obige Sprüchesammlung in den Besitz der Autoren kam, weil Anfang des 21. Jahrhunderts in einem Lehrerzimmer einer von ihnen sich eine im Stapel ausliegende Kopie davon mitnahm, über deren Inhalt sich eine Gruppe Lehrkräfte köstlich amüsierte. Man war sich fast einig, dass man solche Sprüche in den eigenen Unterricht integrieren könnte, das sei doch lustig. Ein Kollege mit zweitem Fach Musik meinte: „Das kann man doch auch rappen, da mache ich einen Song draus." Das sei sogar fächerübergreifend und damit könne er seine Schüler motivieren.

Mathematik hatte wenig mit Bildung zu tun, bis Johann Heinrich **Pestalozzi** (1746 – 1827) sich gegen das Auswendiglernen wandte und eine didaktische Stufenfolge zur Entwicklung elementarer Begriffe für Geometrie und Arithmetik entwickelte (vom Hofe 2001, S. 4). Was blieb, war eine Vorstellung von Lernen als ein Übertragen des Lerninhalts auf den Schüler.

Aus der Zeit Pestalozzis stammt der Grundsatz des Lernens mit „Herz, Hirn und Hand", also gleichermaßen emotional, kognitiv und handlungsgestützt. Mit der Reformpädagogik setzte sich eine Sicht auf das Lernen „vom Kinde her" durch, das durch aktive Eigentätigkeit der Lernenden, Problemorientierung und Anwendungsorientierung geprägt sein sollte.

Auch heute ist an Schulen in manchen Unterrichtsstunden noch das fragend-entwickelnde Unterrichtsgespräch die dominierende Methode. Die Lehrperson stellt Fragen, deren Antworten sie längst weiß, und lässt so lange Lernende sich äußern, bis die gewünschte Formulierung als Antwort gegeben ist. Damit projiziert die Lehrperson ihre eigenen Gedankengänge in die Lernenden hinein beziehungsweise geht sie davon aus, dass das funktioniere.

Johann Friedrich **Herbart** (1776 – 1841) gilt als Klassiker der Pädagogik. Auf Herbart geht das Grundmuster von Mathematikunterricht (Vollrath 2014, S. 298) zurück:

- Einstieg,
- Problemstellung,
- Lösung im Lehrer-Schüler-Gespräch,
- Formulierung der Lösung,
- Sicherung mit Aufgaben in Einzelarbeit.

Auch das Didaktische Dreieck (Abb. rechts) aus Lernenden, Lehrkraft und Lerninhalt wird Herbart und seinen Schülern zugeschrieben.

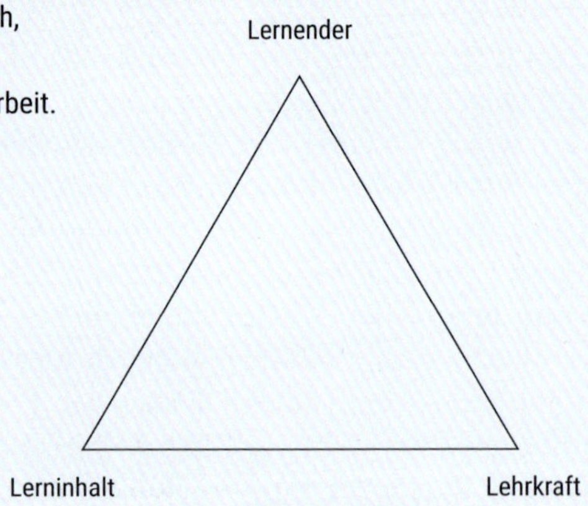

„Neubau des Rechenunterrichts" (Kühnel 1959) von Johannes **Kühnel** (1869 – 1928) wurde nach dem Zweiten Weltkrieg zum Standardwerk in der Lehrerausbildung. Kühnel trat ein für ein Prinzip der Anschauung, für erlebnisgebundenes Sachrechnen und für Wissenschaftsorientierung in der Lehrerausbildung. Die fragend-entwickelnde Unterrichtsform lehnte er ab.

Damit werden die Lernenden gehindert, widerstandsfähige querverbundene Wissensnetze selbst zu knüpfen, sondern sie bauen an fragilen Wissenstürmen und Wissensketten. Eine Kette kann an jedem Glied zerbrechen, ein Turm beim leichtesten Stoß umfallen. Da reicht ein Augenblick der Unaufmerksamkeit (Minsky 1994, S. 193).

George **Pólya** (1887 – 1985) war Professor für höhere Mathematik. Er beschäftigte sich mit Analysis, und in seiner späteren Schaffensphase konzentrierte er sich auf Problemlösestrategien. Sein Standardwerk „Schule des Denkens: Vom Lösen mathematischer Probleme" (1945) war ein Bestseller, der in zahlreiche Sprachen übersetzt wurde und eine Millionenauflage erreichte. Von solchen Erfolgen können heutige Autoren der Mathematikdidaktik nicht einmal träumen, auch wenn sie weniger langatmig schreiben, als es Pólya nachgesagt wird.

Als weitere Wurzel einer Mathematikdidaktik kann man die Erforschung der Intelligenz und deren Entwicklung ansehen, und damit hauptsächlich das Wirken von Piaget. Aus seinen Erkenntnissen ließen sich mathematikdidaktische Prinzipien ableiten, die vor Piaget weitgehend fehlten. Daraus begründen sich für das Lernen von Mathematik die Notwendigkeit vertiefender Übungen einerseits und die Bedeutung, an individuellen Vorerfahrungen anzuknüpfen andererseits.

Aus heutiger Sicht sind die Altersangaben Piagets zu relativieren und allenfalls als Durchschnittswerte anzusehen, auch kann die Denkleistung in unterschiedlichen Gegenstandsbereichen unterschiedlich fortgeschritten sein. Was sich jedoch immer bestätigt hat, ist die Richtigkeit der prinzipiellen Aufeinanderfolge der Stadien. Für den Mathematikunterricht der Sekundarstufe, wenn man Piaget interpretiert, ist der Übergang von konkreten zu formalen

Jean **Piaget** (1896 – 1980) sagt mit seiner Äquilibrationstheorie aus, dass das Individuum eine angeborene Tendenz besitze, sein Bild von der Umwelt und seine Erfahrungen mit der Umwelt stets in Übereinstimmung zu bringen (Äquilibration). Hierbei gebe es nur zwei Möglichkeiten:

- Anwendung vorhandener Schemata auf die Umwelt (Assimilation), dadurch Stabilisation dieser Schemata, oder
- Veränderung vorhandener Schemata, deren Differenzierung und Erweiterung, dadurch Lernzuwachs (Akkommodation).

Piaget geht in seiner Stadientheorie davon aus, dass sich die Entwicklung des Denkens in vier Stadien vollziehe, die durch immer höhere Denkleistungen gekennzeichnet sind:

- Sensomotorisches Stadium (Kleinkindalter).
- Präoperatorisches Stadium (2 – 6 Jahre): Denken ist an konkrete Handlungen und unmittelbare Anschauung gebunden. Denkhandlungen allein aus der Vorstellung heraus sind noch nicht möglich, ebenso wie es noch nicht möglich ist, vollzogene Handlungen in Gedanken umzukehren.
- Stadium der konkreten Operationen (7 – 11 Jahre): Denken ist immer noch an konkrete Handlungen gebunden, aber mit größerer Beweglichkeit verbunden. Die Denkhandlungen werden kompositionsfähig und reversibel. Auf der Basis konkreter Operationen ist es möglich, grundlegende mathematische Begriffe aufzubauen. Wenn ein Begriff einmal aufgebaut ist, kann mit ihm auch ohne konkrete Unterstützung umgegangen werden. Jedoch liegt die Grenze dieser Anwendung dort, wo aus sprachlich formulierten Hypothesen auf formalem Wege Schlussfolgerungen gezogen werden sollen.
- Stadium der formalen Operationen (ab ca. 11 – 12 Jahren): Die Kinder stehen am Anfang eines hypothetisch-deduktiven Denkens, sie werden fähig, abstrakte Sachverhalte zu begreifen, rein formal ohne Anschauung aus Annahmen Schlüsse zu ziehen.

Operationen dadurch von zentraler Bedeutung. Nach Piaget liegt die höchste Form der menschlichen Intelligenz in den symbolischen Denkmodellen der Mathematik. Deshalb kann Mathematikunterricht nicht am Formalen ansetzen oder davon ausgehen.

Auch richtig ist, dass Wissenserwerb hauptsächlich durch Übernahme fremden Wissens geschieht. Wissen allein vermittelt jedoch noch keine Handlungskompetenz. Die Übernahme angebotenen Wissens kann schwer von der Lehrkraft erzwungen werden, die Lernenden selbst müssen jede und jeder für sich bereit sein, angebotenes Wissen zu übernehmen. Dies werden sie dann machen, wenn sie einen Sinn darin sehen, ob nun für ihren individuellen Alltag, ihre individuelle Zukunft oder ihr schulisches Fortkommen. Deshalb ist es hilfreich, Wissens- und Kompetenzerwerb als Säulen schulischen Lernens zu betrachten, die nebeneinanderstehen.

Die operative Methode und die Grundformen des Lehrens nach Hans **Aebli** (1923 – 1990), einem Schüler von Piaget, bauen auf den Erkenntnissen Piagets auf. Aebli betont die Abhängigkeit von beschleunigenden oder verzögernden Erziehungsbedingungen stärker als Piaget. Die Stadien betrachtet Aebli als notwendige Aufeinanderfolge von Schritten der Denkentwicklung, die in vielfacher Hinsicht unabhängig vom Lebensalter sind. Seine Folgerung: Je neuer ein Denkinhalt ist, desto mehr Anschaulichkeit ist für sein Verständnis notwendig. Denkoperationen kennzeichnen sich durch Kompositionsfähigkeit und Reversibilität. Hauptstufen der Verinnerlichung einer Operation:

- konkrete Stufe,
- figurale Stufe,
- symbolische Stufe.

Jede Darstellung einer höheren Stufe nach Aebli sollte mit der darunter liegenden eng verknüpft sein. Der Übergang zur jeweils höheren Stufe wird durch Verbalisierung unterstützt. Bei auftretenden Schwierigkeiten kehre die Lehrkraft zur darunter liegenden Stufe zurück. Eine Vertiefung des Verständnisses kann durch operatives Durcharbeiten erreicht werden, das heißt Übung durch wiederholtes Durchdenken der Operation.

Mit den zwölf Grundformen des Lehrens hat Aebli eine allgemeine Didaktik auf psychologischer Grundlage geschaffen. Das dreidimensionale System der Grundformen umfasst

- fünf Varianten der medialen Übermittlung:
  - Erzählen und Referieren,
  - Vorzeigen,
  - Anschauen und Beobachten,
  - mit Schülern lesen,
  - Schreiben, Texte verfassen.
- drei Dimensionen der Struktur:
  - einen Handlungsablauf erarbeiten,
  - eine Operation aufbauen,
  - einen Begriff bilden.

- vier Schritte des Lernprozesses:
  - problemlösendes Aufbauen,
  - Durcharbeiten,
  - Üben und Wiederholen,
  - Anwenden.

E-I-S-Prinzip und Spiralprinzip nach Jerome **Bruner** (1915 – 2016): Nach Bruners Theorie vollzieht sich die Denkentwicklung nicht auf zeitlich abgestuften Denkniveaus, sondern gleichzeitig auf verschiedenen Darstellungsebenen (Repräsentationsmodi), die in Wechselbeziehung zueinander stehen:
- enaktive Darstellung durch Handlungen mit konkreten Materialien,
- ikonische Darstellung mithilfe von Bildern und Grafiken,
- symbolische Darstellung durch verbale Mitteilung oder Zeichensysteme.

Hans Aebli geht mit seinen Ausführungen also einen Schritt weiter als Piaget, welcher die geistige Entwicklung des Kindes zwar beschrieben, aber nicht in einen Zusammenhang mit Lernen gebracht hat. Aebli bekennt sich zur Grundthese des Konstruktivismus: Alle neuen Inhalte gehen im Individuum durch Konstruktion aus einfacheren Elementen hervor. Eine Aufnahme von außen findet nicht statt, weder durch Wahrnehmung noch durch Mitteilung. Auf den vier Schritten des Lernprozesses nach Aebli (Aebli 1983) basiert das

PADUA-Modell für kompetenzorientierten Unterricht:
- **P**: Problemstellungen einer Struktur,
- **A**: Aufbau,
- **D**: Durcharbeiten derselben,
- **U**: Üben,
- **A**: Anwenden.

Im Laufe der Entwicklung ergeben sich Akzentverschiebungen zwischen diesen Ebenen. Denken entwickelt sich durch immer bessere Koordination zwischen diesen Darstellungsebenen.

Im Sinne Bruners kommt es darauf an, die Übergänge zwischen den Darstellungsebenen zu pflegen, und zwar nicht nur die Abstraktionen, sondern auch die Konkretionen. Zentrale Bedeutung erlangt in diesem Zusammenhang die ikonische Darstellung.

Der Amerikaner David Paul **Ausubel** (1918 – 2008) definiert mit seinen Ausführungen eine frühe Variante des Konstruktivismus. Lernen unterscheidet er in einerseits mechanisches Lernen, das vor allem auf teilweise unverstandenem Auswendiglernen beruht, und andererseits in sinnvolles Lernen.
Beim sinnvollen Lernen wird das Gelernte mit vorhandenem Vorwissen verknüpft, der Begriff des sinnvollen Lernens enthält eine Definition von Lernen im konstruktivistischen Sinne. Sinnvolles Lernen beinhaltet vom Wortsinn her ein Verstandenhaben des Gelernten, eine aktive und damit individuelle Begriffsbildung. Ein Lernen im Sinne einer Übernahme von unverstandenen Begriffen bildet den Gegenpol.
Eine zweite Dimension des Lernens bewegt sich zwischen dem Pol des rezeptiven und dem des entdeckenden Lernens. Beim rezeptiven Lernen wird dem Lernenden der Lernstoff in abgeschlossener Form präsentiert, der Lernende hat wenig Einfluss auf den Verlauf des Lernprozesses. Rezeptive Lernformen bieten sich bei komplexeren Lerngegenständen oder reinem Wissenserwerb an, wenn entdeckendes Lernen zu unökonomisch wäre. Beim entdeckenden Lernen ist der Hauptinhalt des Lerngegenstandes nicht gegeben, sondern muss vom Lernenden selbst entdeckt werden.

Bruner gilt als Begründer des entdeckenden Lernens (Leuders 2014, S. 237), Teil von Bruners Lerntheorie ist auch das Spiralprinzip: „Jedem Kind kann auf jeder Entwicklungsstufe jeder Lehrgegenstand in einer intellektuell ehrlichen Form erfolgreich gelehrt werden“ (Bruner 1973, zit. n. Büchter 2014, S. 3).

Eine wichtige Rolle spielen dabei grundlegende Ideen und Grundbegriffe. Das Spiralprinzip könnte man auch beschreiben als „vorwegnehmendes Lernen“ einerseits und „Fortsetzbarkeit“ auf der anderen Seite.

Der amerikanische Psychologe Robert **Gagné** (1916 – 2002) untersuchte die Arten von Leistungen, die zu dem Schluss führen, dass Lernen stattgefunden habe. Zunächst brachte er sie in eine hierarchische Ordnung von acht Lernarten, die seiner Auffassung nach aufeinander aufbauen und hierarchisch organisiert seien:

- Signallernen,
- Reiz-Reaktions-Lernen,
- Lernen motorischer Ketten,
- Lernen sprachlicher Assoziationen,
- Lernen multipler Diskrimination,
- Begriffslernen,
- Regellernen,
- Problemlösen.

Für die Schule relevant sind eigentlich nur die vier letzten Lernarten Diskriminationslernen, Begriffslernen, Regellernen und Problemlösen. Später korrigierte und ergänzte Gagné sich in mehreren Punkten, was dann zu der unten stehenden Auflistung führte.

1. Grundformen des Lernens: Assoziationen und Ketten
2. Intellektuelle Fähigkeiten:
   - Diskrimination
   - Begriffsbildung
   - Regelbildung
   - Problemlösung
3. Kognitive Strategien (das Lernen, Erinnern und Denken steuern können)
4. Verbale Informationen (aufnehmen und weitergeben)
5. Motorische Fertigkeiten
6. Einstellungen

Diese Lernartenhierarchie muss aber unter der Voraussetzung angewandt werden, dass ihre Reichweite begrenzt ist. Insbesondere das Merkmal der Hierarchisierung wird den Anforderungen einer direkten Übertragung auf den Unterricht nicht gerecht. Aus heutiger Sicht muss zu den Lernarten im Mathematikunterricht, also den intellektuellen Fähigkeiten, das Modellieren noch hinzugefügt werden.

Lernzieltaxonomien werden heute kaum mehr verwendet, weil sie dazu verleiten, Lernergebnisse zu atomisieren und Leistungen auf das Messbare zu reduzieren. Das Prinzip „vom Leichten zum Schweren“ lässt sich aus der Lernzieltaxonomie ableiten, kann die Lehrkraft aber dazu verführen, Lernen

Der amerikanische Psychologe Benjamin **Bloom** (1913 – 1999) forschte über Lernen und Lerntheorie und wurde berühmt mit seiner Lernzieltaxonomie.
Er unterschied drei Lernzielbereiche: kognitiv, affektiv und psychomotorisch.
In seiner Lernzieltaxonomie unterschied er sechs Kategorien:

- Wissen,
- Verstehen,
- Anwenden,
- Analyse,
- Synthese,
- Bewertung.

im Gleichschritt zu organisieren und die Heterogenität der Lernenden zu ignorieren. Denn was für den einzelnen Lernenden leicht und was schwer ist, kann sich erheblich unterscheiden.

In den 1980er-Jahren sagten auf Forschungsergebnissen basierende neurobiologische Theorien: Das Nervensystem ist ein in sich abgeschlossenes System. Informationen sind nach dem Sender-Empfänger-Prinzip in dieses System nicht übertragbar. Von außen können lediglich kognitive Aktivitäten, also Lernprozesse, ausgelöst werden, nicht aber Lernergebnisse gezielt initiiert werden. Die darauf aufbauende Neurodidaktik folgerte daraus, dass Lehren so gestaltet werden muss, dass Lernen in der Weise geschieht, wie das Gehirn am besten lernt.

Moderner Konstruktivismus geht davon aus, „dass es weder Erkenntnis noch Wissen in einem objektiven Sinne gibt; Wissen und Erkenntnis sind vielmehr grundsätzlich subjektabhängig und werden vom denkenden Individuum aktiv konstruiert“ (vom Hofe 2001, S. 5).

1.4 „Neue Mathematik“

In den 1960er- bis in die 1980er-Jahre hinein nahm die Mengenlehre starken Einfluss auf den Unterricht an den Schulen, der in der Rückschau nicht nur positiv gesehen wird.

Internationalen Trends folgend, beschloss die deutsche Kultusministerkonferenz 1968 die flächendeckende Einführung einer „Neuen Mathematik“. Kerngedanke war, von der Geometrie der Griechen wegzukommen hin zu einer vermeintlich zeitgemäßen Sichtweise auf die Mathematik. Die neuen Leitbegriffe für die Lehrkräfte waren:

- Mengen,
- Aussagen,
- Relationen,
- Abbildungen,
- Verknüpfungen.

Die „Neue Mathematik“ stellte sich in der Grundschule so dar, dass zunächst nicht mit Zählen und Rechnen begonnen wurde. Sondern mit sogenannten strukturierten Materialien wurden logisches Denken und Abstraktionsvermögen gefördert. Die „logischen Blöcke“ von J. P. Dienes, „Arthur Kerns Rechenkasten“, die „Farbigen Stäbe“ des Klett Verlags oder die „Cuisenaire-Stäbchen“ liegen in den Lernmittelräumen zahlreicher Schulen teilweise heute noch unbeachtet herum.

Folgt man den Erkenntnissen von Piaget und seinen Schülern, dann passte die „Neue Mathematik" zumindest für die Grundschule nicht zum Entwicklungsstand der Lernenden.

In der Sekundarstufe führte die „Neue Mathematik" zu einer starken Wissenschaftsorientierung und Formalisierung. Die Schulbücher und der Mathematikunterricht wurden konsequent nach der Mengenlehre von Georg Cantor (1845–1918) ausgerichtet, was eine Unmenge mathematischer Symbole zur Folge hatte, die sich die Lernenden für die Schule und nur für die Schule aneignen mussten. Darstellungen wie Venn-Diagramme dienten weniger zur Veranschaulichung von Sachverhalten, wofür sie hervorragend geeignet sind, sondern mussten als Lernstoff gelernt werden.

Die Strukturierung der Inhalte des Mathematikunterrichts mithilfe von Aussagenlogik und Mengenlehre ist für Lehrkräfte und werdende Lehrkräfte heute noch hilfreich, aber als Lernstoff waren solche Themen für die damaligen Schülerinnen und Schüler wenig geeignet. Deshalb ist die „Neue Mathematik" mit ihrer Wissenschaftslastigkeit, überbordenden Symbolik und strenger Axiomatik auch in der Sekundarstufe Vergangenheit.

Es wurde streng deduktiv vorgegangen. Um beispielsweise den Satz des Pythagoras kennenzulernen, wurde vorab der Lehrsatz des Euklid gelernt, der mithilfe einer Abbildung durch Scherung eines Quadrats in ein flächengleiches Rechteck bewiesen wurde. Die Lerninhalte wurden nach Kategorien der wissenschaftlichen Mathematik strukturiert, in Schulbüchern gab es Kapitelüberschriften wie „Körper der reellen Zahlen" (Kusch / Aits / Aits 1980b).

Grundbegriffe der Aussagenlogik und Boole'sche Algebra waren Lernstoff. Von alldem ist nicht allzu viel übrig geblieben, am wichtigsten sind vielleicht die Lösungsmenge und die Schreibweise der Definitionsmenge.

Die „Neue Mathematik" führte also mitnichten dazu, die alte Mathematik zu überwinden, sondern im Gegenteil wurde die alte Mathematik mit Symbolik überfrachtet, die mit den Ansprüchen allgemeinbildender Schulen nicht in Einklang stand. Die „Neue Mathematik" haben wir in dem Kapitel „1.3 Das Entstehen einer Didaktik für Mathematikunterricht" nicht deshalb weggelassen, weil wir sie vergessen hätten, sondern weil man sie in diesem Zusammenhang vergessen kann.

1.5 Konstruktivismus

Den traditionellen Lerntheorien lag weitgehend eine Vorstellung des Lernens als Instruktion zugrunde. Diese Vorstellung führte zu einem Verständnis für Unterricht im Sinne von Anregen, Unterstützen und Beraten sowie Anleiten, Darbieten und Erklären. Die Instruktion kennzeichnete sich dadurch, dass hauptsächlich die Lehrkraft aktiv war und die Lernenden rezeptive Rollen einnahmen. Lernumgebung, Lernzeit und Lernweg waren vorgegeben, Aktionen der Lernenden nur eingeschränkt möglich. Lernsituationen zeichneten sich durch wenig Offenheit aus und waren treppenförmig aufgebaut: Stufe um Stufe sollten die Lernenden zum Lernziel hingeführt werden. Eine gute Lehrkraft zeichnete sich durch hohe „Erklär-Kompetenz“ aus, führte die Lernenden auf ihren eigenen Weg des Verstehens und begleitete sie darauf.

Dahinter stand immer noch die Annahme, dass Wissen eine Folge von Faktenlernen und Routine sei und dass Wissen weitergegeben werden könne. Aus heutiger Sicht wurde durch solche instruierenden Lernprozesse jedoch hauptsächlich nur sogenanntes träges Wissen weitergegeben. Wissen wurde zwar gelernt, konnte in konkreten Anwendungssituationen jedoch kaum genutzt werden. Übernehmender Wissenserwerb kann effektiv sein, wenn die Initiative beim Lernenden liegt, ist aber auch dann nur ein Teil des Erwerbs von Handlungskompetenz. Piagets Ausführungen haben maßgeblich zu einem neuen Blick auf das Lernen beigetragen.

Aus konstruktivistischer Sicht ist Lernen dagegen ein aktiver, selbst gesteuerter, konstruktiver, emotionaler, sozialer und situativer Prozess. Lernen kann nur eingeschränkt von außen gesteuert werden, denn es findet durch einen Einbau neuer Elemente und Verknüpfungen in vorhandenen individuellen Vernetzungen statt. Die Lehrkraft hat die Aufgabe, Situationen zu schaffen und zu nutzen, in denen solche Lernprozesse stattfinden können. Die Schüleraktivität soll erhöht werden und damit sollen die Lernenden stärker befähigt werden, sich die Welt konstruierend zu erschließen. Hinsichtlich der Lerninhalte und der Lernziele ist eine größere Offenheit nötig, um individuelle Vernetzungen zu unterstützen, sogar die Zeitgestaltung sollte im Idealfall flexibel handhabbar sein. Lernen im konstruktiven Sinne zeichnet sich dadurch aus, dass

- Lernen in Situationen und Zusammenhängen stattfindet, die vom Lernenden selbst als sinnhaft erlebt werden (dann kann Lernen auch die Übernahme von Wissenselementen beinhalten),
- sowohl eine Basis an relevantem Wissen als auch Kompetenzen erworben werden,

- das Lernen sich an individuellen Fähigkeiten und Bedürfnissen orientiert,
- das Lernen kooperativ und solidarisch stattfindet.

Aufseiten der Lernenden sind für erfolgreiches Lernen nach diesem Verständnis auch methodische und soziale Fähigkeiten notwendig, insbesondere ein gewisses Maß an Selbststeuerungs- und Kooperationskompetenzen. Aber auch wenn diese vorhanden sind, können ungünstige Rahmenbedingungen wie Ablenkungen durch sehr aktive Mitschüler oder Lärm, Raumnot oder die Klassengröße auch dann noch die individuellen Lernprozesse stören oder gar verhindern.

Trotz ihrer aktiven Rolle im Lernprozess brauchen die Lernenden neben methodischen und sozialen Fähigkeiten aber auch ein gewisses Maß an Instruktion, um effektiv lernen zu können. Es bedarf folglich einer ausgewogenen Balance aus Instruktion und Konstruktion, damit individuelles Lernen erfolgreich stattfinden kann.

Aus diesen Erkenntnissen ergeben sich Auswirkungen auf die Lehrerrolle. Diese zeichnet sich dadurch aus, dass sich die Lehrkraft zunehmend zurücknimmt und die Rolle eines Helfers und Unterstützers, im Gespräch eines Moderators, einnimmt. Die Lehrkraft kennt Grundvorstellungen der Lernenden, an die diese neuen Lernstoff anbinden können. Sie schafft Bedingungen, in denen Raum für individuelles Lernen vorhanden ist. Sie legt ihre Planung offen, beteiligt die Lernenden daran, soweit es sinnvoll ist. Zunehmend überlässt sie den Lernenden die Rolle, ihre Lernprozesse zu lenken, überträgt Verantwortung für den Lernerfolg auf die Lernenden.

Unterrichtsprinzipien auf der Basis einer konstruktivistischen Sicht auf das Lernen von Mathematik einerseits und der Erkenntnisse der „Klassiker“ andererseits sind nach Barzel / Hußmann 2014:

- Sinnstiftung,
- genetisches Lernen,
- kognitive Aktivierung,
- Verstehensorientierung,
- Differenzierung.

1.6 Allgemeinbildender Mathematikunterricht

Die Kritik am traditionellen Mathematikunterricht war nicht neu, als sie Hans Werner Heymann in seiner Habilitationsschrift 1995 mit einer Reflexion über die Bildungswirksamkeit der Inhalte von Mathematikunterricht verband. Er stellte nicht nur infrage, wie gelernt wurde, sondern darüber hinaus, was gelernt wurde. Er löste damit eine heftige fachliche Kontroverse aus, die ein großes Echo in den Medien bis hinein in die Boulevardpresse nach sich zog.

Stein des Anstoßes war hauptsächlich ein provokativ formulierter Satz, der von Kritikern aus dem Zusammenhang gerissen und zur Kernthese erhoben wurde:

> „Fast alles, was über den Standardstoff der ersten sieben Schuljahre hinausgeht, darf, ohne dass sich die Betroffenen merkliche Nachteile einhandelten, vergessen werden. Ein Großteil der üblichen Schulmathematik, und zwar gerade der mathematisch anspruchsvolleren Gebiete, wäre demnach [...] nicht lebensnotwendig."
>
> (Heymann 1996 / 2013, S. 134)

Heymanns Ausführungen wurden als „populistische Forderungen nach weltlicher Anwendungsorientierung, Nützlichkeit und Anschaulichkeit" (Führer 1998, S. 3) diffamiert und traten eine heftige Diskussion hauptsächlich darüber los, was Bildung überhaupt ist und was unter Allgemeinbildung zu verstehen ist.

Heymann ist als Professor inzwischen emeritiert, seine damals als provokant empfundenen Ausführungen sind längst anerkannt und seine Schlussfolgerungen sind als weitgehender Konsens in die Fachdidaktik eingegangen. Mathematik, wie sie in den allgemeinbildenden Schulen unterrichtet wird, wird heute verstanden als „zentrale kulturelle und zivilisatorische Errungenschaft", die „bei der Bewältigung vielfältiger Lebenssituationen" unterstützt und „als Sprache in einer zunehmend technisierten und ökonomisierten Welt" dient (MKJS Baden-Württemberg 2016b, S. 3). Die Merkmale Anwendungsorientierung, Nützlichkeit und Anschaulichkeit von Mathematikunterricht werden heute ganz selbstverständlich von Bildungsplänen eingefordert.

Aber was ist eigentlich „Allgemeinbildung"? Ist das, was mit „Bildung" gemeint wird, individuell unterschiedlich initiiert und strukturiert, und „Allgemeinbildung" eher verordnet und für alle gleich? Ist Allgemeinbildung folglich alles, was man in den „allgemeinbildenden Schulen" lernt, bleibt also der Bildungswert alles Traditionellen somit unantastbar, nur weil es gelehrt wird: binomische Formeln, Trigonometrie, Mitternachtsformel?

Mehr als ein Vierteljahrhundert später ist es wieder Heymann, der uns eine überzeugende Unterscheidung von Bildung und Allgemeinbildung liefert. Bildung ist ein individueller Prozess der Selbstverwirklichung, einhergehend mit aktiver Aneignung von gesellschaftlich geteiltem Wissen, der sich nicht von außen erzwingen lässt. Mit Allgemeinbildung schafft die Schule förderliche Rahmenbedingungen als Nährboden, auf dem individuelle Bildung wachsen kann (Heymann 2025, S. 31). Schulisch vermittelte Allgemeinbildung muss also so umfassend sein, dass individuelle Auswahlen möglich sind und nicht nur bloße Übernahmen.

Allgemeinbildung sollte im Spannungsfeld zwischen Zweckfreiheit und Lebensvorbereitung einen angemessenen Platz einnehmen. „Allgemeinbildung ist so zu konzipieren, dass sie individuelle Bildung in großer Vielfalt möglich macht. Allgemeinbildung muss Raum lassen für eine Fülle unterschiedlicher, eventuell auch konkurrierender individueller Bildungsideale" (Heymann 1996/2013, S. 46). Mathematik gehört zu einer alltäglichen Lebenskompetenz, die jeder immer braucht, auch in Kontexten und Berufen, die üblicherweise als mathematikfern gelten.

Unter **allgemeinbildender Mathematik** wird eine Mathematik verstanden, die sich im Wesentlichen nicht an der Wissenschaft orientiert, sondern an Alltagstauglichkeit und der Relevanz für individuelle Bildung.

Allgemeinbildende Mathematik ist eine Mathematik für alle, also diejenigen ausdrücklich einschließend, die sich im späteren Beruf oder Studium nicht direkt mit Mathematik beschäftigen werden und die sich in der Schulzeit nicht als speziell für Mathematik Begabte begreifen.

Mathematik ist in einer immer weiter technologisierten Welt eine unentbehrliche Basiswissenschaft, wenn nicht die unentbehrlichste überhaupt, und wird immer noch mehr bedeutend, wenn sie auch oft von ihren Anwendungen verdeckt und dadurch kaum wahrgenommen wird.

Unbestritten stellt Mathematikunterricht einen unverzichtbaren Bestandteil von Bildung und von allgemeiner Bildung dar. Das wirft trotzdem Fragen über die Nützlichkeit von mathematischen Inhalten auf. Wovon haben Lernende größeren Nutzen im Alltag: zum Beispiel von der Kenntnis der binomischen Formeln oder von einem Verständnis dafür, wie der Strichcode aufgebaut ist, der sich auf fast jedem Gegenstand befindet, den sie für den täglichen Bedarf kaufen, und wie damit welche Informationen von wem entnommen werden können?

Praktischer Verstand als Teil der Allgemeinbildung ist schwerer zu erwerben als Expertenwissen, denn dazu muss eine große Varietät verschiedener Wissensarten genutzt werden, und deren Zusammenführung ist oft kompliziert. Dagegen muss man als „Experte" nur „viel Wissen über nur verhältnismäßig wenige Varietäten besitzen" (Minsky 1994, S. 72).

Faktenwissen und die Beherrschung von Routineverfahren haben als Bildungsinhalte an Bedeutung verloren, weil beides zunehmend von technischen Hilfsmitteln übernommen wird. Was dagegen an Bedeutung zugenommen hat, sind Aspekte der Kontrolle, Verantwortung und Emanzipation. Und dafür sind andere als wissenschaftsbezogene mathematische Kompetenzen notwendig, die bisweilen als „weiche" mathematische Kompetenzen bezeichnet wurden. Dazu einige Beispiele:

- Beim Einkauf im Supermarkt, während ich die Waren auf das Laufband lege, läuft in meinen Gedanken eine eurogenaue Schätzung und Überschlagsrechnung mit und deshalb weiß ich schon, nach welchem Schein ich in meiner Geldbörse greifen werde, bevor mir die Verkaufskraft den Betrag nennt. Nebeneffekt: Wenn ein Artikel mit einem anderen als dem am Regal ausgezeichneten Betrag eingescannt wurde, fällt mir das deshalb meistens auf. Wer solche Schätzungen und Überschlagsrechnungen nicht macht oder nicht beherrscht, verzichtet auf leicht einsetzbare Möglichkeiten der Kontrolle, lebt ein Stück weit entmündigt. Er ahnt nicht, wie oft das vorkommt, sondern gibt nur brav und unreflektiert sein Geld her. Teilkompetenz allgemeinbildender Mathematik: **Schätzen, Überschlagsrechnung und Runden als Gewohnheit.**
- Die Bedienung von Automaten. Es ist richtig, dass man sich ziemlich gut darauf verlassen kann, dass Automaten, die mit Zahlenwerten rechnen, dies auch weitestgehend fehlerfrei ausführen. Man muss also nicht unbedingt seine Kontoauszüge nachrechnen, um die Anwendung der Grundrechenarten zu üben, auch nicht mithilfe eines Schulrechners. Aber es ist durchaus sinnvoll, auf die Eingabewerte zu achten, also darauf, welchem Kaufvorgang welcher abgebuchte Betrag zuzuordnen ist, oder die Kontrolle darüber, ob zu erwartende Gutschriften auch wirklich eingegangen sind. Teilkompetenz allgemeinbildender Mathematik: **Rechenvorgänge überprüfen als Routine.**
- Zählen Sie Ihr Geld eigentlich nach, das Sie am Bankautomaten abgehoben haben? Es wäre möglich, dass ein Schein im Mechanismus hängen geblieben ist oder dass Sie das Geldscheinbündel nicht ganz gegriffen haben oder dass sie einen anderen Betrag eingegeben haben, als Sie sich vorgenommen hatten? Teilkompetenz allgemeinbildender Mathematik: **Mit Größen rechnen können.**
- Auch Maschinen können betrügen, meist unabsichtlich. Wer bei der Leergutrücknahme eine Mineralwasserkiste aufs Band oder in den Schacht stellt und nur 10 statt 12 Flaschen vergütet bekommt, dem sollte das auffallen, weil er zählen und Zahlen lesen kann. Vielleicht waren nicht alle Flaschen vollständig entleert oder Flaschen unterschiedlicher Abfüller wur-

den nicht erkannt. Die Maschine nennt weder einen Grund noch bietet sie eine Wahlmöglichkeit an, sondern zählt nur diejenigen Flaschen, die ihren Sensoren und ihrem Algorithmus entsprechend korrekt sind. Möchte man sich von einer Maschine übervorteilen lassen, auch wenn es sich nur um geringe Beträge handelt? Wem solches auffällt, der streitet sich meist nicht wegen ein paar Cent mit einem Verkäufer herum, sondern kauft möglicherweise seine Getränke zukünftig in einem anderen Geschäft mit einer besseren Maschine oder einem lebenden Menschen als Handelspartner. Teilkompetenz allgemeinbildender Mathematik: **Zählen und Zahlen lesen.**

Allgemeinbildung lässt sich aber nicht ganz von Berufsbildung trennen. Zum Beispiel eine Verkäuferin muss addieren, subtrahieren und mit Größen umgehen können. Wenn ein Landschaftsgärtner einen Weg anlegt, muss er Flächeninhalte und Volumina berechnen, eine Schreinerin muss Materialien so in Teilflächen aufteilen, dass möglichst wenig Verschnitt übrig bleibt (Vernay 2008, S. 38 ff.)

Die Beispiele zeigen, dass die Mathematik gerade mit ihren elementaren Inhalten im Alltag hilft. Der Gebrauch „weicher“ mathematischer Kompetenzen verhilft zu einem Zugewinn an Emanzipation, Verantwortung und letztlich Mündigkeit. Wir verstehen das Konzept allgemeinbildenden Mathematikunterrichts so, dass man diese elementaren Inhalte und Kompetenzen auch dann im Zentrum des Mathematikunterrichts belassen sollte, nachdem sie eigentlich schon „behandelt“ wurden, also dass auch in der Sekundarstufe „weichen“ mathematischen Kompetenzen immer noch die Bedeutung zukommen sollte, die sie im Alltag mündiger Bürger und Bürgerinnen sowieso haben.

Dass die Vermittlung der „Kulturtechniken“ Lesen, Schreiben und Rechnen zur Allgemeinbildung nicht nur dazugehört, sondern sie trägt, ist unstrittig. Mit der Digitalität, also dem alltäglichen Umgang mit digitalen Geräten und Informationen, ist wohl eine vierte Kulturtechnik hinzugekommen, und diese sollte in den Allgemeinbildungsbegriff aufgenommen werden. Wenn Lernende in der Schule die Erfahrung machen, dass sie mit digitalen Endgeräten weitaus kompetenter und vor allem routinierter umgehen können als ihre Lehrkräfte, und ihnen gleichzeitig verboten wird, diese in der Schule zu nutzen, dann treibt das einen Keil zwischen Schule und dem, was die dort Lernenden unter Allgemeinbildung verstehen, auch wenn sie dafür andere Wörter benutzen.

Heymann hat die Merkmale allgemeinbildenden Mathematikunterrichts im Kontrast zu traditionellem Mathematikunterricht in seiner Habilitationsschrift (Heymann 1996a/2013, S. 264–267) und in Zeitschriftenbeiträgen

(z. B. Heymann 1996b) in Form von vier Tabellen verglichen, die insgesamt 25 Merkmale enthalten. Er stützt sich dabei auf Überlegungen zu Aufgaben des Mathematikunterrichts hinsichtlich Lebensvorbereitung, Emanzipation, Verantwortung und Selbstwahrnehmung der Lernenden. Er bezieht Aspekte der Kulturkohärenz und Weltorientierung mit ein. Die Merkmale, die sich aus seinen Ausführungen ergeben, sind immer noch geeignet, Mathematikunterricht so zu beschreiben, wie er zusammenfassend als „allgemeinbildend" bezeichnet wird und wie er eigentlich sein sollte. Wir haben aus seiner Gegenüberstellung eine Positivliste für allgemeinbildenden Mathematikunterricht gemacht.

Allgemeinbildender Matheunterricht zeichnet sich nach Hans Werner Heymann durch folgende Merkmale[3] aus:

Verklammerung sozialen und fachlichen Lernens

- Die Lernenden übernehmen weitgehend selbst Verantwortung für ihren eigenen Lernprozess.
- Die Lernenden bekommen häufig Gelegenheiten, von sich aus aktiv zu werden, sich mit einem Problem zu identifizieren.
- Die Lernenden kommunizieren direkt miteinander.
- Lernende stellen echte Fragen an Lehrkraft und Mitlernende, geben Mitlernenden Antworten, erörtern untereinander Argumente.
- Es ist selbstverständlich, Mitlernenden beim Verstehen zu helfen und sich auch selbst helfen zu lassen.
- Es gibt immer wieder Gelegenheiten, gemeinsam mit anderen an Probleme heranzugehen, sich über Ziele und Strategien zu verständigen, Schwächen auszugleichen und Stärken zu bündeln.
- Mitlernende und Lehrkraft werden jeder als Mensch ernst genommen, allen wird die Fähigkeit zum vernünftigen Denken unterstellt.
- Die Qualität eines Arguments hat mehr Gewicht als der soziale Status der Person, die es vertritt.

3 Bei den Formulierungen haben wir nicht immer wörtlich zitiert, haben uns aber weitgehend an Heymann gehalten. Wir haben die Gegenüberstellung mit traditionellem (bei Heymann „herkömmlichem") Mathematikunterricht weggelassen. Die Reihenfolge haben wir umgestellt. An manchen Stellen haben wir festgestellt, dass wir mit weniger strengen Formulierungen auskommen, weil bestimmte negative Merkmale von traditionellem Mathematikunterricht tatsächlich weitgehend der Vergangenheit angehören.

Eigenaktivität von Lernenden

- Mathematiklernen wird als ein Erkundungsprozess erfahren, der allein oder gemeinsam mit anderen im Austausch von Ideen und Argumenten vollzogen wird.
- Niemand scheut sich, auch unfertige Gedanken in eigenen Worten wiederzugeben und anderen mitzuteilen.
- Es gibt offene Aufgaben und Probleme, denen man sich auf unterschiedliche Weise nähern kann, mit mehr als nur einer Lösung.
- Lernende nutzen auf spielerische Weise in mathematikhaltigen Situationen ihre Fantasie und Kreativität.
- Im Unterricht sind Neugier, Spannung, Engagement, Überraschung, Lust am Denken und mathematischen Tun normal.

Reflexion über Mathematik und mathematisches Tun

- Sinn und Bedeutung der jeweils anstehenden Mathematik werden thematisiert und transparent gemacht.
- Es wird gemeinsam über das mathematische Tun reflektiert.
- Das Verstehen mathematischer Sachverhalte wird ihrer technischen Beherrschung übergeordnet; die Lernenden können stets reflektieren, was sie mathematisch tun.
- Formalisierung ist niemals Selbstzweck, aber für manche Gelegenheiten eine willkommene Hilfe, um Gedachtes und Verstandenes verfügbar zu halten und damit operieren zu können.
- Vernetzungen zwischen mathematischen Teilgebieten werden herausgearbeitet, der Bezug zu zentralen Ideen wird verdeutlicht.
- Der Sinn von Anwendungsaufgaben und dahinterstehenden Modellannahmen wird diskutiert.
- Scheinbare Selbstverständlichkeiten und Konventionen der Schulmathematik werden hinterfragt und angezweifelt.

Umgang mit Fehlern

- Fehler sind als notwendige und selbstverständliche Begleiterscheinungen von Lernprozessen akzeptiert und sogar gewollt.
- Fehler werden zum Anlass genommen, über Gründe für diese Fehler nachzudenken.
- Es gibt verschiedene Stufen der Annäherung an Erkenntnisse, Hypothesen und Teillösungen.

- Es gibt Raum für Umwege, ungewöhnliche Ideen, Offenheit für unterschiedliche Verläufe des Unterrichts.
- Individuell unterschiedliche Lösungswege werden nicht nur akzeptiert, sondern bewusst angestrebt und als besondere Zugangsweisen begrüßt.

Über viele Jahre haben wir in unseren Seminarveranstaltungen mithilfe der oben aufgezählten Merkmale zusammen mit den von Heymann zusammengetragenen Gegenpolen angehende Lehrkräfte um detaillierte Selbsteinschätzungen und Einschätzungen des Stands an ihrer Ausbildungsschule gebeten. Wir haben diese Einschätzungen mithilfe von Prozentrechnungen, die wir übrigens auch zu den tragenden Kompetenzen allgemeinbildenden Mathematikunterrichts zählen, quantifiziert. Dabei hat sich klar herauskristallisiert, dass allgemeinbildender Mathematikunterricht noch nicht vollständig an den Schulen unseres Wirkungsbereichs angekommen war, dass dessen Akzeptanz und Verbreitung aber stetig Jahr für Jahr zunahmen; das erfüllt uns mit Zuversicht. Es gibt aber noch Handlungsbedarf. Das Ziel kann man mit einem Verzicht auf den Komparativ beschreiben: Mathematikunterricht muss nicht besser werden, sondern gut.

Die historische Entwicklung des Mathematikunterrichts mündet in der heutigen Forderung nach einer verbindlichen und vergleichbaren Qualität. Als Antwort auf diese Forderung wurden die Bildungsstandards eingeführt, die den Rahmen für den Mathematikunterricht in Deutschland festlegen und Gegenstand des nächsten Kapitels sind.

2 Bildungsstandards

Was Sie in diesem Kapitel erwartet:

- die Entwicklung inhaltsbezogener Lehrpläne hin zu kompetenzbasierten Bildungsstandards,
- die empirische Wende in der Bildungspolitik,
- mathematische Grundbildung laut PISA,
- nationale Bildungsstandards,
- die vier Kernkompetenzen,
- Bildung in der digitalen Welt,
- prozessbezogene Kompetenzen, inhaltsbezogene Kompetenzen und Anforderungsniveaus,
- das Kompetenzmodell der Bildungsstandards.

Ziele schulischer Bildung werden in Lehr- bzw. Bildungsplänen festgelegt. Prinzipiell ist jede Lehrkraft an die im jeweiligen Bildungsplan ihres Bundeslands festgelegten Kompetenzen und Inhalte gebunden und ansonsten in der Wahl ihrer Methoden frei.

Es gab und gibt Bildungspläne, die nur einen Teil der Inhalte festlegen und darüber hinaus der Lehrkraft explizit inhaltliche Freiheiten gewähren.[4] Dabei wird davon ausgegangen, dass die verbindlich vorgegebenen Inhalte weniger als die tatsächlich zur Verfügung stehende Unterrichtszeit in Anspruch nehmen würden.

Der Aspekt, dass die Lehrkräfte auch im Fachunterricht immer mehr Zeit und Energie für die Lösung pädagogischer, nicht fachlicher Probleme brauchen, ist dabei nicht berücksichtigt. Im Ergebnis verschaffen schwieriger werdende pädagogische Anforderungen vielen Lehrkräften das Gefühl, immer weniger Spielraum für fachdidaktische Überlegungen zu haben.

Allerdings musste Unterricht schon immer unter vorgefundenen Bedingungen mit angetroffenen Adressaten stattfinden. Die Erhebung der anthropogenen und soziokulturellen Bedingungen hat schon die Berliner Schule in den 1960er-Jahren an den Anfang jeder Unterrichtsplanung gestellt (Heimann/Otto/Schulz 1965). Bildungsstandards nehmen den Lehrkräften di-

4 KMK 2003: Kerncurricula 60 % der Unterrichtszeit; MKJS BW 2004, S. 17: Kerncurricula nehmen zwei Drittel der Unterrichtszeit in Anspruch.

daktische Auswahlen zum Teil ab, aber eben nur zum Teil. Dass sich Unterrichtsbedingungen im Laufe vergangener Jahre verändert haben, erfordert eine Anpassung von Didaktik und Methoden – auf Didaktik zu verzichten, weil die Lernenden schwieriger geworden seien und die Lehrkraft damit genug beschäftigt, sie zu disziplinieren, kann aber nicht die Antwort sein.

Weil auch Bildungsstandards Änderungen von Bedingungen und Voraussetzungen berücksichtigen müssen, werden sie von Zeit zu Zeit überarbeitet und angepasst. Dass dabei ein gewisser zeitlicher Versatz entsteht, liegt im Wesen der Sache. So wurden zum Beispiel die prozessbezogenen Kompetenzen in den nationalen Bildungsstandards der KMK erst 2023 um die durch Digitalisierung notwendig gewordene Medienkompetenz erweitert, obwohl die Notwendigkeit schon viele Jahre zuvor klar war.

Mehr und tiefer gehende Probleme ergeben sich daraus, wenn Prüfungsformate nicht entsprechend den Bildungsstandards angepasst werden. Weil in vielen Prüfungen nicht das nachgefragt wird, was von den aktuellen Bildungsstandards gefordert wird, setzen sich Bildungsstandards an den Schulen nicht in einem Maß durch, wie es eigentlich gewünscht wird.

Was bei schulischer Bildung herauskommt, wurde bis Ende des vergangenen Jahrhunderts in Deutschland kaum überprüft. In den 1990er-Jahren wuchs in der Bildungspolitik die Erkenntnis, dass inhaltliche Vorgaben für den Unterricht nicht ausreichen, sondern dass auch der Ertrag schulischer Bildung erfasst werden muss. Damit begann eine empirische Sicht auf Bildung. Die Ergebnisse der TIMS-Studie von 1995[5] leiteten in Deutschland eine fast dramatische „empirische Wende" ein (Abshagen u. a. 2017, S. 11, 216).

Kern der Erkenntnisse aus der TIMS-Studie war, dass aus dem damaligen Mathematikunterricht in Deutschland nur eine sehr kleine Gruppe Lernender hervorgegangen war, die Spitzenleistungen erbrachte, und eine große Gruppe mit nur schwachen Leistungen. Die Schwächen bestanden weniger im Nichtbeherrschen von Verfahren, sondern im Anwenden von Mathematik, im Erkennen und Nutzen von Zusammenhängen und im Begründen. Die TIMS-Studie ergab, dass deutsche Schülerinnen und Schüler erworbene Fertigkeiten kaum in Kompetenzen umsetzen konnten. Sie deutete auf Entwicklungsbedarf hinsichtlich Differenzierung hin und machte die Notwendigkeit sichtbar, schulisches mathematisches Tun deutlicher zu definieren und zu strukturieren, als dies bisher geschehen war.

5 TIMSS (Trends in International Mathematics and Science Study) ist eine internationale Studie der IEA (International Association for the Evaluation of Educational Achievement). 1995 stand das „T" noch für „third", weil es schon zwei Vorgängerstudien gegeben hatte. Nachfolgend wurde die Studie im vierjährigen Abstand fortgeführt und deshalb die Bedeutung des T im Kürzel angepasst.

Die Ergebnisse der ersten PISA-Studie[6] wenige Jahre später verstärkten die Erkennbarkeit von Handlungsbedarf und führten zum sogenannten „PISA-Schock".

Mathematische Grundbildung ist laut PISA „die Fähigkeit einer Person,

- die Rolle zu erkennen und zu verstehen, die Mathematik in der Welt spielt,
- fundierte mathematische Urteile abzugeben,
- sich auf eine Weise mit Mathematik zu befassen, die den Anforderungen des gegenwärtigen und künftigen Lebens dieser Person als konstruktiver, engagierter und reflektierender Bürger entspricht." (OECD PISA, zitiert nach Elschenbroich 2004, S. 64)

In der Rückschau zeigen das Mathematikverständnis von PISA und das weiter oben beschriebene Konzept eines allgemeinbildenden Mathematikunterrichts große Übereinstimmungen. Infolge der im internationalen Vergleich auch hier enttäuschenden Ergebnisse wurden dann Bildungsstandards verfasst, die seither den Bundesländern als Grundlagen für die Bildungspläne dienen.

Bildungsstandards sind Anforderungen an das Lehren und Lernen, die in Mindestanforderungen, Regelanforderungen und Maximalanforderungen differenziert sind, wodurch sich streng genommen vier Stufen ergeben, wenn man berücksichtigt, dass auch Mindestanforderungen unerfüllt bleiben können.

Der letzte Aspekt ist nicht banal, weil Mindestanforderungen eigentlich die Voraussetzungen definieren, die zu einer halbwegs emanzipierten Teilhabe am gesellschaftlichen Leben notwendig sind. Spätere Evaluationen[7] haben ergeben, dass durchaus nicht unerhebliche Teile der deutschen Schülerschaft diese Mindestanforderungen aber nicht erfüllen.

Die Anzahl Lernender, die die Mindestanforderungen nicht erfüllen, ist in den letzten Jahren dramatisch gestiegen. Es ist sicher richtig und wichtig, wenn geplant ist, die Lernstanderhebungen auf weitere Jahrgänge auszu-

6 PISA (Programm for International Student Assessment) ist eine internationale Studie der OECD (Organization for Economic Co-Operation and Development), die seit dem Jahr 2000 mit wechselnden Schwerpunkten im dreijährigen Turnus durchgeführt wird.

7 Z. B. VERA (**Ver**gleichs**a**rbeiten), das sind jährliche Lernstanderhebungen der Bundesländer seit 2004 in den Kernfächern, deren Ergebnisse aber zum Beispiel wegen der Freiwilligkeit der Teilnahme nicht unumstritten sind.

weiten, um datenbasiert Unterricht und Schule weiterzuentwickeln und dem oben beschriebenen Trend entgegenzuwirken.

Nicht oder unzureichend gelungene Bildung wird nämlich dazu führen, dass ein Teil der Bevölkerung ohne individuelle Selbstbestimmung und Emanzipation am gesellschaftlichen Miteinander teilnehmen wird und letztlich ohne Aufstiegschancen, während Regel- und Maximalanforderungen gesellschaftlicher Reproduktion und Weiterentwicklung dienen.

An dieser Stelle wird eine Verbindung zu einem der wichtigsten fachdidaktischen Themen deutlich: **Differenzierung**. Bei Differenzierung geht es für die Lehrkraft „um eine Anpassung der Lerninhalte und der Methoden an die individuellen Voraussetzungen und Möglichkeiten" der Lernenden (Storz 2014, S. 12). Außer Frage muss der Anspruch stehen, dass alle die Mindestanforderungen erfüllen müssten, die meisten die Regelanforderungen und nur wenige die Maximalanforderungen erfüllen werden. Lehrkräfte, die diese Erkenntnis missachten, werden immer die besonders schwachen und gleichermaßen die besonders leistungsfähigen Lernenden benachteiligen, weil sie sich nur an der mittleren Gruppe orientieren und deren sinkende Leistungsfähigkeit beklagen.

Nationale Bildungsstandards 2003

Im Jahr 2003 wurden von der Kultusministerkonferenz (KMK) nationale Bildungsstandards in Form von konkret beschriebenen erwünschten Lernergebnissen als Grundlagen für die Bildungspläne der Bundesländer beschlossen, die prinzipiell mithilfe von empirischen Testverfahren erfassbar sein sollten. Damit waren eigentlich Qualitätsmerkmale für Unterricht vereinbart worden. Ein späterer Vergleich der Bildungspläne der Bundesländer im Fach Mathematik machte deutlich, dass dies mitnichten zu einheitlichen Anforderungen geführt hat, auch in der mittelfristigen Folgezeit nicht.

Kern der Bildungsstandards ist der Kompetenzbegriff. Nach Weinert (Weinert 2001, S. 27 f.) sind Kompetenzen verfügbare oder erlernbare kognitive Fähigkeiten und Fertigkeiten, um Probleme erfolgreich und verantwortungsvoll zu lösen, verbunden mit der Bereitschaft, die Problemlösungen auch zu nutzen. Kompetenzorientierung legt den Fokus darauf, was jemand am Ende kann, und nicht, was jemand auf dem Weg dahin gemacht hat.

Der Begriff Kompetenz ist nicht leicht zu konkretisieren, denn Fähigkeiten lassen sich „weder einseitig durch Inhalte noch einseitig durch Handlungen befriedigend beschreiben" (Linneweber-Lammerskitten 2014, S. 23). Deshalb behilft man sich oft mit dem Aufzählen von Beispielen.

Aus der beruflichen Bildung stammt die Zusammenschau von **vier Kernkompetenzen**, die auch in die Bildungspläne der allgemeinbildenden Schulen eingezogen sind:
- personale Kompetenz: eigene Fähigkeiten;
- Sozialkompetenz: Umgang mit anderen;
- Methodenkompetenz: Fragen nach dem Wie;
- Fachkompetenz: Wissen und Fertigkeiten.

Kernaussage dieses Kompetenzmodells (von Hentig 2004, S. 12) ist, dass eine Vermittlung von Fachkompetenz nicht ausreicht, sondern dass auch personale, soziale und methodische Kompetenzen erworben werden müssen. Damit sollte gewährleistet werden, dass schulische Bildung objektiviert wird und einerseits gegen „Stoffhuberei“ und „Gesinnungspflege“ auf der anderen Seite abgegrenzt wird (von Hentig 2004, S. 12). Man kann darüber streiten, ob man deshalb Lehramtsanwärterinnen und Lehramtsanwärter dazu zwingen muss, in jedem Unterrichtsentwurf zu jeder Kernkompetenz eine gleich große Anzahl von Lernzielen zu formulieren.

Nicht streiten kann man unserer Ansicht nach über die Tatsache, dass diese Kernkompetenzen kaum isoliert gefördert werden können. Methodenlernen ohne Ziele und Inhalte ergibt wenig Sinn. Denn eine Methode ist „eine planmäßige Vorgehensweise zur Erreichung gesetzter Ziele“ (Storz 2009, S. 196), wenn auch ein isoliertes Methodenlernen eine Zeit lang an den Schulen als „Methodentraining“ eifrig betrieben wurde. Als problematisch herausgestellt hat sich die Einschätzung, dass eine Berücksichtigung der Kernkompetenzen hinreichend wäre, um die Kompetenzorientierung der Bildungsstandards zu erfüllen.

Ein Blick in die Praxis an den Schulen macht deutlich, dass dort immer noch stark auf Fertigkeiten fokussiert wird, wohl weil diese leichter nachweisbar sind als Fähigkeiten. Schullaufbahnprüfungen unterstützen oder verursachen sogar diese Gewichtung, solange sie hauptsächlich Fertigkeiten überprüfen, und dies in eher vertrauten und dadurch trainierbaren Kontexten.

Wenn die Bildungsstandards aus einer Unzufriedenheit mit den Ergebnissen schulischer Bildung hervorgegangen sind, dann reicht zur Lösung des Problems eine inhaltliche Sicht auf Mathematikunterricht nicht aus. Denn nicht nur, was gelernt wird, ist wichtig, sondern wie es gelernt wurde. Um Fehlschlüsse zu minimieren, sollte dabei vor allem auf die Tiefenstrukturen geschaut werden, die leider trotz erfolgter Versuche empirisch nicht so leicht zu erfassen sind (siehe dazu Kapitel 8).

Ergebnis der Kultusministerkonferenz 2003 war ein **Kompetenzmodell mit drei Dimensionen**:

- prozessbezogene Kompetenzen mit sechs allgemeinen Kompetenzen,
- inhaltsbezogene Kompetenzen mit fünf Leitideen,
- Anforderungsbereiche mit drei Niveaustufen.

Die inhaltsbezogenen Kompetenzen werden nach unserer Wahrnehmung in den 2020er-Jahren an den Schulen in aller Regel angemessen gefördert. Bezüglich der Nutzung der Niveaustufen im Sinne von Differenzierung und Individualisierung wurde ein Bewusstsein geweckt und es sind umfangreiche und oft angemessene Maßnahmen auf dem Weg. Aber die Förderung prozessbezogener Kompetenzen wird vielerorts immer noch nicht konsequent umgesetzt, sodass wir hier Förderbedarf und großes Potenzial für Qualitätsverbesserungen sehen.

Eine Brücke zwischen den inhaltsbezogenen und den prozessbezogenen Kompetenzen bauen die Operatoren, die in neueren Bildungsplänen zu finden sind. Operatoren sind Verben, die erwartete Handlungen beschreiben: Was tut jemand, um den gelungenen Erwerb der Kompetenz X auf dem Niveau Y nachzuweisen? Operatoren mögen die älteren Leserinnen und Leser zu Recht an die operationalisierten Lernziele erinnern, die in den 1970er-Jahren (Mager 1971) propagiert wurden und heute eigentlich nicht mehr verwendet werden. Die Idee war, dass das gewünschte Verhalten von Lernenden nach Abschluss eines Lernprozesses möglichst präzise als Lernziel beschrieben wird. Man kann eben leichter beobachten, was jemand tut, als was er kann oder könnte.

Eine Operationalisierung von Lernzielen unterstützt unangemessene Segmentierung und birgt die Gefahr, dass der Fokus auf diejenigen Ziele gelegt wird, die sich leicht beobachten lassen. Lernziele, die nicht so leicht nachprüfbar sind, geraten zunehmend aus dem Blick. Ob Lernende eine Definition oder eine Regel aufsagen können, ist leichter nachprüfbar, als zu prüfen, ob sie verstanden und Vorstellungen aufgebaut haben und Gelerntes in neuen Situationen memorieren, adaptieren und anwenden können.

Die Operatoren in aktuellen Bildungsplänen sind also sicher hilfreich, um den Lehrkräften eine stabilere Integration prozessbezogener Kompetenzen in den Unterricht näherzubringen. Sie sollten aber hinsichtlich ihrer Präzision nicht überbeansprucht werden und damit einer unerwünschten Rückkehr zur Segmentierung von Lernzielen den Weg frei machen. Denn man sollte sich klarmachen, dass operationalisierte Lernziele und Individualisierung Gegenpole sind. Je operationalisierter Lernziele sind, desto schwerer fällt es, zu differenzieren und erst recht zu individualisieren.

Die Strategie der KMK: „Bildung in der digitalen Welt" 2016

Unbestritten finden derzeit Veränderungen der Lebensbedingungen statt, die man in Anlehnung an die „industrielle Revolution" als „digitale Revolution" bezeichnen kann, obwohl auch klar ist, dass der Gebrauch solcher schwerwiegenden Begriffe einer Perspektive der Rückschau bedarf, über die wir noch nicht verfügen.

Die Digitalisierung betrifft alle Lebensbereiche und wird verstanden als „Prozess, in dem digitale Medien und digitale Werkzeuge zunehmend an die Stelle analoger Verfahren treten und diese nicht nur ablösen, sondern neue Perspektiven in allen gesellschaftlichen, wirtschaftlichen und wissenschaftlichen Bereichen erschließen, aber auch neue Fragestellungen z. B. zum Schutz der Privatsphäre mit sich bringen" (KMK 2016/2017, S. 8).

Man denke nur daran, wie tiefgreifend das Internet vor allem Wirtschaft und Handel verändert hat, wie radikal die sozialen Medien in unser Verhalten und unser soziales Miteinander eingreifen und wie schnell Künstliche Intelligenz den Umgang mit erhaltenen und zu gebenden Informationen verändert hat. Bildung wird dieser Entwicklung immer hinterherhinken und je größer das Tempo der Veränderungen, umso größer wird der Abstand zwischen Realität und Bildung, falls die Bildung nicht das Tempo ihrer Veränderungen anpasst.

Die Strategie der Kultusministerkonferenz beinhaltet Maßnahmen für Schulen, Hochschulen, berufliche Bildung und Lehrerausbildung. Es sollen „infrastrukturelle, rechtliche und personelle Rahmenbedingungen" (KMK 2016/2017, S. 8) geschaffen werden, um bisherige Lehr- und Lernformen, Lernumgebungen und Bildungsziele zu überprüfen und zu erweitern.

> „Die Länder verpflichten sich dazu, dafür Sorge zu tragen, dass alle Schülerinnen und Schüler, die zum Schuljahr 2018 / 2019 in die Grundschule eingeschult werden oder in die Sek I eintreten, bis zum Ende der Pflichtschulzeit die in diesem Rahmen formulierten Kompetenzen erwerben können."
>
> (KMK 2016 / 2017, S. 19)

Daraus folgt, dass im Schuljahr 2021/2022 an den Primarschulen und im Schuljahr 2023/2024 an den Schulen, die zu einem mittleren Bildungsabschluss führen, der Übergang der allgemeinbildenden Schulen in die Digitalität abgeschlossen sein müsste.

Die obigen Zeilen wurden im Lauf des Schuljahrs 2024/2025 geschrieben. Wenn die Länder ihre eingegangenen Verpflichtungen erfüllt haben, müsste dieser Teil des Buches bereits veraltet sein, wenn es erscheint. So schnell ändert sich heute alles.

Im Ernst: Wir erwarten, dass diese ehrgeizige Zielsetzung sich am ehesten an Schulen, die zur Hochschulreife führen, und an ambitionierten Privatschulen durchsetzen wird. Für den Rest sind wir gedämpft optimistisch. Ob seit 2021 (KMK 2016/2017, S. 11) jeder Lernende „sofern möglich" eine digitale Lernumgebung und Internetzugang nutzen kann, kann die Leserschaft bezogen auf ihr eigenes Umfeld selbst beurteilen bzw. Vermutungen darüber anstellen, woran es dort lag, wo es nicht möglich war.

Die weiterentwickelten Bildungsstandards der KMK 2023

Die Bildungsstandards 2023 ersetzen die Bildungsstandards 2004 und bilden die Grundlage für die Weiterentwicklung der Bildungspläne der Länder und für Fortbildungen. Die Standards wurden stufenübergreifend angeglichen, allerdings nicht konsequent schulartübergreifend, denn die Änderungen gelten nicht für die Erreichung der Hochschulreife.

Die Formulierungen für die Leitideen wurden überarbeitet, die prozessbezogenen Kompetenzen wurden in eine neue Reihenfolge gebracht und teilweise umbenannt.

Wichtigste Neuerung ist, dass die bisherige Kompetenz *Mit symbolischen, formalen und technischen Elementen der Mathematik umgehen* in zwei neue Kompetenzen aufgeteilt wurde: *Mit mathematischen Objekten umgehen* und *Mit Medien mathematisch arbeiten*. Digitale Bildung ist im Kompetenzbereich *Mit Medien mathematisch arbeiten* verankert. Damit wurde die vielfach geäußerte Erwartung (z. B. Storz/Schneider/Takin 2022, S. 23 und S. 32) erfüllt, Medienkompetenz müsse sich in den Bildungsstandards niederschlagen.

Im Primarbereich wird ausdrücklich darauf hingewiesen, dass mit „mathematischen Werkzeugen" sowohl analoge als auch digitale Werkzeuge gemeint sind (KMK 2023, S. 14). Die Idee der „handyfreien Zone Schule" muss angesichts solcher Vorgaben schon für die Grundschule wohl überdacht und konkretisiert werden, damit nicht nur alte Unsicherheiten der Lehrkräfte durch neue ersetzt werden und man im Zweifel eben dann doch alles lässt, wie es war. Kann man den Begriff „digitales Werkzeug" so definieren, dass das digitale Werkzeug, das jeder in der Tasche hat, nicht dazugehört? Oder müssen wir uns von der Wunschvorstellung „Smartphone erst ab 16 Jahren", wie von einer führenden Bildungspolitikerin 2024 in einer TV-Talkshow gefordert wurde, nun doch verabschieden?

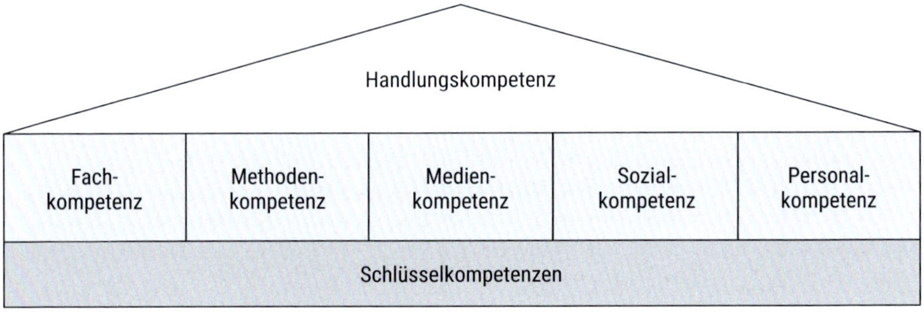

Abb. 2.1: Erweiterte Schlüsselkompetenzen

Wir halten es für sinnvoll, in diesem Zusammenhang die bisherigen Kern- oder Schlüsselkompetenzen um eine fünfte Schlüsselkompetenz, die „Medienkompetenz" zu erweitern, damit das Kompetenzmodell den hinzugekommenen Anforderungen gerecht wird (Abb. 2.1 aus Storz/Schneider/Takin 2020, S. 32).

Das Modell der Schlüsselkompetenzen wurde durch Beschluss der Kultusministerkonferenz (KMK) 2003 in den Bildungsplänen abgelöst durch das Kompetenzmodell der Bildungsstandards. In den Bildungsstandards wurden fachliche und fächerübergreifende Kompetenzen verbunden.

Trotzdem sind fachunabhängige Kompetenzmodelle wie das Modell der Schlüsselkompetenzen oder das Modell der Zukunftskompetenzen (4K-Modell) bisweilen in der Diskussion über Bildungsqualität hilfreich.

Das im Folgenden abgedruckte Kompetenzmodell für Mathematik 2023 erweitert und ersetzt das Kompetenzmodell 2003, ist aber nicht wesentlich anders aufgebaut.

Das Kompetenzmodell 2023 für Mathematik Sekundarstufe I

Dimension	Inhalte
Prozessbezogene mathematische Kompetenzen	(K1) Mathematisch argumentieren (K2) Mathematisch kommunizieren (K3) Probleme mathematisch lösen (K4) Mathematisch modellieren (K5) Mathematisch darstellen (K6) Mit mathematischen Objekten umgehen (K7) Mit Medien mathematisch arbeiten
Inhaltsbezogene mathematische Kompetenzen (Leitideen)	(L1) Zahl und Operation (L2) Größen und Messen (L3) Strukturen und funktionaler Zusammenhang (L4) Raum und Form (L5) Daten und Zufall
Anforderungsbereiche (Niveaus)	I Reproduzieren II Zusammenhänge herstellen III Verallgemeinern und Reflektieren

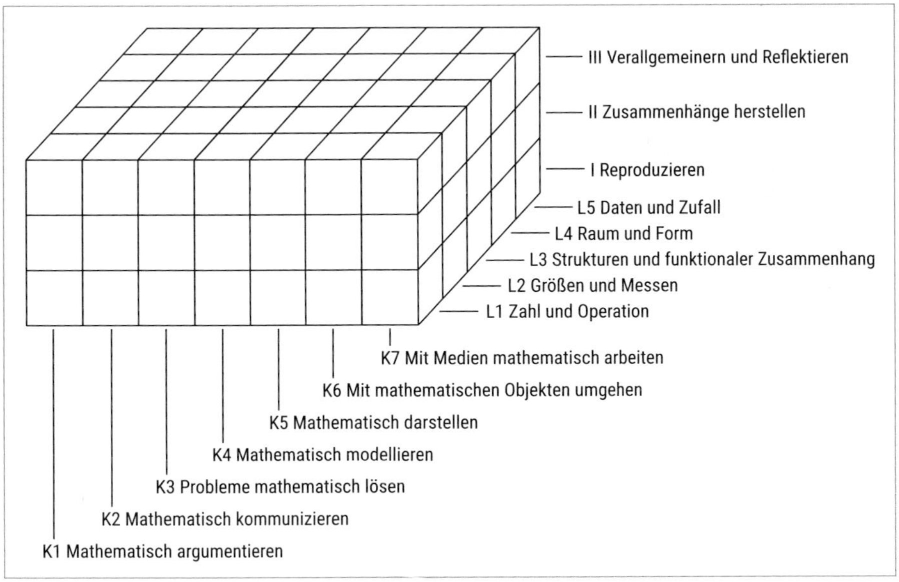

3 Prozessbezogene mathematische Kompetenzen

Was Sie in diesem Kapitel erwartet:

Abgrenzungen von kompetenzorientiertem gegenüber verfahrensorientiertem Mathematikunterricht:

- Beispiele für aktiven und passiven Kompetenzerwerb,
- die Vernetzung prozessbezogener Kompetenzen mit Niveaustufen,
- die Vernetzung prozessbezogener mit inhaltlichen Kompetenzen,
- die Beschreibungen aller sieben prozessbezogenen mathematischen Kompetenzen.

Prozessbezogene Kompetenzen werden immer im Zusammenspiel mit inhaltsbezogenen Kompetenzen gefördert. An einem Aufgabenbeispiel zum Runden wird deutlich, wie das ineinandergreifen kann. Mit Aufgaben wie „Runde die Zahl x auf y Stellen“ wird dies nämlich selten gelingen.

Kompetenzorientierung fängt in diesem Beispiel damit an, dass erstens ein Begriff für das Runden als geordnete und regelgerechte Ungenauigkeit bei Zahlenangaben aufgebaut, und zweitens das Verfahren gelernt wird: Aufrunden und Abrunden. Auch hier ist vorab ein Begriffsaufbau für „auf“ und „ab“ nötig, bevor das Verfahren trainiert werden kann.

Mit der Beherrschung von Verfahren ist aber nicht zwingend Kompetenzerwerb verbunden. Das Runden gehört zu den mathematischen Inhalten, die oft fehlverstanden werden, weil die Regel so einfach zu merken ist. Die Folge ist, dass Lernende dazu neigen, gerundete Werte erneut zu runden, was zu Fehlinterpretationen führt, die dann nicht erkannt werden. Die Aufgabe:

Eine Zahl wurde auf 17 400 gerundet. Um welche Zahl könnte es sich handeln?

1. Nenne ein Beispiel;
2. nenne mehrere Beispiele;
3. nenne alle Beispiele;
4. begründe, weshalb du alle Beispiele gefunden hast.

Das Format der obigen Aufgabe mit seinen vier Schritten (ein, mehrere, alle Beispiele, dann Begründung) macht deutlich, wo der Unterschied zum verfahrensorientierten Mathematikunterricht liegt.

Erwartungshorizont für die Lösung auf Niveaustufe I Reproduzieren:
Die Zahlen 17 401, 17 402, 17 403, 17 404 werden wohl am häufigsten genannt, dann 17 399, 17 398, 17 397, 17 396, 17 395. Nur wenige Lernende wagen es, die Zahl 17 400 als Teil der Lösung anzubieten. Eine Lehrkraft, die diese Lösung kommentiert mit „Da hast du es dir aber leicht gemacht“, wird den leistungsfähigeren Lernenden schon auf der untersten Kompetenzstufe nicht gerecht werden. Allen Lösungen dieser Kategorie ist gemeinsam, dass nur die letzte Stelle als für das Runden relevant erachtet wurde und der Lernende nur bis Teilaufgabe b) gekommen ist.

Erwartungshorizont auf Niveaustufe II Zusammenhänge herstellen:
Lösungen mit mehr als einer abweichenden Stelle zeigen, dass der oder die Lernende erkannt hat: Fürs Runden ist nicht nur die letzte Stelle relevant. Auch wer diese Kompetenzstufe erreicht hat, hätte mit 17 400 eine richtige Lösungszahl gefunden. Wir befinden uns immer noch im ganzzahligen Bereich, obwohl die Aufgabe das nicht vorgegeben hat.

Wer bei Teilaufgabe a) zum Beispiel 17 402 angegeben hat und jetzt bei b) 17 403 und 17 404 hinzufügt, den hat die Stufung der Aufgabenstellung an dieser Stelle nicht unbedingt weitergebracht, was aber kein Nachteil zu sein braucht.

Erwartungshorizont auf Niveaustufe III Verallgemeinern und Reflektieren:
„Alle Zahlen von 17 350 bis 17 449“ wären hier eine richtige Lösung; allerdings wäre es viel Arbeit, sie alle hinzuschreiben, und dies trifft nur für ganzzahlige Lösungen zu. Begründung wäre die Feststellung, dass die Zahl 17 400 auf die Hunderterstelle gerundet wurde, verbunden mit den Rundungsregeln.

i

Folgt auf die Rundungsstelle eine Ziffer 0, 1, 2, 3 oder 4, wird abgerundet, das heißt, alle Ziffern nach der Rundungsstelle werden weggelassen. Folgt auf die Rundungsstelle eine Ziffer 5, 6, 7, 8 oder 9, wird aufgerundet, das heißt, die Ziffer der Rundungsstelle wird um 1 erhöht.

„Man kann erst sagen, dass man alle Beispiele gefunden hat, wenn man weiß, dass nur natürliche Zahlen zugelassen sind“ wäre eine richtige Antwort, oder aber der Lernende greift auf eine Darstellung wie $17\,350 \leq x < 17\,450$ *für* $x \in \mathbb{Q}$ *zu. Oder er behilft sich mit einer verbalen Umschreibung.*

Mit dieser Aufgabe werden die Kompetenzen *Mathematisch argumentieren* und *Mathematisch kommunizieren* verbunden, mit Aufgabenteil d) wird auf die Kompetenz *Mit mathematischen Objekten umgehen* erweitert. Die Kompetenz *Mathematisch argumentieren* entlarvt, dass eine isolierte Beherrschung von Verfahren wie hier der Rundungsregeln wenig wert ist.

Könnte man den Aspekt nicht noch mit *Mathematisch modellieren* verbinden? Das ist möglich, wenn ein anwendungsbezogener Kontext hergestellt wird, zum Beispiel, wie viele Personen in einer Stadt leben. Dann kann kommuniziert und argumentiert werden, dass nur natürliche Zahlen einen Sinnzusammenhang ergeben und das Runden zum Beispiel auf Hunderter im Anwendungskontext sinnvoll erscheint.

Das Beispiel zeigt, dass prozessbezogene anders als inhaltsbezogene mathematische Kompetenzen selten isoliert gefördert werden können. Vielleicht macht es dies manchen Kollegen schwer, sich auf Kompetenzorientierung wirklich einzulassen.

Das Beispiel zeigt auch, dass eine gleichzeitige und gleichwertige Kompetenzförderung aller Lernender selten möglich ist. Nur wenige Lernende werden bei obiger Aufgabe selbstständig eine Lösung für Aufgabenteil d) erarbeiten können, aber die Veröffentlichung dieser Lösung im Verband der Lernenden kann dann für den großen Teil der Lerngruppe trotzdem sehr förderlich sein.

Die **Förderung prozessbezogener mathematischer Kompetenzen** erfordert ein vernetztes Denken der Lehrkraft. Nur selten kann eine prozessbezogene Kompetenz isoliert gefördert werden und fast immer ist eine Verbindung der Kompetenzförderung mit Ideen und Maßnahmen zur Differenzierung nötig.

3.1 Mathematisch argumentieren (K1)

Beim **mathematischen Argumentieren** werden auf der Basis von mathematischen Begriffen und Regeln mathematische Aussagen zu logischen Argumentationsketten verbunden. Beim Beschreiben von Lösungswegen, beim Begründen von Behauptungen oder bei der Herleitung mathematischer Sätze und Formeln wird mathematisch argumentiert.
Die Kompetenz *Mathematisch argumentieren* beinhaltet neben dem aktiven auch einen passiven Aspekt: das Verstehen und den Nachvollzug mathematischer Argumentationen. Argumen-

tieren fördert in allen Klassenstufen logisches Denken und trägt zu einem tieferen mathematischen Verständnis bei.
Verschiedene Darstellungsformen der Argumentation sollten genutzt werden: verbal, ikonisch, formalisiert. Plausibilitätsbetrachtungen gehören ebenso zum mathematischen Argumentieren wie formal strenge Beweise.
Die Anforderungen beginnen bei der Wiedergabe von Routineargumentationen und der Nennung von Beispielen, führen über den Nachvollzug mehrschrittiger Argumentationsketten bis hin zur Entwicklung eigener und Bewertung fremder komplexer Argumentationsketten.[8]

Ungefähr bis zum Ende des vergangenen Jahrhunderts und zum Teil noch länger wurde Mathematikunterricht vielerorts mit ritualisierten Einstiegen begonnen: Hausaufgabenkontrolle. Spätestens seit der Hattie-Studie (Hattie 2014) wissen wir, dass Hausaufgaben in der bisherigen Form nur geringe Lerneffekte erzeugen und verändert werden sollten (siehe dazu auch Kap. 7.3). Der Fortschritt digitaler Möglichkeiten hat dieser Erkenntnis eine neue Dimension verschafft. Nun zum ritualisierten Unterrichtseinstieg vergangener Zeiten. Wo solche Rituale noch zelebriert werden, empfehlen wir dringend ein Überdenken.

Zuerst schritt die Lehrkraft durch die Reihen und ließ sich die Schulhefte mit den erledigten Aufgaben zeigen; wer nichts vorzuweisen hatte, bekam einen „Strich“, das heißt, Daten über verweigerte oder versäumte Leistungen wurden erhoben. Bei Häufungen drohten Sanktionen unterschiedlicher Art.

Als nächster Schritt folgte die Lösungskontrolle. Die Lehrkraft ließ der Reihe nach von Lernenden ihre Rechenergebnisse vortragen und kontrollierte mit dem Lösungsheft, das sich nur in ihrem Besitz befand, die Richtigkeit. Eifrige Lernende korrigierten falsche Lösungszahlen in ihren Heften, nicht aber die Lösungswege; nur selten wurde über Fehlerursachen kommuniziert.

Mathematikunterricht wurde als eine Veranstaltung verstanden, in der richtige Lösungen produziert wurden. So ganz verschwunden ist dieses Verständnis von Mathematikunterricht an manchen Schulen auch heute noch nicht.

Nachdem die Lehrkraft nach offenen Fragen gefragt hatte und es diese meist nicht gab, begann der eigentliche Unterricht. Oft war die Hälfte der Unterrichtszeit bereits verstrichen und es war noch kein kompetenzfördernder Satz gefallen, noch keine Aufgabe gelöst.

Die Besprechung gelöster Aufgaben geht heute anders. Eine Alternative ist, dass die Lehrkraft besonders prägnante aus den gestellten Aufgaben he-

8 Storz 2018, S. 56

raussucht und diese im Plenum lösen lässt. Jeder einzelne Schritt wird begründet, es wird über alternative Lösungswege diskutiert und am Ende ist klar, dass nichts langweiliger ist als die Lösungszahlen.

Ob er oder sie die Aufgaben selbst erledigt hat, per digitalem Endgerät an die Ergebnisse gekommen ist oder eine App genutzt hat, hat jeder Lernende und jede Lernende längst selbst entschieden.

Außer die Aufgaben mussten über eine digitale Lernplattform erledigt werden, sodass nicht abgeschrieben werden konnte und die Lehrkraft schon vor Unterrichtsbeginn sieht, wer daheim geübt hat und welche Aufgaben besprochen werden müssen oder auch nicht.

Oder es gibt überhaupt keine Hausaufgaben, sondern Unterrichtssequenzen, in denen Aufgaben individuell gelöst und Lösungen selbst kontrolliert werden. In solchen Zusammenhängen ist den Lehrkräften bewusst, dass eine Erwartung, alle Lernenden könnten in derselben Zeit die gleiche Anzahl von Aufgaben lösen und womöglich noch dieselben, völlig unberechtigt ist.

Beim Argumentieren stehen folglich weniger die Merkmale eines Beweises im Vordergrund: Axiome, Definitionen und logische Schlussregeln (Bossek/Weber 2003, S. 25). Vielmehr werden auf einer gewählten Argumentationsbasis Ketten von Aussagen gebildet, die den Adressaten überzeugen sollen, die aber nicht den Anspruch auf Allgemeingültigkeit erheben, also nicht zu „Allaussagen“ (Bossek/Weber 2003, S. 25) führen.

Eine Übungsaufgabe zu den Strahlensätzen

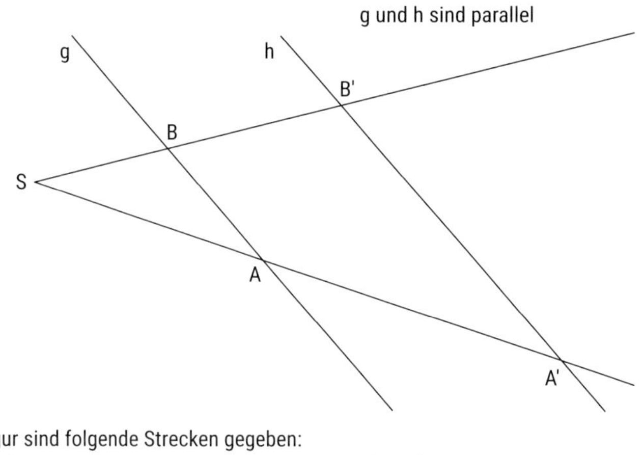

Zu obiger Figur sind folgende Strecken gegeben:
SA = 9 cm, AA' = 12 cm, SB = 6 cm. Gesucht ist die Strecke BB'.

Ein Lernender stellt eine Gleichung auf und löst sie:

$$\frac{SA}{(AA')} = \frac{SB}{(BB')}$$
$$\frac{9}{12} = \frac{6}{x}$$
$$9\,x = 72$$
$$x = 8$$
$$BB' = 8\text{ cm}$$

Die Lehrkraft fragt nach seiner Argumentationsbasis und erhält die Antwort: „Sich entsprechende Streckenpaare in einer Strahlensatzfigur stehen im gleichen Verhältnis zueinander." Die Argumentation des Lernenden kann die Lehrkraft überzeugen, obwohl es „diesen Strahlensatz nicht gibt" und obwohl man definieren könnte (oder müsste?), was das ist: „entsprechende Streckenpaare in einer Strahlensatzfigur".

Eine gezielte Förderung der Kompetenz *Mathematisch argumentieren* stattet die Lernenden mit einem Mehr an Selbstbestimmung aus, weil sie sie in die Lage versetzt, eigene Lösungswege zu gehen und zu kommunizieren.

Dabei kann die damit einhergehende Emanzipation auch weit reichen. „Ich mache das aber so: …" hört man als Lehrkraft häufig von Lernenden, die es von klein an gewohnt sind, Dinge selbst zu entscheiden, auch im Unterricht eines Faches, in dem von vielem klar ist, wie „man es macht". Es wäre falsch, sie davon qua Amtsautorität als Lehrkraft abzubringen. Sondern die Lehrkraft verlangt Begründungen, fordert den Lernenden also auf zu argumentieren und hört sich die Argumentation an, nimmt sie ernst, bezieht Stellung, stellt Fragen.

Im Übrigen ist die „Dokumentation eines nachvollziehbaren Lösungswegs", wie sie in Leistungskontrollen verlangt wird, nichts anderes als eine verbindliche Aufforderung, in schriftlicher Form mathematisch zu argumentieren.

Eine Aufgabe zu Bruchgleichungen

$$\frac{(x-5)}{(x-2)} = 1 - \frac{(x+1)}{(x-2)}$$

Die obige Aufgabe wurde in einer Prüfung für den mittleren Bildungsabschluss gestellt. Die Lehrkräfte wunderten sich, dass bei dieser Aufgabe, die sie für einfach hielten, so wenige Lernende die volle Punktzahl erreichten.

Die Mehrheit der Lernenden bestimmte die Definitionsmenge zwar korrekt mit $\mathbb{D} = \mathbb{Q}\backslash 2\}$, andere schrieben „für $x \neq 2$", sie schlossen die 2 als Lösungszahl also aus, noch bevor sie begannen, die Gleichung umzuformen.

Als eine Lösungszahl gefunden war, wurde hingeschrieben: $\mathbb{L} = \{2\}$, denn die Definitionsmenge wurde vergessen oder es war nicht verstanden, was sie bedeutet.

Mit einer Vorgehensweise, die Gleichung zuerst zu lösen und dann mithilfe einer Probe nachzuweisen, dass die gefundene Lösung richtig ist, hätten viele erkannt, dass sie bei Berechnung der Probe durch null dividieren müssten und sich daran erinnert, dass dies „nicht erlaubt" ist.

Bei den Prüfungsarbeiten war meistens zwar auch eine Probe vorhanden, oft mit dem Ergebnis „$0 = 1$", aber aus dem widersprüchlichen Ergebnis zogen die meisten Lernenden keine Konsequenz, weil sie nur unreflektiert das Verfahren abgearbeitet hatten:

- Als Erstes Definitionsmenge bestimmen,
- dann Hauptnenner ermitteln,
- dann mit dem Hauptnenner durchmultiplizieren,
- dann die Gleichung vereinfachen, bis die Variable allein steht,
- dann die andere Gleichungsseite in die Lösungsmenge schreiben,
- dann die Lösungszahl statt der Variable in die ursprüngliche Gleichung einsetzen,
- dann auch diese Gleichung vereinfachen.

Binomische Formeln

Binomische Formeln werden zwar nicht bewiesen, sondern hergeleitet, aber für Lernende ist es durchaus ein Beweis, wenn ihnen mit einer Argumentationskette Schritt für Schritt gezeigt wird, wie aus der linken Seite der Gleichung die rechte wird, dass das also gilt, und zwar immer.

Die Lehrkraft erinnert sich an die Varianten der medialen Übermittlung nach Aebli (Kap. 1.3), bei denen ein gut gemachter Lehrervortrag nicht negativ etikettiert ist.

Ergebnis ist eine von der Lehrkraft dargebotene Argumentationskette, mit der die binomischen Formeln „eingeführt" werden, ohne dass die Lernenden genötigt würden, etwas zu „entdecken", was die Lehrkraft längst weiß und was sie anschaulich und verständlich darbieten kann.

Der Lehrervortrag nutzt sowohl die symbolische als auch die ikonische Ebene und bietet damit parallel zwei Argumentationsketten an. Auch dadurch wird die Kompetenz *Mathematisch argumentieren* gefördert; bei diesem Beispiel nehmen die Lernenden die passive Rolle ein. Der Nachvollzug der Argumentation ist dann der Übergang ins aktive Argumentieren.

Eine Frage der Perspektive

Wer argumentiert, der kennt nicht unbedingt schon Antworten. Argumentieren ist auch ein Prozess, an dessen Ende Antworten auf Fragen stehen, die am Anfang dem Argumentierenden noch nicht bekannt oder bewusst waren. Mit Fragen wie „Ist das immer so?“ wird schließlich die Grenze zum Beweisen erreicht.

Hier wird ein Unterschied von Vorschau- und Rückschauperspektive, von Argumentieren und Beweisen, deutlich. Die Lehrkraft, die vor ihrer Klasse einen Beweis führt, verfügt über eine Perspektive der Rückschau und legt sich sorgfältig eine Argumentationskette zurecht, damit möglichst viele Lernende ihre Argumentation nachvollziehen können.

Lernende befinden sich in Perspektiven der Vorschau, sie argumentieren, stellen Fragen, finden Antworten und finden auf andere Fragen keine Antworten. Argumentationsketten müssen erst aufgebaut werden ohne das Wissen, wie lang sie werden und bei welchen Erkenntnissen sie enden werden. Ist eine Argumentationskette gelungen, wechselt der Lernende bei diesem Wissenselement, und nur bei diesem, in eine Perspektive der Rückschau. Aus Argumenten werden Begründungen; wer begründen kann, hat das, was er begründet, bereits gelernt und weiß es.

Aufgabenteile oder Aufforderungen, in denen Begründungen eingefordert werden, unterstützen die Kompetenz *Mathematisch argumentieren*. Ein Vergleich von Lösungen ohne Lösungsweg im Mathematikunterricht wäre unergiebig, weil damit kein Adressat von der Richtigkeit überzeugt werden kann und weil derjenige, der zu abweichenden Lösungen gelangt ist, dadurch keine hilfreichen Hinweise erhält. Seit Lernende über digitale Medien kommunizieren, gilt das in erhöhtem Maß. Denn Lösungen abschreiben geht mit dem Handy auf dem Weg zur Schule. Man riskiert nicht mehr, von der Frühaufsicht führenden Lehrkraft beim Abschreiben der Lösungen erwischt zu werden.

3.2 Mathematisch kommunizieren (K2)

Mathematisches Kommunizieren umfasst im passiven Sinne das Verstehen und Bewerten von Texten, mündlichen Äußerungen und mathematischen Objekten und im aktiven Sinne die Fähigkeit, mathematische Objekte zu nutzen und verständliche Darstellungen von Überlegungen, Lösungswegen und Ergebnissen mit allen im Mathematikunterricht nutzbaren Medien zu erstellen und zu präsentieren.
Einer adressatengerechten und gleichzeitig fachlich korrekten Kommunikation im Unterricht kommt zentrale Bedeutung zu. Dafür ist ein angemessener Gebrauch von Fachsprache nötig.
Mathematisches Kommunizieren ist dennoch nicht ausschließlich an Sprache gebunden, son-

dern kann auch symbolische, ikonische, digitale Darstellungen und Handlungsabläufe einbeziehen. Die Anforderungen beginnen bei der Darlegung einfacher Sachverhalte über das Aufzeigen und Interpretieren von Lösungswegen bis hin zum Veranschaulichen und Vergleichen komplexer Zusammenhänge, was sich zum Beispiel im Führen eines mathematischen Beweises äußern kann.

Zum mathematischen Kommunizieren können vielfältige Medien[9] eingesetzt werden.

Ein Beispiel für gesprochene Sprache.
Bewusst hatte die Lehrkraft darauf verzichtet, die Kreissehne, die nicht Durchmesser ist, auch noch genau waagrecht darzustellen (Abb. 3.1). Die Äußerung eines Lernenden zu der Zeichnung einer Sehne ist: „Das ist nicht der Durchmesser, wenn er nicht durch die Mitte geht, geht er nicht durch den ganzen Kreis.“ Obwohl fachsprachlich nicht korrekt, gelingt so eine Kommunikation über mathematische Begriffe und die Linie im Kreis, die nicht durch die Mitte geht, kann mit einem Begriffsnamen versehen werden.

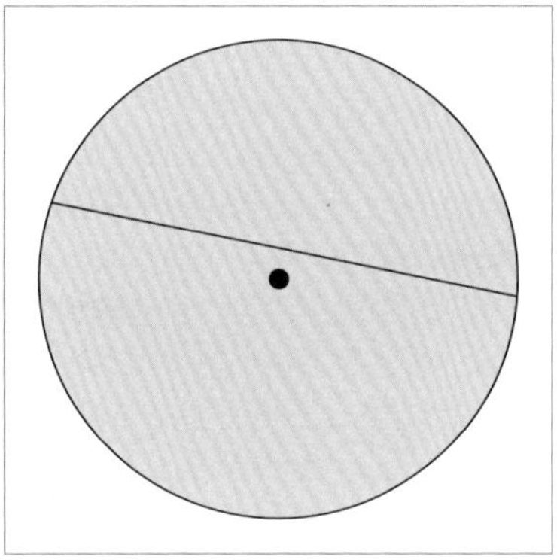

Abb. 3.1: Kreissehne

Ein Beispiel für Schriftsprache.
Die selbst formulierte Erklärung eines Lernenden über den Zusammenhang von Radius und Durchmesser in Abb. 3.2 birgt mehr Hinweise auf erworbenes Verständnis, als es wohl die korrekte Wiedergabe der Formel $d = 2r$ tun würde.

Beispiel für Kommunikation über ikonische Darstellungen
Abb. 3.3 zeigt eine Schülerlösung für die Aufgabe, drei Pizzen an acht Personen zu verteilen. Jeder Person ist eine Farbe der Buntstifte zugeordnet. Die Darstellung ist in der Lage, nicht nur die Lösung, sondern auch den Lösungsweg zu kommunizieren. Denn zuerst wurden die beiden ersten Pizzen in Viertel aufgeteilt, die dritte Pizza dann in Achtel. Es wurde also im Verlauf

9 Eine ausführliche Kategorisierung von Unterrichtsmedien und Grundsätze zum Medieneinsatz sind in Kap. 6.14 zu finden.

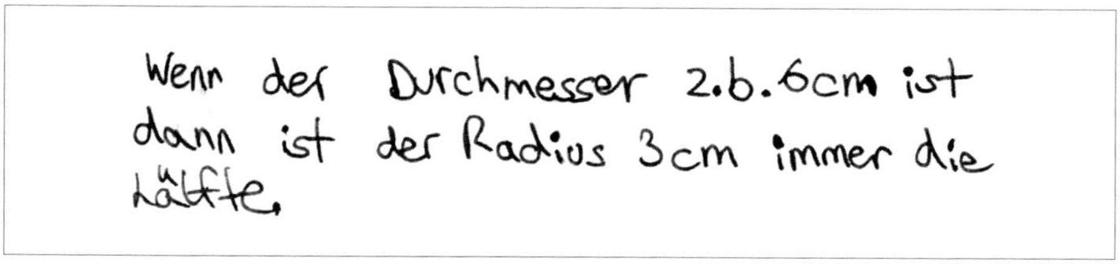

Abb. 3.2: Schülerformulierung

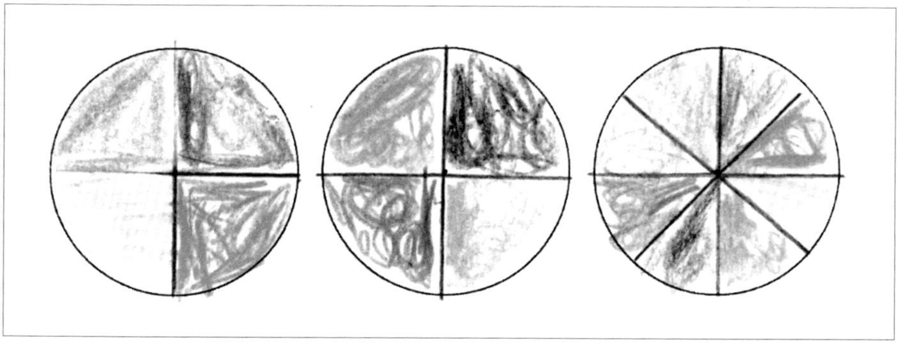

Abb. 3.3: Beispiel für ikonische Kommunikation

des Lösungswegs die Notwendigkeit des Erweiterns erkannt und richtig umgesetzt bzw. wurde das Erweitern als Verfeinern sogar in diesem Fall überhaupt erst nacherfunden.

Beispiel für Kommunikation über Gestik

Abb. 3.4 zeigt ein Whiteboardbild zu unterschiedlichen Zeitpunkten. Die Zeichnung links zeigt den Zustand, woran eine Lerngruppe der Klasse 5 darüber diskutiert, nachdem zahlreiche andere ikonische Darstellungen für drei Viertel gefunden worden waren, ob auch hier drei Viertel hervorgehoben sind. Die Lerngruppe ist sich uneins, denn die Dreiecke sind nicht deckungsgleich. Man einigt sich darauf, dass man es zwar vermutet, dass man es aber nicht sicher sagen, es nicht „beweisen“ könne.

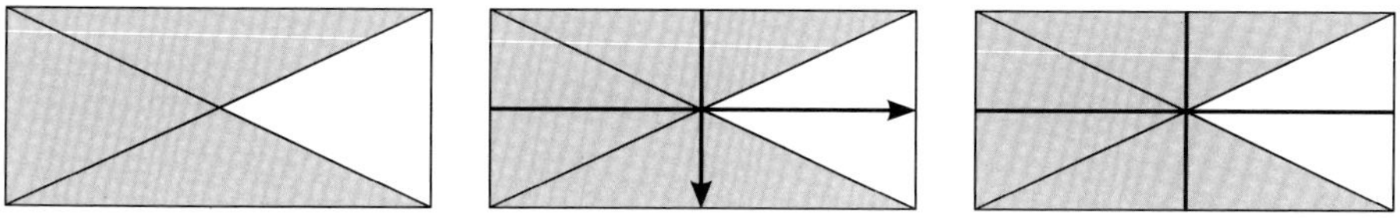

Abb. 3.4: Kommunikation mit Gestik

Da meldet sich ein Lernender: „Ich kann es doch beweisen, dass die Aufteilung richtig ist! Ich habe dafür zusätzliche Linien verwendet; darf ich es mal zeigen?“ Er geht an die Projektionsfläche und deutet zwei Linien an (im mittleren Teil der Abbildung mit Pfeilen hervorgehoben), indem er mit dem Zeigefinger ausladend über die Figur streicht: Parallelen zu den Seiten, die durch den Schnittpunkt der Diagonalen gehen. Nachdem die Linien eingezeichnet wurden, zählt er und ergänzt: „Jetzt kann man es wieder sehen, dass die Dreiecke gleich groß sind, und sechs von acht sind gleich viele wie drei von vier.“

Ein Beispiel für digital unterstützte sprachliche Kommunikation
Mit der App *QWIQR* generiert die Lehrkraft bei der Bewertung einer schriftlichen Leistungsüberprüfung mit wenig Aufwand für jeden Lernenden einen QR-Code. Diesen klebt oder heftet sie an die Klassenarbeit an. Scannt die Lehrkraft den QR-Code, so kann sie eine Audioaufnahme starten. Schon während der Korrektur spricht sie Hinweise für den Lernenden auf. Scannt der Lernende den QR-Code, so kann er die Sprachnachricht direkt abhören und bekommt konstruktive Rückmeldungen zu Logikfehlern, Fehlvorstellungen und Formalien, die über das bloße Anstreichen von Fehlern weit hinausgehen. Die Hinweise sind individuell und helfen den Lernenden mehr weiter als das früher übliche Zuordnen von Fehlerkategorien wie „RF“ (Rechenfehler oder Rundungsfehler), „DF“ (Denkfehler) oder „FA“ (falscher Ansatz“, die wohl eher dazu dienten, die Leistungsbeurteilung zu begründen.

Ein Beispiel rein digitaler Kommunikation
Die immer beliebter werdenden digitalen Feedbacks analysieren automatisch Schülerlösungen und geben Rückmeldungen. Das konnten schon Übungssoftwares in den Nuller-Jahren[10], allerdings waren und sind die Rückmeldungen stark auf die Beherrschung von Verfahren fokussiert und die generierten Aufgaben basieren oft auf dem Prinzip: „Du hast hier einen Fehler gemacht. Versuch es noch mal“. Die im Folgenden präsentierte Aufgabe enthält dann dieselbe Schwierigkeit, an der der Lernende in der vorherigen Aufgabe gescheitert ist.

Ein Beispiel für ein digitales Feedback, das eine fachspezifische, konstruktive Rückmeldung gibt, findet man bei Storz / Schneider / Takin 2022, S. 135. Ein Lernender, der etwa die Fehlvorstellung ‚Bild als Graph‘ hat, erhält eine schülergerechte Rückmeldung. Dort findet man auch eine Hierarchie für mediengestützte Rückmeldungen (Storz / Schneider / Takin 2022, S. 136).

---

10 z. B. Klett Mathetrainer *Lambacher Schweizer*, *Schnittpunkt*, *Einblicke*, *mathe live*, Klasse 5 bis Klasse 10. Klett Verlag Stuttgart 2005, 2006, 2007, 2008, 2009, 2010

Zum Kommunizieren sind Begriffe nötig, die wiederum auf Vorstellungen basieren. Begriffe müssen unter kommunizierenden Individuen eindeutig bestimmt sein, damit diese sich verstehen. Das hört sich einfach an, misslingt im außermathematischen Alltag aber ständig. Man erlebt dann, dass vermeintlich unmissverständliche Absprachen getroffen werden, in der konkreten Umsetzung verschiedene Personen aber völlig unterschiedlich mit der Interpretation dieser Absprachen umgehen.

In der Mathematik scheint diese Problematik weniger zu bestehen, da mathematische Begriffe mit Definitionen klar bestimmt werden können. Deshalb läuft Mathematikunterricht oft so ab, dass zuerst und auf Vorrat Begriffe definiert und gelernt werden, um dann daraus Regeln zu gewinnen. Für die Lehrkraft vereinfacht das vermeintlich die Kommunikation.

Durch solch deduktive Vorgehensweise wird aber oft ein Teil der Lernenden überrumpelt, weil den Begriffen unterschiedliche Vorstellungen zugrunde liegen. Jeder Lernende verfügt über singuläre Alltagserfahrungen, und der Alltag ist voll von mathematischen, pseudomathematischen und mathematiknahen Begriffen. Auch wenn vorab einheitliche Begriffe gelehrt und gelernt würden, blieben die dazugehörenden subjektiven Vorstellungen unterschiedlich.

Mathematische Kommunikation wird in der fachdidaktischen Literatur hauptsächlich im Hinblick auf die Verwendung von Sprache, eine Abgrenzung von Umgangssprache, Bildungssprache und Fachsprache und die Funktion unterschiedlicher mathematischer Darstellungen diskutiert. Forderungen wie die nach einer besseren Berücksichtigung „mathematischer Texte“ oder die Betonung von korrekten Definitionen als Grundlagen nicht nur der Kommunikation, sondern des Verstehens weisen auf eine Position der Rückschauperspektive hin.

Wenn man aber die Sicht der Lernenden einnimmt, sind fachliche Korrektheit und Vollständigkeit wünschenswerte Ergebnisse lernwirksamer Kommunikation und nicht deren Voraussetzungen. Es erfordert von der Lehrkraft Mut und Fingerspitzengefühl, die Fortschritte von Lernenden in der aktiven Aneignung der Kompetenz *Mathematisch kommunizieren* zu begleiten.

> „Wenn man zu wählen hat zwischen Genauigkeit und Verständlichkeit, dann wird heute im Allgemeinen der Verständlichkeit der Vorzug gegeben.“
>
> (Vollrath / Roth 2012, S. 139/140)

Die Lehrkraft behält ihre Rolle als Anwältin der fachlichen Richtigkeit, verhält sich in dieser aber vor allem defensiv, tolerant und adressatengerecht. Als Reaktion auf fachlich nicht richtige oder unvollständige Kommunikation vonseiten der Lernenden hat sich die „unaufgeregte Überformung“ (Leisen 2013, S. 12) bewährt.

B

Wenn zum Beispiel ein Lernender „Zahl“ sagt, aber „Ziffer“ meint, dann ist statt der Standardfrage „Wie heißt das richtig?“ eine Intervention der Lehrkraft in der Form „Du meinst Ziffer“ sinnvoller, weil sie die Kommunikation nicht unterbricht. Kommunikation hat genauso viel mit Zuhören zu tun wie damit, sich selbst zu äußern; das gilt für Lehrkräfte genauso wie für Lernende. Als Lehrkraft sollte man sensibel sein, wenn man die Kommunikation Lernender unterbricht und korrigiert.

Der Anspruch, prozessbezogene Kompetenzen zu fördern, hat Konsequenzen für die Rolle der Lehrkraft, die sich durch mehr Passivität auszeichnet als im traditionellen Unterricht. Die Lehrkraft muss zuerst zuhören und verstehen wollen, ihre Aufgabe ist weniger, zu bewerten und zu beurteilen. Sie muss Gesagtes aufnehmen und angemessen darauf reagieren. Dies ist etwas anderes, als aktiv zu erklären, zu belehren oder zu korrigieren.

Sobald eine Lehrkraft erklärt, betreibt sie aktive Wissensvermittlung und weist den Lernenden passive, übernehmende Rollen zu. Beim an mehrere Adressaten gerichteten Erklären werden individuelle Adressaten durch imaginierte Durchschnittsrezipienten ersetzt; das ist bei Inputphasen in personalisierten Unterrichtsmodellen und bei Erklärvideos im Internet nicht anders als im traditionellen Frontalunterricht.

Erklären zu können, gehört sicher nach wie vor zu den Kompetenzen, die eine gute Mathematiklehrkraft ausmachen; aber vor dem Erklären steht das Zuhören, und das Erklären sollte ein dialogischer Prozess sein. Erklären ist nur eine Form mathematischen Kommunizierens unter vielen und nicht die am nächsten liegende. Erklären ohne dialogischen Zusammenhang ist eine reine Form übernehmenden Lernens und passt nicht in ein Konzept von Unterricht, das sich mehr am Lernen als am Lehren orientiert.

Eine gut erklärende Lehrkraft bietet einzelnen Lernenden individuelle Erklärungen an, nachdem sie herausgefunden hat, welches ganz besondere Problem der jeweilige Lernende hat. Sie verfolgt das Ziel, jeden Lernenden dahin zu bringen, am Ende die Lösung des Problems nicht unbedingt allein gefunden zu haben, aber sie selbst erklären und begründen zu können.

Eine besonders gut erklärende Lehrkraft kann Schülerantworten klassischen Fehlvorstellungen zuordnen, die wissenschaftlich ermittelt wurden, vermeidet trotzdem vorschnelles Zuordnen zu vorgegebenen Erklärungsinterventionen.

Lehrervortrag ist eine weitere Form des mathematischen Kommunizierens. Anders als die Erklärung richtet er sich an die Lerngruppe als Ganzes. Der enorme Erfolg von „Erklärvideos" oder „Lernvideos" bestätigt, dass Lehrervorträge als Methode zu Unrecht jahrzehntelang abgewertet wurden, nur weil sie mit fragend-entwickelnden Unterrichtsgesprächen gleichgesetzt wurden.

3.3 Probleme mathematisch lösen (K3)

Unter **mathematischem Problemlösen** versteht man das konkrete Bearbeiten und Lösen meist innermathematischer Aufgabenstellungen, bei denen eine Lösungsstruktur für den Lernenden nicht offensichtlich erkennbar ist, ein passender Algorithmus also erst noch zugeordnet werden muss.
Dieser ist dem Lernenden in der Regel allerdings vertraut; bereits bekannte Regeln werden zielgerichtet ausgewählt und angewendet. Um zu einer Lösung zu gelangen, müssen heuristische Strategien und Prinzipien angewendet werden. Dazu gehören Zerlegungs- und Analogieprinzip, Vorwärts- und Rückwärtsarbeiten, systematisches Probieren, Einsatz von Wissensspeichern und Informationsquellen[11], auch digitalen.
Zum Problemlösen gehört ebenfalls die Verwendung von heuristischen Hilfsmitteln wie Graphen, Gleichungen, Tabellen, informativen Figuren und Computerprogrammen.
Die Anforderungen beginnen, wenn ein Lernender bei einer einfachen Aufgabe aus mehreren Lösungsstrategien eine naheliegende auswählen muss, und gehen über mehrschrittige Lösungsstrategien so weit, bis schließlich eine eigenständige Lösungsstrategie erarbeitet und reflektiert werden muss.

Gerade die Kompetenz *Probleme mathematisch lösen* fordert von Lehrkräften eine hohe Bereitschaft zum Umdenken ein, denn zum Problemlösen stehen heute Hilfsmittel bereit, die bis vor wenigen Jahren unbekannt waren oder sogar undenkbar schienen.

11 Informationsquellen sind Personen oder Institutionen, von denen Informationen zu bekommen sind, im schulischen Zusammenhang vor allem Lehrpersonen, Bücher und das Internet. Wissensspeicher sind Sammlungen von grundsätzlichen Aussagen über ein Wissensgebiet, im schulischen Zusammenhang also hauptsächlich die Merksätze im Schulbuch oder selbst erstellte Wissensspeicher wie ein Merkheft oder ein Spickzettel, also bereits bedarfsgerecht selektierte und strukturierte Informationen. Und natürlich Wikipedia.

Auch schon vor der Zeit der Digitalität gab es heftige Diskussionen über den Einsatz von Hilfsmitteln, man denke nur an Formelsammlungen, den Gebrauch des Schulbuchs bei Leistungsfeststellungen oder elektronische Schulrechner. Dabei sind doch „in einem verlässlichen Wissensspeicher recherchieren und fündig werden“ oder „die Ausführung von Rechenroutinen einem technischen Gerät übertragen“ zielführende Strategien, um Probleme zu lösen.

Wer dies tut, muss immer noch beurteilen können, welchen Wissensspeicher er für verlässlich hält und was welches Gerät zu leisten imstande ist und wie es zu bedienen ist. Die Definition von Intelligenz als Gedächtnisleistung ist doch längst widerlegt.

Wer würde ernsthaft einem Backwarenverkäufer unterstellen, er würde mogeln, nur weil die Ladenkasse die Additionsaufgaben für ihn erledigt oder weil er bei einer Kollegin nach einem Preis bzw. dem Preiscode für die Kasse fragt? Trotzdem erwartet man, die verlangte Ware und das korrekte Rückgeld zu bekommen.

Nur muss nicht mehr selbst gerechnet werden. Ist das verwerflich? Dass ein Verkäufer oder eine Verkäuferin rechnen kann, erwarten wir immer noch. Denn wenn versehentlich die zehnfache Anzahl an Brötchen in die Ladenkasse eingegeben würde, die dann korrekt rechnet, erwarten wir zu Recht, dass das auffällt, bevor die ungehörige Summe gefordert wird.

> „Unter Problemlösen versteht man das Bestreben, einen gegebenen Zustand (Ausgangs- oder Ist-Zustand) in einen anderen, gewünschten Zustand (Ziel- oder Soll-Zustand) zu überführen, wobei es gilt, eine Barriere zu überwinden, die sich zwischen Ausgangs- und Zielzustand befindet.“
>
> (Hussy 1984, S. 114)

Wir halten es für falsch, Barrieren künstlich hochzuhalten, indem der Zugriff auf vorhandene Hilfsmittel verwehrt wird.

Man kann es auch so sehen: „Problemlösen ist das, was man tut, wenn man nicht weiß, was man tun soll“ (G. H. Wheatley u. O.). Streng genommen kann jegliches Lernen als Problemlösen verstanden werden. Vom lerntheoretischen Standpunkt aus führt schon der Wunsch, von einem Ausgangs- zu einem Endzustand zu gelangen und dabei eine gewisse Schwelle zu überwinden, immer zu individuellen kognitiven Konstruktionsprozessen. Diese geschehen durch Einpassung des Neuen in vorhandene Denkstrukturen (Assimilation) oder durch Aufbau neuer Denkstrukturen (Akkommodation) (vgl. Kap. 1: Piaget).

Regina Bruder beschreibt ein Unterrichtskonzept zur Förderung der Kompetenz *Probleme mathematisch lösen*:

- Gewöhnung an heuristische Strategien durch Reflexion: „Was hat uns geholfen, die Aufgabe zu lösen?",
- Bewusstmachen einer speziellen Methode oder Technik am Beispiel,
- Übungsphasen unterschiedlicher Schwierigkeit,
- Kontexterweiterung mit Beispielen aus anderen Gebieten.

(Bruder 2014, S. 157)

Dabei sollte es nicht um isoliertes Problemlösetraining gehen, sondern der Anlass zum Problemlösen muss sich aus Sicht der Lernenden aus einem für sie sinnstiftenden Kontext ergeben.

> „Ein im Unterricht gestelltes Problem sollte auch für die Schüler ein Problem sein. ... Entscheidend ist, dass vom Problem ausgegangen und zum Problem zurückgekehrt wird (vgl. Volk 1995, S. 45)."
>
> (Heymann 1996 / 2013, S. 200)

Wichtig ist, individuelle Problemlösestrategien zuzulassen und sich als Lehrkraft auf diese einzulassen, denn: „Macht man Problemlösestrategien zum Lernstoff, steigern sie – aufgestockt auf das konventionelle Lernprogramm – den Stoffdruck und die Belastung der Schüler, anstatt sie abzubauen" (Gallin / Ruf 1998, S. 216). Die Lehrkraft sollte diese Strategien kennen, ohne sie zu lehren, um Wege und Irrwege der Lernenden erkennen und verstehen zu können.

Heuristische Strategien

Wenn kein offensichtlicher Lösungsweg erkennbar ist, braucht man Strategien, um Lösungsideen zu entwickeln. Je allgemeiner Strategien sind, desto flexibler sind sie einsetzbar, desto weniger helfen sie aber auch in der konkreten Situation. Konkrete aufgabenspezifische Strategien dagegen sind leicht trainierbar und helfen in anderen Situationen wenig. Aufgabenspezifische Strategien zu trainieren, ist das Erfolgsrezept von Mathematiklehrkräften, deren Klassen in den Abschlussprüfungen stets beste Ergebnisse erzielen. Das wird so lange so bleiben, wie Prüfungsformate eingesetzt werden, die genau das überprüfen. Und es wird dabei bleiben, dass die Kompetenzen genauso schnell vergessen werden wie die trainierten Aufgaben.

Systematisches Probieren
Beim systematischen Probieren wird eine Reihenfolge bestimmt, die mit Sicherheit alle möglichen Fälle abdeckt. Denkt man als Beispiel an die Bestimmung der Teiler einer Zahl, so kann sich systematisches Probieren sehr schnell zu einem Verfahren weiterentwickeln.

Vorwärtsarbeiten
Beim Vorwärtsarbeiten versucht man, möglichst viele Eigenschaften über die Ausgangssituation herauszufinden. Ausgehend vom Gegebenen werden Schlussfolgerungen gezogen und Beziehungen hergestellt, um so zum Gesuchten zu gelangen. Klassisches Beispiel ist die Vorgehensweise bei Geometrieaufgaben.

Rückwärtsarbeiten
Beim Rückwärtsarbeiten beginnt man am Ende und arbeitet sich rückwärts zum Gegebenen durch. Dabei wird der Weg vom Ziel zurück zum Anfang in Teilschritte zerlegt. Beispiel ist die Aufforderung, eine eigene Aufgabe zu erfinden, die dasselbe Ergebnis hat wie die vorherige.

Analogieschluss
Beim Analogieschluss werden bisherige Erfahrungen aktualisiert und ähnliche Aufgaben durchsucht mit dem Ziel, Entsprechungen zu finden und interpretieren zu können. Beispiele sind Zahlenreihen, z. B. 1, 3, 5, 7, ... (immer +2) wird auf 1, 4, 7, 10, ... (immer + 3) übertragen.

Rückführung von Unbekanntem auf Bekanntes
Hier werden vorhandene Informationen umstrukturiert, um sie dann besser interpretieren zu können, zum Beispiel durch Analogieschlüsse. Beispiele sind Zahlenreihen, bei denen sich die Zahlen nach einer Gesetzmäßigkeit ändern, z. B. 1, 3, 6, 10, 15 (+2, +3, +4, +5, ...).
(Zusammenstellung der heuristischen Strategien nach Bruder / Collet 2011)

Heuristische Prinzipien

Heuristische Prinzipien sind stärker an Fachinhalte gebunden als die heuristischen Strategien. Wenn man beide Kategorien konsequent auseinanderhält, entstehen Doppelungen und Überschneidungen. In der folgenden Zusammenstellung heuristischer Prinzipien wurden der Übersichtlichkeit halber solche Prinzipien weggelassen, die durch die oben aufgeführten heuristischen Strategien schon hinreichend repräsentiert sind. Es wird kein Anspruch auf Vollständigkeit erhoben.

Zerlegungsprinzip
Ein umfassendes Problem wird in Teilprobleme zerlegt. Zum Beispiel wird die Frage, ob eine Zahl durch die Zahl 6 teilbar ist, zerlegt in die Frage der Teilbarkeit durch 2 und durch 3. Eine Zahl ist demzufolge durch 6 teilbar, wenn sie gerade ist und ihre Quersumme durch 3 teilbar.

Fallunterscheidung
ist ein Sonderfall des Zerlegens. Bei der Addition rationaler Zahlen wird zum Beispiel unterschieden in Fälle, bei denen die Vorzeichen gleich, und solche, bei denen sie verschieden sind.

Ergänzungsprinzip
Weitere Wissenselemente werden hinzugefügt. Typisches Beispiel für das Ergänzen als Lösungsprinzip ist der Vorgang des quadratischen Ergänzens bei Termumformungen.

Analogieprinzip
Übereinstimmungen in gewissen Beziehungen zwischen den aktuellen und früheren Situationen werden hergestellt, für das Lösen des Problems wird die Lösung eines einfacheren verwandten Problems genutzt, wenn zum Beispiel der komplexe Teil eines Terms durch einen einfacheren ersetzt wird.

Invarianzprinzip
Die Unveränderlichkeit von Aufgabenelementen wird erkannt: Es existiert mindestens ein Aspekt, der sich nicht verändert. Ein Beispiel wäre der Altersunterschied bei Altersrätsel-Aufgaben.

Rückführungsprinzip
Um ein Problem zu lösen, wird nach einem bekannten, bereits gelösten Problem gesucht, auf dessen Lösung das gestellte Problem zurückgeführt werden kann. Beispiele wären Zahlenreihen, die auf Terme zurückgeführt werden wie 1, 3, 5, 7, ... auf den Term $a_n = 1 + (n - 1) \cdot 2$. Die zwölfte Zahl der Reihe wäre dann $a_{12} = 1 + (12 - 1) \cdot 2 = 23$.

Transformationsprinzip
Das Problem wird in die Sprache einer geeigneten mathematischen Theorie übersetzt, in diesem Modellbereich mit den entsprechenden Hilfsmitteln gelöst, dann werden die Ergebnisse gedeutet. Dieses Prinzip beschreibt den Vorgang des Modellierens.[12]

12 Das ist der Grund, weshalb es zwei sich widersprechende Auffassungen vom Verhältnis des Problemlösens zum Modellieren gibt: Modellieren als heuristisches Prinzip einerseits oder Problemlösen als der innermathematische Schritt im Modellierungskreislauf andererseits.

Heuristische Hilfsmittel

Heuristische Hilfsmittel sind Skizzen, Tabellen, Graphen, Wissensspeicher, Gleichungen, Apps, die zum oder beim Problemlösen herangezogen werden. Ihr Gebrauch ist wirkungsvoll und schnell erlernbar, hilft, das Problem zu strukturieren und zu fokussieren. Wenn zum Beispiel ein Bild zu einem Aufgabentext durch Reduktion geometrischer Eigenschaften auf eine Skizze, eine „informative Figur“ (Bruder / Collet 2011, S. 46) reduziert wird, ist diese Abstraktion ein heuristisches Hilfsmittel.

Hilfen beim Problemlösen

Mögliche direkt oder indirekt zu gebende Hilfen folgen einer Taxonomie, die die Lehrkraft unterstützt, im Einzelfall die kleinstmögliche Hilfe zu geben, also dem Prinzip der minimalen Hilfe (Zech 1996, S. 315) zu folgen. Die jeweils nächste Hilfe wird erst angeboten, wenn die vorherige nicht erfolgreich war.

- Motivationshilfen (z. B. „Versuche es noch mal.“)
- Rückmeldungshilfen (z. B. „Bis zu diesem Schritt ist alles richtig.“)
- allgemeine strategische Hilfen (z. B. „Stelle eine Gleichung auf.“)
- inhaltsorientierte strategische Hilfen (z. B. „Das Dreieck ist rechtwinklig.“)
- inhaltliche Hilfen (z. B. „Verwende den Satz des Pythagoras.“)

Konkretere Hilfen kann die Lehrkraft auch geben, indem sie auf die heuristischen Prinzipien hinweist, ohne diese zum Unterrichtsinhalt zu machen. Ein gutes Beispiel, die heuristischen Prinzipien in Schülersprache zu transformieren, zeigt Abb. 3.5. Die Kopiervorlage wurde vermutlich für den Einsatz in Prüfungslehrproben erstellt, um daraus Schlüsselbünde zu basteln, die den Lernenden ausgehändigt werden können. Für den Alltag ist das aber zu viel Bastelarbeit für die Lehrkraft.

Auch ohne die Metapher des Schlüsselbunds zu bemühen, lassen sich die allgemeinen strategischen Hilfen als offenes Angebot, auf das Lernende selbstständig zugreifen können, zusammenfassen.

- Erstelle eine Tabelle.
- Beginne mit einer kleinen Zahl.
- Finde ein Beispiel.
- Suche nach einer Regel.
- Male ein Bild.

- Verwende verschiedene Farben.
- Arbeite von hinten.
- Lies die Aufgabe noch einmal.
- Schaue im Regelheft nach.

(Philipp / Herold-Blasius 2016, S. 11)

Strategieschlüssel oder auch nur eine Liste der in Schülersprache formulierten Strategien führen die Lernenden dahin, Probleme überhaupt mit Strategien anzugehen, statt auf fertige Anweisungen von Lehrkraft oder Mitlernenden zu warten und diese dann zu befolgen. Das erhöht die Selbstregulation der Lernenden. Das Angebot von Strategien hilft den Lernenden, passende Problemlösestrategien zu finden.

Interessant an den Strategieschlüsseln ist, dass sie einerseits eine hohe Korrelation zu den heuristischen Prinzipien aufweisen, andererseits kein Schlüssel so richtig in das Schloss *systematisches Probieren* zu passen scheint, wobei man heute doch sogar kaum noch auf die Strategie unsystematischen Probierens, also Spielens, verzichten kann. Oder wer hat noch ein Mobiltelefon mit einer Bedienungsanleitung und liest die von vorn bis hinten durch, bevor er das Gerät nutzt?

Wir empfehlen deshalb noch einen zehnten Strategieschlüssel: *Probier doch einfach mal.* Und möglicherweise sollte man diesen Schlüssel dann als ersten verwenden.

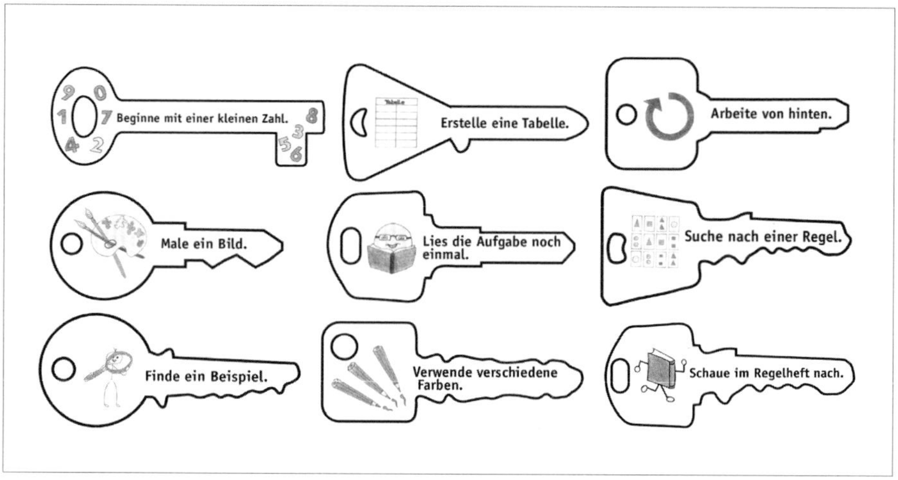

Abb. 3.5: Strategieschlüssel nach Philipp / Herold-Blasius 2016

3.4 Mathematisch modellieren (K4)

Beim **mathematischen Modellieren** werden mehrere Teilschritte durchlaufen, um eine realitätsbezogene Situation mit mathematischen Mitteln zu beschreiben und ein darin enthaltenes Problem zu lösen. Das Problem muss zunächst identifiziert, verstanden und strukturiert werden. Die Bearbeitung lässt sich in Teilschritten beschreiben: Verstehen der Realsituation, Vereinfachen und Strukturieren der Realsituation, Mathematisieren der vereinfachten Realsituation, Lösung des mathematischen Problems, Interpretation und Übertragung der mathematischen Lösung in den realen Kontext. Man spricht in diesem Zusammenhang von einem Modellierungskreislauf.

Probleme bereiten die Übergänge zwischen realer und mathematischer Welt: die Übertragung des Realmodells in ein mathematisches Modell und die Interpretation der mathematischen Lösung in Bezug auf die Realität. Dabei müssen anspruchsvolle Übersetzungsprozesse geleistet werden, um eine zielführende Verbindung zwischen einem außermathematischen Kontext und einem innermathematischen Inhalt herzustellen; jeder Teilschritt erfordert unterschiedliche Teilkompetenzen.

Die Anforderungen reichen von der Anwendung bekannter Standardverfahren wie dem Dreisatz über die Verwendung mehrschrittiger Modellierungen bis hin zu komplexen Situationen, bei denen verschiedene Modelle entwickelt, überprüft, bewertet und verglichen werden müssen.[13]

„Modellieren“ ist auch ein zeitgemäßer Begriff für „Sachrechnen“ oder früher das Lösen von „Textaufgaben“: die Beantwortung von Alltagsfragen mit geeigneten mathematischen Mitteln. Den Sichtweisen,

- Modellieren sei eine neue Anforderung an Mathematikunterricht,
- Modellieren fände an Schulen nicht statt,
- Modellieren würde nicht unterrichtet,
- zum Modellieren bedürfe es besonderer Aufgabentypen,

muss widersprochen werden.

In jedem alltags- oder sachbezogenen Mathematikunterricht spielt Modellieren eine große Rolle. Die Frage ist nicht, ob Modellieren in der Praxis umgesetzt wird, sondern wie. Wählt die Lehrkraft aus ihrer Perspektive der Rückschau ein passendes mathematisches Modell zur Lösung eines Alltagsproblems aus, oder überlässt sie dies den Lernenden? Wer überträgt die Rechenergebnisse auf die zugrunde gelegte Alltagsproblematik, die Lehrkraft oder die Lernenden? Wer interpretiert und validiert die Rechenergebnisse

13 Storz 2018, S. 122

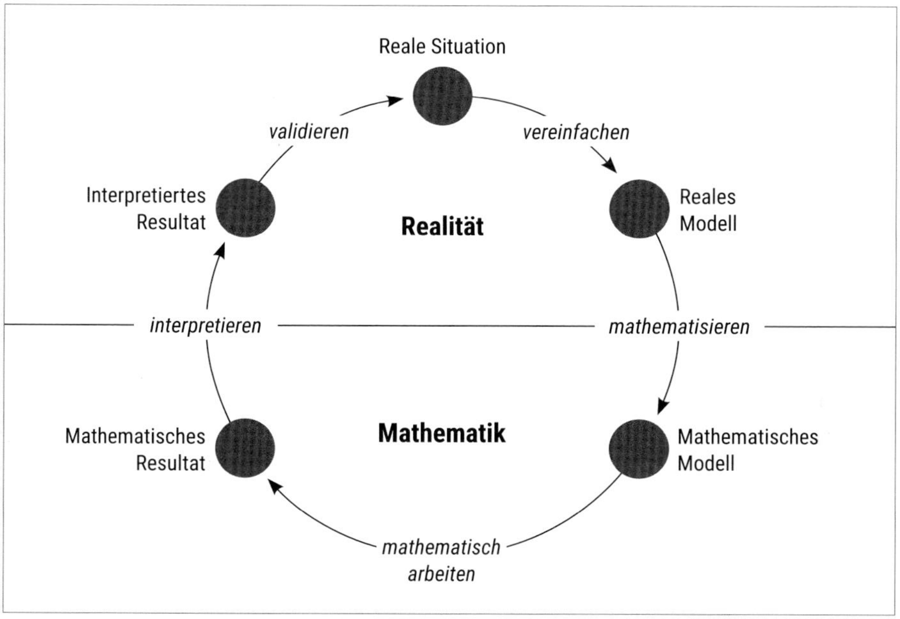

Abb. 3.6a: Modellierungskreislauf

und wie ist dabei der Ablauf? Gibt es eine eindeutig „richtige" oder wird argumentiert, ob eine erarbeitete Lösung schon zufriedenstellt? Werden Alternativen zugelassen, toleriert oder herausgefordert? Wird die Kompetenz *Mathematisch modellieren* bei den Lernenden gefördert oder wird ihnen das Modellieren von der Lehrkraft abgenommen und vorgeführt?

Traditioneller Mathematikunterricht lässt sich auch so beschreiben, dass die Lehrkraft die Kontrolle über den Modellierungsprozess komplett für sich beansprucht und den Lernenden lediglich die Ausführung des innermathematischen Arbeitens überlässt.

Der Modellierungskreislauf (Abb. 3.6a[14]) beginnt mit einer realen Situation, die meistens mit einer Textaufgabe vorgestellt wird. Ideal wäre natürlich, dass die Lerngruppe sich tatsächlich in dieser realen Situation befindet, zum Beispiel im Rahmen eines fächerübergreifenden Unterrichtsvorhabens, oder sie benutzt eine App wie MathCityMap (MCM).[15]

14 Für den Modellierungskreislauf sind in der Literatur zahlreiche Darstellungen zu finden, die hier abgebildete ist aus Storz 2018, S. 110.

15 Die ausführliche Beschreibung eines Beispiels zum Modellieren mit MCM ist in Storz / Schneider / Takin 2022, S. 15 – 21 zu finden.

Diese Möglichkeiten stellen wir aber bewusst nicht heraus, um nicht die Fehlinterpretation zu fördern, Modellieren sei nur etwas für besondere Unterrichtsvorhaben. Nein, im Mathematikunterricht wird immer modelliert. Die Frage ist nur, von wem und in welcher Qualität.

Die Forderung, das Bilden sinnvoller mathematischer Modelle bereits in der Primarstufe zu beginnen, um in der Sekundarstufe auch komplexere Probleme modellieren zu können, spiegelt sich in einem curricularen Aufbau der Kompetenz *Mathematisch modellieren* wider. Dabei reichen die Zielsetzungen vom einfachen Modellieren im Sinne des Aufstellens eines Terms oder einer Gleichung über das Verstehen und Variieren von Formeln und der Verwendung geeigneter Software und Tabellenkalkulationsprogramme, bis hin zum Beschreiten einer Metaebene, von der aus diverse Modelle verglichen und kritisch beurteilt werden sollen.

Ein Beispiel aus dem außerschulischen Alltag: Kartoffelpüree

Reale Situation

Kartoffelpüree wird als portioniertes Fertigprodukt im Handel verkauft. Das Pulver muss in 500 ml heißem, aber nicht kochendem Wasser aufgelöst werden, wahrscheinlich damit es nicht aufschäumt.

Reales Modell

Das Wasser sollte etwa 80°C heiß sein. Die allermeisten Verbraucherinnen und Verbraucher sind aber nicht in der Lage, Wasser gezielt auf 80°C zu erhitzen, weil ihnen dafür eine Messeinrichtung fehlt.

Schnell zubereitet:

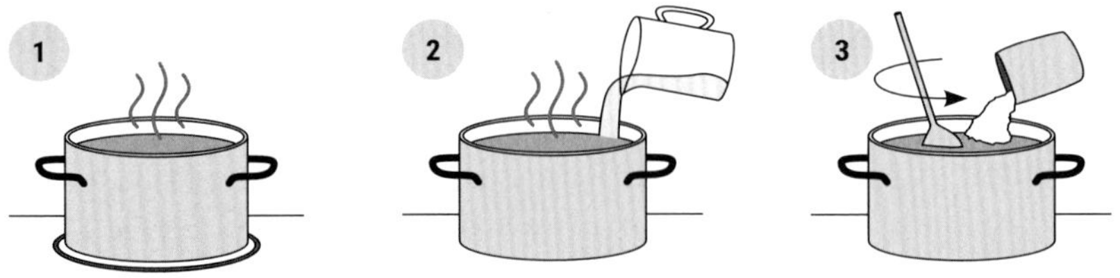

Für einen Beutel (3 Portionen) **400 ml** Wasser aufkochen.

Topf vom Herd nehmen und **100 ml** kaltes Wasser dazugeben.

Püreeflocken mit einem Kochlöffel kurz einrühren. Nach **1 – 2 Minuten** nochmals kurz durchrühren und servieren.

Mathematisches Modell

Mit einer Mischungsrechnung kann ermittelt werden, wie viel kochendes Wasser mit wie viel Leitungswasser zu mischen ist, damit die Mischung ungefähr 80°C heiß ist. Leitungswasser hat im Durchschnitt eine Temperatur von 15°C.

Mathematisches Arbeiten

x steht für die Menge Wasser, die zum Kochen gebracht werden muss, der Rest zu 500 ml ist dann Kaltwasser. Dafür wird eine Gleichung aufgestellt:

$500 \cdot 80 = x \cdot 100 + (500 - x) \cdot 15$

Mathematische Lösung

382 ml Wasser muss zum Kochen gebracht werden, 118 ml kaltes Wasser muss hinzugefügt werden.

Validieren der Lösung

Die allermeisten Verbraucherinnen und Verbraucher sind auch nicht in der Lage, mit solch einer Genauigkeit Wasser abzumessen. Das mathematische Resultat ist in der Realität also Unsinn oder zumindest nicht verwendbar.

Ein zweiter Durchgang des Modellierungskreislaufs führt zu dem Ergebnis, die Rechenergebnisse auf 100 ml zu runden: 400 ml Wasser zum Kochen zu bringen und 100 ml kaltes Wasser hinzuzufügen, bevor das Pulver eingerührt wird.

Das Beispiel könnte so wie oben beschrieben im Unterricht eingesetzt werden. Dabei ginge der Realitätsbezug aber verloren, weil sich die Lernenden nicht in der Rolle befinden, Zubereitungsanleitungen für industriell hergestellte Nahrungsmittel zu entwerfen.

Vielmehr entspricht es ihrer Rolle, als Verbraucherinnen und Verbraucher zu verstehen, wie die Anleitung, die sie befolgen, entstanden sein könnte und welche Mathematik dabei geholfen hat. Die Lehrkraft steht auf einer höheren Stufe des Wissens und kann bei Bedarf Fragen beantworten, weil sie darauf vorbereitet ist, indem sie es durchgerechnet hat.

Im Unterricht sehen wir also eher die Möglichkeit, die Zubereitungsanleitung zur Diskussion zu stellen mit der Fragestellung: Warum empfiehlt der Hersteller eine so komplizierte Zubereitung? In einem offen gestalteten Mathematikunterricht wird am Ende der große Teil der Lernenden verstanden haben, was ein mathematisches Modell ist, viele werden die „Probe“ durchrechnen können, von welcher Verarbeitungstemperatur der Hersteller wohl ausgegangen sein wird, und einige wenige werden vorrechnen können, wie man zu den Angaben auf der Verpackung wohl gekommen sein könnte.

Fermi-Aufgaben sind eine besondere Form von Sachaufgaben. Die Bezeichnung geht auf den italienischen Physiker Enrico **Fermi** (1901 – 1954) zurück. Fermi-Aufgaben ermöglichen es, trotz fehlender Angaben tragfähige mathematische Modellierungen zu erarbeiten. Fermi-Aufgaben sind offene Aufgaben, die durch Schätzen, Überschlagen und Runden zu einer Lösung geführt werden können oder einfach Fragen beantworten, Fragen wie:

- Wie viele Klavierstimmer gibt es in Chicago?[16]
- Wie viele Brötchen muss unser Schulbäcker für die Pause bereithalten? (Maaß 2007, S. 56)
- Wie viele Autos stehen in einem sechs Kilometer langen Stau?
- Wie viel Wasser verschwendet ein tropfender Wasserhahn pro Jahr?
- Wie viele Menschen würden um, auf und in den Bodensee passen? (Handschuh / Bullinger 2008)

Modellieren im Mathematikunterricht ist nichts Neues, wenn auch schon ganze Bücher über „Modellierungsaufgaben" geschrieben wurden. „Modellierungsaufgaben" sind ein ähnliches Missverständnis wie „Methodentraining". Sogenannte Modellierungsaufgaben sind meistens nichts anderes als Fermi-Aufgaben.

Hilfen beim Modellieren

Schwierigkeiten beim Modellieren ergeben sich an den Übergängen von Realität und Mathematik (Wartha 2012). Es fällt Lernenden oft schwer, der Realität die passende Mathematik zuzuordnen und Ergebnisse mathematischer Handlungen angemessen auf die Realität bezogen zu interpretieren.

Wenn Lernende früher veranlasst wurden, vor dem Lösen von Aufgaben Planfiguren anzufertigen und darin mit unterschiedlichen Farben Gegebenes und Gesuchtes zu markieren, oder wenn grundsätzlich als Lösung ein Antwortsatz verlangt wurde, dann ging es damals schon um diese Übergänge beim Modellieren.

Solche Fragen können in der Regel zu unterschiedlichen Antworten und Lösungen führen, denn sogenannte „weiche mathematische Tätigkeiten" führen zu ungefähren Resultaten. Wenn mit geschätzten Größen umgegangen wird und unbekannte Werte gesetzt werden, ergibt sich trotzdem eine ge-

16 Diese Aufgabe hat viel zum Bekanntwerden der Fermi-Aufgaben beigetragen. Zur Lösung müssen reale Informationen recherchiert und / oder Annahmen getroffen werden: Einwohnerzahl von Chicago, Anzahl der Haushalte, Anteile der Haushalte mit Klavier, zeitliche Intervalle für das Klavierstimmen, Arbeitszeit für das Stimmen eines einzelnen Klaviers.

schlossene Argumentationskette mit einem konkreten, nachprüfbaren Resultat. Denn die Festlegung geschätzter oder angenommener Werte muss überzeugend begründet werden, bevor damit gerechnet wird.

Beim Modellieren kann man die Lernenden unterstützen, indem man ihnen den Kreislauf bewusst macht, in dem sie sich beim Lösen von Sachaufgaben bewegen, zum Beispiel mit einer passenden Darstellung des Modellierungskreislaufs[17] siehe die Kopiervorlage im Download.

Das halten wir für transparenter, als nur darauf zu beharren, dass die Lösung einer Aufgabe mit „gegeben, gesucht" zu beginnen und mit einem Antwortsatz zu enden habe, weil das Teil des Lösungsschemas sei; wir unterrichten nicht mehr schematisch.

3.5 Mathematisch darstellen (K5)

Die Kompetenz ***Mathematisch darstellen*** umfasst sowohl das eigenständige Erzeugen unterschiedlicher Darstellungsformen als auch den verständigen Umgang mit vorgegebenen Repräsentationen. Hierzu zählen Diagramme, Schaubilder, Abbildungen, Formeln, Handlungsabläufe und Sprache.
Ein häufiger Wechsel zwischen unterschiedlichen Darstellungsformen mathematischer Objekte durch die Lehrkraft fördert die Kompetenz ebenso wie deren sinnvolle und selbstaktive Anwendung, Interpretation und die Herstellung von Bezügen untereinander.
Die Anforderungen reichen vom Anfertigen und Nutzen von Standarddarstellungen über die Interpretation, den Wechsel zwischen unterschiedlichen Darstellungsformen, das aktive Verändern vorhandener bis zum Verstehen und Verwenden bislang unvertrauter Darstellungen.

Darstellen bedeutet, Sachverhalte mit Handlungen, Zeichnungen, Symbolen, Sprache, mündlich, schriftlich oder digital, wiederzugeben. Erst durch Darstellungen wird es möglich, über mentale Vorstellungen mit anderen zu kommunizieren und Sachverhalte in eine mathematische Sprache zu übersetzen. Der Gebrauch von Darstellungen muss gelernt werden, um dann als Werkzeug zur Verfügung zu stehen.

17 Storz 2018, S. 121

Prinzip E–I–S

Das Prinzip des Wechsels der Darbietungsform E–I–S nach Jerome Bruner hat nichts an Aktualität eingebüßt. Lerngegenstände können dargestellt werden

- „durch eine Zahl von Handlungen, die geeignet sind, ein bestimmtes Ziel zu erreichen" (Bruner 1974, S. 49), also enaktiv.
- „durch eine Reihe zusammenfassender Bilder und Grafiken, die eine bestimmte Konzeption versinnbildlichen, ohne sie ganz zu definieren" (Bruner 1974, S. 49), also ikonisch.
- „durch eine Folge symbolischer oder logischer Lehrsätze, die einem symbolischen System entstammen, in dem nach Regeln oder Gesetzen Sätze formuliert und transformiert werden" (Bruner 1974, S. 49), also symbolisch, wobei auch Sprachen zu den symbolischen Systemen zählen.

Dazu ist zu bemerken, dass Wörter relativ willkürliche Zuordnungen sind, weil es keine Ähnlichkeit zwischen dem beschriebenen Begriff und dem sprachlichen Symbol gibt. Bruner nennt als Beispiel das kleine Wort „Wal“ für ein sehr großes und das große Wort „Mikroorganismus“ für ein sehr kleines Lebewesen (Bruner 1974, S. 17). Die Zuordnung von Wörtern zu ihrer Bedeutung ist nicht trivial und erfordert sorgfältige Unterstützung.

Erschwerend kommt hinzu, dass dieselben Wörter oft inner- und außermathematisch andere Bedeutungen haben, zum Beispiel „senkrecht“, „Betrag“ „Funktion“, „Mantel“ und viele mehr.

Weil Vorstellungen und Begriffe ihren Ursprung in tatsächlichen und dann in vorgestellten Handlungen haben, versteht derjenige meist besser, der durch Handeln lernt, der also auf einer enaktiven Ebene in einen Lerngegenstand eintaucht. Deshalb bevorzugen viele Lehrkräfte eine hierarchische Abfolge der Darstellungsebenen, verstehen diese als Stufen im Sinne einer Treppe (Abb. 3.7 links).

Das ist ein Hinweis, dass es ratsam ist, nicht zu früh auf die symbolische Ebene zu wechseln, und wenn es dort Schwierigkeiten gibt, auf ikonische oder enaktive Darstellungen „zurück“ zu gehen. Wenn man an einen Mathematikunterricht zurückdenkt, der sich ausschließlich auf der symbolischen Ebene bewegte, versteht man ein bisschen besser, weshalb es so viele Personen gibt, die, auch öffentlich, äußern: „Mathematik ist nichts für mich; das habe ich noch nie verstanden.“

Für Fachsprache gilt das erst recht: Fachsprache ist Symbolik und eine zu frühe Verwendung unverstandener Fachsprache behindert das Verstehen.

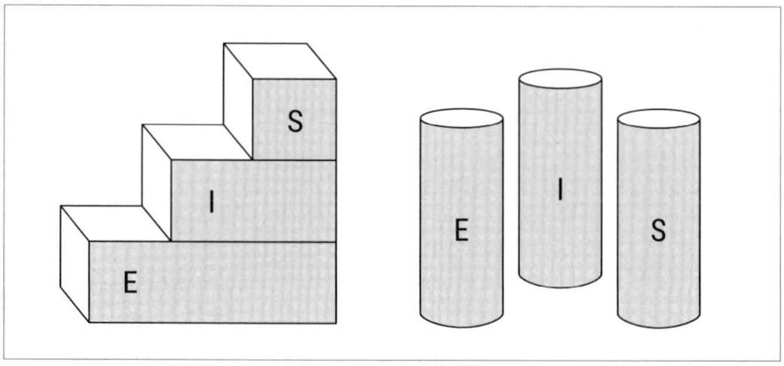

Abb. 3.7: E–I–S als Stufen und als Säulen

Die Abfolge der Darstellungsebenen braucht nicht zwingend einer Hierarchie zu folgen, denn nicht nur ein „Aufsteigen" zum Abstrakten hin kann hilfreich sein, sondern bei Bedarf auch ein „Zurückgehen" auf eine konkretere Ebene. Diesen Hinweis halten wir auch deshalb für wichtig, weil nach unserer Beobachtung im Mathematikunterricht mitunter das Prinzip E–I–S beachtet, dann aber zu schnell nach oben durchlaufen wird, und der Unterricht auf der symbolischen Ebene haften bleibt, auch wenn Schwierigkeiten auftreten.

Als Vorstellung für das Prinzip E–I–S empfehlen wir deshalb nebeneinanderstehende Säulen (Abb. 3.7 rechts), die gleichwertig sind und darauf hinweisen, dass zwischen den Darstellungsformen gewechselt werden sollte, weil hauptsächlich an den Übergängen Lernen stattfindet. In gutem Mathematikunterricht kommen alle drei Darstellungsformen vor, und es findet ein häufiger Wechsel und Austausch statt; der enaktiven Ebene fällt dabei häufiger die Rolle des Einstiegs zu als den anderen.

B

Ein Beispiel aus dem außerschulischen Alltag: Begrüßung

Vier Menschen treffen sich auf einem Fest und begrüßen sich mit Händedruck.

1. Wie viele Händedrücke gibt es?
2. Wie viele Hände werden gedrückt?
3. Wie oft wird jede Hand gedrückt?

Die Aufgabe fördert Sprachsensibilität:
Händedruck, wie viele Hände, wie oft jede.
Die Aufgabe ist auf verschiedenen Darstellungsebenen lösbar:

- enaktiv: auf die Personenpaare wird gezeigt und mitgezählt.
- ikonisch: 6 Pfeile für 6 Händedrücke.
- symbolisch: $3 \cdot 2 \cdot 1 = 6$ Händedrücke.

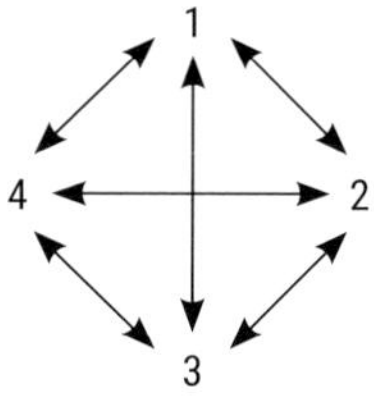

Für unsere mathematisch vorgebildete Leserschaft ist die symbolische Darstellung wohl die überzeugendste, weil sie darin die Funktion *Fakultät* erkennen kann und deshalb in der Lage wäre, für *n* Personen die Anzahl der Händedrücke mit *(n-1)*! und die Anzahl der gedrückten Hände mit *n* zu bestimmen.

Verstehen hat viel mit Sprache zu tun. Umgangssprache ist flexibel, sie kann an das Sprachvermögen der Lernenden angepasst werden und erlaubt hohe Anschaulichkeit. Umgangssprache ist effektiv bei der Integration von neuem Lernstoff in die vorhandene kognitive Struktur. Deshalb sind gerade in Prozessen des Erkundens umgangssprachliche Verständigungen wichtig und mathematische Darstellungen sind sparsam einzusetzen.

Fachsprache wird mit dem Zweck der Ökonomisierung und Verdichtung von Informationen aufgebaut und gepflegt. Nur selten nutzen Lernende von sich aus Fachsprache. Meist ist es die Lehrkraft, die den Gebrauch von Fachsprache initiiert und einfordern muss.

Beim Systematisieren im Kernprozess des Ordnens wird der Übergang von Umgangssprache zur Fachsprache geleistet, da hier schülergemäße Formulierungen durch fachsprachlich korrekte ersetzt werden. Dies bedeutet auch einen Übergang vom Verstehen zum Wissen und einen Wechsel der Darstellungsform.

Die Lehrkraft sollte den Übergang von Umgangs- zu Fachsprache bewusst vermitteln und Lernende nicht veranlassen, unverstandene Fachsprache zu nutzen.

Winkel im Schnittpunkt von Geraden

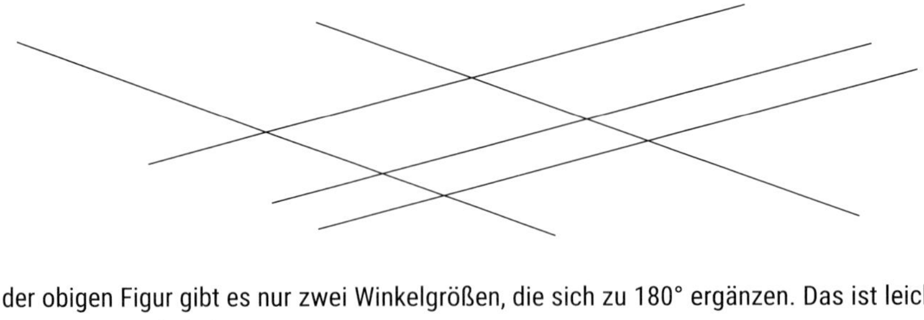

In der obigen Figur gibt es nur zwei Winkelgrößen, die sich zu 180° ergänzen. Das ist leicht zu verstehen und zu behalten.

Um in der Darstellung zu kommunizieren, müssen Lernende aber Fachbegriffe lernen, die sie außerhalb der Schule nie wieder verwenden werden: Scheitelwinkel, Nebenwinkel, Stufenwinkel, Wechselwinkel, Winkelweite.

Sie lernen dann Sätze, die sie auch außerhalb der Schule nie wieder verwenden werden, wie: „Stufenwinkel haben dieselbe Winkelweite."[18]
Schade nur, dass diese Sätze zum Teil falsch sind.
Richtig wären Sätze wie: „Stufenwinkel sind gleich groß genau dann, wenn sie an parallelen Geraden liegen."[19]
Es werden also überflüssige Begriffe und falsche Regeln gelehrt, die keinen Wechsel der Darstellungsebene überstehen. Leider sind Schulbücher immer noch voll von solchen Beispielen. Ist das noch didaktische Reduktion?
Dabei wäre es so einfach: „Färbe in der Figur möglichst viele gleich große Winkel mit derselben Farbe und begründe, weshalb sie gleich groß sind."

Die Schwierigkeiten von Lernenden im Umgang mit Fachsprache und mathematischer Symbolik werden von manchen Lehrkräften unterschätzt. Dass in Lerngruppen mit unterschiedlichen Muttersprachen die mathematische Symbolsprache mitunter die einzige Sprache ist, die alle gleich gut verstehen, ist im Prinzip zwar richtig. Dabei geht es aber eben nicht um Fachbegriffe, sondern um mathematische Symbolik.

Trotzdem sollte damit behutsam umgegangen werden, denn jeder mathematische Begriff und jedes mathematische Symbol muss erst gelernt werden, bevor es gebraucht werden kann.

Besondere Chancen eröffnen digitale Medien. Wenn zum Beispiel mit Geometriesoftware Funktionen dargestellt werden und man die Parameter verändert, lässt sich unmittelbar der Zusammenhang der unterschiedlichen Darstellungsformen beobachten.

Dass die verschiedenen Darstellungsformen zusammengehören, wird dadurch, dass sie sich simultan verändern, unmittelbar klar. Wir haben die Erfahrung gemacht, dass manchen Lernenden erst mit der Nutzung von Geometriesoftware klar wurde, dass Funktionsgleichung, Wertetabelle und Funktionsgraph unterschiedliche Darstellungen desselben Zusammenhangs sind und nicht unabhängige Abschnitte einer Aufgabe oder Schritte eines festgelegten Verfahrens.

18 Backhaus u. a., 2016, S. 46
19 Rolles / Unger 2008, S. 189

B

Bruchteile

Zum Teil ist es die Lehrkraft selbst, die für missverständliche oder unzureichende Darstellungen sorgt, weil sie die folgenden geplanten Lehrschritte schon im Hinterkopf hat. Abb. 3.8 zeigt links eine graue Teilfläche, die zwei Drittel repräsentieren soll, dies aber nicht tut. Denn sie zeigt nur zwei unterschiedlich große Kreisausschnitte. Erst in der rechts stehenden Figur aus Abb. 3.8 werden zwei Drittel dargestellt, denn zwei von drei gleich großen Teilen der Kreisfläche sind grau hinterlegt.

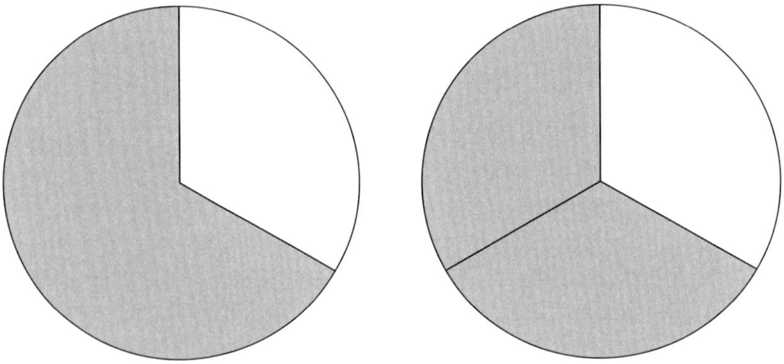

Abb. 3.8: Zwei Drittel richtig gemeint (links) und richtig dargestellt (rechts)

Wenn Lernende zu mathematischen Darstellungen greifen, dann darf die Lehrkraft durchaus eine gewisse Großzügigkeit zeigen, was das Spektrum zwischen „richtig“ und „richtig gemeint“ angeht. Hätte ein Lernender die linke Darstellung aus Abb. 3.8 für zwei Drittel gewählt, dann wäre eine angemessene Intervention der Lehrkraft zum Beispiel: „Zeig mir in deiner Zeichnung mal die zwei Drittel“, und fast jeder Lernende wird dann von sich aus die fehlende Linie einzeichnen.

Eine Aufforderung, die graue Fläche mit kleineren Anteilen auszulegen, kann durchaus von Lernenden dahingehend genutzt werden, nicht lauter gleich große Anteile zu verwenden. Zum Beispiel kann die Fläche ausgelegt werden mit einem Viertel, zwei Sechsteln und einem Zwölftel:

$$\frac{1}{4}+\frac{2}{6}+\frac{1}{12}=\frac{(3+4+1)}{12}=\frac{8}{12}=\frac{2}{3}.$$

Aber stimmt das? Damit kommt man automatisch auf Kürzen und Erweitern. Nur wenn es möglich ist, die in der linken Abbildung fehlende Linie einzu-

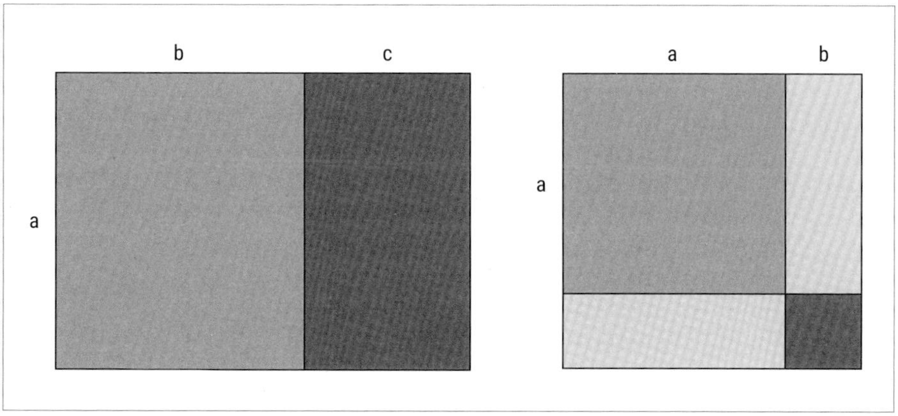

Abb. 3.9: Rechteckfelder für Distributivität und erste binomische Formel

zeichnen, entspricht das $\frac{2}{3}$? Diskussionen über solche „feinen" Unterschiede können die Lernenden in der Begriffsbildung kompetenzfördernd unterstützen.

Von der Lehrkraft sollten mathematische Darstellungen durchgängig verwendet werden, was dem Spiralprinzip nach Bruner entspricht (Bruner 1966, nach Büchter 2014), damit strukturelle Entsprechungen erkannt werden können, was wohl eine leider nicht erfüllte Erwartung an die „Neue Mathematik" der 1960er- und 1970er-Jahre war.

Zum Beispiel das Rechteckfeld (Abb. 3.9) wird verwendet als Darstellung für ein Verständnis

- der Multiplikation für natürliche Zahlen,
- der Division für natürliche Zahlen,
- der Distributivität (Abb. 3.9 links),
- der Multiplikation für Dezimalzahlen,
- der Multiplikation für Brüche als Anteil vom Anteil,
- der binomischen Formeln (Abb. 3.9 rechts),
- der Wahrscheinlichkeit.

(Ademmer / Peitz / Prediger 2024, S. 15)

3.6 Mit mathematischen Objekten umgehen (K6)

Mathematische Objekte sind Zahlen, Größen, Symbole, Variablen, Terme, Strecken, Winkel, geometrische Figuren und Körper usw.
Die Kompetenz *Mit mathematischen Objekten* umgehen meint den Einsatz von mathematischem Wissen und mathematischen Fertigkeiten als Werkzeuge. Zu den möglichen mathematischen Werkzeugen zählen Kenntnis und Anwendung von Definitionen, Regeln, Formeln und Verfahren, ob nun analog oder digital darauf zugegriffen wird.
Mathematische Werkzeuge werden auch eingesetzt, um Lösungen und Lösungswege zu validieren. Wichtig ist die Zweckgebundenheit. Mit dem Einsatz von Werkzeugen möchte man etwas erreichen:

- Verminderung von Rechenaufwand,
- Lösungssicherheit,
- Kommunikation und Kooperation,
- verständliche und anschauliche Darstellung.

Mathematische Objekte und Werkzeuge um ihrer selbst willen einzusetzen, also Wissen auf Vorrat anzusammeln und Fertigkeiten losgelöst zu trainieren, ist auf dem Weg zur Erreichung dieser Kompetenz nicht enthalten.
Die Anforderungen beginnen bei der Verwendung von Routineverfahren und dem Umgang mit vertrauten mathematischen Objekten, und reichen über eine komplexe Anwendung von Lösungs- und Kontrollverfahren bis zur Bewertung und Reflexion solcher Verfahren und Fragen der Allgemeingültigkeit.

Mathematische Objekte werden in den Bildungsstandards 2023 im Gegensatz zum Vorläufer (Sekretariat der KMK 2003) von ihrem medialen Träger getrennt betrachtet. Die Kompetenz *Mit mathematischen Objekten umgehen* sagt also zunächst nichts darüber aus, über welches Medium mit dem Objekt umgegangen wird. Ist das mathematische Objekt zum Beispiel ein Winkel, dann ist nicht kennzeichnend für die Kompetenz, ob mithilfe eines Geodreiecks oder einer Geometriesoftware damit umgegangen wird.
Das wirft interessante Fragen auf:

- Müssen Routineverfahren, wie die Multiplikation natürlicher Zahlen, generell händisch beherrscht werden, um damit umzugehen?
- Müssen mathematische Formeln wie die Lösungsformel für quadratische Gleichungen auswendig memoriert werden können, um damit umzugehen?
- Müssen alle alternativen Lösungsverfahren wie die zum Lösen eines linearen Gleichungssystems beherrscht werden, um mit einem zielführend ausgewählten umzugehen?

- Welche Routineverfahren sind es überhaupt, die beherrscht werden müssen: Division von Bruchzahlen, Multiplikation von Dezimalzahlen, Subtraktion von natürlichen Zahlen, Berechnen mit Winkelfunktionen?

Solche Fragen werden wahrscheinlich vor allem Kommissionen beantworten, die die Aufgaben für Schullaufbahnprüfungen zusammenstellen. Denn die Lehrkräfte nehmen sehr viel ernster, mit welchen Kompetenzen ihre Schutzbefohlenen zu akzeptablen Abschlüssen gelangen können, als was in den Bildungsstandards und Bildungsplänen steht.

Definitionen

Definitionen sollte man nicht mit Begriffen verwechseln. Begriffe müssen individuell gebildet, mit Vorstellungen verknüpft werden.

Deshalb versuchen wir in diesem Buch, das Wort „Begriff" im Zusammenhang mit Definitionen zu vermeiden, obwohl eine derartige Verwendung durchaus üblich ist. Eine Definition legt nur fest, was genau mit einem verwendeten Wort gemeint ist. Und zwar von demjenigen, der es „definiert hat".

Es gibt unterschiedliche Arten, mathematische Objekte zu definieren[20]:

- Sachdefinition: Das Objekt wird durch eine Menge von Objekten, der es angehört, und eine charakterisierende Eigenschaft beschrieben, z. B.: „Ein Quadrat ist ein Rechteck mit vier gleich langen Seiten." Um diese Definition zu verstehen, muss man wissen, was ein Rechteck ist.
- Genetische Definition: Es wird erklärt, wie das Objekt entsteht, z. B.: „Alle Punkte einer Ebene, die von einem Punkt gleichen Abstand haben, bilden einen Kreis."
- Rekursive Definition: Durch eine Vorschrift wird eine Menge von Objekten einem Wort zugeordnet, z. B. Fibonacci-Zahlen: „Jede weitere Zahl in einer Folge natürlicher Zahlen entspricht der Summe ihrer beiden Vorgänger." Der Name „Fibonacci" ist von historischer Bedeutung, aber für die Definition irrelevant.
- Nominaldefinition: Die Bezeichnung für ein Objekt und wie es zu verwenden ist, wird willkürlich festgelegt, meistens wird dem Objekt noch ein Symbol zugeordnet. Der „Betrag" einer rationalen Zahl für ihren Wert ohne Berücksichtigung des Vorzeichens und mit dem Symbol $|x|$ für eine Zahl x ist zum Beispiel eines dieser Objekte, obwohl das Wort im Alltag mit einer völlig abweichenden Bedeutung behaftet ist.

20 nach Rolles / Unger 2001, S. 21

Regeln

Regeln sind Vereinbarungen, an die sich alle zu halten haben, auch diejenigen, die an der Vereinbarung nicht beteiligt waren. Dass im Straßenverkehr die Regel gilt, „wer von rechts kommt, hat Vorfahrt", muss nicht mit jedem Führerscheinneuling neu vereinbart werden, sondern es ist festgelegt. Man kann das auch nicht verstehen, denn es könnte genauso gut umgekehrt „geregelt" werden. Ausnahmen von Regeln sind dann selbst wieder Regeln, zum Beispiel wie mit Verkehrsschildern oder Verkehrsampeln Abweichungen von der Regel „rechts vor links" organisiert werden.

Mathematische Regeln „regeln" den Umgang mit mathematischen Objekten und werden dadurch selbst zu mathematischen Objekten. Mit Ketten und Verknüpfungen erfassen sie Beziehungen zwischen Begriffen und definieren gleichzeitig, was gelernt sein sollte.

Regeln unterscheiden sich von Formeln und Verfahren dadurch, dass sie nicht begründet werden können oder müssen, weil sie willkürlich zustande gekommen sind. Regeln werden nicht verstanden, sondern werden zur Kenntnis genommen und respektiert.

Allerdings gibt es Unterrichtsarrangements, in denen mathematische Regeln entdeckt werden können, die wir gerne empfehlen.

B

Mathematische Regeln sind zum Beispiel:

- „Klammer vor Punkt vor Strich",
- „Durch Null darf nicht dividiert werden",
- Assoziativgesetz, Kommutativgesetz, Distributivgesetz,
- die Stellenwertschreibweise,
- „Die 1 ist keine Primzahl",
- „$x^0 = 1$",
- Rundungsregeln.

Mit einer solchen Definition, was eine Regel ist, kommt man schnell zu der Einschätzung, dass es in der Mathematik nicht viele Regeln gibt. Der große Rest von denjenigen mathematischen Objekten, die in Schulbüchern eingerahmt oder farblich unterlegt sind, sind nämlich Definitionen, Formeln oder Verfahren.

Ein wesentliches Merkmal von am Verstehen orientiertem Mathematikunterricht ist, möglichst wenige mathematische Objekte wie Regeln zu behandeln und möglichst viele Objekte so zu vermitteln, dass sie nicht nur zur Kenntnis genommen, sondern verstanden werden können.

Verfahren oder Algorithmen

Ein anderes Wort für Verfahren in der Mathematik ist „Algorithmus“. Bei dem Wort „Algorithmus“ denkt man heute sofort an Computer und mobile Endgeräte, obwohl es Algorithmen schon wesentlich länger gibt als beides. Algorithmen, auch digitale, können nicht selbst denken, aber „Algorithmen erlauben Diskussionen über die Automatisierbarkeit menschlichen Denkens“.[21]

„Ein **Algorithmus** ist eine endliche Folge von eindeutig bestimmten Elementaranweisungen, die den Lösungsweg eines Problems exakt und vollständig beschreiben.“[22] Da ein Algorithmus nicht auf ein einzelnes Problem abgestimmt sein kann, sondern für eine ganze Klasse von Problemen immer und sicher funktionieren muss, ist er oft komplizierter, als es der Einzelfall erfordert.

Lernende scheitern oft, wenn sie einen Algorithmus zwar gelernt, aber nicht verstanden haben, wie und weshalb er funktioniert. Oder da der Algorithmus Anweisungen enthält, die für sie nicht elementar sind, zum Beispiel: „Multipliziere die Gleichung mit dem Hauptnenner“; es gelingt manchen nicht, eine Bruchgleichung rational zu machen, weil sie den Hauptnenner nicht finden.

Einen gemeinsamen Nenner, der nicht der kleinstmögliche ist, hätten sie unter Umständen gefunden, die Aufgabe also lösen können. Das Lösungsverfahren hätte trotzdem funktioniert, nur der Rechenaufwand wäre größer gewesen. Lehrkräfte neigen bisweilen dazu, zu intervenieren, wenn sie Lernende dabei beobachten, wie sie „umständliche“ Lösungswege einschlagen, und ignorieren dabei, dass diese auch zum Ziel führen können.

Rechenverfahren sind eindeutig festgelegt, in Rechenverfahren gibt es „richtig“ und „falsch“, aber für die Lösung eines Problems gibt es oft nicht nur eines, sondern mehrere passende Rechenverfahren. Man denke nur an das Lösen eines linearen Gleichungssystems oder einer quadratischen Gleichung.

Formeln

Formeln sind komprimierte Verfahren. Wenn man die linke Seite einer Formel mit einem passenden Verfahren bearbeitet, kommt man irgendwann bei

21 Kortenkamp / Lambert 2015, S. 2

22 Ziegenbalg 2010, S. 28

der rechten Seite heraus. Deshalb lassen sich Formeln auch „beweisen“ oder „herleiten“.

Man sollte Lernende aber nicht zwingen, Formeln zu verwenden, wenn sie auch ohne die Formel in der Lage sind, die entsprechenden Verfahren zielführend einzusetzen.

Beispiel: Erste binomische Formel

Wie quadriert man eine Summe?	$\mathbf{(a + b)^2}$
Quadrieren heißt, mit sich selbst multiplizieren.	$= (a + b) \cdot (a + b)$
Multipliziere jedes Glied der ersten mit jedem Glied der zweiten Klammer.	$= a \cdot a + a \cdot b + b \cdot a + b \cdot b$
Vereinfache die Darstellung.	$= a^2 + ab + ab + b^2$
Fasse zusammen.	$\mathbf{= a^2 + 2ab + b^2}$

Die Formel besteht aus dem ersten Schritt eines Verfahrens, in dem Terme umgeformt werden, und dem letzten. Wer das Verfahren beherrscht, braucht die Formel nicht. Der Rechenvorteil gegenüber dem Ausmultiplizieren ist minimal und die Gehirnzellen nicht wert, die zum Memorieren besetzt werden.

Außer man müsste eine große Anzahl der immer gleichen Termumformungen bewältigen und es ginge nur darum, dabei in möglichst kurzer Zeit möglichst viele fehlerfreie Ergebnisse zu erzielen. Aber dann wäre man ein Computer. Der vorletzte Satz beschreibt eine Form von Mathematikunterricht, die es in Deutschland leider immer noch gibt.

Wenn Lernende dann sogar gezwungen werden, Formeln nicht nur zu verwenden, sondern auswendig zu wissen, ist das ziemlich exakt das Gegenteil von Kompetenzorientierung.

Aufgaben in Schullaufbahnprüfungen, die „ohne Hilfsmittel“ bearbeitet werden müssen, behindern eher den Kompetenzaufbau bei Lernenden, als dass sie gelungenen Kompetenzerwerb nachweisen könnten. Wenn solche Aufgaben am Verstehen orientiert sind, mildert das den negativen Eindruck zwar, beseitigt ihn aber nicht. Denn ein Verbot von Hilfsmitteln ist grundsätzlich ein Verbot, Kompetenzen zu nutzen, die heute unverzichtbar sind.

Beispiel aus einer Prüfung[23] für den mittleren Bildungsabschluss

Ausgerechnet eine Aufgabe, die von den Lehrkräften fast einstimmig als sehr leicht befunden worden war, führte zu signifikant schlechten Ergebnissen.
Es ging um eine einfache quadratische Gleichung. Die meisten Prüflinge konnten das Lösungsverfahren fast bis zur Lösungszahl korrekt durchführen, scheiterten dann aber, als sie bei der Gleichung $1 = x^2$ angelangt waren.
Sehr viele kannten das Kommutativgesetz und griffen nach einer Lösungsformel für quadratische Gleichungen, aber es gelang ihnen nicht fehlerfrei, die Werte *a*, *b* und *c* aus der Lösungsformel mit der Gleichung $x^2 = 1$ zu synchronisieren. Versuche mit der *p*, *q*-Form der Formel scheiterten ebenfalls.
Der letzte Schritt des Lösungsverfahrens „die quadratische Gleichung lösen" war von einem großen Teil der Lernenden interpretiert worden als „die Werte in eine der beiden Lösungsformeln für quadratische Gleichungen einsetzen", was eigentlich nicht falsch ist, aber gerade wegen der Einfachheit der Situation misslang. Wo ist jetzt hier *a*, *b* und *c*? Oder *p* und *q*?

Wäre es in der oben zitierten Abschlussprüfung gestattet gewesen, die Lernenden nur darauf hinzuweisen, dass sie doch in der Lage sind, die Gleichung „$x^2 = 1$" „einfach so" zu lösen, dann wäre zumindest die positive Lösungszahl wesentlich öfter in den Schülerlösungen aufgetaucht.

Das Beispiel deutet auf eine Fehlfunktion von Verfahren hin. Denn die Beherrschung von Rechenverfahren wird gleichermaßen von Lehrkräften wie Lernenden überschätzt. Sobald ihnen normierte Lösungsverfahren „beigebracht" wurden, vertrauen Letztere auf deren rezeptartige Wirksamkeit und vergessen oder übersehen, was sie längst können, auswendig wissen oder verstanden haben.

Ein Beispiel zu den Grundrechenarten

$$\begin{array}{r} 101 \\ -\ 99 \\ \hline \end{array}$$

Die Aufgabe 101 – 99 ist einfach zu lösen, wenn man die Zahlen anschaut und im Kopf rechnet: 2. Denn man hat den geringen Abstand der beiden Zahlen erkannt oder man konnte mit der symmetrischen Nähe beider Zahlen zur Zahl 100 operieren. Wird aber ein schriftliches

23 Wenn eine Lehrkraft wie hier Prüfungskorrekturen oder vor allem Zweitkorrekturen einer Lerngruppe, die sie selbst nicht unterrichtet hat, durchgeführt hat, dann ist das zwar noch keine Empirik, aber von deutlich größerer Repräsentanz als einzelne Beobachtungen in eigenem oder hospitiertem Unterricht.

Subtraktionsverfahren eingesetzt, wie es Lernende oft unreflektiert und automatisch tun, wird die Aufgabe nur deshalb schwer.

Ob nun eine Grundvorstellung des Abziehens oder des Ergänzens zugrunde liegt, spielt dabei nicht die entscheidende Rolle. Der Zehner, der beim Bestimmen der Einerstelle im Minuenden entbündelt werden soll, ist nicht vorhanden, und beim Erweitern im Subtrahenden werden aus neun Zehnern zehn Zehner, die von zehn Zehnern abgezogen werden sollen. Was das bedeutet, ist aber im Lösungsverfahren nicht vorgesehen. Die Strategie, sich auf den schriftlichen Algorithmus zu verlassen, weil das „immer klappt", geht hier nicht auf. Sogar „zählende Rechner[24]" sind bei dieser Aufgabe erfolgreicher als ihre mathematikaffinen Mitschülerinnen und Mitschüler.

Als Konsequenz könnte man Verfahren so intensiv einüben und automatisieren, bis ihre Ausführung auch gegen solche Schwierigkeiten stabil ist. Genau hier setzt aber die Kritik am traditionellen Mathematikunterricht an, wenn nämlich Fertigkeiten unverstanden eingeschliffen werden.

Die Kompetenz *Mit mathematischen Objekten umgehen* wird teilweise mit der Bezeichnung *Technisches Arbeiten* beschrieben.[25] Ein Mathematikunterricht, der sich vordergründig und hauptsächlich am *Technischen Arbeiten*, also an der Kenntnis von Fachbegriffen und Regeln und der Beherrschung von Verfahren orientierte, ist in Verruf geraten, obwohl *Technisches Arbeiten* für den Mathematikunterricht ganz wesentlich ist. Auch in einem kompetenzorientierten Mathematikunterricht spielt es selbstverständlich eine wichtige Rolle. *Technisches Arbeiten* soll den Mathematikunterricht jedoch nicht inhaltlich dominieren, sondern im Sinne eines Werkzeuggebrauchs genutzt werden.

3.7 Mit Medien mathematisch arbeiten (K7)

Die Kompetenz *Mit Medien mathematisch* arbeiten berücksichtigt die Notwendigkeit von Medienbildung und Bildung in der digitalen Welt, beschränkt sich aber nicht auf digitale Medien. Die Notwendigkeit, mit mathematischen Objekten umzugehen, erfordert Medien, die

24 „Zählende Rechner" sind Kinder mit einer Rechenschwäche „Dyskalkulie", die abweichend von ihrer sonstigen intellektuellen Entwicklung isolierte Defizite beim Rechnen haben, was auf eine nicht gelungene Zahlvorstellung zurückzuführen ist (vgl. dazu Storz 2009, S. 121 – 123). Statt zu subtrahieren, zählen sie von der kleineren auf die größere Zahl hoch, was in dem obigen Beispiel eine durchaus angemessene Strategie sein kann.

25 Nach IQB: Handreichungen zu VERA 8, 2009

zwischen den Objekten und Personen, die sie nutzen und anwenden, vermitteln. Mit Medien mathematisch zu arbeiten, war schon immer Teil der Kompetenzen, die im Mathematikunterricht vermittelt wurden.
Es ist nötig geworden, die Kompetenz, mit Medien zu arbeiten, prominent herauszustellen, weil Medien an Vielzahl und Bedeutung zugenommen haben.
Digitale Medien sind durch einen höheren Interaktionsgrad der Nutzerinnen und Nutzer gekennzeichnet im Vergleich zu „herkömmlichen" technischen Medien. Bereitschaft und Fähigkeit zu Interaktion sind damit Teil der Kompetenz, diese Medien zu nutzen, damit zu arbeiten.
Die Anforderungen der Kompetenz beginnen bei der Verwendung allgemeiner Medien und analoger und digitaler Mathematikwerkzeuge.
Sie reichen über die Nutzung analoger und digitaler Werkzeuge zum Problemlösen, Modellieren, selbstgesteuerten Lernen und zu Kriterien geleiteten Auswahlen von Medien sowie Medien gestützten Präsentationen mathematischer Inhalte.
In der höchsten Anforderungsstufe reflektieren und bewerten Lernende die Mediennutzung, nutzen und übertragen Algorithmen und explorieren mit Medien mathematische Inhalte (KMK 2023, S. 32).

Mit der 2023 hinzugekommenen prozessbezogenen Kompetenz *Mit Medien mathematisch arbeiten* wird die Tatsache berücksichtigt, dass Mathematik ohne Medien nicht denkbar ist, folglich auch kein Mathematikunterricht. Bereits die alten Griechen mussten Stöcke in die Hand nehmen, um ihre geometrischen Figuren in den Sand zu zeichnen, wie es das Klischee sagt, und um darüber kommunizieren zu können.

> „Das Spektrum dieser neuen Kompetenz reicht von der Nutzung analoger Medien, der kritischen Prüfung von Informationen der digitalen Welt unter mathematischen Gesichtspunkten, der Verwendung digitaler Mathematikwerkzeuge (z. B. Tabellenkalkulation, Geometriesoftware, Computeralgebrasystem, Stochastiktool) und Lernumgebungen über die Erstellung und Gestaltung allgemeiner Medien wie Videos und Präsentationen bis hin zur bewussten Verwendung, Entwicklung und Reflexion von Algorithmen mithilfe digitaler Medien."
>
> (KMK 2023, S. 18 / 19)

Bei der Kompetenz *Mit Medien mathematisch arbeiten* wird der enge Medienbegriff zugrunde gelegt, also „technische Medien" (KMK 2023, S. 17) und weniger personale, denen wir uns in Kap. 6.14 ausführlich widmen, ebenso wie der Unterscheidung der technischen Medien in Arbeitsmittel, Werkzeuge und Anschauungsmittel (vgl. Abb. 3.10). Auch dazu mehr in

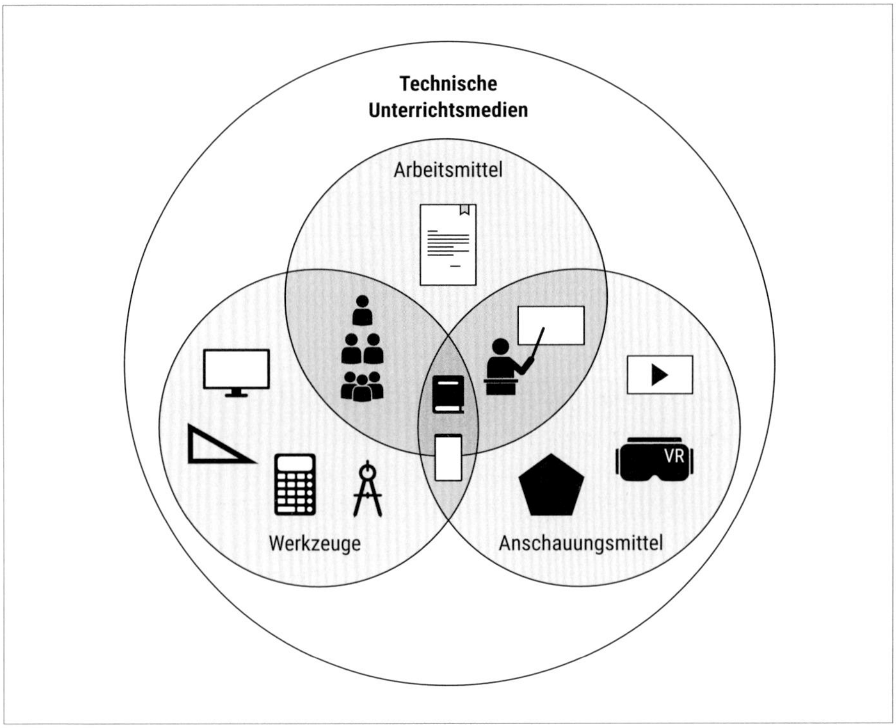

Abb. 3.10: Technische Unterrichtsmedien

Kap. 6.14. Bisher wurden die Schulen im Unklaren gelassen, ob digitale Medien in Überprüfungssituationen eingesetzt werden sollen oder dürfen. Obwohl Lernende schon lange davor mit Lernvideos und Apps wie Photomath gearbeitet haben.

Auf jeden Fall beantwortet die Hinzunahme der Kompetenz *Mit Medien mathematisch arbeiten* aus unserer Sicht endlich die Frage, ob im Mathematikunterricht digitale Medien eingesetzt werden dürfen, mit einem deutlichen Ja. Die Ausführungen der KMK zur Kompetenz *Mit Medien mathematisch arbeiten* beinhalten sogar, dass digitale Medien im Mathematikunterricht eingesetzt werden müssen. Spätestens wenn Lernende, die nach einem entsprechenden Bildungsplan unterrichtet wurden, in die Abschlussprüfungen gehen, muss das geklärt sein.

Die Kultusverwaltungen und Lehrkräfte müssen jetzt umsetzen, wie das zu geschehen hat. Erfreulich finden wir auch, dass die Nutzung von Apps und digitalen Algorithmen sowie Erklärvideos ausdrücklich als Teil des Kompetenzerwerbs definiert wurden (KMK 2023, S. 32).

Laut einer Empfehlung der Kultusministerkonferenz von 2024 sind auch keine Nutzungsverbote für Künstliche Intelligenz im schulischen Kontext geplant, sondern „konstruktiv-kritische Auseinandersetzung mit KI in Bildungsprozessen“ (KMK 2024, S. 2). Ein allgemeines Verbot von KI zur Bearbeitung von Hausaufgaben, Hausarbeiten und Ähnlichem ist laut KMK weder zielführend, wünschenswert noch durchhaltbar (KMK 2024, S. 6).

Wir alle sind also aufgefordert nachzudenken, wie die technische Entwicklung der Medien, die den Lernenden zur Verfügung stehen, einerseits die Qualität des Unterrichts verbessern und andererseits in einer nach wie vor individuumbezogenen Leistungsbewertung angemessen berücksichtigt werden können.

Zu den Medien, mit denen mathematisch gearbeitet werden soll, gehören nach unserer Einschätzung auch Wissensspeicher wie Formelsammlungen und das Internet sowie Hilfsmittel wie Schulrechner[26], Computerprogramme, Apps und der reflektierte Einsatz Künstlicher Intelligenz.

Zu den digitalen Kompetenzen, die immer mehr in den Vordergrund treten, tragen Wissen und die Beherrschung von Routineverfahren nur zu einem kleinen Teil bei. Wer weiß, wo und wie er das Wissen der Menschheit für seine Aufgaben nutzen kann und welchen Quellen er vertrauen kann, verfügt über höhere Handlungskompetenz als derjenige, der Wissen und Routinen nur im eigenen Kopf gespeichert hat.

Das ist schon deshalb richtig, weil die Speicherkapazität eines einzelnen menschlichen Gehirns mit seinen digitalen Konkurrenten nicht mithalten könnte. Das war auch schon so, als das Wissen der Menschheit noch analog in Lexika und Fachbüchern gespeichert wurde. Eigentlich hat schon die Erfindung des Buchdrucks im Jahr 1440 durch Johannes Gutenberg die Vorherrschaft erinnerten Wissens gegenüber Medien gestützter Wissensspeicherung beendet.

Die atemberaubende Entwicklung der Künstlichen Intelligenz macht uns gerade klar, dass Intelligenz nicht nur eine Frage der Qualität, sondern in hohem Maße der Quantität ist. Das macht es schwieriger, Qualität zu erkennen, aber nicht unmöglich.

„Datenbanken verändern nicht nur die Quantität des Speicherbaren, sondern auch die Qualität, indem komplexe Relationen zwischen den einzelnen Datenbeständen mitverwaltet werden können“ (Hölzl / Küttel 2014, S. 286). Aus der hohen Quantität entsteht neue Qualität, die es zu verstehen gilt, und wenn nicht mit Mathematik, wie dann?

---

26 Früher bezeichnete man Schulrechner als „Taschenrechner“.

In einer Zeit, in der unsere Schülerinnen und Schüler mit digitalen Hilfsmitteln aufwachsen, diese in der Schule jedoch weiterhin verboten sind, vertieft sich nur der Graben zwischen ihrer gelebten Wirklichkeit und der schulischen Realität. Wie sollte Schule auf eine Welt vorbereiten, aus der sie sich verabschiedet hat oder der sie nicht angehört?

Im Alltag sind elektronische Rechenhilfen längst zum allgegenwärtigen Arbeitsmittel geworden und damit zu Werkzeugen, die beherrscht werden müssen. Wer den Einsatz eines Werkzeugs beherrscht, setzt es nur in solchen Fällen ein, in denen das Werkzeug geeignet ist und ihm aus dessen Nutzung Vorteile entstehen.

Technische Entwicklungen wie in der Vergangenheit der Taschenrechner oder Computer-Algebra-Systeme (CAS) oder jetzt Künstliche Intelligenz (KI) haben noch nie dazu geführt, dass man grundlegende Techniken nicht mehr lernen und verstehen muss, sondern die Technik legt Ressourcen für höherwertige Aufgaben frei. Lehrende und Lernende müssen immer in der Lage sein, die gegebenen technischen Möglichkeiten zu nutzen und zu bewerten. Davor Angst zu haben, ist kontraproduktiv.

B

Ein Beispiel zum Einsatz technischer Hilfsmittel

Wie bei jedem Werkzeug reicht zur Kompetenz, es zielgerichtet einzusetzen, die Fähigkeit, es bedienen zu können, nicht unbedingt aus. Wer zum Beispiel mit einem Schulrechner die Aufgabe $2^{75} + 1 - 2^{75}$ rechnet, muss die Erfahrung machen, dass der Schulrechner falsch rechnet, obwohl man dies eigentlich nicht für möglich hält. Denn als Ergebnis zeigt er die 0 an.

Als Bediener eines Werkzeugs muss man wissen, was das Werkzeug macht und wie es im Prinzip funktioniert. Wer mit einer elektrischen Bohrmaschine ein Loch bohren will, muss wissen, dass die Maschine nur das Bohrwerkzeug dreht. Zum Bohren gehört aber auch Vorschub, den der Bediener selbst ausüben muss.

Im Fall der obigen Aufgabe ist der Einsatz des Schulrechners schon deshalb nicht sinnvoll, weil das Eintippen des Terms mehr Zeitaufwand erfordert, als zu erkennen, dass sich die beiden Potenzterme aufheben und folglich die 1 als Ergebnis bleibt.

Der Schulrechner kommt deshalb zu einem falschen Ergebnis, weil er über die 23 Stellen, die für die Darstellung der Zahl 2^{75} notwendig wären, nicht verfügt und deshalb rundet, natürlich richtig. Je nach Ausführung zum Beispiel auf die zwölfte Stelle. Die Addition der 1 zu der gerundeten sehr großen Zahl ändert diese in der singulären Welt des Schulrechners nicht. Deshalb ignoriert er die 1 und kommt zu dem mathematisch falschen Resultat.

Man könnte an dieser Stelle die Frage stellen, ob nicht das „falsche“ Ergebnis des Schulrechners näher an der Wirklichkeit liegt, also alltagstauglicher ist als das „richtige“ Ergebnis der Mathematik, denn wenn man zu einer sehr großen Zahl 1 addiert, ändert das am Ergebnis wenig. Darum geht es aber nicht. Vielmehr sollte man selbst beurteilen können, ob das von dem Werkzeug berechnete Ergebnis richtig ist, sonst besteht die Gefahr, dass die Rollen vertauscht werden und man selbst zum Werkzeug wird.

Wenn Sie die oben aufgestellte Behauptung überprüfen wollen und dafür Ihr Smartphone verwenden, werden Sie zu dem Schluss kommen, dass sie falsch ist. Denn das Smartphone kann besser Mathematik als ein Schulrechner, weil sein Algorithmus nicht auf die Anzeigefelder beschränkt ist. Das Smartphone ist „intelligent“ genug, um zu erkennen, dass hier das Kommutativgesetz angewendet werden kann, bevor es rechnet.

Wozu also den Lernenden Schulrechner austeilen, wenn jede und jeder ein Gerät in der Tasche hat, das zwar nicht unbedingt besser rechnen kann, aber mehr von Mathematik versteht als der Schulrechner? Schulrechner können nur rechnen, Smartphones folgen intelligenten Algorithmen. Eigentlich wollen wir doch, dass unsere Lernenden ähnliche Fortschritte machen. Weshalb also verbieten wir die Verwendung von Smartphones und bestehen darauf, dass Schulrechner verwendet werden, um Rechenverfahren durchzuführen, die wir nach wie vor am liebsten den Lernenden überlassen würden, weil wir das für bildungswirksam halten?

Digitale Kompetenzen

Mit der Einbindung digitaler Medien in den Medienbegriff wird es notwendig, digitale Kompetenzen zu berücksichtigen, auch im Zusammenhang mit prozessbezogenen mathematischen Kompetenzen.

Das eigentlich für die berufliche Ausbildung entworfene sogenannte 4K-Modell allgemeiner, überfachlicher Kernkompetenzen (Fadel u. a. 2017), das inzwischen als „Zukunftskompetenz“ in den deutschen Sprachgebrauch Eingang gefunden hat (KMK 2024, S. 6), haben wir schon in unserem vorherigen Buch auf dem Hintergrund von Schlüsselkompetenzen und dem Kompetenzmodell der KMK interpretiert (Storz / Schneider / Takin 2022, S. 33 – 35).

Beim 4 K-Modell (Kommunikation, Kollaboration, Kreativität, Kritisches Denken) geht es darum, welche Kompetenzen im 21. Jahrhundert notwendig sind, um in einer Welt zu bestehen, die von Unbeständigkeit (Volatility), Unsicherheit (Uncertainity), Komplexität (Complexity) und Mehrdeutigkeit (Ambiguity) kurz VUCA geprägt ist. Die 4 Ks sind ein Lösungsansatz für die Problematik, aber kein digitales Medienmodell. Allerdings lassen sich vor allem Kommunikation und Kollaboration mit digitalen Medien umsetzen.

Da es immer schwierig ist, unterschiedliche Modelle parallel zu nutzen, andererseits aber auch konstruktiv, schlagen wir vor, das 4 K-Modell als Teilaspekt der Kompetenz *Mit Medien mathematisch arbeiten* anzusehen, ohne es darauf zu reduzieren. Dabei fällt auf, dass unser Vorschlag weitreichende Überschneidungen zu anderen prozessbezogenen Kompetenzen offenlegt.

Kommunikation
Kommunikation meint neben dem technischen Aspekt, ob jemand Werkzeuge, die er zur Hand nimmt, auch bedienen kann: das eigene Denken teilen, also mitteilen zu können und in Zusammenarbeit und im Austausch mit anderen zu lernen (Muuß-Merholz 2022).

Kollaboration
Kollaboration meint, mit anderen integrativ zu denken und zu handeln und nicht nur additiv Bausteine zu einem Ganzen zusammenzusetzen, sondern gemeinsam auf ein gemeinsames Ziel hin zu arbeiten.

Kreativität
Kreativität meint, sich auf Neues einzulassen, also die Bereitschaft zu lebenslangem Lernen und die Kompetenz, das auch umzusetzen. Damit setzt diese Teilkompetenz ein Gegengewicht zur Verfahrenslastigkeit, unter der Mathematikunterricht immer noch leidet.

Kritisches Denken
Kritisches Denken konzentriert sich im 4K-Modell nicht etwa darauf, Kritik und Alternativen aktiv zu äußern, sondern Behauptungen zu hinterfragen und zu reflektieren (Fadel u. a. 2017, S. 134).

4 Inhalte von Mathematikunterricht

Was Sie in diesem Kapitel erwartet:

- Abgrenzung der Schulmathematik gegenüber wissenschaftlicher Mathematik,
- Grundsätze, Begriffe und Sätze der Mathematik, die für die Schulmathematik relevant sind,
- Auswahlen von für die Allgemeinbildung relevanten mathematischen Inhalten,
- Beispiele für kompetenzorientierte Interpretationen mathematischer Inhalte,
- die Vernetzung inhaltsbezogener Kompetenzen untereinander,
- die Vernetzung inhaltlicher mit prozessbezogenen Kompetenzen,
- die Beschreibungen aller fünf inhaltsbezogenen Leitideen.

> „Mathematik ist für fast alles unersetzlich, das unser Leben beeinflusst – Handys, Medizin, Klimawandel – und sie entwickelt sich schneller als jemals zuvor."
>
> (Stewart 2012, S. 16)

Mathematik durchdringt jeden wissenschaftlichen Bereich, jedes technische Artefakt und hilft, die Natur zu verstehen und zu erklären.

> „Es heißt, Mathematik sei die Kunst der reinen Vernunft. Sie ist die zugrunde liegende Struktur all dessen, was in unserer Wirklichkeit existiert, aber auch all dessen, was nicht existent ist."
>
> (Brown 2012, S. 6)

Eine grundliegende Struktur reicht weit in die Vergangenheit zurück, muss sich aber genauso immer neuen Veränderungen und Wissenszuwächsen anpassen, um grundlegend zu bleiben.

> „Könnte es sein, dass in schwierigen Zeiten Zahlen das einzig Konstante in einer sich ständig ändernden Welt waren?"
>
> (Pickover 2009, S. 70)

Das ist sicher richtig, aber die Beherrschung von Rechenoperationen reicht nicht aus, um die Bedeutung der Mathematik zu begreifen.

Bildung ohne Mathematik ist kaum vorstellbar, kein Curriculum für schulischen Unterricht kommt ohne Mathematik aus. Große Fragen der Mathematik sind als Teil der Allgemeinbildung aber weniger relevant als Anwendungen der Mathematik im und für den Alltag.

Logik und elementare Mengenlehre gehören heute zu den Grundlagen der Mathematik. Sicher war es Teil einer Fehlentwicklung, als in der zweiten Hälfte des 20. Jahrhunderts beides im Sinne einer „Wissenschaftsorientierung“ als Inhalte im Mathematikunterricht prominent thematisiert wurde. In einem Schulbuch für die 10. Jahrgangsstufe zum mittleren Bildungsabschnitt (Kusch / Aits / Aits 1976, S. 9 – 10) fanden wir eine Liste mit ca. 140 mathematischen Zeichen und Abkürzungen. Wir vermuten, dass nicht jeder Leser und jede Leserin unseres Buchs jedes dieser Symbole kennt und verwendet – wir auch nicht –, obwohl die Leserschaft Mathematik studiert hat oder noch dabei ist. Die umfangreiche Verwendung von sperriger Symbolik ergab für Lernende kaum Vorteile: „Die mit der Wissenschaftsorientierung als didaktischem Prinzip verknüpften Hoffnungen haben sich nicht erfüllt“ (Heymann 1996 / 2013, S. 81). Gerade diese formale, symbolische Darstellung von Mathematik dürfte zu viel Mathematikverdruss in der Gesellschaft beigetragen haben. Eine hoch verdichtete Fachsprache, die man nur zum Teil versteht, schreckt ab.

> „Inhaltlich einfache Sachverhalte sollten nicht unnötig durch sprachliche Komplexität aufgebläht werden.“
>
> (Leisen 2013, S. 28)

Lesen Sie dazu auch die Ausführungen in dem Kapitel 6.8 Sprachkompetenz. Trotzdem sollten Lernende die Grundlagen der Mathematik begreifen und damit umgehen. Dazu gehört, dass Axiome verwendet werden.

Ein **Axiom** ist ein Grundsatz, der nicht begründet oder abgeleitet, sondern einfach gesetzt wird, wie beispielsweise die Festlegung, dass ein Punkt nicht teilbar ist, oder diejenige, dass in mehrgliedrigen Termen Multiplikation und Division Vorrang vor Addition und Subtraktion haben („Punkt vor Strich“).

Axiome sollten im Unterricht sparsam und sinnvoll gesetzt werden, und den Lernenden sollte immer klar sein, dass ein Axiom etwas anderes ist als der Anspruch, die Lehrkraft habe qua Amt Recht. Lehrkräfte sollten keine neuen Axiome dazuerfinden, die es in der Mathematik nicht gibt.

Bereits eine Erweiterung des oben genannten Axioms „Punkt vor Strich“ auf „Klammer vor Potenz vor Punkt vor Strich“ sollte daraufhin überprüft werden, ob ein solches „Axiom“ möglicherweise mehr Unsicherheiten als Verständnis erzeugen könnte, oder ob damit nicht bereits zu vorauseilendem Regellernen übergegangen wird.

Eine weitere logische Grundlage der Mathematik ist der Satz des ausgeschlossenen Dritten: „Tertium non datur“, wahr oder falsch.

Tertium non datur

Für eine Aussage im Sinne der Aussagenlogik kann nur sie selbst oder das Gegenteil gelten; eine dritte Möglichkeit gibt es nicht, sonst ist es keine Aussage.

Dass es oft sinnvoll ist, Aussagen zu treffen, von denen klar entschieden werden kann, ob sie zutreffen oder nicht, ob sie also wahr oder falsch sind, ist ein wichtiges Ziel von Mathematikunterricht, auch wenn auf Begrifflichkeit und Symbolik der Aussagenlogik weitgehend verzichtet werden kann.

Der Satz vom ausgeschlossenen Dritten hilft zum Beispiel auch, einen der Kerne der Genderdebatte zu erklären. Die Gesellschaft ist nämlich inzwischen zu der Einschätzung gelangt, dass „nicht männlich“ nicht automatisch „weiblich“ bedeutet, dass also die Natur sich nicht an Aussagenlogik hält.

Auch Robert Stadlober als Benjamin Lebert im Film „Crazy“ benutzt den Satz vom ausgeschlossenen Dritten: „Manchmal glaube ich, es gibt nur zwei Sorten von Menschen: Die einen können Mathe und die anderen können keine Mathe.“[27] Die Aussage in dem Film ist eindeutig „logisch“, weil sie eine binäre Situation bestimmt: entweder A oder nicht A. Eine weitere Grundlage aus der Mathematik sehen wir im logischen Folgern.

Logisches Folgern

Mit logischem Folgern kann man aus vorhandenem Wissen neues Wissen generieren. Wenn das vorhandene Wissen richtig ist und bei der Verknüpfung des vorhandenen Wissens keine logischen Fehler gemacht wurden, dann ist auch das Wissen, das durch logisches Folgern erworben wurde, richtig.

---

27 Hans-Christian Schmid, *Crazy*, 2000. Verfilmung des gleichnamigen Romans von Benjamin Lebert 1999

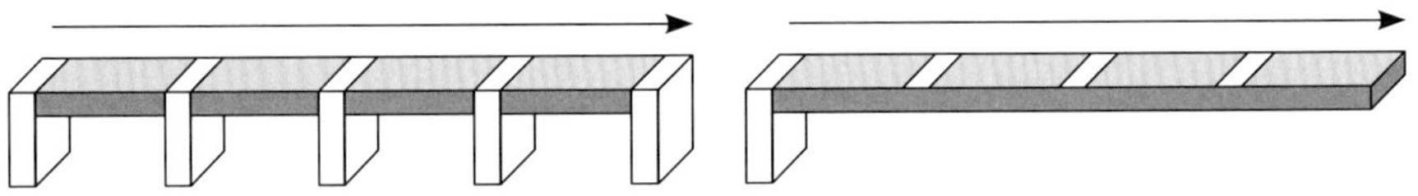

Abb. 4.1: Logisches Folgern und Mathematische Deduktion

Mathematische Deduktion spielt beim gewöhnlichen logischen Folgern keine große Rolle, denn Deduktion verlangt nur eine einzige Stütze: die angenommene Voraussetzung. Anders das logische Folgern:

> „Der praktische Verstand fragt bei jedem Schritt, ob alles, was wir so weit gehört haben, mit unserer Alltagserfahrung übereinstimmt."
>
> (Minsky 1994, S. 189)

Beim logischen Folgern stützen wir also jeden einzelnen Schritt einer Argumentation auf seine Plausibilität.

Die Wege, auf denen logische Folgerungen erreicht werden, können vielfältig sein. Aber sie müssen „logisch" sein, für jeden nachvollziehbar. Wenn Lernende trotzig darauf bestehen: „Ich mach das aber so", dann braucht man es ihnen nicht grundsätzlich zu verbieten, sondern prüft, ob die individuell gewählte Folgerung nachvollziehbar, also logisch ist.

Man erlaubt den Lernenden also nicht, ihre eigene Deduktion zu erfinden, sondern fordert von ihnen ein, logisch zu folgern.

Mathematikunterricht in allgemeinbildenden Schulen muss nicht wissenschaftliche Mathematik vermitteln, sollte aber bei aller Vereinfachung und Lückenhaftigkeit vermitteln, worauf Mathematik aufbaut:

- Axiome,
- wahr oder falsch,
- Deduktion, vereinfacht auf logisches Folgern.

Es ist unter anderem die Aufgabe von vielen Personen, die dieses Buch lesen, dafür zu sorgen, dass der Satz vom ausgeschlossenen Dritten im Kontext Mathematik richtig ist, im Kontext Mathematikunterricht aber nur bedingt anzuwenden ist. Denn sobald es um Lösungswege geht, gilt ein „Tertium non datur" fast nie, gibt es kein eindeutiges Richtig und Falsch. Lösungswege können wie andere Wege kurz oder länger sein, es gibt direkte Wege, Umwege und Abkürzungen. Kein Weg, der zum Ziel führt, muss verboten werden.

Didaktische Auswahl und Reduktion

Der Gedanke, ein Unterrichtsfach repräsentiere eine verkleinerte und vereinfachte Zusammenschau der Bezugswissenschaft, hat sich zumindest in Bezug auf Mathematik als nicht sinnvoll erwiesen. Sondern schulische Bildung sollte sich an den Anforderungen des Alltags in Gegenwart und Zukunft orientieren. Mathematikunterricht darf sich zwar nicht auf den Aspekt der Nützlichkeit beschränken, darf diesen aber auch nicht ausblenden (Heymann 1996/2013, S. 135).

Ein aus der Tradition gewachsenes Curriculum umfasst folgende Themenbereiche für Mathematikunterricht (Vollrath/Roth 2012, S. 39/40).

Themenbereiche für Mathematikunterricht

Primarstufe:

- Zahlen, Größen, Formen

Sekundarstufe I:

- Arithmetik, Algebra, Elementargeometrie, Trigonometrie, Stochastik

Sekundarstufe II:

- Analysis, Limeare Algebra, Stochastik

Weil diesem Curriculum kein grundlegendes Konzept zugrunde liegt, stellte Hans Werner Heymann die Frage, anhand welcher Ideen Lernenden die besondere Universalität der Mathematik verdeutlicht werden kann, die auf Abstraktion und symbolische Techniken beruht, welche wiederum mittels Abstraktion gewonnen werden (Heymann 1996/2013, S. 173).

In seinem richtungsweisenden Werk „Allgemeinbildung und Mathematik“ schlug er begründet als zentrale Ideen für den Mathematikunterricht vor:

- Idee der Zahl,
- Idee des Messens,
- Idee des räumlichen Strukturierens,
- Idee des funktionalen Zusammenhangs,
- Idee des Algorithmus,
- Idee des mathematischen Modellierens (Heymann 1996/2013, S. 174).

Dass Heymanns Ideen bei der Auswahl der Leitideen des aktuellen und des vorherigen Kompetenzmodells grundlegend berücksichtigt wurden, ist leicht erkennbar, wenn seine Ideen inzwischen auch weitergedacht wurden. Auch die Forderung, Basisqualifikationen wie Schätzen, Überschlagen, Erkennen von Größenordnungen, Interpretieren von Daten und Darstellungen (Heymann 1996/2013, S. 138) mehr Beachtung zu schenken, ist weitgehend in die Bildungspläne eingeflossen.

Heymann zählte zu seinen Ideen auch das Modellieren, was in manchen Fachseminaren zu Diskussionen und teilweise unangemessenen Belehrungen führte, denn ältere Kompetenzmodelle in Bildungsplänen ordneten das Modellieren als Leitidee ein, andere als prozessbezogene Kompetenz.[28]

Eine entscheidende Frage ist auch, wie weit man Wissenschaft vereinfachen kann, damit sie verstanden wird, ohne dass die Inhalte ihre Richtigkeit verlieren (Plöger 2012, S. 180). Hier nur zwei Beispiele, wo dies problematisch werden könnte, die an anderer Stelle in diesem Buch genauer besprochen werden:

- Die Begriffe Stufen- und Wechselwinkel werden in der Schule am Spezialfall definiert, dass sie an parallelen Geraden liegen, was mathematisch falsch ist (vgl. Kap 3.5).
- Pyramide und Kegel werden in der Schule am Spezialfall gerader Körper definiert, was mathematisch falsch ist (vgl. Kap. 4.4).

Ob zum Beispiel die Kompetenzen, binomische Formeln anzuwenden oder Bruchgleichungen zu lösen, zur Allgemeinbildung gehören sollen, entscheiden Bildungspolitiker und Aufgabenkommissionen. Denkanstöße gibt es genug. Die Lehrkraft ist an den jeweils geltenden Bildungsplan ihres Bundeslands und ihrer Schulart gebunden und wir empfehlen allen dringend, sich an die Vorgaben zu halten, wenn sich auch an der einen oder anderen Stelle Widersprüche auftun.

Wissenschaftliche Mathematik

Da wissenschaftliche Mathematik den Anspruch allgemeingültiger Aussagen und Algorithmen erhebt, ist es in der Wissenschaft oft aufwendiger, gerade einfache Sachverhalte zu erklären, als in der Schulmathematik. Die Einfachheit muss in der Schulmathematik nur genutzt werden, siehe zum Beispiel die Prüfungsaufgabe in Kap. 3.6, die mit Verständnis leichter zu lösen war als mit der allgemeingültigen Formel.

Die Ausdehnung des Denkens auf mehr als zwei Dimensionen beschränkt sich in der Schulmathematik auf die Stereometrie, in der wissenschaftlichen

28 Wer das genauer nachverfolgen möchte, kann dies zum Beispiel an den Bildungsplänen Hauptschule 2004, Realschule 2004 und Werkrealschule 2010 von Baden-Württemberg tun.

Mathematik findet sie in den meisten Teilgebieten statt (Arens u. a. 2018, S. 840). Oft geht es darum, Annäherungen von Größen zu berechnen, die sich nicht messen lassen. Der Mathematiker nennt das die Approximation. Heißt das, dass die klassische Geometrie weitgehend von historischem Interesse ist? Das wäre ein weiterer denkbarer Kritikpunkt am Mathematikunterricht: Denkmalpflege.

„Umformen von Termen ist Grundlage für das Beherrschen aller weiterführenden mathematischen Disziplinen“ (Arens u. a. 2018, S. 52). Sind demzufolge Termumformungen basal und gehören sie zur Allgemeinbildung, also keine Denkmalpflege? Oder ist das nicht so und erkennt man das womöglich daran, dass das Wort „Termumformungen“ vom Rechtschreibprogramm meines Computers markiert wird, weil es mich belehrt, das Wort schreibe man mit einem Bindestrich?

Schließlich ist der Aspekt zu berücksichtigen, dass das Aufgabenfeld der Mathematik heute hauptsächlich in der Beschreibung und Analyse von Verfahren zur Lösung mathematischer Probleme durch Computer besteht (Arens u. a. 2018, S. 1316). Das gilt auch für einfache Fragestellungen wie die Goldbach'sche Vermutung.[29] Ist angesichts dieser Gegenwart ein ausschließlich an der Vergangenheit orientierter Mathematikunterricht ohne umfassenden Einsatz von Digitalität noch vorstellbar?

Die Meinungsverschiedenheit, welche Inhalte von Mathematik auch Inhalte von Mathematikunterricht sein sollten und warum, kommt je nach der Zeit, in der sie gepflegt wird, zu unterschiedlichen Resultaten, wird aber sicher Bestand haben. Unsere Antwort auf die Frage nach den Inhalten von Mathematikunterricht ist:

Ohne Mathematik ist in unserer Gesellschaft eigentlich gar nichts vorstellbar und erklärbar. Aber Mathematik wird von hoch spezialisierten klugen Leuten betrieben.
In allgemeinbildenden Schulen wird Mathematik gelernt, damit jeder verstehen kann, was diese klugen Leute machen, ohne es selbst zu können.
Darüber hinaus kann Mathematik mit ihren einfacheren Gebieten unheimlich hilfreich sein, um das Leben im Alltag zu bewältigen und zu gestalten.
Das Kompetenzmodell hilft uns, diese Aussage zu konkretisieren: Mathematische Inhalte müssen daran gemessen werden, ob sie in der Lage sind, mit prozessbezogenen Kompetenzen vernetzt zu werden und diese zu fördern.

29 Goldbach'sche Vermutung nach Christian Goldbach (1690 – 1764): Jede gerade Zahl, die größer als 2 ist, lässt sich als Summe zweier Primzahlen darstellen.

4.1 Zahl und Operation (L1)

Vor ungefähr 50 000 Jahren begannen die Menschen zu zählen, indem sie endlichen Mengen von Objekten Zählwörter zuordneten. Seit etwa 400 v. Chr. wurde von den Babyloniern ein Symbol für die Null benutzt. Früheste Belege für die Verwendung eines Stellenwertsystems fand man für die Zeit um das Jahr 594, auf 876 wird der erste unumstrittene Gebrauch der Null bei einem auf 10 basierenden Stellenwertsystem datiert. Erst 1585 führte der Mathematiker Simon Stevin das Dezimalkomma ein (Quelle: Stewart 2012, S. 209 ff.).

Die Leitidee *Zahl und Operation* ist der mathematischen Disziplin Arithmetik zuzuordnen, dem Verstehen von und Rechnen mit Zahlen. Bei der Leitidee *Zahl und Operation* geht es um Zahlenbereiche und Rechenarten. Aus der historischen Rückschau wird weitgehend klar, wo die Schwerpunkte liegen:

- Stellenwertsystem,
- Dezimalschreibweise,
- die Zahl Null,
- Primzahlen,
- Zahlenbereiche,
- Zahlenbereichserweiterungen,
- Rechenoperationen.

Doch auch aktuelle Anwendungen entscheiden über die Bedeutung von Inhalten. So hat zum Beispiel ein Verständnis für Primzahlen an Bedeutung gewonnen, seit Primzahlen zum digitalen Verschlüsseln und Signieren verwendet werden.

Zahlen

„Bruchrechnen" ist ein giftiger Begriff. Erstens, weil er für viele Schülerinnen und Schüler die Stelle markiert, an der Mathematikunterricht aufhörte, Spaß zu machen. Zweitens, weil es für Lernende mit Rechenschwäche die Stelle markiert, an der ihre Schwäche auffällt. Und drittens, weil der Begriff Bruchrechnen suggeriert, es käme jetzt etwas ganz Neues, man würde jetzt anders rechnen als bisher. Das ist aber nicht der Fall. Denn wichtiger als Bruchrechnen sind die Bruchzahlen. Wenn Brüche auf dem Lehrplan stehen, dann können die meisten Kinder schon rechnen, oder zumindest sollten sie es können, und es kommen eben jetzt neue Zahlen dazu, die die Wirklichkeit noch präziser zu beschreiben und zu verstehen helfen. Aber die „neuen" Zahlen

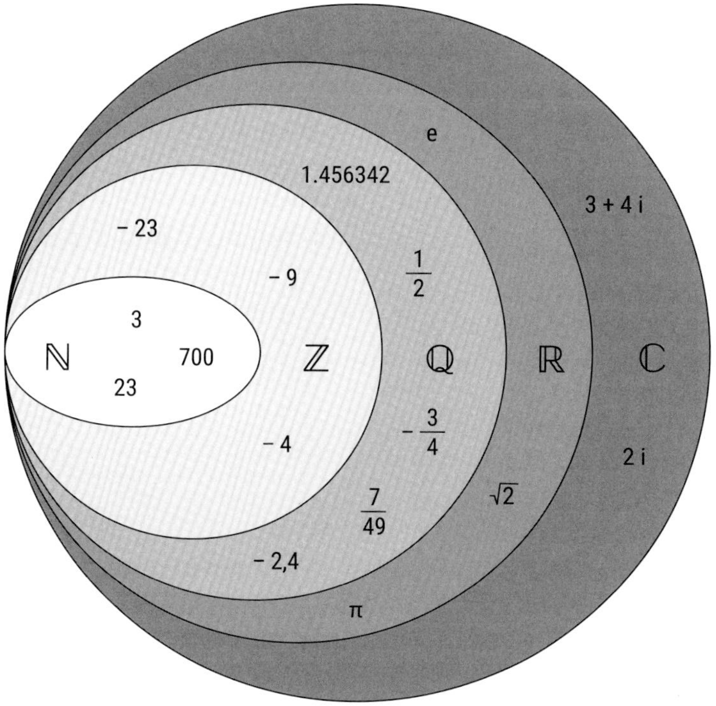

Abb. 4.2: Zahlenbereiche oder Zahlenmengen

sind nicht wirklich etwas Neues, sondern sie erweitern nur die Zahlen, die man schon kennt. Was man an Vorstellungen und Fertigkeiten bereits erworben hat, bleibt gültig, es wird nur erweitert. Deshalb heißt der Vorgang in der Mathematikdidaktik auch „Zahlenbereichserweiterung" und nicht „neuer Zahlenbereich".

Zahlenbereichserweiterung

Im Sinne des Spiralcurriculums nach Bruner lernen die Kinder zuerst neue Zahlen kennen und dann übertragen sie das, was sie mit den bisher bekannten, den „alten" oder den „normalen" Zahlen, schon können, auf die „neuen" Zahlen. Aus der Primarstufe kennen die Lernenden, was die Mathematik als natürliche Zahlen bezeichnet, und sie bringen propädeutische Vorstellungen für gebrochene und negative Zahlen mit, also für rationale Zahlen.

In der Sekundarstufe wird der Zahlbegriff über die rationalen bis zu den reellen Zahlen erweitert. Aus dem Spiralprinzip folgern wir, dass ein Zahlbegriff von Grund auf so aufgebaut werden muss, dass neu Gelerntes nie bereits Gelerntes infrage stellen darf, deshalb die Darstellung der Zahlenmengen als Teilmengen der jeweils größeren Zahlenmenge (Abb. 4.2).

Die Vorstellung einer Zahl als Stelle auf einem Zahlenstrahl und später einer Zahlengeraden ist dafür allemal wesentlich hilfreicher als Merksätze wie „Ein Bruch besteht aus Zähler, Nenner und Bruchstrich"[30] oder „Bei einem Bruch wird die obere Zahl Zähler genannt, die untere Zahl Nenner genannt. Warum passen diese Namen?"[31]. Und warum besteht plötzlich eine Zahl aus zwei Zahlen, oder ist ein Bruch etwas anderes als eine Zahl?

Zahldarstellung auf der Zahlengeraden

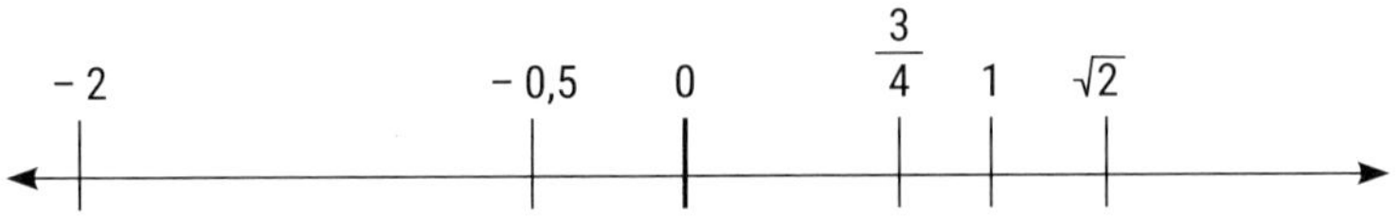

Die Zahlengerade als Grundlage für Zahlvorstellungen trägt fast die ganze Schulzeit über:

- Natürliche Zahlen: der positive Teil der Zahlengeraden, der Zahlenstrahl. Darauf ist alles, was gezählt werden kann, und die Zahl, die weiter rechts steht, ist die größere. Der Abstand der Striche richtet sich danach, wie groß die Zahlen sind, die dargestellt werden sollen.
- Ganze Zahlen: Durch Spiegelung an der Null wird der Zahlenstrahl zur Zahlengeraden erweitert. Von einer Zahl kann man von nun an auch eine Zahl subtrahieren, die größer als die erste ist.
- Bruchzahlen: Das sind Striche auf der Zahlengeraden zwischen den Strichen. Man kann damit auch Zahlen dividieren, wenn nicht die eine Teiler oder Vielfaches der anderen ist.
- Rationale Zahlen: Sie vereinen die ganzen Zahlen und die Bruchzahlen. Ob die Zahlvorstellung zuerst um negative oder um gebrochene Zahlen erweitert wird, ist nicht in allen Schularten und Bundesländern einheitlich festgelegt.
- Irrationale Zahlen: Sie liegen auf der Zahlengeraden in den Lücken zwischen den rationalen Zahlen, die nicht „dicht" liegen. Es sind Zahlen, die man nicht durch Division von Zahlen erklären kann, wie z. B. Wurzeln oder die Kreiszahl π, die es aber gibt.
- Reelle Zahlen: Sie vereinen die rationalen Zahlen und die irrationalen Zahlen.

30 Backhaus u. a. 2015, S. 19

31 Barzel u. a. 2012, S. 102

- Imaginäre Zahlen: Sie sind Lösungen aus dem Wurzelziehen negativer Zahlen. Dafür braucht man einen imaginären Faktor i. Man kann sie sich nicht vorstellen, aber bei der Anwendung des Prinzips der Zahlbereichserweiterung sind sie „logisch".
- Komplexe Zahlen: Sie vereinen die reellen Zahlen und die imaginären Zahlen. Die Zahlengerade (x-Achse) wird um eine y-Achse erweitert, auf der der imaginäre Anteil der komplexen Zahl abgetragen wird. Es entsteht ein Koordinatensystem.

Schon vor den *komplexen Zahlen* endet der Bildungsauftrag der allgemeinbildenden Schule. Zwar sollten Schülerinnen und Schüler vor der Hochschulreife und optional vor dem Mittleren Bildungsabschluss von der Existenz imaginärer Zahlen wissen, aber das reicht in der Regel. Komplexe Zahlen sind Thema des Studiums in Ingenieurwissenschaften, Naturwissenschaften, Informatik oder Mathematik (Ulm 2020, S. 2) und damit Teil der Berufsausbildung.

Wie Dezimalzahlen „eingeführt" werden, ist für uns keine Frage. Die Stellenwerttafel hat sich bewährt, also wird sie wieder hergeholt, um jetzt den Wert der Stellen darzustellen, die kleiner als die Einserstelle sind. Allerdings sollte eine Vernetzung mit den Bruchzahlen stattfinden (Bruchstreifen, Dezimalstreifen und Prozentstreifen).

In diesem Zusammenhang sei erwähnt, dass eine konsequente Anwendung des Spiralprinzips eigentlich erfordert, dass Sekundarstufenlehrkräfte hinreichend darüber informiert sein müssten, wie die Spirale in der Primarstufe angefangen wurde, an der sie weiterdrehen.

Man kann eine Sache schwer weiterführen, wenn man nicht weiß, wo und wie sie beginnt. Aus dieser Einsicht könnte man auch eine Handlungsempfehlung an die Bildungspolitik machen. Konsequent stufenbezogene Lehreraus- und Fortbildung ist möglicherweise nicht der Königsweg, sondern bedeutet eher eine Diskriminierung von wichtigen Wissenselementen.

„Jetzt bist du auf dem Gymnasium. Da macht man das anders."

Möglicherweise sind solche Äußerungen von Lehrkräften Hinweise darauf, wie Bildung optimiert werden könnte, sodass Kinder nichts „anders machen" müssen, das sie schon können, wenn sie auf eine weiterführende Schule wechseln.

Variablen

„Seit wir mit Buchstaben rechnen, verstehe ich überhaupt nichts mehr." Solche oder ähnliche Äußerungen von Lernenden muss die Lehrkraft ernst nehmen, denn sie sind Hinweise auf das Fehlen einer tragfähigen Grundvorstellung. In der Tat ist es nicht einfach, sich vorzustellen, was eine Variable ist.[32]

Vorstellungen für Variablen

- Platzhalter: Die Variable hält den Platz frei für Zahlen, die willkürlich oder nach vorgegebenen Regeln eingesetzt werden. Zum Beispiel wenn Aufgaben mit unterschiedlichen Zahlen mehrmals durchzurechnen sind, um Muster zu erkennen.
- Generalisierung: Man beschreibt einen Zusammenhang in verallgemeinernder Form. Zum Beispiel die Formel $u = 2a + 2b$ sagt, dass man zweimal die Länge a und zweimal die Breite b addieren muss, um den Umfang u eines Rechtecks zu erhalten. Das gilt für alle Rechtecke. Und alle Formeln sind so aufgebaut.
- Einsetzung: Man versteht die Variable als freie Stelle, in die man eine Zahl einsetzt, damit eine richtige Aussage entsteht. Zum Beispiel die Gleichung $3 + 2 \cdot x = 17$ wird dann „richtig", wenn man für x die Zahl 7 einsetzt. Es hat sich bewährt, Lernende durch Probieren einfache Gleichungen lösen zu lassen, bevor man mit Äquivalenzumformungen weiteres Unverständnis erzeugt. Eine Gleichung zu lösen, wird dann so verstanden, dass man sie so lange umformt, bis es leichtfällt, die Einsetzung für die Variable durch Probieren zu erraten. Am einfachsten ist das nämlich, wenn auf der einen Seite der Gleichung die Variable allein und auf der anderen nur eine einzige Zahl steht.
- Gegenstand: Dieselbe Gleichung $3 + 2 \cdot x = 17$ wie oben formt man um, soweit es geht, indem man mit dem Gegenstand „x" wie mit einer Zahl rechnet.
- Veränderlichkeit: Die Zahlen der Leerstelle ändern sich in Abhängigkeit von anderen Zahlen. Diese Vorstellung ist im Gebrauch von Dynamischer Geometriesoftware (DGS) oder von Tabellenkalkulationsprogrammen wie Excel von herausragender Bedeutung.

Operationen

Die Bildung tragfähiger Zahlbegriffe ist Voraussetzung für das Verstehen der Zahloperationen Addition, Subtraktion, Multiplikation und Division. Vorstellungen von Operationen werden auf unterschiedliche Darstellungsformen gestützt und auf den Wechsel der Darstellungsformen.

32 Für die Zusammenstellung der Vorstellungen haben wir die Ausführungen von Kindt (1980), Malle (1993) und Barzel / Herget (2006) herangezogen und sind so zu einer eigenen Zusammenstellung gekommen.

Zwar ist es weitgehend Aufgabe der Primarstufe, Operationsvorstellungen aufzubauen, jedoch stellt sich auch der Lehrkraft in der Sekundarstufe die Herausforderung, Lücken im Operationsverständnis zu diagnostizieren und den Lernenden nötigenfalls Hilfen zur Verfügung zu stellen.

Vorstellungen für Operationen

- Addition: zusammenzählen, hinzufügen, dazutun, vereinigen.
- Subtraktion: abziehen, wegnehmen, abgeben, vermindern, ergänzen, vergleichen.
- Multiplikation: malnehmen, gleiche Handlungen wiederholen, kombinieren.
- Division: teilen, zerlegen, verteilen, aufteilen.

Dabei besteht zwischen Addition und Subtraktion sowie zwischen Multiplikation und Division die Beziehung, dass die eine jeweils Gegenoperation der anderen ist. Es ist also sinnvoll, Vorstellungen für die Operationenpaare im Zusammenhang aufzubauen.

Rechenverfahren

Wie die Operationen ausgeführt werden, ist der nächste Schritt. Ein Rechenverfahren ist ein standardisierter Handlungsablauf, der immer gleich ausgeführt und so oft geübt wird, bis er automatisiert ausgeführt werden kann. Das automatisierende Üben sollte nicht zu früh einsetzen, weil sonst die Gefahr besteht, dass falsche Techniken (Fehlerstrategien) verfestigt werden (Zech 1996, S. 210).

Subtraktion

Eine besondere Schwierigkeit besteht bei der Subtraktion. Es gibt zwei Verfahren: Abziehverfahren und Ergänzungsverfahren. Weil das in Deutschland früher vorgeschriebene Ergänzungsverfahren im internationalen Vergleich eher die Ausnahme bildete, hat die KMK in den Bildungsstandards 2004 die Verbindlichkeit eines Verfahrens abgeschafft (KMK 2004), hat die Konsequenzen aber nicht hinreichend bedacht.
Das hat dazu geführt, dass

- ein Bundesland das Abziehverfahren vorschreibt (Bayern),
- drei Bundesländer beim Ergänzungsverfahren als einzigem geblieben sind (Bremen, Hessen, SH),
- ein Bundesland die Beherrschung beider Verfahren vorschreibt (Sachsen),
- alle elf anderen Bundesländer dazu keine Vorgaben mehr machen (Quelle: Bayerischer Landtag 2010).

Weil es zu den zwei Verfahren noch Varianten in der Notation gibt, haben die Lernenden in der Mehrzahl der Bundesländer das Subtrahieren nach einem von fünf möglichen Verfahren gelernt, je nachdem in welcher Grundschule sie waren.

Im Schuljahr 2013/2014 haben wir in einer eigenen Klasse die Lösungen zu gezielt dafür gestellten Aufgaben ausgewertet und konnten vier der fünf Varianten zuordnen (Storz 2020, S. 176 f.), in einer einzigen Klasse. An Schulen im ländlichen Umfeld mit weniger vielfältigem Einzugsbereich mag das weniger deutlich ausfallen als in der Großstadt. Aber es bietet Anlass, darüber nachzudenken.

Man kann der Meinung sein, mit dem Abziehverfahren sei die Subtraktion leichter zu verstehen oder das Ergänzungsverfahren lasse sich besser automatisieren, wenn auch unverstanden, was wahrscheinlich alles richtig ist.

Aber wenn jeder Lehrkraft als vermeintliche Differenzierungsmöglichkeit freigestellt wird, mit welchem Verfahren sie den Kindern das schriftliche Subtrahieren beibringt, dann wird übersehen, dass jedes Kind es im Lauf seiner Schullaufbahn mit mehreren Lehrkräften zu tun hat, die nicht danach ausgesucht wurden, welches Verfahren sie bevorzugen.

Verschärfend kommt hinzu, dass Anfangsmathematik zu einem nicht unerheblichen Teil von Lehrkräften unterrichtet wird, die nicht Mathematik studiert haben, sich der Problematik also wahrscheinlich nicht bewusst sind.

Sekundarstufenlehrkräfte sehen sich der Situation ausgesetzt, dass ihre Schülerinnen und Schüler das Subtrahieren nach verschiedenen Verfahren gelernt haben, und viele Lehrkräfte wissen das überhaupt nicht. Die schlechteste Lösung aus diesem Dilemma ist „Ich zeige dir jetzt mal, wie das richtig geht", denn jedes Kind hat dieses eine Verfahren, das für ihn oder sie von seiner Grundschule oder von der Lehrkraft ausgewählt worden ist, ja so oft geübt, bis sie oder er es automatisch beherrschte.

Im Frühjahr 2025 haben auf einer Bildungsmesse in Süddeutschland verschiedene Verlage Teildrucke ihrer neuen Schulbücher für die Sekundarstufe I vorgestellt. Die Teildrucke von vier Unterrichtswerken für die Jahrgangsstufe 5 in Baden-Württemberg konnten wir prüfen. In allen vieren wird das Ergänzungsverfahren nach wie vor als einziges „eingeführt", obwohl in dem Bundesland, in dem das Unterrichtswerk zugelassen ist, das Verfahren freigestellt ist.

Das bedeutet für geschätzt die Hälfte der Lernenden in diesem und unterstellt in zehn weiteren Bundesländern, dass sie an der Richtigkeit von dem, was sie bereits gelernt haben, zweifeln müssen. Im neuen Schulbuch steht es anders, als sie es in der Grundschule gelernt haben, und die neue Lehrkraft erwartet das Verfahren so, wie es im Schulbuch steht.

In einer folgenden Recherche haben wir auch ein Primarschulbuch gefunden, in dem das Abziehverfahren zugrunde gelegt wird, aber nach unserer Auffassung so schlecht erklärt, dass der Verstehensvorteil des Abziehverfahrens kompensiert wird.

Diese Konstellation halten wir seit Langem für sehr problematisch, weil sie dem Spiralprinzip nach Bruner bzw. der Idee der Durchgängigkeit des *QuaMath*-Projekts widerspricht. Mehr als zwanzig Jahre nach der unglücklichen Entscheidung der KMK hat sie in neu erscheinenden Schulbüchern immer noch keine Berücksichtigung gefunden.

Na ja, Schulbücher richten sich nach den Vorgaben des Bildungsplans, aber man braucht nicht alle paar Jahre nachzuprüfen, ob das schon stattgefunden hat. Die Verlage werden das irgendwann schon machen.

Leider mussten wir schon oft feststellen, dass Lehrkräfte sich lieber im Schulbuch als im Bildungsplan darüber informieren, was sie im Unterricht „behandeln" sollen und vor allem, wie.

Multiplikation

Der Multiplikation wird üblicherweise eine Vorstellung wiederholter Addition zugrunde gelegt. Die trägt auch noch bei rationalen Zahlen, allerdings kann die Vorstellung, dass Multiplizieren vergrößere, zu Fehlinterpretationen führen, denn wenn man zum Beispiel 5 mit $\frac{3}{4}$ multipliziert, ist das Ergebnis kleiner als 5. Eine Vorstellung des Produkts als Flächeninhalt bietet bei periodischen und erst recht bei irrationalen Zahlen Vorteile (vgl. Rott 2018).

Bei der Zahldarstellung kommt eine weitere Schwierigkeit hinzu. Zwar lassen sich irrationale Zahlen multiplizieren wie rationale Zahlen, und der Schulrechner zeigt ein anscheinend korrektes Ergebnis an:

$\sqrt{3} \cdot \pi = 1{,}732050808 \cdot 3{,}141592654 = 5{,}441398093$

Dieses ist aber falsch, beziehungsweise ist die Verwendung des Gleichheitszeichens falsch. Denn das Gerät zeigt so viele Stellen an, wie es eben kann, und wenn man irrationale Zahlen multipliziert, kann das Ergebnis nicht rational sein. Sondern das Ergebnis liegt in dem Intervall [5,44139096; 5,441439696].

Ein derart präzises Zahlverständnis sollte auch schon in niedrigeren Klassenstufen angestrebt werden, dass nämlich für Rechenergebnisse, die „nicht genau" angegeben werden können, kein Gleichheitszeichen verwendet werden darf.

$\sqrt{3} \cdot \pi \approx 1{,}732050808 \cdot 3{,}141592654 \approx 5{,}441398093$

wäre eine akzeptable Darstellung, wobei eine Darstellung wie

$\sqrt{3} \cdot \pi \approx 1{,}732 \cdot 3{,}141 \approx 5{,}440212$

darauf hinweist, dass die Anzahl der Nachkommastellen zwar beachtet wurde, aber nicht richtig. Denn das Ergebnis kann nicht genauer sein als die Eingangszahlen. Auf wie viele Stellen gerundet wird, sollte den Lernenden grundsätzlich selbst überlassen werden, was beinhalten muss, dass sie ihre Entscheidung begründen können. Nicht akzeptabel ist, wenn nur das Display eines digitalen Geräts abgeschrieben wurde.

4.2 Größen und Messen (L2)

Die Legende von den Weizen- oder Reiskörnern wird in unterschiedlichen Varianten erzählt. Immer geht es darum, dass der Erfinder des Schachspiels sich als Belohnung wünschte, auf das erste Feld eines Schachbretts ein einziges Korn Weizen oder Reis zu bekommen, auf das zweite zwei, auf das dritte vier und auf jedes weitere Feld doppelt so viele wie auf das vorangegangene, bis alle 64 Felder gefüllt sind. Zur Legende gehört, dass sein Wunsch als zu bescheiden verspottet wurde (Pickover 2009, S. 102).
Die Erfüllung des Wunsches würde die Menge von 18 Trilliarden Reis- oder Weizenkörnern erfordern. Das entspricht einem Mehrhundertfachen der Weltproduktion in unserer Zeit. Der Wunsch war also alles andere als bescheiden.

In der oben geschilderten Legende geht es um die Umrechnung von Anzahlen in eine Größe, die offensichtlich nicht einmal schätzungsweise gelungen ist. Die Leitidee *Größen und Messen* lässt sich direkt keiner mathematischen Disziplin zuordnen, weil es der reinen Mathematik an direkten Bezügen zu Sachsituationen mangelt, sieht sie sich doch davon weit entfernt, alltägliche Dinge berechnen zu können (Brown 2012, S. 6) oder auch zu müssen.

Allerdings bringt die Leitidee *Größen und Messen* wie keine andere Leitidee Arithmetik und Geometrie in Verbindung zu Sachproblemen aus dem Alltag oder zumindest zu alltagsnahen Betrachtungen.

Bei der Leitidee *Größen und Messen* geht es um das Erfassen, den Umgang und die Umrechnung von mathematischen Größen wie

- Geldwerten,
- Längen,
- Flächeninhalten,
- Volumina,
- Zeitspannen,

- Gewichten,
- Winkeln,
- Datenmengen

und das Bearbeiten von Sachsituationen.

Was die Leitidee *Größen und Messen* gegen die „richtige" Mathematik abgrenzt:

- Es gibt keine Größen mit negativen Werten.
- Es gibt keine Größen mit dem Wert Null.
- Es gibt nur wenige Situationen, in denen die Multiplikation gebraucht wird.
- Es gibt fast keine Situation, in der die Division gebraucht wird.

Messerfahrungen und Größenvorstellungen

Messen ist „die quantitative Bestimmung der Eigenschaften von Objekten mithilfe realer oder mentaler Werkzeuge" (Nührenbörger/Schulz 2024, S. 36). Die Erfahrungen mit dem Messen von Größen sind je nach Maßzahl und Maßeinheit recht unterschiedlich. Das hängt damit zusammen, welche Größen mit welchen Maßzahlen im Alltag der Lernenden eine Bedeutung haben. Die Strategie, im Unterricht Größen mit Zahlen möglichst unterschiedlicher Größenordnung zu verbinden und das Thema *Größen* zu nutzen, um Rechenverfahren zu üben, ist nur so lange sinnvoll, wie das, was dabei herauskommt, noch halbwegs mit den Alltagserfahrungen der Lernenden zu tun hat. Aufgaben wie die, das Gewicht eines Elefanten in Gramm umzurechnen, sind kaum in der Lage, Größenvorstellungen zu fördern, sondern behindern sie eher.

Beim Aufbau von Vorstellungen für Größen und Verknüpfungen sollte das **Spiralprinzip** beachtet werden, das heißt, einmal gebildete Vorstellungen sollten stets zum Aufbau höherstehender Vorstellungen herangezogen werden, sofern dies möglich ist. Ademmer und andere (Ademmer / Peitz / Prediger 2024, S. 15, dort Abb. 4) machen dies am Beispiel der Multiplikation als durchgängige Vorstellung und dem Rechteckfeld als Darstellung von den Grundrechenarten bis zur Wahrscheinlichkeit deutlich.

Abb. 4.3 visualisiert das Spiralprinzip oder moderner ausgedrückt das Prinzip der Durchgängigkeit etwas allgemeiner. Ein aktuelles Thema muss immer widerspruchsfrei auf vorhandenem Vorwissen aufbauen und führt genauso widerspruchsfrei in aufbauendes Wissen. Diese Durchgängigkeit bezieht sich auf Begriffe, Regeln und Darstellungsformen.

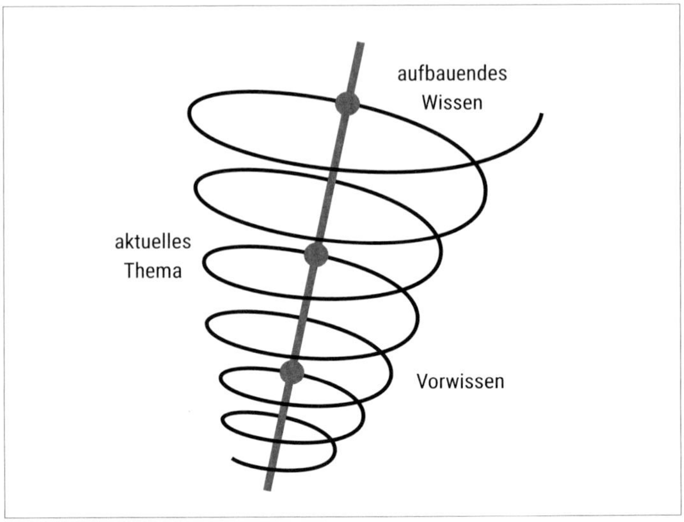

Abb. 4.3: Spiralprinzip bzw. Durchgängigkeit

- *Geldwerte:* Beim Messen und Vorstellen von Geldwerten erlangen Lernende erstaunlich früh hohe Schätzkompetenzen, sofern sich die Maßzahlen im Bereich des zur Verfügung stehenden Taschengelds bewegen. Das Messen von Geldwerten besteht aus dem Zählen von Maßzahlen mit unterschiedlicher Maßeinheit und kann mit unterschiedlichen Strategien verknüpft werden. Wenn es aber in die Millionen und Milliarden Euro geht, fehlen zugängliche Vergleichsgrößen. Das geht nicht nur Jugendlichen so. Beispielsweise das Bahnprojekt *Stuttgart 21*, das bei der Planung mit 3 Mrd. € beziffert[33] wurde und dem jetzt Gesamtkosten von 12 Mrd. € prognostiziert werden, zeigt, dass auch Erwachsene Geldwerte nicht schätzen können, sobald sie die eigenen Einkünfte erheblich übersteigen.
- *Längen:* Längen sind die Größen, mit deren Umgang wohl die wenigsten Probleme auftauchen. Der Grund: Es gibt eine genügend große Auswahl an Vergleichsgrößen und Messinstrumenten. Messerfahrungen erwerben die Lernenden vorwiegend im schulischen Umfeld, aber sie können oft beobachten, dass das Messen von Längen auch im außerschulischen Umfeld große Bedeutung hat. Allerdings haben Größenvorstellungen auch Grenzen, wenn keine Alltagserfahrungen vorliegen, zum Beispiel die Fahrtstrecke zum Urlaubsort oder der Abstand zwischen Erde und Mond.

33 „Beziffern" ist auch einer der Ausdrücke, die in der Alltagsprache mathematisch falsch verwendet werden. Denn eine Ziffer ist ein einzelnes Zahlzeichen. Auch kontextbezogen wäre es hier korrekt, statt von „beziffern" von „bezahlen" zu sprechen.

- *Flächeninhalte:* Schwieriger wird der Umgang mit Flächeninhalten. Außer dem DIN-A4-Blatt Papier, dem Quadratmeter und dem berühmten Fußballfeld gibt es kaum Vergleichsgrößen und deshalb fällt der Umgang mit Flächeninhalten schwer. Auch fehlt es an Einheitsgrößen. Das Auslegen mit Einheitsquadraten ist ein methodisch guter Weg, Vorstellungen für Flächeninhalte aufzubauen, es fehlt den Einheitsquadraten aber an Entsprechungen in der Realität, denn schon die Abmessungen von Bodenfliesen sind nicht an Flächeneinheiten orientiert, sondern an Seitenlängen. Flächeninhalte werden selten gemessen, sondern sie werden aus Längen errechnet.
- *Volumina:* Noch schwerer fällt der Umgang mit Volumina, aus denselben Gründen wie bei den Flächeninhalten. Zwar gelingen Schätzungen in der Größenordnung von Getränkeverpackungen gut, obwohl die Behältnisse selten geometrischen Formen entsprechen, aber kleinere und größere Einheiten können zwar rechnerisch, nicht aber vorstellungsmäßig zutreffend erfasst werden. Auch bei geometrischen Formen fällt eine Größenvorstellung oft schwer. So werden in der Gastronomie zum Beispiel unterschiedliche Portionsgrößen angeboten. Wir haben uns das mal genauer angesehen (Storz 2018, S. 114/115) und festgestellt, dass größere angebotene Portionen sehr oft ziemlich exakt ein Drittel mehr Inhalt enthalten als die jeweils kleinere. Das bedeutet aber, dass die große Pizza, weil sie bei gleicher Dicke als Fläche wahrgenommen wird, nur einen um 15 % größeren Durchmesser hat und der große griechische Bauernsalat in einer halbkugelförmigen Schüssel mit nur 10 % größerem Durchmesser. Beides fällt optisch fast nicht auf. „Wenn ich gewusst hätte, wie groß schon der kleine Bauernsalat ist, hätte ich keinen großen bestellt." Ja, so kann man sich täuschen.
- *Zeit:* Zeit scheint zu den unproblematischeren Größen zu gehören, überall, wo es Uhren gibt, wird Zeit gemessen. Trotzdem sind zum Teil Abgrenzungen nötig hinsichtlich Zeitpunkten und Zeitspannen, linearen und zyklischen Zeitverläufen. Die Messerfahrungen von Lernenden sind zunehmend an die digitale Darstellung gebunden. Die Kompetenz, eine analoge Uhr zutreffend abzulesen, muss inzwischen gezielt gefördert werden. Das ist sinnvoll im Hinblick darauf, dass die analoge Darstellung über den zyklischen Aspekt von Zeit die Vorstellung des Zusammenhangs von Zeitpunkten und Zeitspannen wesentlich besser repräsentiert als die digitale Darstellung, die auf eine Vorstellung von Zeit als Zeitpunkt reduziert ist.
- *Gewichte:* Abgesehen von der Abgrenzung des umgangssprachlichen Begriffs *Gewicht* vom physikalischen Begriff *Masse* ist auch hier festzustellen, dass alltagsübliche Gewichte gut vorgestellt werden können, nicht jedoch sehr kleine und sehr große. Messerfahrungen im Alltag sind selten geworden, wenn die Lernenden Messungen von Gewichten erleben, dann fast nur

als Beobachter. Die Wurst wird von der Fachverkäuferin abgewogen, die dafür einen Code in die Waage eingibt, das Gemüse wird an der Kasse auf eine Glasscheibe gelegt, die nicht mehr erkennbar eine Waage ist. Und sogar die antike Waage, die der Mathematiklehrer verwendet, um Äquivalenzumformungen zu erklären, zeigt keine Maßzahl an, sondern nur Gleichgewicht.

- *Winkel:* Ähnlich wie bei Flächen und Körpern werden sich Winkel oft über ihre Begrenzungslinien, also ihre Darstellungsform, vorgestellt und der Aspekt der unendlichen Ausdehnung wird vernachlässigt. Damit Winkel nicht als Flächen verstanden werden, ist ein dynamischer Winkelbegriff hilfreich mit der Vorstellung einer Bewegung über einen Teil der Ebene.
- *Datenmengen:* Seit Telefontarife weniger auf die zeitliche Dauer von Gesprächen bezogen sind als auf das Volumen von Audio- und Videodateien, gehört der verstehende Umgang mit Datenvolumina zum Alltagswissen, wahrscheinlich bei Lernenden noch eher als bei ihren älteren Lehrkräften. Gebräuchlichste Einheiten sind schon längst Megabyte (MB) und Gigabyte (GB). Das Wissen, was Byte oder Kilobyte (KB) sind, ist fast verloren gegangen, könnte aber wieder aufgefrischt werden, um auch hier eine Größenvorstellung zu unterstützen. Was die Messerfahrungen anbelangt, ist dies ein Alltagsbereich, in dem einerseits sehr genau und viel gemessen wird, andererseits der Verbraucher vom Messvorgang ausgeschlossen und eigentlich darauf angewiesen ist, Messungen zu vertrauen, die von anderen Personen oder von Institutionen vorgenommen werden. Die Menge an Fleisch, die ein Verkäufer ausgewogen hat, kann ich zu Hause nachwiegen. Ob das Datenvolumen auf meiner Telefonrechnung korrekt bestimmt wurde, darauf kann ich nur vertrauen.

Messen

Was bedeutet „messen"? Wenn Jugendliche um die Wette rennen, dann messen sie ihre Laufleistung, indem sie sich untereinander vergleichen. Wer zuerst ankommt, hat gewonnen. Präziser wird die Messung, wenn Messinstrumente zur Hand genommen werden, im Fall des Wettlaufs eine Stoppuhr bzw. das Smartphone mit der in ihm enthaltenen Funktion.

Das Smartphone zählt mit der Einheit Sekunden, zeigt als kleinste Einheit Hundertstelsekunden an. Was die passende Einheit ist, hängt von der gemessenen Größe ab, denn dasselbe Smartphone zeigt die aktuelle Uhrzeit mit der Minute als kleinster Einheit an. „Messen bedeutet zählen, wie oft eine gewählte Einheit in die jeweilige Größe hineinpasst" (Leuders / Barzel 2014, S. 50).

Im Sportunterricht geht es zum Beispiel darum, wer mit Anlauf am weitesten in eine Sandgrube springen kann, wenn er an einer vorgegebenen Stelle abspringt. Messen hat also auch etwas mit Regeln zu tun und mit Genauigkeit, denn im Sand lässt sich die Stelle nicht millimetergenau bestimmen, an der der Schuh aufgekommen ist. Und wenn beim Absprung übertreten wurde, zählt das Messergebnis nicht.

Es lohnt sich, über die Abgrenzung von Messen und Schätzen nachzudenken, gerade im Mathematikunterricht. Mit geschätzten Werten zu rechnen und dann Ergebnisse auf mehrere Dezimalen genau anzugeben, zeugt davon, dass nicht verstanden wurde. Man ist mit solchen Überlegungen sehr schnell an sehr schulpraxisbezogenen Fragen dran, wie zum Beispiel welche Rundungsregeln bei Schullaufbahnprüfungen zu beachten sind und warum.

Messen durch Auslegen

Flächeninhalte und Volumina werden oft berechnet, was etwas anderes ist als Messen. Wenn zu sehr auf den Aspekt der Bestimmung von Flächeninhalten und Volumina durch Berechnen fokussiert wird, kann das den Vorstellungsaufbau behindern, weil Begrenzungslinien mit den Flächen und Körpern, die sie begrenzen, gleichgesetzt werden.

Das Auslegen von Flächen mit Einheitsflächen und das Ausfüllen von Körpern mit Einheitskörpern führt in der Regel nur zu Näherungswerten. Je kleiner die Einheitsflächen und -körper sind, desto genauer werden die angenäherten Werte. Wenn an Beispielen gelernt wird, bei denen es immer „aufgeht", kann der Fehleindruck entstehen, Auslegen wäre eine exakte Messmethode.

Werden Flächeninhalte durch Auslegen bestimmt, wo es nicht immer aufgeht, unterstützt dies das spätere Verständnis für Integralrechnung: krummlinig begrenzte Flächeninhalte werden durch Über- und Untersummen von Teilintervallen mit beliebiger Genauigkeit angenähert (Filler / Nührenbörger 2017, S. 96).

Messen durch Annähern

Im Downloadmaterial ⬇ befindet sich ein Beispiel für Messen durch Annäherung (M10). Die sechs Skizzen zeigen eine mögliche Annäherung an Integral- und Differentialrechnung für Lernende der Sekundarstufe I. Die Fläche wird immer genauer mit berechenbaren Teilflächen ausgelegt. Dadurch kann sie immer präziser bestimmt werden, was aber immer mehr Rechenaufwand erzeugt. Nimmt man Computer zu Hilfe, ist der Rechenaufwand zu vernachlässigen, sodass man die Intervalle (die in den Zeichnungen immer gleich breiten Rechtecke bzw. Trapeze) so schmal machen kann, dass der Messfehler irgendwann unterhalb einer festzulegenden Grenze liegt. Dann ist das Ergebnis für die Anwendung, für die gemessen wurde, „genau".

Längeneinheiten und ihre Umrechnung

Basiseinheit für die Längenmessung im internationalen Einheitensystem ist der Meter, größere und kleinere Einheiten werden aus dem Meter abgeleitet und durch Vorsilben gekennzeichnet. Der Umrechnungsfaktor benachbarter Einheiten liegt durchgängig bei Tausend. Die Einheiten reichen von Yoctometer (ym = 10^{-24} m) bis Yottameter (YM = 10^{24} m).[34] Das ist ein klares und leicht zu merkendes System, die Einheitenbezeichnungen muss man eben wissen oder bei Bedarf nachschauen. Einen Auszug des Bereichs, der für die allgemeinbildende Schule maximal relevant ist, zeigt die Tabelle:

Nanometer	nm	=	10^{-9} m
Mikrometer	µm	=	10^{-6} m
Millimeter	mm	=	10^{-3} m
Meter	m	=	10^{0} m
Kilometer	km	=	10^{3} m
Megameter	Mm	=	10^{6} m
Gigameter	Gm	=	10^{9} m

Es ergeben sich didaktische Fragestellungen, die erste: Bis zu welchen Extremen soll die Kenntnis von Teileinheiten und Vielfachen-Einheiten für die allgemeinbildende Schule verpflichtend sein? Die obige Tabelle zeigt einen Vorschlag, den man mit Verzicht auf den größten und den kleinsten Wert ohne Schaden noch weiter verschlanken kann.

Die zweite Frage beschreibt eine Problematik: Für den in der Schule relevanten Bereich zwischen Millimeter und Kilometer sind die Abstände zu groß.

Was in der Mathematik einfach ist, wird durch die Didaktik verkompliziert: Um alltagsrelevante Berechnungen mit nicht zu kleinen und nicht zu großen Zahlen durchführen zu können, werden weitere Einheiten zwischen Millimeter und Meter verwendet: Zentimeter und Dezimeter. Dadurch hat man in diesem Bereich wieder einen einheitlichen Umrechnungsfaktor, aber nur in diesem.

Noch komplizierter wird die Sache dadurch, dass der Dezimeter in der Realität immer mehr in Vergessenheit gerät, man also bevorzugt von Zentimeter auf Meter umrechnet und den Dezimeter überspringt. Dadurch wird die obige wissenschaftliche Tabelle komplizierter, obwohl sie vereinfacht und reduziert wurde: Aus dem leicht verständlichen mathematischen Objekt ist ein von sperrigen Zahlenwerten zwar entrümpelter, durch unterschiedliche Umrechnungsfaktoren aber verkomplizierter Lernstoff geworden. Die schlechte Verständ-

1 Millimeter	mm	=	1mm
1 Zentimeter	cm	=	10 mm
1 Dezimeter	dm	=	10 cm
1 Meter	m	=	100 cm
1 Meter	m	=	10 dm
1 Kilometer	km	=	1000 m
Gigameter	Gm	=	10^{9} m

34 DIN 1301 Teil 1, Kapitel 5, S. 4

lichkeit unterschiedlicher Umrechnungsfaktoren mag einer der Gründe sein, weshalb man sich das in der Wissenschaft nicht antut.

Technische Zeichnungen werden grundsätzlich in Millimetern bemaßt, und es wird nur die Maßzahl, nicht die Einheit hingeschrieben. Das ist in der Technik ein Grundsatz, der einem Axiom in der Mathematik ähnelt.

Für den Unterricht empfehlen wir, nicht nur auf das Umrechnen von Einheiten zu fokussieren, sondern zum Beispiel auch einmal eine Zeichnung aus einem Autoprospekt zur Diskussion zu stellen: Warum werden dort Länge, Breite und Höhe eines fast fünf Meter langen Autos immer in Millimetern angegeben? Vielleicht weil das Umrechnen von Längeneinheiten umständlich und fehlerträchtig ist?

Flächeneinheiten

Bei den Flächeneinheiten ist die Umrechnung weniger problematisch als bei den Längeneinheiten, weil die Einheiten Ar und Hektar im Alltag noch gebräuchlich sind und deshalb durchgängig ein Umrechnungsfaktor 100 für benachbarte Einheiten verwendet werden kann.

Quadratmillimeter	mm^2	=	10^{-6} m^2
Quadratzentimeter	cm^2	=	10^{-4} m^2
Quadratdezimeter	dm^2	=	10^{-2} m^2
Quadratmeter	m^2	=	10^{0} m^2
Ar	a	=	10^{2} m^2
Hektar	ha	=	10^{4} m^2
Quadratkilometer	km^2	=	10^{6} m^2

Vergleichsgrößen

Das Problem fehlender Größeneinheiten, die für das Verständnis hilfreich wären, stellt sich auch bei anderen Größen, zum Beispiel den Gewichten: Die Gewichtseinheiten Gramm und Kilogramm sind für die Entwicklung alltagstauglicher Größenvorstellungen zu weit auseinander.

Hier kann eine Größenvorstellung durch Verwendung von Repräsentanten für die Einheiten unterstützt werden. Ähnlich wie der Repräsentant Fußballfeld werden Repräsentanten für Größeneinheiten von Gewichten zum Vorstellungsaufbau herangezogen wie ein Gummibärchen für ein Gramm, eine Packung Zucker für ein Kilogramm und ein Kleinwagen für eine Tonne.

Abb. 4.4 zeigt ein Beispiel, wo die Umrechnungsfaktoren visualisiert und durch die Repräsentanten von Zwischengrößen systematisiert werden.

Winkelmaße

Ein Winkel ist ein Ausschnitt der Ebene, der durch zwei Halbgeraden mit gemeinsamem Anfangspunkt begrenzt wird. Für die Begriffsbildung sind Vollwinkel, gestreckter, rechter Winkel und Nullwinkel geeignet, weil sie ohne die für die Lernenden willkürlich erscheinende Gradeinteilung auskommen.

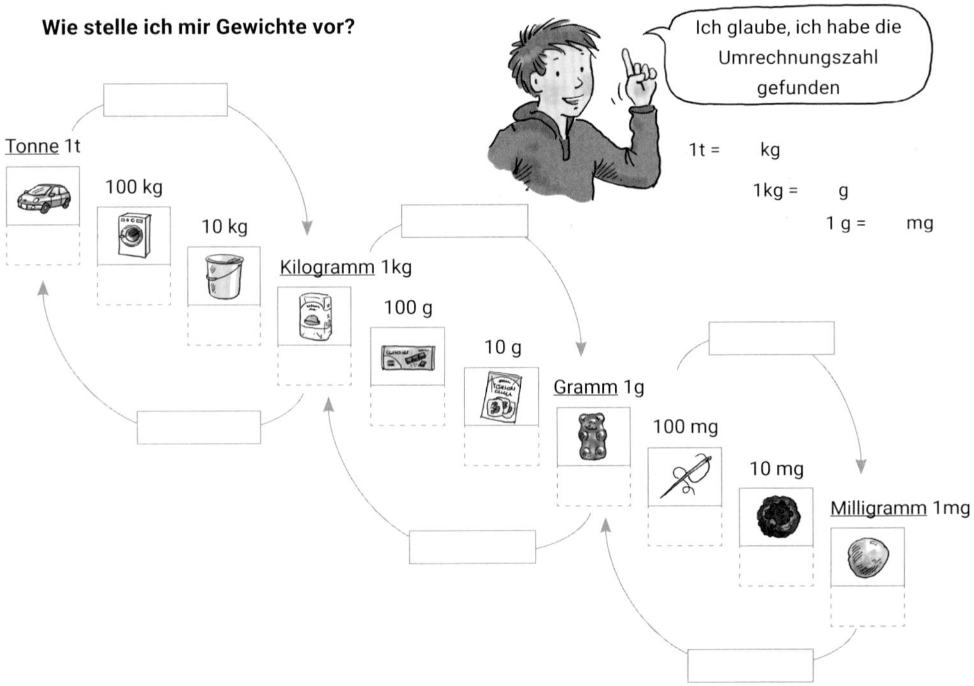

Kleinwagen	1 Tonne =	1000 Kilogramm
Waschmaschine		100 Kilogramm
Wassereimer		10 Kilogramm
Packung Zucker	1 Kilogramm =	1000 Gramm
Tafel Schokolade		100 Gramm
Tütchen Backpulver		10 Gramm
Gummibärchen	1 Gramm =	1000 Milligramm
Nähnadel		100 Milligramm
Pfefferkorn		10 Milligramm
Sandkorn		1 Milligramm

Abb. 4.4: Repräsentanten für Gewichtseinheiten (aus Storz 2020, S. 50)

Man dreht sich einmal um die eigene Körperachse, einmal, bis man nach hinten schaut, einmal, bis man genau auf die Seite schaut, einmal gar nicht und stellt sich die Drehungen mental vor. Die Drehungen werden anschließend mit einem Bleistift oder einem Stab nachgestellt.

Noch stärker als bei Flächen besteht die Gefahr, dass Lernende den Winkel mit seinen Begrenzungslinien gleichsetzen und sich noch eine weitere Begrenzung an der Grenze des dargestellten Ausschnitts vorstellen, zum Beispiel am Rand des Papierblatts. Deshalb ist der Aufbau eines dynamischen Winkelbegriffs zu empfehlen.

Dezimale Schreibweise für Maßzahlen

In der Primarstufe werden propädeutische Vorstellungen für Zahlen außerhalb der natürlichen Zahlen aufgebaut, die für die Sekundarstufenlehrkraft nicht ohne Stolperfallen sind. Die Vorstellung von Dezimalzahlen als Sortentrennung ist dafür ein Beispiel. Sortentrennung bedeutet, dass die Maßzahl mit der Anzahl Nachkommastellen geschrieben wird, die der nächstkleineren Einheit entspricht. 1,25 kg werden also als 1,250 kg geschrieben, weil das 1 kg und 250 g entspricht. Das fördert die falsche Komma-trennt-Vorstellung, dass nämlich eine Dezimalzahl aus zwei Zahlen bestünde, der vor und der nach dem Komma. Das führt zu typischen Fehlern wie dem, 2,25 m sei mehr als 2,8 m, denn 25 ist größer als 8. Sogar 2,10 m ist nach dieser Vorstellung größer als 2,8 m.

Wenn dann die näher an der Mathematik denkende Sekundarstufenlehrkraft sich daranhält, dass Nullen hinter geltenden Nachkommastellen weggelassen werden, stellt sich ein Fehlverständnis heraus, das von der Lehrkraft oft nicht diagnostiziert wird. Was daraus folgt? Beim Umgang mit Größen wird die Zahlvorstellung schwacher Lernender angegriffen, sobald sie zu sehr mit immer gleich vielen Nachkommastellen gefüttert werden, erst recht, wenn es sich um die „richtige" Anzahl an Nachkommastellen handelt.

Also auch hier hat die Schulmathematik Abwägungsprobleme, die es in der wissenschaftlichen Mathematik nicht gibt, weil Letztere immer eindeutig ist, auch dann noch, wenn es umständlich wird zu rechnen.

Modellieren von Größen

Der größte Binnensee Deutschlands, der Bodensee,[35] fordert zu Aufgaben hinsichtlich seiner Größe heraus: Umfang, Flächeninhalt, Volumen. Die Aufgabe „Wie viele Menschen passen um, auf und in den Bodensee?" gefällt uns unter zahlreichen anderen am besten (Handschuh / Bullinger 2009), weil sie zeigen kann, wie unzutreffend unsere Größenvorstellungen sind, vorausgesetzt man beantwortet die Fragen mit einer Schätzung, bevor man die Lösungen anschaut.

35 Der Bodensee ist der größte See Deutschlands, wenn man davon absieht, dass er zum Teil zu Österreich und der Schweiz gehört. Ansonsten wäre es der Müritzsee.

A

Schätzaufgabe um, auf und im Bodensee

1. Wie viele Personen passen um den Bodensee? Entscheiden Sie: alle Einwohner Stuttgarts?
2. Wie viele Personen würden auf den Bodensee passen? Entscheiden Sie: alle Einwohner Deutschlands?
3. Wie viele Personen würden in den Bodensee passen? Entscheiden Sie: alle Einwohner Chinas?

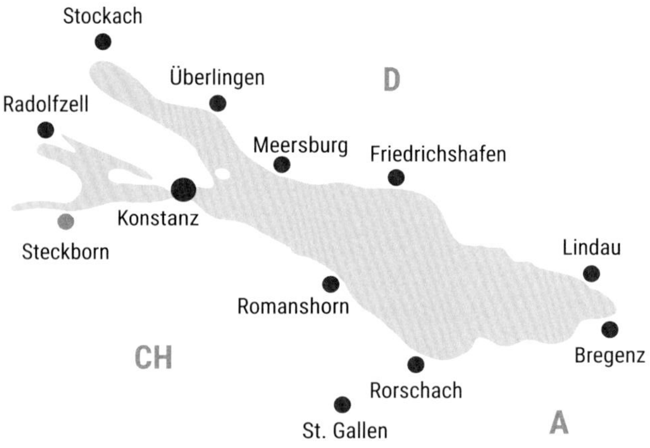

Lösungen

1. In Stuttgart leben etwa 632 900 Menschen (Stand Ende 2022). Der Bodensee hat einen Umfang von 273 km. Rechnet man für jede Person 50 cm Breite, um gut zu stehen, dann haben „um den Bodensee" 273 000 : 0,5 ≈ 546 000 Menschen Platz, also nicht ganz alle Einwohnerinnen und Einwohner Stuttgarts.
2. In Deutschland leben etwa 82,7 Millionen Menschen (Stand Mai 2022). Die Wasseroberfläche des Bodensees entspricht einer Fläche von 536 km^2. Rechnet man für jede Person eine Fläche von 50 x 50 cm, um zu stehen, dann haben „auf dem Bodensee" 536 000 000 : 0,25 ≈ 2 Milliarden 144 Millionen Menschen Platz, also zu den Einwohnerinnen und Einwohnern Deutschlands könnten sich alle Einwohnerinnen und Einwohner Chinas noch dazustellen.
3. In China leben etwa 1 Milliarde 467 Millionen Menschen (Schätzung von 2024). Das Volumen des Bodensees beträgt etwa 48 km^3. Rechnet man für jede Person eine Körpergröße von 1,80 m, dann hätten „im Bodensee"

48 000 000 000 : 0,45 ≈ 107 Milliarden Menschen Platz, also ein Vielfaches der Erdbevölkerung.

Natürlich ist die Vorstellung gruselig, dass man theoretisch die ganze Menschheit im Bodensee versenken könnte. Andererseits würden große Teile Süddeutschlands überschwemmt, wenn alle gleichzeitig hineinspringen würden. Aber die Fehlvorstellungen, die sich anlässlich der Bodenseeaufgabe herausstellen, stimmen nachdenklich und machen deutlich, wie unbedeutend die Menschheit letztlich für unseren Planeten ist, sofern man Volumina betrachtet. Immerhin ist inzwischen die Stufe überschritten, dass alle Menschen, die jemals auf der Erde gelebt haben, theoretisch in den Bodensee passen würden, denn in der Wissenschaft geht man davon aus, dass bis heute ungefähr 109 Milliarden Menschen gelebt haben (P.M. 2022) oder noch leben, und der Bodensee würde nur 107 Milliarden fassen.

Jeder von uns Autoren hat sich überlegt, ob er den letzten Satz, dass nämlich nicht mehr alle Menschen, die je gelebt haben oder noch leben, theoretisch in den Bodensee gepasst hätten, weglassen können hätte, wenn wir dieses Buch in jüngeren Jahren geschrieben hätten, und wann dann genau.

Immerhin hat der Älteste unter uns noch in der Schule gelernt, die Weltbevölkerung betrage 3,8 Milliarden Menschen, heute sind es 7,9 Milliarden. Ein einziges Erwachsenenleben hat ausgereicht, um die Verdoppelung der Menschheit mitzuerleben. Trotzdem würden alle Menschen noch locker in den Bodensee passen. Mathematik hilft dabei, die Welt besser zu verstehen.

Dass sich das Bevölkerungswachstum exponentiell ins Endlose weiterentwickeln würde, ist aber ein Fehlschluss, denn für den obigen Vergleich wurden nur zwei willkürlich ausgewählte Werte herangezogen.

Tatsächlich hat sich die Bevölkerungszunahme bereits verlangsamt. Das sieht man, wenn man statt Zeitpunkten Zeitspannen vergleicht. Faktoren für diese Verlangsamung sind zum Beispiel Geburtenraten, die mit steigendem Bildungsniveau sinken, oder die Endlichkeit von Ressourcen.

Das Auswerten statistisch erhobener Daten führt zu Prognosen, die unterschiedlich sind, je nachdem welche Annahmen zugrunde gelegt werden. Mit dem Begriff *Logistisches Wachstum* ist ein Wachstum gemeint, das sich mit einer S-förmigen Kurve darstellen lässt, das also weder linearem noch exponentiellem Wachstum folgt, sondern sich nach einem Umkehrpunkt einem Maximalwert annähert und diesen nicht überschreitet. Diesen Umkehrpunkt hat die Weltbevölkerung bereits erreicht. Solche Prognosen sind ein wesentlicher Aspekt des Modellierens, der bisher im Mathematikunterricht noch wenig berücksichtigt wurde.

4.3 Strukturen und funktionaler Zusammenhang (L3)

Strukturen waren in der Mathematik schon immer bestimmend und prägten sie stärker, als eine direkte Anwendbarkeit es getan hätte. Der griechische Astronom Hipparchos (190 – 120 v. Chr.) soll der „Vater der Trigonometrie“ sein (Brown 2012, S. 102). Der persische Mathematiker al-Khwarizmi (um 800) gilt wegen seiner systematischen Herangehensweise an lineare und quadratische Gleichungen als „Vater der Algebra“ (Pickover 2013, S. 72).

Die Leitidee *Strukturen und funktionaler Zusammenhang* besitzt von allen Leitideen die größte Nähe zu formaler und abstrakter Mathematik. Mathematische Strukturen und funktionale Zusammenhänge bestehen aus Mengen und Relationen zwischen den Elementen der Mengen. Strukturen und funktionale Zusammenhänge können sich darstellen als

- algebraische Strukturen zum Beispiel Rechenoperationen,
- geometrische Strukturen zum Beispiel Kongruenzabbildungen,
- Ordnungsstrukturen zum Beispiel Teilmengenrelationen,
- Zuordnungen[36] zum Beispiel Messprotokolle,
- lineare Funktionen zum Beispiel proportionale Zuordnungen,
- Exponentialfunktionen zum Beispiel quadratische Funktionen,
- Funktionen der ebenen Trigonometrie zum Beispiel Sinus und Kosinus,
- Scharen von Funktionen zum Beispiel Logarithmen mit variabler Basis.

Struktur

Dass das Wort *Strukturen* in den Bildungsstandards unter den inhaltsbezogenen Kompetenzen auftaucht, interpretieren wir nicht als Signal, dass zur Gruppentheorie als Unterrichtsstoff zurückgekehrt werden sollte. Wenn es aber gelingt, Übereinstimmungen zwischen mathematischen Gebieten, Parallelitäten von Algebra und Geometrie erkennbar zu machen, ist viel gewonnen. Es gibt Elemente wie Zahlen oder Flächen und es gibt Verknüpfungen wie die Addition bei den Zahlen oder die Verschiebung bei den Flächen. Dabei gibt es strukturelle Entsprechungen, zum Beispiel, dass die Reihenfolge der Summanden in der Addition bzw. der Vektoren bei zwei Verschiebungen nichts am Ergebnis ändert.

36 Wir halten uns hier an die didaktisch reduzierten Begriffe, die in den Schulbüchern verwendet werden, und die mit denen aus der Mathematik nicht deckungsgleich sind. Zuordnung ist mathematisch der Überbegriff und im Schulbuch die Bezeichnung für eine nicht eineindeutige Funktion.

Für den allgemeinbildenden Mathematikunterricht sind die folgenden **Struktureigenschaften** relevant, die im Unterricht in schülergerechte Sprache transferiert werden.

- *Abgeschlossenheit:* Wenn zwei natürliche Zahlen addiert oder multipliziert werden, ist das Ergebnis stets wieder eine natürliche Zahl. Bei Subtraktion und Division ist das nicht immer der Fall, also muss mit einer Zahlbereichserweiterung wieder Abgeschlossenheit hergestellt werden.
- *Kommutativität:* Wenn zwei Zahlen addiert oder multipliziert werden, führen beide Reihenfolgen zum selben Ergebnis. Bei Subtraktion und Division ist das nicht der Fall.
- *Assoziativität:* Wenn drei Zahlen addiert oder multipliziert werden, führen alle Reihenfolgen zum selben Ergebnis. Bei Subtraktion und Division ist das nicht der Fall.
- *Neutrales Element:* Wenn mit 1 multipliziert oder durch 1 dividiert wird, ändert sich nichts. Wenn 0 addiert oder subtrahiert wird, ändert sich nichts.
- *Inverses Element:* Wenn man zum Beispiel mit einem Bruch multipliziert, dann gibt es einen Gegenbruch, der die Änderung wieder aufhebt (den „Kehrwert").

In den 1960er-Jahren wurden die obigen Sachverhalte in eine umfassende Struktur gebracht, heraus kamen Abel'sche Gruppen.[37] Das wurde mit den Lernenden so kommuniziert. Das hat sich, wie weiter oben schon dargelegt, nicht bewährt.

Sehr wohl bewährt hat sich, die Strukturelemente in unterschiedlichen Kontexten und mathematischen Gebieten immer wieder neu zu entdecken, in Algebra wie Geometrie, um im Sinne einer Spirale immer tiefer in mathematisches Verständnis einzudringen. Zum Glück sind die Zeiten vorbei, als Algebra und Geometrie als getrennte Disziplinen unterrichtet und sogar im selben Schuljahr im Mathematikunterricht zwei Bücher verwendet wurden, eines für Algebra und eines für Geometrie.[38]

Zuordnungen

Zuordnungen begegnen uns im Alltag ständig. Der Strichcode auf jedem Gegenstand, den wir im Supermarkt kaufen, ist die Zuordnung eines digital lesbaren Codes zu einer Größe mit der Einheit Währung.

37 Eine kommutative oder Abel'sche Gruppe (z. B. $(\mathbb{Z}, +)$ oder $(\mathbb{Q}\setminus\{0\}, \cdot)$) besteht aus einer Menge mathematischer Objekte und einer zweistelligen Verknüpfung, in der Kommutativität, Assoziativität sowie das Vorhandensein eines neutralen Elements und aller inversen Elemente gegeben sind.

38 Kein Witz: Schröder 1986a–d. Damit die Trennung von Algebra und Geometrie nicht zu große Kosten verursachte, waren in beiden Teilbänden jeweils zwei Schuljahre untergebracht, also z. B. Algebra 7 / 8.

Allerdings kann die Zuordnungsvorschrift, also der Preis, vom Ladenbetreiber geändert werden, was nicht unbedingt bedeutet, dass die analoge Zuordnung der Papierschildchen am Warenregal gleichermaßen aktualisiert worden ist. Im Supermarkt gibt es also zwei unterschiedliche Zuordnungssysteme für denselben Sachverhalt, weshalb einige Supermärkte die Schildchen durch digitale Preisauszeichnungen an den Regalen ersetzt haben. Dann wird der Sachverhalt von einem einzigen technischen System verwaltet. Kassenanzeige und Preisschild sind dann nur unterschiedliche Darstellungen derselben Zuordnung.

Eine weitere alltagspräsente Zuordnung ist die Liste der Kontakte auf dem Mobiltelefon. Hier sind den Namen der Kontakte ihre Mobilfunknummern zugeordnet, jedem einzelnen seine persönliche. In Chatgruppen wie WhatsApp entstehen vernetzte Zuordnungen. Die Textnachricht des sendenden Geräts wird einer Vielzahl von empfangenden Geräten zugeordnet. Weil jeder Empfänger als Sender an alle anderen Empfänger senden kann, entsteht sehr schnell ein umfangreiches Netz von Zuordnungen, von denen jede einzelne eindeutig ist, das aber insgesamt schnell unübersichtlich werden kann.

Nachdem dergestalt bei den Lernenden ein Verständnis für Zuordnungen erzielt wurde, kann auf die Darstellung von Zuordnungen übergegangen werden: Listen, Tabellen, Schaubilder. Dabei wird auch geklärt, durch welche Einschränkung eine Relation zur Funktion wird: einer Größe aus der ersten Wertemenge ist nur eine einzige Größe aus der zweiten Wertemenge zugeordnet; damit kann auch von der zweiten Größe der Zuordnung auf die erste geschlossen werden. Ist diese Eindeutigkeit gegeben, spricht man von einer Funktion.

Ohne die mathematischen Fachbegriffe unbedingt zu verwenden, sollten Lernende folgende Sonderformen von Zuordnungen unterscheiden können:

- Funktion als eindeutige Zuordnung,
- lineare und nicht lineare Funktion,
- stetige und nicht stetige Funktion,
- proportionale und nichtproportionale Funktion,
- antiproportionale Funktion.

Es herrscht keine vollständige Übereinstimmung darüber, ob die letztgenannte antiproportionale Zuordnung verzichtbar ist,[39] allerdings ist ihr Schaubild gut geeignet, die Bildung von Vorstellungen für „unendlich“ und „annähern“ zu unterstützen.

39 Im Bildungsplan 2016 von Baden-Württemberg ist die antiproportionale Zuordnung zum Beispiel nur für die Hochschulreife, nicht aber für den mittleren Bildungsabschluss vorgesehen.

Proportionale Zuordnungen

Auf die Frage, was ihnen aus dem Mathematikunterricht im späteren Leben am meisten Nutzen gebracht hat, antworten viele Erwachsene: der Dreisatz.

Der **Dreisatz** ist ein Rechenverfahren in drei Sätzen:

1. Satz: Angaben zu zwei Größen, z. B. Menge / Preis
2. Satz: Herunterrechnen auf das Einfache der ersten Größe
3. Satz: Hochrechnen auf das gesuchte Vielfache.

Beispielaufgabe: Für ein Klassenfest wurden 30 Donuts für zusammen 120 € bestellt. Vielleicht sind das zu wenige. Wie viel würden denn 50 Donuts kosten?

1. Satz: 30 Donuts kosten 120 €
2. Satz: 1 Donut kostet 120 € : 30 = 4 €
3. Satz: 50 Donuts kosten 4 € · 50 = 200 €

Heute wird der Dreisatz nicht mehr nach dem starren Schema ausformulierter Sätze und grundsätzlichen Herunterrechnens auf die Einheit eingesetzt, sondern die Größenpaare werden in Tabellen dargestellt, in denen flexibel gerechnet werden kann. Dadurch kann die Tabelle auch einmal mehr als drei Sätze enthalten und es wird besser klar, dass es sich einfach um flexibles Rechnen in einem proportionalen Zusammenhang handelt.

Die flexiblen Strategien[40] sind

- Runterrechnen,
- Hochrechnen,
- Zwischenschritte nutzen,
- über einen festen Faktor rechnen,
- über die Einheit rechnen.

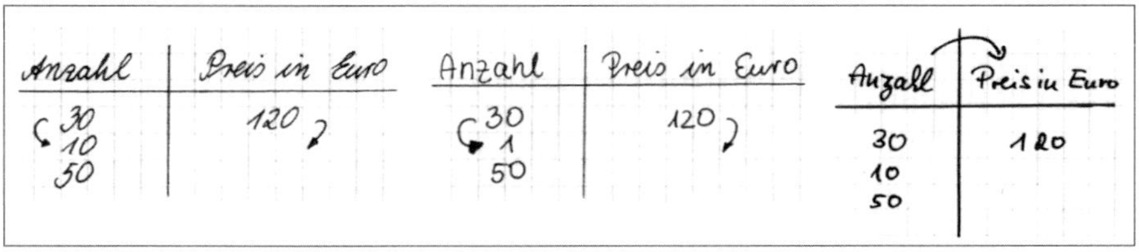

Runterrechnen und hochrechnen Über die Einheit rechnen Über einen festen Faktor rechnen

40 Die Zusammenstellung der Strategien ist angelehnt an Prediger u. a. 2013b, S. 236 und Prediger u. a. 2014a, S. 12. Schülerlösungen aus Prediger u. a. 2013b, S. 242 und Prediger u. a. 2014a, S. 18.

Dabei entspricht die Strategie *Über die Einheit rechnen* dem ursprünglichen strengen Dreisatzverfahren, die in dem obigen Beispiel durchaus vernünftig erscheint. Sind die Anzahlen aber besonders groß oder der Faktor „krumm“, dann können andere Strategien sinnvollere Denk- und Lösungswege einleiten.

Darstellungsformen für Funktionen

Funktionen lassen sich darstellen durch eine verbale Beschreibung, Zuordnungsvorschrift, Funktionsgleichung, Wertetabelle oder Funktionsgraph. Lernende empfinden Aufgaben im Bereich *Funktionen* oft als Abarbeiten von Teilaufgaben.

A

Prüfe, ob ein funktionaler Zusammenhang gegeben ist, zum Beispiel bei der Preisberechnung nach Gewicht.

- Entscheide, welche Variable von der anderen abhängig ist, zum Beispiel der Preis vom Gewicht.
- Stelle eine Gleichung auf.
- Erstelle eine Wertetabelle und fülle sie aus.
- Überlege, welche Abstände du verwenden kannst, und zeichne ein Koordinatensystem.
- Zeichne die Punkte aus deiner Wertetabelle in das Koordinatensystem ein.
- Verbinde die Punkte, wenn das sinnvoll ist.
- Beantworte Fragen, die dann meistens an dich gestellt werden.

Dabei geht oft verloren, dass das keine unabhängigen Teilkompetenzen sind, sondern dass hier nur verschiedene Darstellungsformen desselben Zusammenhangs erstellt werden, die oft gar nicht alle gebraucht werden, um die relevanten Informationen zu bekommen.

Wir halten es für sinnvoller, die Darstellungen von einem digitalen Gerät und einem Computerprogramm (einer App) erstellen zu lassen, die gewünschten Informationen genau der Darstellungsform zu entnehmen, von der sie am leichtesten übernommen werden können, und vor allem zu beobachten, was passiert, wenn Variablen geändert werden.

Welchen Lernzuwachs haben Lernende, wenn sie ihre Zeit damit verbringen, auf Karopapier Striche zu ziehen und mit Zahlen zu versehen? Sich dann von der Lehrkraft belehren zu lassen, man würde so nicht alle Werte der Wertetabelle einzeichnen können. *Wieso, es gibt doch unendlich viele, dann ist es doch egal, wie viele ich einzeichnen kann.* Oder sich belehren zu lassen, man habe x-Achse und y-Achse verwechselt. *Wieso, wenn die Zuordnung eindeutig ist, geht das doch auch umgekehrt. Vater tankt sein Auto immer für 50 € auf. Da ist doch die Menge dem Kaufpreis zugeordnet und nicht umgekehrt.*

Die Leitidee enthält den Begriff *Funktionaler Zusammenhang* und nicht Funktionen. Man kann den Zusammenhang sehr gut beobachten und begreifen, wenn er dynamisch und im Verbund dargestellt wird, weil Elemente die gleichzeitig passieren, eher als zusammengehörig empfunden werden. Wir verstehen es nicht, wenn an Schulen Funktionen gelehrt, statt dass funktionale Zusammenhänge verstanden werden.

Funktionales Denken

Um funktionale Zusammenhänge zu begreifen, gibt es keine besseren Hilfsmittel als *Dynamische Geometriesoftware* (DGS) wie (führend) *GeoGebra*. Um *GeoGebra* im Unterricht zu nutzen, sind noch nicht einmal Datenschutzhürden zu überwinden, denn es ist im traditionellen Computerraum installiert und lässt sich ohne Internetzugang nutzen. Falls nicht, kann die Installation schnell nachgeholt oder *GeoGebra* kann direkt im Internet genutzt werden.[41]

Die Lernenden entdecken bereits beim „Spielen" mit der Funktionsgleichung Kenngrößen von linearen Funktionen wie Achsabschnitt und Steigung und von quadratischen Funktionen wie Verschiebung, Scheitelpunkt, Nullstellen. Die Verwechslung von linearen und proportionalen Funktionen wird erschwert, weil der Unterschied leicht sichtbar gemacht werden kann: Was ändert sich in der Funktionsgleichung, was in der Tabelle, wenn der Graph einer linearen Funktion in den Ursprung verschoben wird?

> „Was eine Funktion ist, lernt niemand wirklich durch eine Definition. Vielmehr bilden sich Vorstellungen über Funktionen durch das Kennenlernen einzelner Funktionen und Funktionstypen und der verschiedenen Darstellungsweisen [...]."
>
> (Vollrath 2014a, S. 121)

Dadurch bilden sich Grundvorstellungen zu Funktionen (Hussmann/Schwarzkopf 2017, S. 114):

- *Zuordnungsvorstellung:* „Einer ersten Größe ist eine zweite Größe zugeordnet, sodass die zweite Größe als abhängig von der ersten betrachtet wird" (Vollrath 2014a, S. 117).
- *Kovariationsvorstellung:* Die zugeordneten Größen verändern sich miteinander. Gerade die Kovariation kann beim Einsatz von DGS gut beobachtet werden. Bei der Betrachtung von Graphen „erkennt man Eigenschaf-

41 https://www.geogebra.org/calculator

ten wie Wachsen, Fallen, das Vorhandensein von relativen und absoluten Extremwerten, unter Umständen auch Symmetrien oder Periodizitäten“ (Vollrath 2014a, S. 119).
- *Objektvorstellung:* Ein funktionaler Zusammenhang wird als Ganzes betrachtet, was sich besonders beim Betrachten des Graphen und bei Veränderungen mit DGS zeigt.

4.4 Raum und Form (L4)

Nach Pythagoras von Samos ist nicht nur der Satz über das Seitenverhältnis im rechtwinkligen Dreieck benannt, sondern auch die pythagoreischen Tripel. Das sind rechtwinklige Dreiecke mit ganzzahligen Seitenlängen, zum Beispiel als kleinste Möglichkeit mit 3-4-5 Längeneinheiten oder weiter mit 20-21-29 Längeneinheiten. Die Suche nach größeren pythagoreischen Dreiecken[42], die noch weitere Bedingungen erfüllen, hat die Mathematik lange beschäftigt, kann aber nicht Gegenstand von Mathematikunterricht sein.

Die Leitidee *Raum und Form* kann relativ direkt einer mathematischen Disziplin zugeordnet werden, der elementaren oder euklidischen Geometrie. Es geht dabei um Linien, Flächen und Körper und deren Beziehungen untereinander.

Weil sich von der Leitidee *Raum und Form* leicht eine Brücke zu Arithmetik und Algebra bauen lässt, denn mit und an Figuren wird gerechnet, erleben Lernende in der Beschäftigung mit dieser Leitidee intensiv, was Mathematik ausmacht. Und sie lernen, Strukturen von Algebra auf Geometrie zu übertragen und umgekehrt.

Mathematik ist eine kognitive Struktur, die jeden wissenschaftlichen Bereich durchdringt und mit der sich nahezu alles erklären, erforschen und weiterentwickeln lässt, was uns umgibt.

Die Leitidee *Raum und Form* umfasst Benennen und Verstehen von sowie Operieren mit
- geometrischen Linien (zum Beispiel Parallelen),
- geometrischen Flächen (zum Beispiel Vierecken),
- geometrischen Körpern (zum Beispiel Pyramiden),

42 vgl. Pickover 2013, S. 40

- Zusammenhängen zwischen Flächen und Körpern (zum Beispiel Würfelnetzen),
- Positionen geometrischer Objekte (zum Beispiel mit Koordinatensystem),
- Berechnungen an ebenen Figuren (zum Beispiel mit dem Satz des Pythagoras),
- Berechnungen an geometrischen Körpern (zum Beispiel Mantelfläche),
- Operationen mit geometrischen Objekten (zum Beispiel Achsenspiegelung),
- Lösung von Sachaufgaben mithilfe geometrischer Objekte (zum Beispiel Volumenberechnungen).

Geometrische Objekte: Linien

Die Unterscheidung von Strecke, Gerade und Halbgerade ist elementar und schon deshalb wichtig, weil eine Vorstellung für *unendlich* am besten im Eindimensionalen erworben wird, um später auf Flächen und Rauminhalte ausgeweitet werden zu können. Wir haben in mehreren Lexika für Schulmathematik für *unendlich* keine einzige Eintragung gefunden, auch nicht in den Glossaren einer Schulbuchreihe für die gesamte Sekundarstufe I. Die Definition des Begriffs scheint schwierig zu sein. Was wir gefunden haben:

> „Eine Menge heißt unendlich, wenn sie zu einer echten Teilmenge gleichmächtig ist."
>
> (Duden 2000, S. 637)

Das ist die Sprache der „Neuen Mathematik" und wird von Lernenden heute so wenig verstanden wie vermutlich von der Mehrzahl der Lernenden damals und heute vielleicht auch von manchen Lesenden. Die Textzeile „Hinterm Horizont geht's weiter, immer weiter"[43] aus einem Song von Udo Lindenberg hilft schon besser dabei, sich Unendlichkeit vorzustellen.

Was auch weiterhilft für Vorstellungen von Dimensionen und Unendlichkeit, ist der Roman *Silvestergespräche eines Sechsecks* von Dionys Burger (Burger 1964 / 2006). Die Bewohner des Flächenlands verstehen nicht, wie Bewohner einer ihnen unbekannten dritten Dimension in ihrem Land plötzlich auftauchen (A), größer (B), dann wieder kleiner werden (C) und verschwinden können, während sie sich über die Beschränktheit der Bewohner des Linienlands mokieren, die nur ihren nächsten Nachbarn kennen.[44]

43 *Horizont*, Text: Udo Lindenberg / Bea Reszat. Erstmals veröffentlicht auf dem Album Phönix, Universal Music 1986

44 Abb. aus Burger 2006, S. 27, Bild 3

Das Buch hilft uns zu verstehen, weshalb es in der Mathematik Dimensionen gibt, die wir Bewohner des dreidimensionalen Raums uns nicht vorstellen, aber verstehen könnten. „Wir können das nicht sehen, sondern nur denken" (Burger 2006, S. 90). Wir empfehlen das Buch unseren Leserinnen und Lesern dringend, aber nicht unbedingt für den Einsatz im Unterricht, sondern zur eigenen Erbauung und Fortbildung der Lehrkraft.

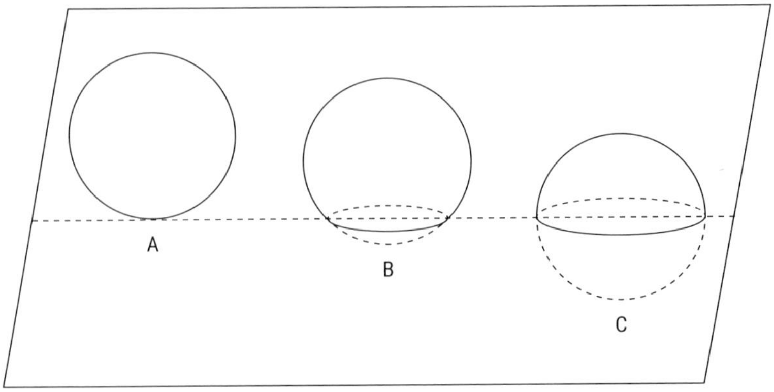

Das Eindringen der Kugel im Flächenland

Wenn wir in die Schulmathematik zurückkehren, dann kommen bei den Linien als mathematische Objekte solche Linien, die nicht gerade sind, wie Graphen quadratischer Funktionen, Sinuskurven und Hyperbeln hinzu. Um Vorstellungen dafür vorzubereiten, werden schon in frühen Jahrgangsstufen immer mal wieder nicht lineare Zuordnungen eingestreut wie Messprotokolle von Temperaturen oder sportlichen Leistungen, deren Graphen Linien sind, die nicht mit dem Lineal gezeichnet werden können. Nein, dieser Satz ist nicht aus der Leitidee *Strukturen und funktionaler Zusammenhang* in das falsche Kapitel gerutscht, sondern wie die prozessbezogenen Kompetenzen sind auch die Leitideen nicht trennscharf, sondern es gibt viele Überschneidungen, die es zu nutzen gilt.

Geometrische Objekte: Flächen

Linien werden von Flächen unterschieden, indem zum Beispiel Zusammenhänge betrachtet werden, in denen Linien und Flächen korrelieren. Bei der

Berechnung von Flächeninhalten wird oft mit Linien gerechnet, zum Beispiel berechnet sich der Flächeninhalt eines Rechtecks aus dem Produkt von Länge und Breite, und diese sind Linien.

Aus Länge und Breite eines Rechtecks kann man aber auch seinen Umfang berechnen, der als Summe von Linien wieder eine Linie ist.

Flächeninhalt und Umfang in getrennten Unterrichtssequenzen zu thematisieren, halten wir für die falsche Strategie, weil sie auf Rechenverfahren fokussiert. Vielmehr werden Flächen von Linien begrenzt und mithilfe der Linien kann man Eigenschaften und Größen von Flächen bestimmen. Beides gehört deshalb zusammen: Umfang und Inhalt von Flächen.

In der Sekundarstufe I beschränken sich die Betrachtungen von Flächen weitgehend auf Dreiecke, Vierecke, regelmäßige Flächen und zusammengesetzte Flächen. Das Interesse für Umfänge ist weitgehend begrenzt auf Dreiecke und Vierecke.

Dreiecksformen

Dreiecke werden nach ihren Winkeln unterschieden: spitzwinklig, rechtwinklig und stumpfwinklig, und nach ihren Symmetrieeigenschaften: gleichseitig, gleichschenklig oder „verschiedenseitig".[45] Der Begriff allgemeines Dreieck ist ein Überbegriff und sollte nicht für das Nichtvorhandensein besonderer Eigenschaften verwendet werden.

Haus der Vierecke

Vierecke kann man im sogenannten *Haus der Vierecke* nach ihren Symmetrieeigenschaften ordnen. In der Literatur und in Schulbüchern findet man Darstellungen, in denen das Quadrat oben, und andere, in denen es unten steht. Das oben stehende Viereck hat keine, das Quadrat die meisten Symmetrieeigenschaften. Wir haben uns für die Einteilung *Vom Allgemeinen zum Speziellen und von oben nach unten* entschieden; die Lehrkraft entscheidet sich für die Darstellung in dem Schulbuch, mit dem sie arbeitet.
Ein weiter unten stehendes Viereck besitzt die Eigenschaften der darüberstehenden Vierecke auch, eine Raute ist zum Beispiel ein besonderer Drachen und ein besonderes Parallelogramm. Was das mit der Vorstellung von einem Haus zu tun hat, ist uns nicht klar, aber der Begriff hat sich eben etabliert. Passender finden wir die Vorstellung eines Stammbaums (Evermann / Stoiber 2015, S.13).

45 Backhaus u. a. 2016, S. 50

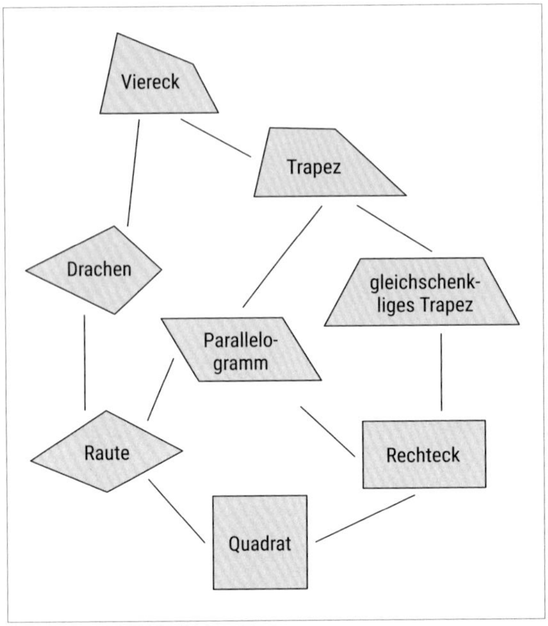

Zusammenstellungen wie *Das Haus der Vierecke* sind beliebte Vorlagen für das Lernen von Vokabeln. Natürlich sollten Lernende die Bezeichnungen für die dargestellten Objekte kennen, aber viel ertragreicher ist das Erkennen von Teilmengenbeziehungen, von Ordnungen mittels Eigenschaften, von Oberbegriffen und Unterbegriffen, und zu erkennen, wie die Mathematik eigene Werkzeuge heranzieht, um ihre Objekte zu erklären und zu sortieren.

Konstruieren

> „Konstruieren ist eine wichtige Tätigkeit im Geometrieunterricht, die sich im Arbeiten mit (Konstruktions-)Werkzeugen ausdrückt, mit der aber stets auch mentale Operationen und ein Arbeiten auf der begrifflichen Ebene einhergehen."
>
> (Weigand 2014, S. 102)

Es stellt sich die Frage, welche Konstruktionswerkzeuge zum Einsatz kommen. Wenn Lernende zum Beispiel Inkreis- und Umkreismittelpunkte von

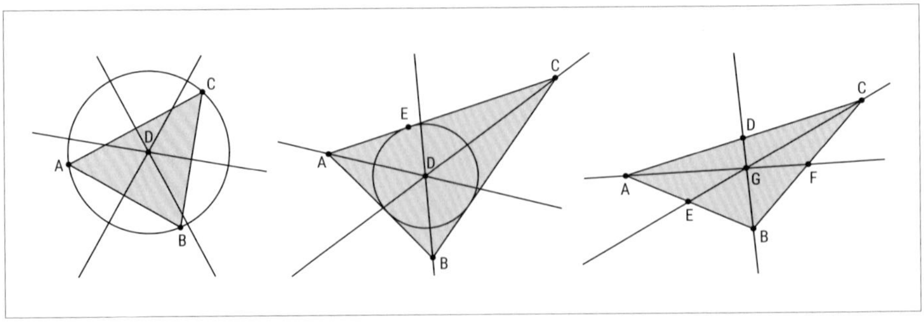

Abb. 4.5: Konstruktion von Umkreis, Inkreis und Schwerpunkt mit *GeoGebra*

Dreiecken nur mit Zirkel und Lineal konstruieren, wirkt das heute wie eine Parodie auf eine Vergangenheit im Kreidetafelzeitalter, in der die Lehrkraft sich noch aus einer Schnur und einem Kreidestück einen Zirkel gebastelt hatte und damit Abschnitte aus Bögen an die Kreidetafel zauberte. Deren Entstehung war den Lernenden oft nicht klar, auch deshalb, weil die Lehrkraft nur diejenigen Bogenabschnitte zeichnete, von deren Relevanz für die Schnittpunkte sie schon wusste, nicht aber die Lernenden.

Wenn mit DGS konstruiert wird, unterstützt dies mentale Operationen deutlich besser, weil durch den Bewegungsmodus und die dynamische Darstellung die Konstruktionen nicht mehr als Handlungsablauf erlebt, sondern geometrische Zusammenhänge gezeigt werden. Auf der begrifflichen Ebene entspricht der Umgang mit DGS dem Vokabular der Zirkel- und Lineal-Werkzeuge.

Zirkel werden zum Zeichnen nicht mehr gebraucht, so wie zum Wurzelziehen keine Rechenschieber und zum Rechnen mit Logarithmen keine buchdicken *Mathematischen Tafeln* (Sieber 1970/1983) mehr eingesetzt werden. Aber bevor die Zirkel weggeworfen werden, muss die Versorgung mit ihren digitalen Nachfolgern gesichert sein. Und wenn der Bildungsplan den Gebrauch von Zirkel und Geodreieck explizit vorschreibt,[46] muss sich die Lehrkraft natürlich an den Bildungsplan halten.

Raumvorstellung

Zentrale Begriffe der Leitidee *Raum und Form* sind Raumvorstellung und Darstellungskompetenz. „Raumvorstellung ist die Kompetenz, räumliche Objekte verinnerlicht zu sehen (also auch, wenn sie materiell nicht vorliegen), verinnerlicht zu bewegen (das nennen wir „konkrete“ Raumvorstellung) und verinnerlicht zu vergrößern und zu verkleinern (das nennen wir „magische“ Raumvorstellung) (Kortenkamp/Wollring 2017, S. 99).

Um die Kompetenz aufzubauen, sich Objekte verinnerlicht vorzustellen, bedarf es des Vorhandenseins solcher Objekte und der Darstellung räumlicher Objekte auf zweidimensionalen Medien wie Papier und Bildschirm.

Anfertigen von Zeichnungen

Räumliche Darstellungen

Um dreidimensionale Objekte zweidimensional darzustellen, gibt es die Darstellungsarten Parallelperspektive und Zentralperspektive. Für den Einsatz im Mathematikunterricht zeigen sich

46 z. B. BP BW 2016, S. 23

Parallelperspektiven als geeigneter, weil die Objekte natürlicher dargestellt werden und das Anfertigen von Zeichnungen nicht ganz so kompliziert ist. Zentralperspektiven entwickeln ihren Charme erst bei großen Entfernungen des Zentrums vom Objekt.

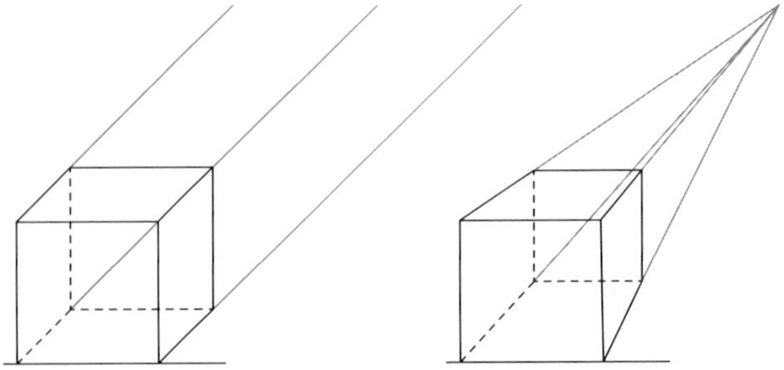

Unter den Parallelperspektiven gibt es wiederum mehrere Möglichkeiten. Isometrie und Dimetrie sind normgerecht, das Schrägbild (oder Kavaliersperspektive) ist eine Vereinfachung der Dimetrie.
Wenn Lernende Schrägbilder selbst zeichnen sollen, stellt das eine enorme Herausforderung dar. Nicht nur, dass daran gedacht werden muss, die Länge jeder Linie, die in die „Tiefe" läuft, zu halbieren, sondern wie zeichnet und misst man dann die schrägen Linien?

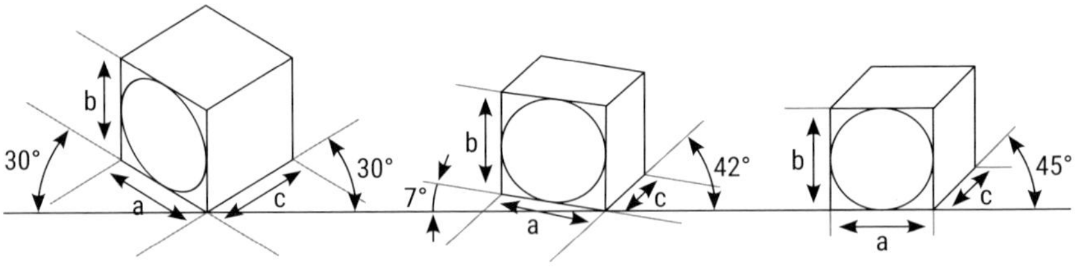

Ein hilfreicher Hinweis besteht aus dem Vorschlag: „Beginne deine Zeichnung mit einer Hüllform." Mit „Hüllform" ist ein Quader gemeint, in den der zu zeichnende Körper exakt hineinpasst und die das Zeichnen erleichtert (Abb. 4.6).

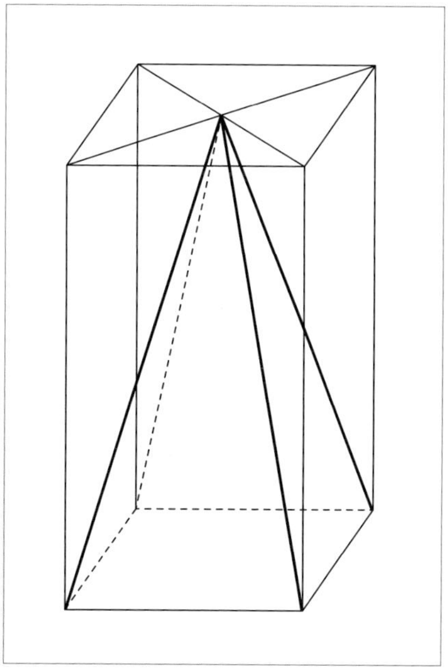

Abb. 4.6 Zeichnen mit Hüllform

Parallelverschiebung mit zwei Geodreiecken enthält für Lernende des 21. Jahrhunderts nicht zu vernachlässigende Schwierigkeiten: Welches Geodreieck muss ich festhalten, in welche Richtung muss ich das andere an welcher Kante des ersten schieben und wie weit? Und wo mache ich dann mit dem Bleistift einen Strich, wie lang und was bedeutet der dann? Und wie bekomme ich es hin, dass die Linie wirklich gerade wird?

Zur Überwindung solcher Schwierigkeiten empfehlen Schulbuchautoren und -autorinnen die Nutzung von Hilfsmitteln, die an anderen Stellen verboten wird, nämlich die Gitterlinien des Schulhefts beim Zeichnen zu nutzen: „Zur Vereinfachung darf man nach hinten verlaufende Kanten bis zum nächsten Gitterpunkt verlängern."[47] Diese Vorgehensweise halten wir nur dann für sinnvoll, wenn auf Maßgenauigkeit explizit verzichtet wird und Freihandzeichnungen angefertigt werden. Dann kann eine Freihandzeichnung durch ihre Einfachheit neue Ideen für weitere Denk- bzw. Vorgehensweisen bringen (Müller 2016, S. 9).

Dass Lernende Schrägbilder lesen und anfertigen können sollen, ist richtig. Teilweise gibt sich der Bildungsplan bei Schrägbildern mit Skizzen zufrieden.[48] Oder man gibt den Lernenden die richtigen Werkzeuge an die Hand. Bereits mit *Microsoft Word* lassen sich Quader, Zylinder und zusammengesetzte Figuren zeichnen und verändern, und *Microsoft Word* ist ein Programm, um Texte zu verfassen.

Seit 1995 gab es ein einfaches Computerprogramm *BAUWAS*[49], mit dem mittels Mausklicks aus Einheitswürfeln beliebige dreidimensionale Körper gebaut werden konnten und das an den Schulen auch eingesetzt wurde. Die gebauten Körper konnten perspektivisch in alle Richtungen gedreht und in

47 Backhaus u. a. 2015, S. 78

48 BP BW 2016, S. 37

49 Meschenmoser 1995 und 1999

perspektivlose Seitenansichten umgewandelt werden. Solche Werkzeuge sind hervorragend geeignet, um Raumvorstellungen zu fördern.

Das Programm läuft auf modernen Computern nicht mehr, aber seine frühe Existenz zeigt, dass es nichts Neues ist, mithilfe digitaler Geräte Zeichnungen anzufertigen, vor allem räumliche, und es gibt inzwischen modernere Programme, mit denen räumlich gezeichnet werden kann.[50]

Geometrische Objekte: Körper

Körper werden von Flächen begrenzt. Körperberechnungen öffnen zahlreiche Möglichkeiten, Problemlöseaufgaben zu konstruieren, bei denen Linien, Flächen und Körper unterschieden und in Berechnungen adäquat berücksichtigt werden müssen.

Natürlich ist es kompetenzfördernd, zum Beispiel bei einer Pyramide die Körperhöhe von der Höhe einer Mantelfläche zu unterscheiden und die eine mithilfe des Satzes des Pythagoras oder mithilfe von Winkelfunktionen aus der anderen berechnen zu können. Aber das Teilgebiet Körperberechnungen steht schon unter dem Verdacht, mehr dem Erstellen von Prüfungsaufgaben zu dienen, als auf das Leben nach der Schulabschlussprüfung vorzubereiten. Aus Länge, Breite und Höhe eines Körpers kann man sein Volumen und seine Oberfläche oder Teile davon berechnen.

Was darüber hinausgeht, wirkt bisweilen übertrieben oder unnütz. Erzeugt das nicht einfach totes Wissen und totes Können?

> „Realistischerweise kann man nur davon ausgehen [...], dass Schüler das, was sie lernen, für Situationen lernen, die den Situationen ähneln, in denen sie gelernt haben."
>
> (Heymann1996 / 2013, S. 116)

Eine Ähnlichkeit von Unterrichtssituationen mit Prüfungssituationen sorgt für gute Prüfungsergebnisse und legitimiert sich selbst, ohne dass darüber hinaus Vorteile gewonnen worden wären.

Oder dient es der Wissenschaftsorientierung? Nein, denn auch hier gibt es didaktische Vereinfachungen, die wissenschaftlich falsch sind. Denn Pyramiden und Kegel sind in der Mathematik eben nicht automatisch gerade wie die Spezialfälle, die in der Schulmathematik als Pyramiden und Kegel bezeichnet werden.

50 z. B. https://apps.apple.com/de/app/kl%C3%B6tzchen/id1027746349 [Zugriff: 26.07.2025]

B

Beispiel: Der Ball ist nicht rund

Ein Fußball ist nicht rund, wenn es auch anderslautende Aussagen von Fachleuten gibt. Ein „echter" Fußball ist keine Kugel, sondern aus sorgfältig vernähten Flächen zusammengesetzt, und zwar aus 12 schwarzen regelmäßigen Fünfecken und 20 weißen regelmäßigen Sechsecken, wobei an jedes Fünfeck fünf Sechsecke angrenzen. Die Seitenlängen der Polygone sind gleich groß, und dass das am Ende zu einem Körper aufgeht, ist faszinierend.
Der Fußball ist Modell eines regelmäßigen Polyeders, allerdings keines platonischen, von denen es nur fünf gibt, sondern eines archimedischen, bei denen auch unterschiedliche Formen für die Parkettierung der Oberfläche möglich sind. Im Fall des Fußballs sind das regelmäßige Fünfecke und Sechsecke.
Auch nicht fußballaffinen Lehrkräften wird es gelingen, Lernende dafür zu interessieren, sich einmal mathematisch mit Fußbällen zu beschäftigen, mit solchen oder ähnlichen Fragen:

- Warum ist ein Fußball eigentlich nicht „rund"?
- Wie viele Flächen hat ein Fußball?
- Wie viele Kanten hat ein Fußball?
- Wie viele Eckpunkte hat ein Fußball?
- Welchen Flächeninhalt hat ein Fußball?

Das wird dazu führen, dass sich die Lernenden Fußball auch einmal als Gegenstand und nicht nur als Ereignis vorstellen.[51]
Die Frage, wie die Mathematik das beweist und weshalb der Fußball ein Ikosaederstumpf ist, führt dann über die Inhalte von allgemeinbildendem Mathematikunterricht hinaus. Dass Überlegungen über sphärische Zusammenhänge mit Berechnungen auf einer Ebene modelliert wurden, sollte angesprochen, muss aber nicht vertieft werden. Die Seitenlängen der Polygone bleiben im gekrümmten Zustand gleich, die Winkelweiten werden größer.

Das Beispiel *Der Ball ist nicht rund* ist ein Ansatz, Parkettierungen im Mathematikunterricht zu thematisieren. Parkettierungen sind Überdeckungen einer Ebene, die weder Überlappungen noch Lücken aufweisen. Sie bieten Möglichkeiten, das Verständnis für Flächen und Symmetrie zu fördern. In den Bildungsplänen der meisten Bundesländer findet man darüber bislang wenig.

51 Lösungen: 12 Fünfecke, 20 Sechsecke. $E = 5 \cdot 12 = 60$; $F = 12 + 20 = 32$; $K = (5 \cdot 12 + 6 \cdot 20) : 2 = 90$

B

Unterrichtsbeispiel: Der Trinkhalm

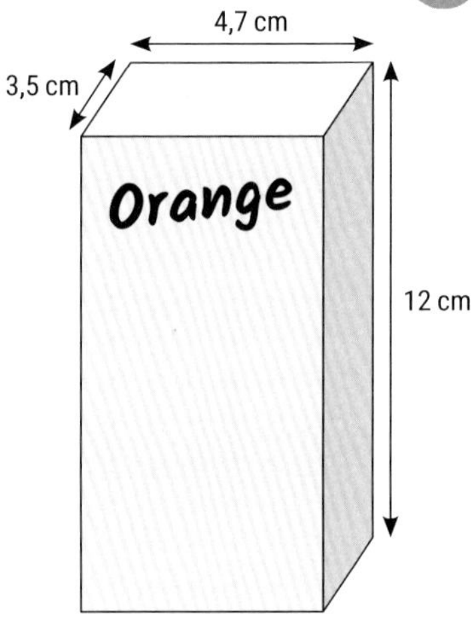

1. Wie lang muss der Trinkhalm für einen Tetrapack höchstens sein, damit er außen noch auf die Verpackung passt?
2. Wie lang muss er mindestens sein, damit er nicht nach innen hineinrutscht?
3. Warum sind beide Fragen unterschiedlich?

Hier ist eine Differenzierung der Aufgabe nach Niveaustufen erkennbar:

- Stufe I: *Reproduzieren*, denn der Satz des Pythagoras muss nur angewendet werden;
- Stufe II: *Zusammenhänge herstellen*, denn die Problemstellung muss durchdacht werden mit dem Ergebnis, dass es um die Raumdiagonale geht, und es muss erkannt werden, dass dafür der Satz des Pythagoras passt;
- Stufe III: *Verallgemeinern und Reflektieren.*

Es wird diskutiert, gerechnet und präsentiert. Da meldet sich ein Lernender: „Was wir da ausgerechnet haben, ist Unsinn." Die Lehrkraft ist auf einen solchen Zwischenruf vorbereitet, hat ihn als Chance zu zusätzlicher Differenzierung erhofft, wenn auch nicht fest eingeplant: „Was ist Unsinn?"

„Der Trinkhalm kann nicht gleichzeitig kürzer als 12,9 cm sein, damit er auf die Verpackung geklebt werden kann, und länger als 13,4 cm, damit er nicht reinfallen kann.

Die Mathematiklehrkraft freut sich darüber, dass eine Situation entstanden ist, an der sich zeigt, dass man den Modellierungskreislauf ein weiteres Mal durchlaufen muss, weil das interpretierte mathematische Resultat nicht positiv validiert werden konnte.

Ohne den Lernenden zu erklären, was ein Modellierungskreislauf ist, entgegnet sie: „Dann müssen wir noch mal rechnen."

Das wird dann auch gemacht mit dem Ergebnis, dass das Einstichloch für den Trinkhalm nicht in einer Ecke des Tetrapacks liegen darf, sondern mehr zur Mitte der oberen Fläche hin, weil dann ein günstigeres Verhältnis der beteiligten Diagonalen zu erwarten wäre.

Es ist nicht mehr notwendig, das auch konkret durchzurechnen, denn das Wichtigste haben wohl fast alle Lernenden verstanden: Mathematik hilft uns, unsere Welt zu verstehen, zu erklären und zu verbessern. Und wenn man gut reflektiert, kann man sich oft Rechenarbeit sparen. Mathematik ist nicht dasselbe wie Rechnen. „Es reicht, wenn man eine Diagonale ausrechnet und das Loch in die Mitte der Deckfläche macht. Dann passt der Trinkhalm auf die Seitenfläche und kann nicht reinfallen." „Oder man nimmt einen Knick-Trinkhalm, den man in geknicktem Zustand auf die Seitenfläche klebt."

4.5 Daten und Zufall (L5)

Die frühesten bekannt gewordenen Spielwürfel wurden zwar schon vor ca. 5000 Jahren benutzt (Pickover 2013, S. 30), was darauf schließen lässt, dass die Menschen sich „schon immer" mit Glücksspielen beschäftigt haben.
Aber erst um 1654 definierte der Franzose Blaise Pascal den Begriff „Wahrscheinlichkeit" mathematisch, was als Beginn der Wahrscheinlichkeitsrechnung angesehen wird (Duden 2000, S. 670). Damit ist Wahrscheinlichkeitsrechnung ein junger Zweig der Mathematik.
Heute bezeichnet man den Verbund von Wahrscheinlichkeitsrechnung und Statistik als Stochastik (Duden 2000, S. 585).

Die Leitidee *Daten und Zufall* verbindet die Aspekte *Daten* und *Wahrscheinlichkeit* aus der Stochastik. In vielen Bundesländern war die Leitidee oder ihr zuordenbare Inhalte in älteren Lehrplänen kaum oder nur am Rande vertreten. Das mag ein Grund dafür sein, dass sie an vielen Schulen in gewissem Maß auch noch vernachlässigt wurde, nachdem sie in die Bildungspläne geschrieben worden war.

Weil auf Daten besondere Aufmerksamkeit fällt, wenn sie in großen Mengen anfallen, könnte dies einen Anlass bieten, dass der Leitidee zukünftig mehr Beachtung zukommen wird, sobald sich die Nutzung digitaler Möglichkeiten durchgesetzt hat. Denn das Gesetz der großen Zahlen, die Gauß'sche Normalverteilung, oder die Erzeugung von Zufallszahlen lassen sich mit digitalen Mitteln wesentlich überzeugender darstellen als händisch.

i

Das Gesetz der großen Zahlen nach Bernoulli

Wenn man eine große Anzahl desselben Zufallsversuchs durchführt, dann nähert sich die Anzahl der tatsächlichen Ausfälle der erwarteten Wahrscheinlichkeit. Beispiel: Werfen mit zwei Würfeln.

Die Normalverteilung nach Gauß

Die Häufigkeit eines zufälligen Merkmals verteilt sich so, dass sich um das arithmetische Mittel die meisten Werte befinden und zu den Extremen hin die Anzahl der Werte abnimmt. Der Graph dieser Verteilung hat die Form einer Glocke. Beispiel: Körpergröße der Bevölkerung.

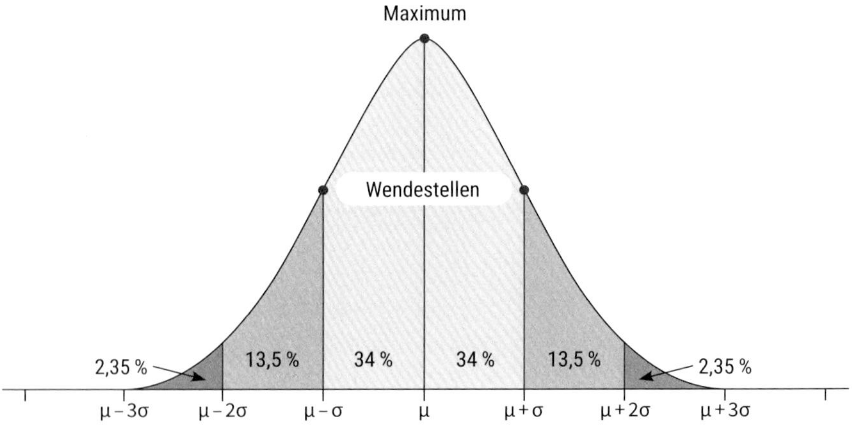

Daten

„Daten sind Zahlen mit einem Kontext“ (Biehler 2014, S. 71, zitiert nach Engel 2007). Wenn Daten aus Zusammenhängen gerissen werden, verlieren sie leicht an Authentizität.

In Talkshows im linearen Fernsehen, in der Presse und in den sozialen Medien kann man täglich verfolgen, wie Politiker und andere Experten mit Daten um sich werfen. Dabei werden absolute Zahlen, Anteile als Bruchzahlen, Verhältnisse munter durcheinandergeworfen, Quellen nicht oder unpräzise angegeben, und meist wird nicht gewusst oder nicht erwähnt, mit welchen Methoden die Daten erhoben wurden und welche Datenmenge zur Verfügung stand.
„Datengestützte Argumente sind nicht zwangsläufig objektiv und können sogar einen problematischen Sachverhalt verschleiern. Sie sollten daher hinterfragt werden: Welche Interpretationen lassen die Daten zu, welche nicht?“ (Krüger 2016, S. 4 / 5).
Am eifrigsten argumentieren oft dieselben Personen mit kontextbezogenen Zahlen, die an anderer Stelle freimütig zugeben: „In Mathe war ich noch nie gut“, oder: „Mathematik habe ich nicht verstanden.“

Wenn Lernende lernen, mit Daten umzugehen und sie darzustellen, sollten die Daten glaubhaft sein, es sollte klar sein, wie sie zustande gekommen sind und was mit ihnen gemessen wird. Am besten geht das mit realen Daten. Zu Beginn der Sekundarstufe werden daher oft Daten gewonnen, indem Geburtstage, Körpergrößen oder Schuhgrößen der Lerngruppe erfasst und verglichen werden (siehe Barzel u. a. 2012, S. 16–19).

Daten wie die Länge des Schulwegs oder die Höhe des Taschengelds sind problematischer, weil hier keine Zahlen erhoben werden, sondern Intervalle. Wenn man das macht, sollte der Unterschied zumindest angesprochen werden. Wenn man die Daten dann auswertet und Mittelwerte bestimmt, wie genau ist dann eigentlich das Ergebnis?

Unterrichtsbeispiel Mittelwerte

Der „Durchschnitt“ als arithmetisches Mittel ist oft von geringer Aussagekraft oder begünstigt sogar Fehlinterpretationen, weil er häufig didaktisch verkürzt als „Mittelwert“ bezeichnet wird. Deshalb ist es wichtig, dass die Lernenden verstehen, was der „Mittelwert“[52] aussagt, bevor es an die Beherrschung des Rechenverfahrens geht.

Der Durchschnitt, das arithmetische Mittel wird berechnet, indem von einer Datenmenge die Summe der Werte ermittelt und durch die Anzahl der Werte dividiert wird. So können Lernende zum Beispiel den Stand ihrer schriftlichen Leistungen berechnen oder was sie durchschnittlich von ihrem Taschengeld am Tag ausgeben, sofern sie die Daten erhoben haben.

Um eine Vorstellung für den Unterschied zwischen Durchschnitt (arithmetischem Mittel) und Zentralwert (Median) aufzubauen, werden die Haushaltseinkommen fiktiver Familien einer fiktiven Klasse als Datengrundlage verwendet. Jeder Lernende und jede Lernende darf sich eine Familie ausdenken. Die Berufe der fiktiven Eltern dienen als Schätzbasis. Dann wird der Durchschnitt berechnet.

Lernende können erstaunlich zutreffend Monats- oder Jahresverdienste verschiedener Berufe schätzen. Dabei fällt der Lerngruppe selbst auf oder ein, dass typische Frauenberufe schlechter bezahlt werden als Männerberufe und dass weibliche Elternteile mehr von Teilzeitarbeit betroffen sind als

52 Es gibt auch noch geometrische und harmonische Mittelwerte, was wir an dieser Stelle aber für weniger relevant halten.

männliche. Dass die Daten „erfunden“ sind, ist jedem Beteiligten klar, dass sie nicht ganz unrealistisch sind, ebenfalls.

Die Erzeugung der Daten findet im Unterricht statt und muss nicht so gehandhabt werden, dass alle Lernenden mit denselben Zahlen rechnen. Es kommt auch nicht auf eine „Richtigkeit“ der Daten an, Plausibilität reicht aus.

Für die Berechnung sollten digitale Medien zum Einsatz kommen, in diesem Fall mit einer Tabellenkalkulation verarbeitet, weil dies ein typisches Beispiel dafür ist, dass an einer umfangreichen Datenmenge die immer gleichen Rechenoperationen durchgeführt werden müssen. Die Eingabe der Rechenoperationen in die Befehlszeilen trägt mehr zu deren Verständnis bei als eine dutzendfache händische Ausführung des Verfahrens es leisten könnte.

Nachdem die Lernenden das arithmetische Mittel bestimmt haben, interpretieren sie die Rechenergebnisse, indem sie einzelne Daten miteinander,

Beruf Vater	**Monatseinkommen Vater**	**Beruf Mutter**	**Monatseinkommen Mutter**	**Haushaltseinkommen**	**unterhalb der Armutsgrenze**
		Verkäuferin	2.200 €	2.200 €	2.200 €
Rechtsanwalt	11.000 €	Hausfrau		11.000 €	
Pilot	12.500 €	Lehrerin	2.500 €	15.000 €	
Bauarbeiter	3.500 €	Verkäuferin	2.400 €	5.900 €	
Arzt	16.500 €	Arzthelferin	3.000 €	19.500 €	
Architekt	12.800 €			12.800 €	
Lehrer	4.200 €	Lehrerin	4.200 €	8.400 €	
Bankkaufmann	3.850 €	Bürokauffrau	3.700 €	7.550 €	
Busfahrer	3.200 €	Auszubildende	1.000 €	4.200 €	4.200 €
Schreiner	3.000 €	Arzthelferin	2.400 €	5.400 €	
Postbote	3.500 €	Paketzustellerin	2.700 €	6.200 €	
Kellner	3.600 €	Wirtin	4.900 €	8.500 €	
Lehrer	2.800 €	Influenzerin	9.300 €	12.100 €	
		Lehrerin	5.800 €	5.800 €	
Musiker	12.000 €	Lehrerin	2.600 €	14.600 €	
Arbeitsloser	1.400 €	Arbeitslose	700 €	2.100 €	2.100 €
Arbeiter	2.600 €	Aushilfe	1.800 €	4.400 €	4.400 €
Professor	8.500 €	Pflegekraft	1.700 €	10.200 €	
Lehrer	5.200 €	Buchbinderin	3.400 €	8.600 €	
Beamter	5.200 €	Beamtin	5.500 €	10.700 €	
Taxifahrer	1.900 €	Putzhilfe	1.600 €	3.500 €	3.500 €
Soldat	5.500 €			5.500 €	
Goldschmied	4.300 €	Frührentnerin	850 €	5.150 €	
Handelsvertreter	4.500 €	Sekretärin	2.700 €	7.200 €	
		Friseurin	2.800 €	2.800 €	2.800 €
Verkäufer	2.600 €	Kellnerin	2.200 €	4.800 €	4.800 €
Geschäftsführer	11.000 €	Ärztin	15.000 €	26.000 €	
Durchschnitt				**8.522 €**	
Median				7.200 €	
Armutsgrenze nach Durchschnitt				**5.113 €**	**7 von 26**
Armutsgrenze nach Median				4.320 €	

Abb. 4.7: Beispiel Durchschnitt von Haushaltseinkommen Fall A

mit dem kleinsten, dem größten und dem „Mittelwert" vergleichen (dazu ein Beispiel in Abb. 4.7). Die Lehrkraft geht sensibel damit um, wenn der Begriff „Mittelwert" verwendet wird, weil das zu Fehlverständnis führen kann, denn es ist eben nicht der mittlere Wert.

Nachdem Begriffe für Durchschnitt, Minimum und Maximum gebildet wurden, stellt die Lehrkraft die Information in den Raum: „Wer in Deutschland über weniger als 60 % des mittleren Einkommens verfügt, gilt als arm." Die Lernenden berechnen auf ihrer Datengrundlage, auf welche fiktiven Familien dies im Rahmen der zugrunde gelegten Daten zutreffen würde. Im Beispiel aus Abb. 4.7 sind das sieben von 26 Familien. Es kann ausreichend sein, wenn die Lernenden ihre „Armen" vergleichen, um zu der Erkenntnis zu gelangen, dass „Mittelwerte" immer einen Kontextbezug brauchen, um Aussagekraft zu erlangen.

Dann erwähnt die Lehrkraft, ein neuer Mitschüler mit sehr einkommensstarken Eltern käme in die Klasse dazu, fügt die Daten der Sammlung hinzu

Beruf Vater	**Monatseinkommen Vater**	**Beruf Mutter**	**Monatseinkommen Mutter**	**Haushaltseinkommen**	**unterhalb der Armutsgrenze nach Durchschnitt**	**nach Median**
		Verkäuferin	2.200 €	2.200 €	2.200 €	2.200 €
Rechtsanwalt	11.000 €	Hausfrau		11.000 €		
Pilot	12.500 €	Lehrerin	2.500 €	15.000 €		
Bauarbeiter	3.500 €	Verkäuferin	2.400 €	5.900 €	5.900 €	
Arzt	16.500 €	Arzthelferin	3.000 €	19.500 €		
Architekt	12.800 €			12.800 €		
Lehrer	4.200 €	Lehrerin	4.200 €	8.400 €		
Bankkaufmann	3.850 €	Bürokauffrau	3.700 €	7.550 €		
Busfahrer	3.200 €	Auszubildende	1.000 €	4.200 €	4.200 €	4.200 €
Schreiner	3.000 €	Arzthelferin	2.400 €	5.400 €	5.400 €	
Postbote	3.500 €	Paketzustellerin	2.700 €	6.200 €	6.200 €	
Kellner	3.600 €	Wirtin	4.900 €	8.500 €		
Lehrer	2.800 €	Influenzerin	9.300 €	12.100 €		
		Lehrerin	5.800 €	5.800 €		
Musiker	12.000 €	Lehrerin	2.600 €	14.600 €		
Arbeitsloser	1.400 €	Arbeitslose	700 €	2.100 €	2.100 €	2.100 €
Arbeiter	2.600 €	Aushilfe	1.800 €	4.400 €	4.400 €	4.400 €
Professor	8.500 €	Pflegekraft	1.700 €	10.200 €		
Lehrer	5.200 €	Buchbinderin	3.400 €	8.600 €		
Beamter	5.200 €	Beamtin	5.500 €	10.700 €		
Taxifahrer	1.900 €	Putzhilfe	1.600 €	3.500 €	3.500 €	3.500 €
Soldat	5.500 €			5.500 €	5.500 €	
Goldschmied	4.300 €	Frührentnerin	850 €	5.150 €	5.150 €	
Handelsvertreter	4.500 €	Sekretärin	2.700 €	7.200 €	7.200 €	
		Friseurin	2.800 €	2.800 €	2.800 €	2.800 €
Verkäufer	2.600 €	Kellnerin	2.200 €	4.800 €	4.800 €	
Geschäftsführer	11.000 €	Ärztin	15.000 €	26.000 €		
Konzernvorstand	**120.000 €**			**120.000 €**		
Durchschnitt				**12.504 €**		
Median				**7.375 €**		
Armutsgrenze nach Durchschnitt				**7.502 €**	**13 von 27**	**6 von 27**
Armutsgrenze nach Median				**4.425 €**		

Abb. 4.8: Beispiel Durchschnitt von Haushaltseinkommen Fall B und Median

und bittet darum, neu zu berechnen, was nur wenige weitere Eingaben erfordert. Je nach Zahlenlage wird der Durchschnittswert erheblich höher ausfallen und somit werden fiktive Familien unter die Armutsgrenze fallen, die es bisher nicht waren. Abb. 4.8 zeigt, dass durch diese Annahme sieben weitere Familien unter die Armutsgrenze fallen würden, also insgesamt die Hälfte der Klasse. Das erzeugt eine spannende Frage: Wird man nur durch einen Zuwachs des Reichtums anderer selbst ärmer? Man sollte als Lehrkraft Zeit zur Verfügung stellen, dass dieser Aspekt diskutiert werden kann, denn Mathematikverständnis endet nicht mit Rechenergebnissen. Die Lernenden werden von sich aus mithilfe von Mathematik argumentieren und kommunizieren.

Im Unterrichtsgespräch wird die Erkenntnis herausgearbeitet, dass „Mittelwerte", also Durchschnittswerte, nur bedingt aussagekräftig sind. Bei geschickter Gesprächsführung gelingt es, dass die Lerngruppe den Zentralwert (Median) selbst neu erfindet, indem sie den Wert erkundet, der „wirklich in der Mitte"[53] steht. An diesem ändert sich nur wenig, wenn am Rand stark abweichende Werte hinzugekommen sind. Im Beispiel der Abbildungen hat sich durch das Hinzukommen des Konzernvorstands der Median von 7200 € (in Abb. 4.7 nicht aufgeführt) auf 7375 € erhöht, also nur unwesentlich.

Tatsächlich orientiert sich die Definition von Armut nicht am Durchschnitt, sondern am Median. Dass dieser Wert nicht „Mittelwert", sondern „Zentralwert" heißt, ist wieder ein Hinweis darauf, dass Begriffe zuerst gebildet werden müssen, bevor Begriffsnamen zugeordnet werden können. Begriffsnamen sind oft doppeldeutig oder unscharf oder erfordern Kenntnisse über die Begriffsstruktur, der sie entstammen. Die didaktische Reduktion des arithmetischen Mittels auf den Begriff „Mittelwert" hat Verständnishürden aufgebaut, auf die die Lehrkraft vorbereitet sein sollte.

Zur **Ermittlung des Zentralwerts (Median)** werden alle Daten einer Datenmenge der Größe nach geordnet. Kommen gleiche Werte mehrmals vor, werden sie ihrer Häufigkeit entsprechend mehrmals aufgeführt. Der Wert, der in der Mitte der Zahlenreihe steht, ist der Zentralwert (Median).

Es sind also nicht sechs weitere Fälle von Armut entstanden, im Gegenteil. Denn die Familie *Verkäufer und Kellnerin* ist bei der Betrachtung über den

53 Für das Verständnis ist es hilfreich, wenn dies ein einziges Mal händisch gemacht wird, dann mit dem entsprechenden Befehl der Tabellenkalkulation.

Median aus der Armut herausgekommen trotz des erhöhten Gesamteinkommens der Familien. Wenn Mathematikunterricht nicht auf die reine Mathematik beschränkt wird, können Aufgaben wie die beschriebene viel dazu beitragen, die Welt zu verstehen und zu erklären.

Statistische Grundbildung

Für die inhaltliche Kompetenz *Daten und Zufall* reicht es nicht aus, Daten zu erheben und darzustellen sowie Daten aus gegebenen Darstellungen lesen zu können. Das hätte man aus den Bildungsstandards der KMK von 2003 (KMK 2004) noch herauslesen können und auch die Bildungsstandards von 2022 (KMK 2023) enthalten diesbezüglich keine wirklich konkreten Vorgaben.

Sondern Daten müssen in ihrer weltlichen Bedeutung auch verstanden und kritisch eingeschätzt werden können. Katja Krüger (Krüger 2016, S. 3/4) verwendet den Begriff einer statistischen Grundbildung mit den Komponenten:

- *Statistisches Grundwissen:* Begriffe der Stochastik kennen und das Wissen und Können, wie sie berechnet und dargestellt werden.
- *Mathematisches Grundwissen:* Brüche, Dezimalzahlen, Prozente, Anteile.
- *Kontext-/Weltwissen:* Über die Struktur der Sachzusammenhänge, die mit Daten beschrieben werden, hinreichend Bescheid wissen.
- *Daten lesen können:* Lesen und Interpretieren von Darstellungen und Aussagen sowie Herstellen von Kontextbezügen.
- *Kritisch fragen können:* Die Anleitung zum kritischen Vernunftgebrauch als wichtiger Aspekt von Allgemeinbildung (Heymann 1996/2013, S. 88 ff.).

Zufallsexperimente mit Würfeln

Spielwürfel sind als Zufallsgeräte jedem Lernenden bekannt, wenn auch nicht unbedingt als solche bewusst. Mit Spielwürfeln lässt sich ein Begriffsaufbau für Wahrscheinlichkeiten gut unterstützen. Bei der Durchsicht einer Schulbuchreihe für die Sekundarstufe I fanden wir schade, dass Spielwürfel für unseren Geschmack viel zu spät zum Einsatz kommen.

Schätzen von Wahrscheinlichkeiten

„Am schwierigsten ist es, eine Sechs zu würfeln", ist die spontane Erwartung der meisten Lernenden. Und noch „schwieriger ist es, mit zwei Würfeln eine Doppel-Sechs zu würfeln". Wie „schwierig" das Würfeln von Sechsen ist, können die Lernenden selbst erleben, indem sie in Partnerarbeit jeweils hundert Mal würfeln und die Ergebnisse protokollieren. Dabei merken sie, dass es nicht „schwieriger" ist, eine Sechs zu würfeln als beispielsweise eine Drei. „Schwierig" wird das Würfeln einer Sechs erst dann, wenn das Gegenereignis „keine Sechs würfeln" ist.

Vorhersehen von Ergebnissen
Die Klasse erwartet inzwischen fast, dass „eigentlich" die Verteilung der Würfelereignisse annähernd gleich sein sollte. Die Ergebnisse der ganzen Klasse werden zusammengerechnet, damit sind je nach Klassenstärke bis zu 1500 Zufallsexperimente erfasst. „Jetzt würfelt jedes Tandem erneut hundert Mal" ist der Auftrag, und die zusätzlichen Ergebnisse werden zu den bisherigen addiert.

Die Klasse erlebt, wie sich für jede Augenzahl die Anzahl der Ergebnisse an das erwartete Sechstel aller Würfe annähert, je größer die Gesamtzahl ist, umso näher. Und ohne es auszuführen, können jetzt viele Lernende berechnen und begründen, wie „wahrscheinlich" es ist, mit zwei Würfeln eine Doppelsechs zu würfeln. Eine Doppeldrei ist genauso „wahrscheinlich", aber nicht so interessant.

Wir empfehlen jedem angehenden Mathematiklehrer, der das noch nicht getan hat, sich einen Klassensatz Spielwürfel anzuschaffen. Der Anschaffungspreis ist überschaubar, die Würfel brauchen nicht viel Platz und halten ein ganzes Lehrerleben lang – mindestens.

Gesetz der großen Zahlen
In der folgenden Stunde wird die Würfelrunde noch einmal durchgeführt, diesmal mit zwei Würfeln, sodass es mehr verschiedene Ergebnisse (für beispielsweise das Ereignis Augensumme 6) gibt. Die Beobachtung bestätigt sich, dass sich die Häufigkeit der tatsächlich erwürfelten Ereignisse der Häufigkeit des zu erwartenden Ereignisses annähert.

Nicht-Laplace-Geräte
Bei einem Würfel ist, von Fertigungstoleranten abgesehen, jedes der sechs Ergebnisse gleich wahrscheinlich, deshalb ist das Würfeln ein Laplace-Experiment. In Schulbüchern findet man Aufgaben, in denen Reißzwecken, Quader oder Plastikschweinchen geworfen werden als Nicht-Beispiele für Laplace-Experimente. Das müssen dann nicht alle Lernenden selbst machen, sondern es ist ziemlich schnell klar, dass das Schweinchen öfter auf die Seite als auf die Füße und die Reißzwecke nie auf die Spitze fällt. Und beides lässt sich nicht berechnen.

Intransitive Würfel

Der amerikanische Statistiker Bradley Efron (geb. 1938) gilt als Erfinder der intransitiven Würfel, deshalb werden sie auch als Efron-Würfel bezeichnet. Ein Satz intransitiver Würfel besteht aus zum Beispiel drei verschiedenen Würfeln, die mit unterschiedlichen Augenzahlen versehen sind, und nicht

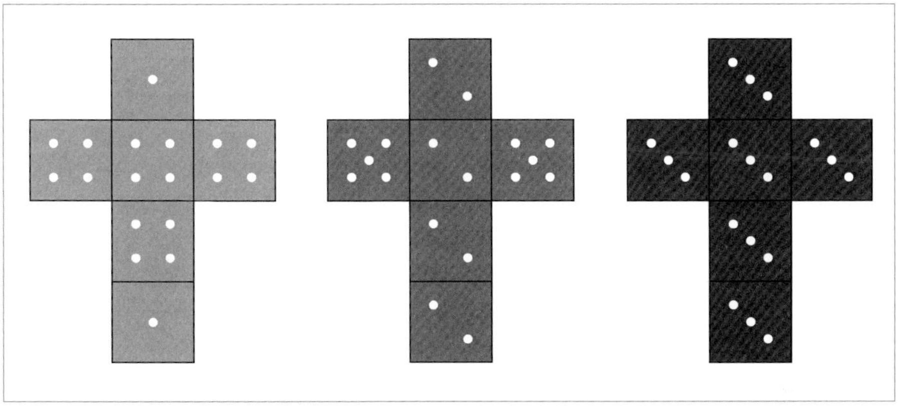

Abb. 4.9: Drei intransitive Würfel mit Augenzahl 18

jede Fläche hat eine andere Augenzahl. Jeder Würfel eines Sets hat in der Summe aber dieselbe Augenzahl, z. B. das Set in Abb. 4.9:
$1 + 1 + 4 + 4 + 4 + 4 = 2 + 2 + 2 + 2 + 5 + 5 = 3 + 3 + 3 + 3 + 3 + 3 = 18.$

Folglich ist die Gewinnwahrscheinlichkeit jedes Würfels auf den ersten Blick dieselbe. Aber jeder Würfel hat einen anderen zum Partner, den er wahrscheinlich besiegt (Abb. 4.9): Rot (3er) besiegt Gelb (2er), Gelb (2er) besiegt Blau (1er), und Blau (1er) besiegt Rot (3er).
Schaut man sich die Tabellen (Abb. 4.10) genauer an, so fällt auf:
Rot (3er) besiegt Gelb (2er) mit der Wahrscheinlichkeit $\frac{24}{36} = \frac{2}{3}$,
Blau (1er) besiegt Rot (3er) mit der Wahrscheinlichkeit $\frac{24}{36} = \frac{2}{3}$, aber
Gelb (2er) besiegt Blau (1er) nur mit der Wahrscheinlichkeit $\frac{20}{36} = \frac{5}{9}$.

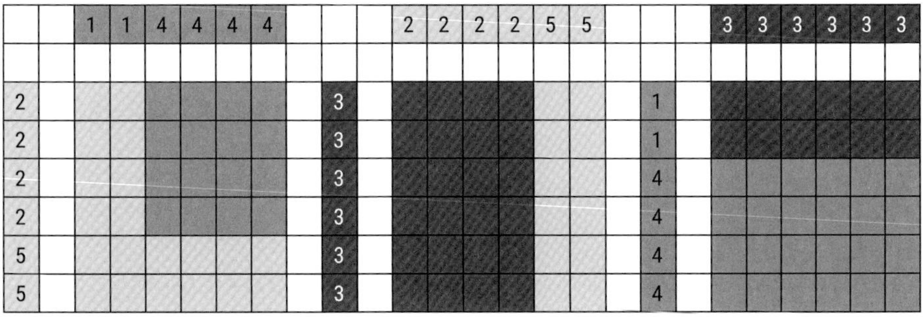

Abb. 4.10: Gewinnwahrscheinlichkeit der intransitiven Würfel

Die Intransitivität ist gegeben, nicht aber die Gleichheit der Gewinnwahrscheinlichkeiten. Wir empfehlen, die Zusammenhänge intransitiver Würfelsets als Anlass zu nehmen, bei der Darstellung von Zufallsexperimenten von der enaktiven auf die ikonische Ebene zu wechseln, da hier enaktiv erst größere Datenmengen zu Erkenntnissen führen würden.[54]

Schere – Stein – Papier oder Schnick – Schnack – Schnuck ist ein uraltes Spiel, um Entscheidungen zu treffen. Mehr als die Kenntnis der Spielregeln ist nicht notwendig.

Auf ein vereinbartes Zeichen hin zeigen zwei Spieler gleichzeitig eines der Symbole
- Schere (gespreizte Finger),
- Papier (flache Hand),
- Stein (Faust).

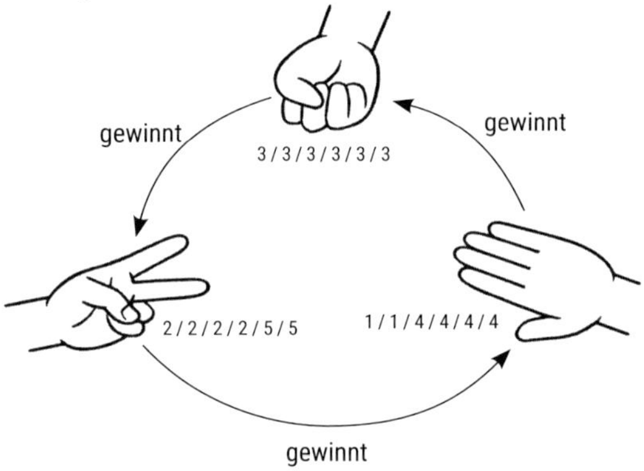

Es gelten die Regeln:
- Schere schneidet Papier (Schere gewinnt gegen Papier),
- Papier umwickelt Stein (Papier gewinnt gegen Stein),
- Stein zerbricht Schere (Stein gewinnt gegen Schere).

Wenn beide Spieler dasselbe Zeichen zeigen, ist unentschieden („Patt").
Männer beginnen häufiger mit Stein und bleiben im Erfolgsfall gern bei ihrer Auswahl. Daraus lässt sich dann doch eine Strategie ableiten.

Leitidee *Daten und Zufall* und Sprachsensibilität

Als ein nicht unerheblicher Teil der heutigen Lehrkräfte selbst als Lernende zur Schule ging, stand von der Leitidee *Daten und Zufall* bzw. von Stochastik, Statistik und Wahrscheinlichkeitsrechnung in den meisten Bundesländern

54 Efron-Würfel-Sets waren in den letzten paar Jahren vor Erscheinen dieses Buchs nur schwer oder überteuert im Handel erhältlich. Man kann aber selbst welche mit Blanko-Holzwürfeln günstig herstellen. Von Bastellösungen wie in den Kopiervorlagen zu *Mathematik 5 bis 10*, Heft 53 raten wir ab, denn wenn Lernende Würfelnetze aus Papier ausschneiden und zu Würfeln verkleben, können dabei kaum benutzbare Zufallsgeräte entstehen, sondern nur Modelle dafür. Wenn man damit Zufallsexperimente durchführen würde, dann würde dies womöglich einen gerade aufgebauten Begriff für erwartete Wahrscheinlichkeit bedrohen.

noch wenig bis nichts in den Bildungsplänen. Deshalb fand diese Leitidee auch im Unterricht und in den Schulbüchern kaum einen Niederschlag. Ein großer Teil der Lehrkräfte musste sich für die Leitidee *Daten und Zufall* erst im Nachhinein parallel zu ihrer Lehrtätigkeit fachlich weiterbilden, und der diesbezügliche Unterricht ist deshalb immer noch mit gewissen Unsicherheiten seitens der Lehrkräfte verbunden.

In den Schulbüchern finden sich die Kapitel zu *Daten und Zufall* meist am Ende.[55] Lehrkräfte neigen dazu, bezüglich der Reihenfolge der Themen dem Aufbau des Schulbuchs zu folgen. Damit steigt die Wahrscheinlichkeit, dass die Leitidee *Daten und Zufall* gegen Ende des Schuljahrs eingeplant wird. Jede Lehrkraft weiß, dass man der Jahresplanung eigentlich immer hinterherhinkt, am Ende also kürzer oder zügiger unterrichten muss, und das geht dann oft auf Kosten der immer selben Leitidee: *Daten und Zufall*.

In den Bildungsplänen und in den Schulbüchern[56] finden sich zahlreiche bisher nicht verwendete Fachbegriffe:

- Klasse 5: Häufigkeitstabelle, Urliste, Rangliste, Spannweite;
- Klasse 6: Kennwert, Mittelwert, Zentralwert, absolute Häufigkeit, relative Häufigkeit;
- Klasse 7: Zufallsexperiment, Zufallsgerät, Ergebnis, Wahrscheinlichkeit eines Ergebnisses, Laplace-Experiment, günstiges Ergebnis, Ereignis, sicheres Ereignis, unmögliches Ereignis;
- Klasse 8: statistische Erhebung, Kennwert, Quartil, untere und obere Datenhälfte, Quartilabstand, Rangplatz, Boxplot, Antenne;
- Klasse 9: systematisches Notieren, Baumdiagramm, Gegenereignis;
- Klasse 10: zweistufiges Zufallsexperiment, Pfadregel, Summenregel, Produktregel, Zufallsexperiment ohne Zurücklegen, Erwartungswert.

Zum einen müssen neue Fachbegriffe gelernt werden, zum anderen werden die Lernenden mit schwer verständlichen Satzkonstruktionen konfrontiert wie:

- „Wenn von allen möglichen, gleich wahrscheinlichen Ergebnissen mehrere zu einem Ereignis gehören, nennt man sie günstige Ereignisse“ (Backhaus u. a. 2016, S. 193).
- „Bei einem Zufallsexperiment heißen alle Ergebnisse, die zu einem Ereignis gehören, günstige Ergebnisse“ (Backhaus u. a. 2018, S. 181).

---

55 Wir konnten nicht alle Unterrichtswerke untersuchen, haben aber doch eine Ausnahme gefunden: Bei Barzel / Hußmann / Leuders / Prediger (Hrsg.) 2012 – 2017 ist die Leitidee in der Abfolge der Kapitel an unterschiedlichen Stellen untergebracht.

56 Hier exemplarisch Backhaus u. a. 2015 – 2019

- „Sind alle Ergebnisse gleich wahrscheinlich, kann man die Wahrscheinlichkeit eines Ergebnisses oder eines Ereignisses berechnen" (Backhaus u. a. 2018, S. 181).

In der Leitidee *Daten und Zufall* ist die Lehrkraft besonders gefordert, auf Sprachsensibilität zu achten, weil hier besonders viele Fachausdrücke benutzt werden, die aus der Alltagssprache bekannt sind, aber „sie sind in der Alltagssprache anders besetzt und lösen falsche Bilder aus" (Jannack 2008, S. 5). Ein „Ergebnis" ist für die Lernenden eher ein Rechenresultat, ein „Ereignis" ein besonderes Vorkommnis und „wahrscheinlich" ist eher etwas, was sie vermuten und weniger etwas, mit dem man rechnen kann.

Kaum hat man gelernt, dass ein Zufallsgerät ein Würfel oder eine Münze ist, wirft die Lehrkraft Plastikschweinchen oder Legosteine hoch und redet wieder von Zufallsgeräten. Und dann benutzt sie geometrische Formen, die alles andere als würfelförmig sind, und redet von „Würfeln" – sogar Kugeln sind dabei. „Mathe versteh ich nicht" kommt nicht ohne Grund besonders häufig in Verbindung mit der Leitidee *Daten und Zufall* vor.

Fazit: Der Leitidee *Daten und Zufall* sollte nicht nur genauso viel Aufmerksamkeit zukommen wie den anderen, den Lehrkräften besser vertrauten Leitideen. Sondern sie sollte mit eher größerer Sprachsensibilität versehen werden. Das erfordert Sensibilität im Umgang mit Wörtern, die nicht dem Sprachschatz der Lernenden entstammen, erst recht, wenn die Lehrkraft auch noch nicht routiniert damit umgeht.

Abb. 4.11: Nicht würfelförmige „Spielwürfel"

5 Mathematik lernen

In diesem Kapitel erwartet Sie:

- was wir darüber wissen, wie mathematische Inhalte gelernt werden,
- was Vorstellungen mit Lernen zu tun haben,
- welche Rechenmethoden es gibt und welche Art zu rechnen in welchen Zusammenhängen zu bevorzugen ist,
- wie durch Entdecken und Forschen gelernt werden kann,
- was genetisch gelernt werden kann und wie bedeutend Verstehen für Lernen ist,
- das Modell der Kernprozesse des Mathematiklernens,
- wie Begriffe, Regeln, Verfahren und Algorithmen gelernt werden.

Lehren und Lernen werden gern als Doppelbegriff verwendet. Dabei wird Lehren fast immer als Erstes genannt und mit Vorstellungen verbunden, dass Wissen, Erfahrungen, Fertigkeiten und Kompetenzen an Lernende weitergegeben würden (Böhm 2005, S. 397). Daraus ergibt sich zwangsläufig ein Verständnis von Lernen als passivem Vorgang: Fertigkeiten und Kompetenzen werden übernommen oder übertragen oder „beigebracht". Damit verbunden ist ein Verständnis von Lernen als Gedächtnisleistung und -training.

Heute weiß man, dass Lernen ein interner Vorgang des Individuums ist, der nicht von außen gesteuert werden kann. „Von außen nehmen wir nichts auf, weder durch Wahrnehmung noch durch Mitteilung" (Aebli 2011, S. 389). Es können lediglich Umgebungen und Bedingungen geschaffen und Angebote gemacht werden, die das Lernen begünstigen.

Erzwungene Lernleistungen sind nur kurzfristig und situationsbedingt abrufbar und dadurch von wenig Nachhaltigkeit gekennzeichnet. Man denke dabei nur an die Wirksamkeit von Schullaufbahnprüfungen, nicht für das Prüfungsergebnis, sondern für das Leben nach der Prüfung.

Lernen und Lehren sind aufeinander bezogen. Weil das Lehren sehr viel stärker davon geprägt sein sollte, was wir über das Lernen wissen, ist der Doppelbegriff für uns eindeutig nicht kommutativ. Zuerst kommt das Lernen und dann das Lehren, denn man kann nur erfolgreich lehren, wenn man verstanden hat, wie gelernt wird. Der Doppelbegriff heißt bei uns also *Lernen und Lehren*, was schon im Buchtitel zum Ausdruck kommt.

5.1 Zahlvorstellungen

Wahrscheinlich das Wichtigste, was im Mathematikunterricht gelernt wird, sind Zahlen und der Umgang mit Zahlen. Zahlvorstellungen werden in der Primarstufe aufgebaut und im Lauf der Sekundarstufe mehrmals erweitert. Zahlen sind fast nur in Verbindung mit konkreten Mengen, Größen oder Darstellungen vorstellbar.

Vorstellungen für Zahlenbereiche

- *Natürliche Zahlen:* Mengen von Gegenständen, die ich zählen kann, oder die Stelle in einer Reihenfolge.
- *Negative Zahlen:* Außentemperaturen bei Frost oder was herauskommt, wenn ich eine größere von einer kleineren Zahl subtrahiere.
- *Bruchzahlen:* Teile eines oder mehrerer Ganzen, oder was beim Dividieren herauskommt, wenn es nicht aufgeht.
- *Rationale Zahlen:* Zahlen mit Komma und Bruchzahlen und negative Zahlen.
- *Irrationale Zahlen:* Zahlen mit Komma, die man nicht vom Schulrechner ablesen kann, meint mein Lehrer; ich kann das aber.
- *Komplexe Zahlen:* Alles zusammen. Man kann sich sogar vorstellen, aus einer negativen Zahl die Wurzel zu ziehen.

Eine Ausnahme bildet die Null; sie ist überhaupt nicht vorstellbar. Weil sie weder mit Größen verbunden noch überzeugend dargestellt werden kann, führt sie trotz ihrer anscheinenden Banalität zu Verständnisschwierigkeiten. Das gilt sowohl für das Rechnen mit der Null als auch für den Umgang mit der Null als Ziffer im Stellenwertsystem und in Rechenverfahren. Nicht umsonst gab es hochentwickelte Kulturen, die die Null nicht kannten.

Leichter als die Null als Zahl kann man sich vorstellen, dass es möglich wäre, aus einer negativen Zahl die Wurzel zu ziehen, denn bei einer positiven kann man das ja auch.

Zahlvorstellung und Einheit

Fehlende, lückenhafte oder falsche Zahlvorstellungen tragen zu Unmündigkeit und Fremdbestimmung bei. Der Meteorologe und Fernsehmoderator Sven Plöger schildert in einem seiner Bücher ein Beispiel für einen unangemessenen Zahleneinsatz, den er für manipulativ hält (Plöger 2012, S. 177/178).

In einem Beitrag über die Nutzung von Sonnenenergie in Deutschland wurde als deren Nachteil genannt, dass für die komplette Versorgung von Deutschland mit Sonnenenergie an einem Sommertag eine Fläche von 800 Millionen Quadratmetern, an einem Wintertag gar das Zehnfache nötig wäre. Durch die Verwendung der Einheit Quadratmeter wurde die Vorstellung und damit die Bewertung der mit der Größenangabe beabsichtigten Aussage weitgehend behindert.

800 Millionen Quadratmeter sind nämlich „nur" 800 Quadratkilometer, was sich schon besser vorstellen lässt: für mich zum Beispiel als ein Quadrat mit einer Seitenlänge, die ziemlich genau der Entfernung zwischen Eckernförde und Schleswig entspricht, wohin ich oft fahre, und das sind rund 28 Kilometer. Nach Schleswig brauche ich von Eckernförde aus auf der Bundesstraße mit dem Auto eine knappe halbe Stunde. Bei ausschließlich nördlicher Ausrichtung würde das auf dieser Strecke errichtete Quadrat nicht einmal bis Flensburg reichen.

Die Fläche der anscheinend unheimlichen 800 Millionen Quadratmeter passt 500-mal auf die Fläche Deutschlands[57] und entspricht damit etwa 0,2 Prozent[58], von denen sogar ein nicht unerheblicher Anteil auf Dächern oder in „Autobahnohren"[59] untergebracht werden könnte. Im Winter wären es dann zwei Prozent.

Oder die 800 Millionen Quadratmeter passen zwanzig Mal in das kleine Bundesland Schleswig-Holstein[60], könnten aber auf ganz Deutschland verteilt werden. Die Verwendung der Einheit Quadratmeter in diesem Zusammenhang kann man also als fahrlässig oder vorsätzlich falsch ansehen.

Wer über die nötigen Zahlvorstellungen nicht verfügt, nimmt solche anscheinend objektiven, „weil es sind ja Zahlen", Größenangaben einfach hin, ohne sie zu hinterfragen. Der wichtigste Grund für solche Zusammenhänge ist nicht verstandene Mathematik. Und das gilt es zu ändern.

Wir müssen das nicht besser machen, sondern gut. Zahlvorstellungen für Einheiten werden durch Vergleiche mit Repräsentanten erworben (vgl. Abb. 4.5). Aber das sollte dann nicht Inhalt einer einzelnen Unterrichtsstunde

57 Deutschland hat einen Flächeninhalt von 357 386 km^2 (Wikipedia 26.09.2020).

58 Dem aufmerksamen Leser ist aufgefallen, dass auch wir die Zahlen manipulativ verwenden, indem wir mit dem Wert für den Sommertag argumentieren. Für den Winterwert müsste man knapp die Hälfte der Fläche Schleswig-Holsteins mit Solarzellen bedecken.

59 „Autobahnohren" sind die kaum anderweitig nutzbaren Flächen, die durch die Einfahrten und Ausfahrten von Autobahnen und Schnellstraßen eingeschlossen werden. Davon gibt es eine Menge. Man kann eine Fermi-Aufgabe daraus machen: Wie viel elektrische Leistung würde es ergeben, wenn alle Autobahnohren Deutschlands mit Solarmodulen bedeckt würden?

60 Schleswig-Holstein hat einen Flächeninhalt von 15 763 km^2 (Wikipedia 26.09.2020).

Abb. 5.1: Nutzung von Autobahnohren mit Photovoltaik

sein, sondern das sollte zum Prinzip werden. Man könnte zum Beispiel mal mit einer Klasse ausrechnen, wie viel Photovoltaik auf den nächstgelegenen Autobahnohren Platz hätte? Lokale Nachrichten bieten dafür Anlässe, die nicht nur den Mathematikunterricht näher an die Realität bringen, sondern auch helfen, Zahlvorstellungen zu präzisieren (vgl. Abb. 5.1).

Vorstellungen für sehr große und sehr kleine Zahlen

Aus dem obigen Beispiel kann geschlossen werden, dass sehr große und sehr kleine Zahlen möglichst vermieden werden sollten. Neben den Basiseinheiten gibt es abgeleitete größere und kleinere Einheiten, damit Zahlenangaben möglichst an die verfügbaren Vorstellungen angepasst werden können.

Auch sehr kleine Zahlen erfordern Vorstellungen, über die die meisten nicht verfügen, auch ich nicht. Ich war in der Autowerkstatt meines Vertrauens, um mir einen Kostenvoranschlag für die Reparatur eines kleinen Lackschadens machen zu lassen, und hatte mit einem Eurobetrag im mittleren dreistelligen Bereich gerechnet. Die Versicherung hätte das bezahlt, denn es war nicht meine Schuld und ich kannte die Anschrift des Verursachers. Der Kundenberater schaute sich den Kratzer an und meinte: „Da müssen wir nicht lackieren. Das sind nur ein paar Mü, das können wir wegpolieren."

Dass „Mü" im Handwerk die Abkürzung für Mikrometer ist, wusste ich, aber dass es möglich sein soll, durch Schleifen die Dicke der Lackschicht am Kotflügel meines Wagens rund um den immerhin deutlich sichtbaren Kratzer so weit zu reduzieren, dass der Kratzer verschwunden ist, mein Auto aber immer noch überall dieselbe Farbe in derselben Deckung hat, konnte ich mir nicht vorstellen.

Die Reparatur war schnell erledigt, und ich bezahlte weniger als ein Zehntel der von mir befürchteten Summe selbst, nicht ohne das Augenmaß des Kundenberaters zu bewundern.

Wieder zu Hause erkundigte ich mich per Internet über die Lackdicke meines Wagens: Die Gesamtlackdicke von Pkw verschiedener Hersteller unterscheidet sich zum Teil erheblich, deshalb verzichten die dicker auftragenden auf verzinkte Bleche und fallen dann lieber mit verrosteten Sternen auf Hecktüren auf.

Bei meinem Auto liegt die Dicke der Lackschicht bei 125 µm. $\frac{125}{1000000}$ m sind $\frac{125}{1000}$ mm oder 0,125 mm, das liegt ungefähr in der Mitte zwischen dem Durchmesser eines menschlichen Haars (100 µm) und der Dicke von zwei Blatt Papier (2 · 80µm = 160µm). Man kann sich eine solch kleine Zahl also durchaus vorstellen, wenn man Referenzgrößen heranzieht.

Man kann sie sogar anschauen. Auf einem Micrometer, einem Messgerät mit einer Messgenauigkeit von 0,01 mm, kann man einen Abstand einstellen, um sich in Verbindung mit einer Größe die unvorstellbar kleine Zahl anzuschauen: Der Spalt ist nicht groß, aber sichtbar (siehe Abb. 5.2). Wie riesig ist dagegen ein Millimeter?

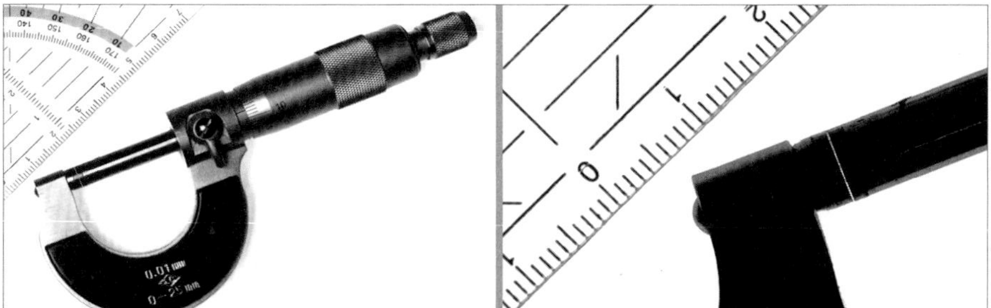

Abb. 5.2: Micrometer und Messung 0,125 mm

Der Betrachtung liegt die Zahl 0,000125 zugrunde. Oder 0,125? Sehr kleine Zahlen sind ohne zugehörige Größe schwer vorstellbar. Ich kann mir jetzt vorstellen, dass die Lackdicke auf dem Kotflügel meines Wagens ausreichte, dass sie um die Höhe des Kratzers reduziert, immer noch ihren Zweck erfüllt, weil ich sie mir ansehen kann. Meine Bewunderung schließt nun auch den Mechaniker ein, der das feinmotorisch hinbekommen hat.

Wenn man mit Zahlen Anzahlen und Reihenfolgen bestimmen und rechnen kann, dann bedeutet dies nicht automatisch, dass eine tragfähige Vorstellung zugrunde liegt. Auch in der Sekundarstufe müssen vorhandene Zahlvorstellungen gepflegt und der Aufbau neuer Zahlvorstellungen muss unterstützt werden. Zahlverständnis, gerade für natürliche Zahlen und Dezimalzahlen, muss auch in der Sekundarstufe nicht nur, aber auch als Bestandteil von Emanzipation, Mündigkeit und Alltagswissen gepflegt werden.

Für besonders große und besonders kleine Einheiten gibt es keine Repräsentanten. Da helfen dann **Verhältnisangaben**. Die Angabe ppm (parts per million) zum Beispiel beschreibt einen Anteil in der Größe eines Tausendstel Promille. Die von Menschen ausgeatmete Luft enthält 40 000 ppm CO_2 (Plöger 2012, S. 48), also 40 Promille CO_2. Es ist also bei Weitem nicht so einfach, dass wir Sauerstoff ein- und Kohlendioxid ausatmen würden. Da für Pflanzen eine CO_2-Konzentration von 1000 ppm ideal ist, weil CO_2 für sie wie Dünger wirkt, kann man durchaus darüber diskutieren, ob Zimmerpflanzen tatsächlich besser wachsen, wenn man mit ihnen spricht, sie also beim Sprechen mit ausgeatmetem Kohlendioxid anhaucht.

5.2 Grundvorstellungen

Grundvorstellungen sind mentale Modelle für mathematische Begriffe und Verfahren; sie repräsentieren abstrakte Objekte auf anschaulicher, konkreter Ebene und sind für das Lernen von mathematischen Begriffen, Regeln und Verfahren unerlässlich.

> „Wir gehen davon aus, dass das mathematische und – allgemeiner – das begriffliche Denken aus dem Handeln hervorgeht, und das genetische Prinzip im Unterricht immer wieder erfordert, dass man diesem handelnden Ursprung des Denkens Rechnung trage. Daher lernt der werdende Lehrer zuerst mit den Schülern ein Handlungsschema zu erarbeiten. Dann bauen wir eine mathematische Operation und schließlich einen Begriffsinhalt auf."
>
> (Aebli 2011, S. 23 / 24)

Die Lehrkraft reflektiert zunächst darüber, welche Vorstellungen die Lernenden bereits haben oder möglicherweise mitbringen. Anschließend entscheidet sie, beim Aufbau welcher neuen Vorstellungen sie die Lernenden gezielt unterstützen kann – und auf welche Weise dies geschehen soll, damit diese Begriffe entwickeln, Regeln formulieren und Verfahren erlernen können.

Was sich die Lernenden dabei vorstellen oder vorstellen könnten, sollte für jede Mathematiklehrkraft eine zentrale Frage sein, wenn es darum geht, neue Inhalte „einzuführen". Und auch wenn Lernende unerwartete oder falsche Antworten geben oder einfach nur Fehler machen, ist es hilfreich, wenn die Lehrkraft sich fragt, was die Lernenden sich dabei vorgestellt haben könnten, was daran nichtzutreffend gewesen sein könnte, bevor sie sie mit der richtigen oder erwarteten Antwort belehrt. Grundvorstellungen zu berücksichtigen, ist auch eine gute Methode der Diagnostik. Niemand kann nichts und niemand macht alles falsch. Wenn Fehler gemacht werden, muss nach den Fehlvorstellungen gesucht werden, die zu den Fehlern geführt haben.

B

Beispiele für Grundvorstellungen

Äquivalenzumformungen

Eine Grundvorstellung für Gleichungen und Äquivalenzumformungen ist die von Gleichgewicht. Balken- oder Tellerwaagen[61] werden immer noch gern als Veranschaulichung verwendet, obwohl Lernende solche Haushaltsgeräte nur noch vom Flohmarkt kennen können, wenn überhaupt. Wenn man beim abgebildeten Beispiel auf beiden Seiten der Waage fünf Kugeln wegnimmt, hat man links nur noch einen Würfel und rechts drei Kugeln. Also ist der Würfel so schwer wie drei Kugeln, Lösung: x = 3.

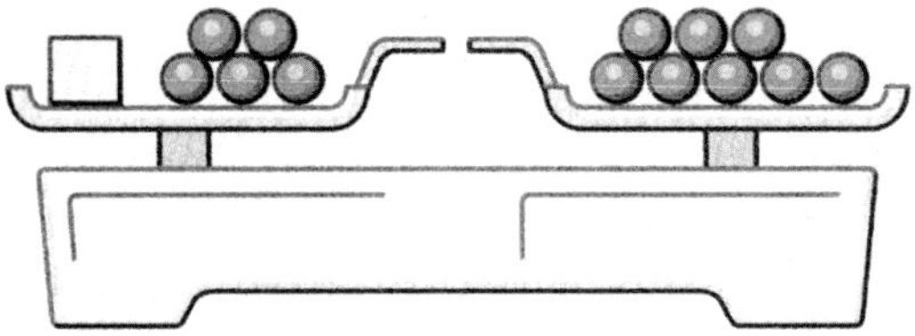

61 Abbildung aus Backhaus u. a. 2010, S. 96

Größer- und Kleiner-Relation

Im nächsten Beispiel[62] wird eine Wippe als Grundvorstellung herangezogen für die Größer- und Kleiner-Relation, in diesem Fall als größeres Gewicht, wobei hier das Hebelgesetz zumindest angesprochen werden sollte. Hannah < Frido < Jette < Maxim < Tim. Aber Tim, Jette, Maxim oder Frido könnten ja auch mal weiter in der Mitte sitzen.

Ordne die Personen nach aufsteigendem Gewicht.

Dezimales Stellenwertsystem

Die Vorstellung für Zahlen im Dezimalsystem[63] als Einerwürfel, Zehnerstange, Hunderterplatte und Tausenderwürfel, die in der Primarstufe aufgebaut wurde, endet nicht im Zahlenraum bis 1000. Denn aus 10 Tausenderwürfeln wird eine Zehntausenderstange, aus 10 Zehntausenderstangen eine Hunderttausenderplatte und aus 10 Hunderttausenderplatten wird ein Millionenwürfel. Dreidimensionalität als Basis für eine Vorstellung des dezimalen Systems trägt auch in der Sekundarstufe. Es ist hilfreich für Sekundarstufenlehrkräfte, wenn sie die Grundvorstellungen kennen und nutzen, die ihre Lernenden aus der Primarstufe mitbringen.

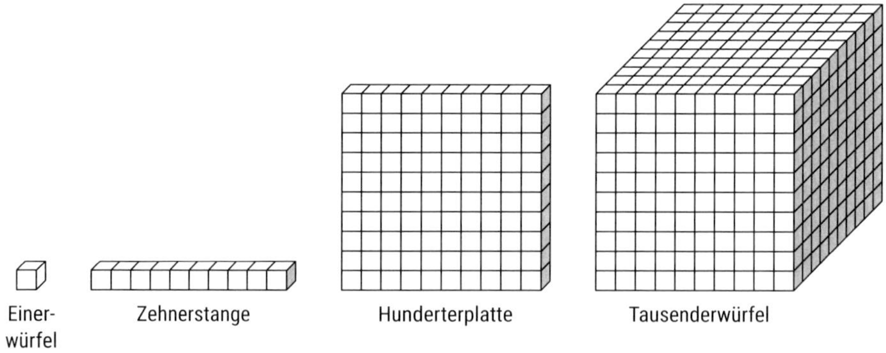

62 Aufgabe in Anlehnung an Lenze u. a. 2009, S. 135

63 Abb. aus Storz 2020, S. 124

Integral

Eine nicht geradlinig begrenzte Fläche[64] wird vorgestellt als Summe von Rechteckstreifen gleicher Breite. Je feiner die Streifen sind, desto näher kommt die Summe an einen Grenzwert, der je nach Kontext als hinreichend genaue Lösung angesehen wird (siehe dazu auch Kap. 4.2, Abschnitt Messen durch Auslegen).

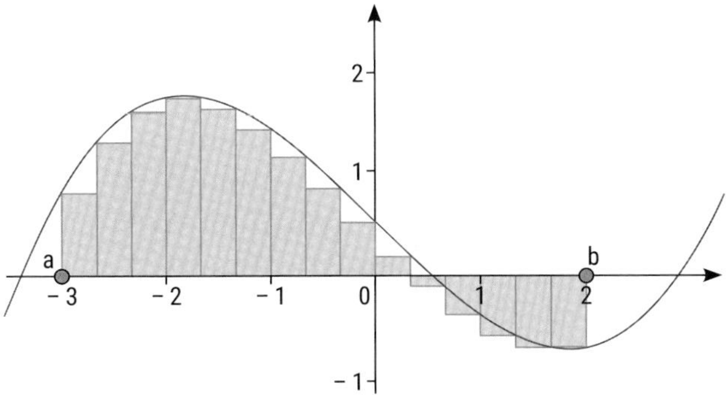

Vielfalt von Grundvorstellungen

Günther Malle (Malle 2004) hat mögliche Grundvorstellungen für Brüche zusammengestellt. Grundvorstellungen sollten in einem guten Mathematikunterricht eine bedeutende Rolle spielen. Wo mehrere Grundvorstellungen möglich sind, sollte Vielfalt zugelassen und gefördert werden. Für Brüche gibt es demnach acht[65] Grundvorstellungen, nämlich die Vorstellung eines Bruchs als

- Teil eines Ganzen,
- relativer Anteil,
- Vergleichsoperator,
- absoluter Anteil,
- Quasiordinalzahl,
- Quasikardinalzahl,
- Resultat einer Division,
- Verhältnis.

Abb. 5.3 konkretisiert diese Vorstellungen. Die Zusammenstellung ist nicht so gemeint, dass Lernende diese alle lernen müssen, sondern die Lehrkraft

64 Abb. aus Greefrath / Ulm 2021, S. 37

65 Die Reihenfolge wurde von uns geändert.

Bruch als Teil eines Ganzen	Eine drei viertel Pizza	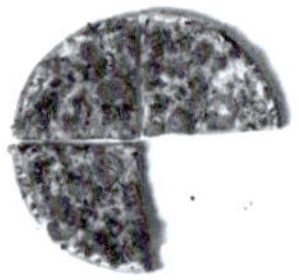
Bruch als relativer Anteil	Der Rest des Erdbeerkuchen ist so groß wie zwei Drittel des Restes vom Kirschkuchen.	
Bruch als Vergleichsoperator	Im Kiba-Saft ist halb so viel Kirschsaft wie Bananensaft enthalten.	
Bruch als absoluter Anteil	12 von 16 Stückchen einer Tafel Schokolade sind noch übrig	
Bruch als Quasiordinalzahl	Jedes dritte Ei in der Packung ist braun.	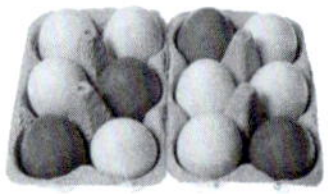
Bruch als Quasikardinalzahl	Denk dir Viertel als Namen für das, was du zählst.	1 Viertel plus 1 Viertel plus 1 Viertel ergibt 3 Viertel
Bruch als Resultat einer Division	Das Divisionszeichen wird durch den Bruchstrich ersetzt.	$3 : 4 = \frac{3}{4}$
Bruch als Verhältnis	Im Kiba-Saft ist das Verhältnis Kirsch zu Banane 2 zu 3 (2 : 3).	

Abb. 5.3: Grundvorstellungen für Brüche

wählt Aufgaben aus, die unterschiedliche Grundvorstellungen unterstützen und sie diagnostiziert im Einzelgespräch mit Lernenden, auf welche Grundvorstellung sie zugreifen.

Die drei letzten der oben genannten Grundvorstellungen bewegen sich ausschließlich innerhalb der mathematischen Begrifflichkeit und Symbolik. Wenn zum Beispiel aus zwei Teilen Bananen- und drei Teilen Kirschsaft Kiba-Saft gemischt wird, dann schmeckt der Saft erstens sauer und zweitens entspricht dies einerseits einem Verhältnis von 2 : 3, andererseits enthält das Gemisch $\frac{2}{5}$ Banane und $\frac{3}{5}$ Kirsch und ist deshalb sauer, weil mit Kirschsaft Sauerkirschsaft gemeint ist. Das lässt sich visualisieren oder im konkreten Handeln erleben.[66]

Für die Vorstellungen *Quasikardinalzahl* und *Resultat einer Division* haben wir keine Visualisierungen gefunden, weil sich diese Vorstellungen auf die formale Ebene beschränken. Früheren Generationen wurden als Lernenden ausschließlich diese beiden Vorstellungen für Brüche angeboten. Das kann man sich heute im Zusammenhang mit gutem Mathematikunterricht nicht mehr vorstellen, vor allem wenn man an das Weiterlernen denkt: Prozente, Proportionalität, Wahrscheinlichkeit.

Die Vorstellung eines Bruches als Verhältnis kollidiert mit der Vorstellung des Bruches als Resultat einer Division, denn beide Male wird „2 : 3“ notiert. Ein Mischungsverhältnis von 2 : 3 führt aber zu den Anteilen $\frac{2}{5}$ und $\frac{3}{5}$. Problematisch dabei sind nicht die Vorstellungen, sondern die Doppeldeutigkeit des Doppelpunkts als „a geteilt durch b“ und als „a zu b“. Dieser Widerspruch sollte nicht aus dem Weg geräumt, sondern thematisiert werden.

Mit klassischen LEGO-Steinen lassen sich die Grundvorstellungen ebenfalls gut visualisieren oder im konkreten Handeln erleben. Damit ist es möglich, den Bruchbegriff mit dem Verhältnisbegriff zu synchronisieren.

Weiter folgen bei Malle (2004) Vorstellungen für die Rechenoperationen, von denen wir an dieser Stelle exemplarisch nur die Vorstellung eines Vergröberns für das Kürzen nennen möchten.

Kürzen als Vergröbern	3 von 4 Stücken ist gleich viel Schokolade wie 12 von 16 Stücken	

Abb. 5.4: Kürzen als Vergröbern

66 Eine interessante Unterrichtsidee dafür, die „KiBa-Stunde", die auch mit „schwierigen" Klassen gelingt, wird in Barzel u. a. 2012, S. 100 / 101 beschrieben.

Aufbau von Grundvorstellungen

Primäre Grundvorstellungen basieren auf tatsächlichen Handlungserfahrungen und werden in der Primarstufe oder der Vorschulzeit erworben. Die Vorstellung für natürliche Zahlen basiert zum Beispiel auf konkreten Begegnungen mit Mengen von Gegenständen oder auf dem Abzählen solcher Gegenstände.

In der Sekundarstufe werden sekundäre Grundvorstellungen erworben, die die primären Grundvorstellungen ergänzen. Beim Übergang von den natürlichen Zahlen zu Brüchen und negativen Zahlen bedarf es weiterer Vorstellungen, die nicht im Widerspruch zu bereits aufgebauten Vorstellungen stehen dürfen, sondern diese gegebenenfalls präzisieren, ergänzen oder deren Tragweite einschränken. Wann immer es möglich ist, sollten auch sekundäre Grundvorstellungen durch Handlungserfahrungen erworben werden.

Zum Beispiel beim Aufbau eines Bruchzahlbegriffs muss klar sein, dass Bruchzahlen zwar „neue" Zahlen sind, dass aber alles über die „alten" Zahlen Gelernte nach wie vor gilt. Die bisherige Erfahrung „Zahlen kann man in eine Reihenfolge bringen" wird präzisiert in „Bei Brüchen ist die Reihenfolge nicht immer sofort erkennbar".

Dafür kann die Vorstellung eines Bruches als Quasikardinalzahl hilfreich sein, weil sie die Erfahrung zunächst unterstützt, dass man Zahlen in eine eindeutige Reihenfolge bringen kann. Zunächst sieht es so aus, dass zwischen „ein Viertel" und „ein Drittel" kein Bruch möglich ist, denn es gibt keine „Dreieinhalbtel".

Es bedarf einer weiteren Grundvorstellung des Verfeinerns für das Verständnis, dass man zwischen zwei vermeintlich benachbarten Brüchen beliebig viele weitere Brüche finden kann. Der erste Versuch, ein Viertel und ein Drittel zu erweitern, führt zu $\frac{3}{12}$ und $\frac{4}{12}$, und die sind immer noch benachbart. Zwischen $\frac{100}{400}$ und $\frac{100}{300}$ findet man dagegen schon einige Brüche. Brüche kann man also der Größe nach ordnen, nur nicht so, dass keine Lücken bleiben.

Aneignungshandlungen

Vorstellungen werden durch Aneignungshandlungen gebildet. Um nach einer Zahlbereichserweiterung die vorhandene Grundvorstellung für natürliche auf rationale Zahlen zu erweitern, können zum Beispiel auf einer Zahlengeraden Zahlen markiert werden: natürliche Zahlen, Brüche und Dezimalzahlen durcheinander. Eine ungefähre Skalierung reicht; es kommt nur darauf an, welche Zahl größer ist, also weiter rechts steht.

Ein anderes Beispiel für eine Aneignungshandlung: Man schenkt ein Getränk aus einer $\frac{3}{4}$ l-Flasche in $\frac{1}{4}$ l-Gläser, teilt also $\frac{3}{4}$ in $\frac{1}{4}$ auf. Wie oft passt $\frac{1}{4}$ in $\frac{3}{4}$? Die Lösung ist 3, denn man kann damit 3 Gläser füllen. Die Vorstellung des

Aufteilens für die Division bleibt damit auch für Bruchzahlen, die kleiner als 1 sind, tragfähig. Division verkleinert nicht immer. Die Vorstellung des Verteilens passt nicht für Bruchzahlen. Also ist es hilfreich, eine Vorstellung des Aufteilens, die für natürliche Zahlen gebildet wurde, auch für die Division von Bruchzahlen zu reaktivieren.

Phasenmodell für den Aufbau von Grundvorstellungen[67]

1. Handlung am geeigneten Material mit Versprachlichen
2. Beschreibung der Materialhandlung mit Sicht auf das Material
3. Beschreibung der Materialhandlung ohne Sicht auf das Material
4. Beschreibung der Materialhandlung mithilfe ikonischer Darstellungen
5. Beschreibung der Materialhandlung „nur" noch in der Vorstellung

Was ist mit bestehenden Vorstellungen?

Bereits erworbene Vorstellungen haben Bestandschutz und dürfen nicht durch neue Vorstellungen infrage gestellt werden. Jede höhere Ebene einer Vorstellung muss unserem Wissen von den niedrigeren Ebenen hinzugefügt werden, statt sie zu ersetzen (Minsky 1994, S. 26).

Das wäre fatal für jegliches Lernen. Denn was man einmal gelernt hat, das hat man erworben, das darf nicht im Nachhinein als falsch umgedeutet werden. Möglicherweise müssen bestehende Vorstellungen präzisiert werden, aber immer im Sinne einer Anpassung vorhandener Vorstellungen an erweiterte Geltungsbereiche und nie als Korrektur vorhandenen Wissens und Könnens. Eine solche Anpassung kann nötig werden, wenn Vorstellungen[68] bestehen wie

- Zahlen beschreiben *immer* Anzahlen;
- Zu jeder Zahl gehört eine *einzige* Zahlbezeichnung, die als Ziffernfolge oder als Folge von Zahlwörtern dargestellt wird;
- Zahlen kann man in eine *eindeutige* Reihenfolge bringen;
- *Jede* Rechenoperation, die durchführbar ist, liefert wieder eine Zahl in derselben Darstellungsform;
- Dividieren verkleinert *immer*;
- Multiplizieren vergrößert *immer*.

67 nach Wartha 2012, S. 37, Phase 4 wurde von uns in Bezug auf Bruner (E–I–S) ergänzt.
68 Beispiele frei nach Lengnink 2009, S. 125.

Eine neue Grundvorstellung kann nur dann problemlos erworben werden, wenn sie nicht im Widerspruch zu bereits vorhandenen Vorstellungen steht. Den Aspekt der Widerspruchsfreiheit sollte Mathematikunterricht von der Wissenschaft Mathematik übernommen haben.

5.3 „Weiche" Mathematik

Eine Episode über Johann Carl Friedrich Gauß (1777 – 1855)[69]
Der Lehrer wollte die Klasse möglichst lange beschäftigen und freute sich heimlich darauf, dass Fehler gemacht würden, die er bestrafen könnte: „Alle Zahlen von 1 bis 100 zusammenzählen." Gauß stand nach drei Minuten mit seiner Schiefertafel, auf die nur eine einzige Zeile geschrieben war, vor dem Lehrerpult: „Das Ergebnis ist 5050." Der Lehrer erstaunt: „Was?" – „100 und 1 gibt 101, 99 und 2 gibt 101, 98 und 3 gibt 101, immer 101. Das kann man fünfzigmal machen, also 50 mal 101. Das kann ich im Kopf. Die Zahl ist 5050."

Weiche mathematische Kompetenzen ist ein Begriff, der oft verwendet wird, aber eine zufriedenstellende Definition haben wir in der Literatur nicht gefunden. Wir verstehen unter weicher Mathematik

- eine zum Teil ungefähre Mathematik,
- Mathematik, in der es um Zahlgefühl oder flexible Verfahren geht,
- Mathematik, die zu nicht genauen Ergebnissen führen kann,
- Mathematik, die ohne Hilfsmittel auskommt.

Unter *Weiche Mathematik* zählen wir neben flexiblem Rechnen auch das Kopfrechnen. Jedoch sollte man die Fähigkeit, einfache Rechnungen nur im Kopf und ohne Hilfsmittel auszuführen, nicht verwechseln mit dem angeblichen Gehirntraining durch regelmäßiges organisiertes Kopfrechnen, womöglich noch im Wettbewerb. Dadurch wird hauptsächlich das Gedächtnis trainiert und die Zeiten sind vorbei, als Intelligenz mit Gedächtnisleistung gleichgesetzt wurde.

Zum Beispiel der Dreisatz wird nicht mehr als strenges Verfahren gelernt, sondern den Lernenden wird auch der Zugriff auf „weiche Methoden" gestattet oder sogar empfohlen (vgl. Kap. 4.3, Abschnitt „Proportionale Zuordnung"). Das erlaubt den Lernenden, Mathematik als eine Welt der Zu-

69 Frei und stark gekürzt erzählt nach Kehlmann 2009

sammenhänge zu verstehen und weniger als eine Sammlung vorgegebener Verfahren. Weitere weiche mathematische Methoden sind Schätzen, Überschlagen und Näherungsverfahren.

Rechenmethoden

- *Kopfrechnen:* Rechenoperationen werden ohne Hilfsmittel nur „im Kopf" durchgeführt.
- *Halbschriftliches Rechnen:* Aufgaben werden in Teilaufgaben zerlegt, die Schritte werden „im Kopf" durchgeführt und schriftlich dokumentiert.
- *Flexible Rechenwege:* Rechnen wird nicht mit eindeutig festgelegten Verfahren durchgeführt, sondern mehrere Rechenwege stehen zur Auswahl.
- *Schriftliche Verfahren:* Festgelegte Algorithmen werden angewendet, die nicht hinterfragt, sondern bis zur Automatisierung gelernt und geübt werden.
- *Rechnen mit Schulrechnern und Apps:* Das Rechnen wird technischen Medien übertragen, dadurch spielt die Komplexität des Zahlenmaterials keine Rolle mehr.

Das Rechnen und die Ausführung von Algorithmen werden uns heute im wirklichen Leben weitgehend von technischen Medien abgenommen. Nicht abgenommen werden uns die Verantwortung und die Verpflichtung, den Überblick zu bewahren, was die Medien machen. „Eine Excel-Tabelle braucht nur mal eine verschobene Kommastelle oder eine Eingabe an verkehrter Stelle, um komische Werte auszuspucken" (Ederer zitiert in Friedrich 2020, S. 37). Das muss Benutzerinnen und Benutzern dann auffallen, sonst sind sie der Maschine ausgeliefert.

Eine neue Qualität ist der Einsatz von Künstlicher Intelligenz (KI) im Mathematikunterricht. Hierbei ist es vor allem wichtig, dass die Lösungen und Lösungswege der KI nicht als gegeben hingenommen, sondern kritisch hinterfragt werden müssen. Ist das Ergebnis plausibel? Kann das sein? Wie kommt die Künstliche Intelligenz darauf? Kritisches Denken ist von so grundlegender Bedeutung wie nie zuvor.

Zählen

Wer zählt, der sagt eine auswendig gelernte Reihe von Zählwörtern auf. Damit ist nicht zwangsweise verbunden, dass mit den Zählwörtern auch Mengenvorstellungen verknüpft sind. Wer keine tragfähige Zahlvorstellung gelernt hat, kann unter Umständen trotzdem gut zählen. Bei der Multiplikation wird zum Beispiel so oft um den ersten Faktor weitergezählt, wie es der zweite Faktor angibt. Dazu werden dann die Finger als Merkhilfe eingesetzt.

Kinder, bei denen das der Fall ist, fallen in der Primarstufe meist nicht auf, weil sie gelernt haben, schneller zu zählen, als die anderen rechnen können.

Sogenannte „zählende Rechner“ haben das Prinzip des Bündelns und Entbündelns nicht verstanden. Man erkennt sie zum Beispiel erst später daran, dass sie keine Zählstrategien verwenden, wie bei größeren Mengen Zweier- oder größere Gruppierungen zu bilden, um das Zählen zu beschleunigen.

In der Sekundarstufe gelingt es ihnen dann nicht mehr, das Rechnen durch Zählen zu ersetzen, weil es beim Dividieren und vor allem beim Rechnen mit Brüchen nicht funktioniert. Betroffene Kinder fallen meist durch überdurchschnittliche Leistungen auch in Mathematik auf, denn es fehlt ihnen nicht an Intelligenz, sondern sie haben nur den Zahlbegriff nicht verstanden und ihn folglich nicht richtig gelernt.

Die Weltgesundheitsorganisation (WHO) hat eine solche Rechenschwäche, mit dem Begriff *Dyskalkulie* versehen, als Krankheit definiert, aber nicht als Behinderung. Wir sehen das anders und halten die Symptome für die Folge nicht gelungener Lernprozesse, weshalb auch immer. Zählende Rechnerinnen und Rechner halten wir nicht für „krank“, sondern sie haben ein Lerndefizit.

Als Sekundarstufenlehrkraft sollten Sie auf jeden Fall nicht versuchen, solchen Lernenden mit den herkömmlichen Methoden und Medien ihre Defizite aus der Primarstufe auszugleichen, denn die herkömmlichen Methoden haben sie nicht erreicht. Sondern es bedarf individueller Zuwendung, die durch spezialisierte Psychologinnen oder Psychologen geleistet werden kann (Bonhoff / Lehr 2006). Wegen der Anerkennung als Krankheit verursacht dies für die Erziehungsberechtigten keine Kosten, sofern sie angemessen beraten wurden.

Während unserer Berufspraxis sind uns etliche „zählende Rechnerinnen und Rechner“ begegnet, die fast ausnahmslos ansonsten überdurchschnittlich gute Schülerinnen und Schüler waren, es sind sogar welche dabei, die inzwischen im Rahmen ihres Ingenieurstudiums mathematische Kompetenzen erworben haben, die denen der Autoren überlegen sind.

Zahlenblick

Unter „Zahlenblick“ versteht man die Fähigkeit, Zahlen und Zahlbeziehungen spontan zu sehen und zu nutzen (Schütte 2004, S. 143), also Zahlen oder Zahlbeziehungen geschickt zu zerlegen und neu zusammenzusetzen, wenn sich dadurch Rechenvorteile vor allem beim Kopfrechnen ergeben.

Wer Aufgaben wie *601 – 598* (Kap. 3.6) schnell im Kopf lösen kann, sieht den Abstand der Zahlen und nicht die Rechenaufgabe. Wer im Supermarkt eine Überschlagsrechnung vornimmt, indem er den Preis jeder Ware mit der

Genauigkeit eines halben Euro addiert, während er sie auf das Kassenband legt (Kap. 1.6), nutzt seinen Zahlenblick und schult gleichzeitig sein Gedächtnis, denn der Warenpreis ist bei den wenigsten Waren aufgedruckt. Einige Aufgaben, die mit Zahlenblick leichter gelöst werden können:

Aufgabe[70]	Lösungsweg mit Zahlenblick	
527 + 399	527 + (400 − 1)	= 926
199 + 198	200 + 200 − (1+ 2)	= 397
250 + 379 + 250	(250 + 250) + 379	= 879
119 + 120 + 121	(119 + 1) + 120 + (121 − 1)	= 360
845 − 399	845 − 400 + 1	= 446
610 − 590	10 + 10	= 20
701 − 698	1 + 2	= 3

Inzwischen wird auch in Schulbüchern die Entwicklung des Zahlenblicks zunehmend unterstützt (vgl. Abb. 5.5[71]). Wenn wir beobachten, dass diesbezügliche Aufgaben von Lehrkräften mit der Begründung Zeitmangel zum Teil weggelassen werden, dann bedauern wir das.

2 **Wie kann man Zahlen addieren, die nah am Hunderter sind?**

Merve hat einen Weg gefunden, wie sie einige Rechenaufgaben schnell lösen kann.

a) Untersucht Merves Weg genauer. Beschreibt euch, wie Merve vorgegangen ist.

b) Arbeite allein. Berechne die folgenden Additionsaufgaben mit Merves Rechenweg.
(1) 599 + 253 (2) 137 + 497

c) Arbeitet zu zweit. Welche Rechenaufgaben kann man mit Merves Weg leicht lösen?
(1) 215 + 5199 (2) 422 + 371 (3) 98 + 576 (4) 174 + 677 (5) 453 + 297

Abb. 5.5: Aufgabe zur Unterstützung des Zahlenblicks

70 Zahlenbeispiele nach Wartha 2014
71 Hussmann u. a. 2012, S. 33

Kopfrechnen

Kopfrechnen ist nicht per se auf die Grundrechenarten mit überschaubarer Komplexität der Zahlen beschränkt, aber de facto ist das meistens so. Kopfrechnen muss auch nicht auf das Memorieren auswendig gelernter Rechenergebnisse beschränkt sein, sondern es können Rechenstrategien wie beim *Halbschriftlichen Rechnen* angewandt werden.

Halbschriftliches Rechnen

Zum Beispiel wird die Rechnung $16 \cdot 15$ aufgeteilt in die Rechnungen $16 \cdot 10 = 160$ und $16 \cdot 5 = 80$, es wird also das Distributivgesetz angewandt, um mit einfacheren Zahlen rechnen zu können. Die Zwischenergebnisse werden schriftlich notiert, um die Richtigkeit nachweisen zu können.

Am jeweiligen Lernstand gemessen komplizierte Aufgaben werden in einfachere Teilaufgaben zerlegt. Dabei werden, anders als bei den schriftlichen Verfahren, keine vorgegebenen Algorithmen verwendet.

Flexible Rechenwege

Das Verfahren des Dreisatzes wird durchgeführt, indem nicht grundsätzlich über die Einheit gerechnet wird, sondern über Zwischenwerte, die den Rechenaufwand klein halten (vgl. Kap. 4.3).

Ein weiteres Beispiel wäre die Frage nach den Nullstellen einer quadratischen Funktion, z. B. $f(x) = x^2 - 2x$. Viele Lernende wenden bei der Lösung dieser Aufgabe die Lösungsformel oder „Mitternachtsformel“ an, weil sie gelernt haben, dass diese immer „funktioniert“. Oft werden aber a und c falsch bestimmt, besonders in einfachen Fällen. Klammert man jedoch x aus, erhält man $f(x) = x(x - 2)$. Wendet man nun den Satz vom Nullprodukt an, wird offensichtlich, dass $x_1 = 0$ und $x_2 = 2$ ist. Es ergeben sich die Nullstellen $N_1(0/0)$ und $N_2(2/0)$. Aus vielleicht sieben Zeilen mit hoher Fehleranfälligkeit werden drei Zeilen mit wenigen Fehlermöglichkeiten. Das Lehren von Lösungsverfahren, die ihnen als „immer funktionierend“ vermittelt werden, hindert Lernende oft, flexible Rechenwege zu gehen.

Schriftliche Rechenverfahren

Sobald Kinder in der Primarstufe schriftliche Rechenverfahren gelernt haben, greifen sie weniger auf Kopfrechnen und halbschriftliche Verfahren zu, auch wenn das schriftliche Verfahren nicht der beste Lösungsweg ist (Selter 2000). In gewisser Weise machen die schriftlichen Verfahren die Kinder blind für andere Verfahren. Daraus folgt aber nicht, dass die Anzahl richtiger Lösungen mit dem Lernen der schriftlichen Verfahren signifikant zunimmt.

Schätzen

Schätzen liegt zwischen den Extremen *Raten* und *Messen*. Beim Schätzen werden näherungsweise Anzahlen und Größen bestimmt, wobei das Schätzen von Anzahlen schwieriger zu sein scheint als das Schätzen von Größen. Zum Schätzen von Anzahlen können als Hilfsmittel Rasterungen vorgenommen werden: Man teilt die zu schätzende Menge von Gegenständen in Teilmengen ein, zählt einen Teil der Teilmengen und rechnet auf die Gesamtmenge hoch.

Zum Schätzen von Größen verwendet man Repräsentanten für Einheiten (zum Beispiel ein Kleinwagen wiegt ungefähr eine Tonne) oder Vergleichsgrößen (zum Beispiel eine Tür ist ungefähr zwei Meter hoch).

B

Beispiel 1,35 · 2,4

Man kann Dezimalzahlen ohne Rücksicht auf das Komma multiplizieren und dann das Komma durch Schätzen ermitteln. Beispiel: statt 1,35 · 2,4 rechnet man 135 · 24 = 3240 und setzt das Komma dann nach der 3.

Lösung: 3,24. Begründung: 0,324 wäre zu klein und 32,4 zu groß. Oder: Etwas mehr als eins mal ungefähr zweieinhalb ergibt etwas mehr als drei: passt. Ob die Null am Ende weggelassen wird oder nicht, spielt für die Lösung keine Rolle.

Überschlagsrechnung

Das Rechnen mit dem Rechenschieber war einst stets mit Überschlagsrechnungen verbunden, da der Rechenschieber keine Größenordnung anzeigte. Man musste also das Ergebnis ungefähr im Kopf ausrechnen, um zu entscheiden, wo das Komma zu setzen war, ähnlich wie in dem Beispiel oben.

Überschlagen ist ein näherungsweises Berechnen. Dann bemerkt man zum Beispiel, wenn im Restaurant die Flasche Wein vom Nachbartisch auf der eigenen Rechnung steht.

Man rechnet mit gerundeten Werten und erhält auf diese Weise einen ungefähren Wert, dessen rechnerische Richtigkeit überprüfbar ist. Die selbst gemachte Erfahrung im Einzelfall, dass Fehler auftreten können, wenn man Ergebnisse von Berechnungen mit gerundeten Werten noch mal rundet, ist besser zu verstehen als die Regel, dass man das nicht darf.

Wenn man als Lehrkraft Rechenergebnisse nicht einfach vergleicht, sondern stets mit Fragen der Plausibiliät verknüpft (kann das sein, ist die Aufgabe gelöst?), gewöhnt man die Lernenden unverkrampft daran, Überschlagsrechnungen als Kontrolle durchzuführen. Das ist der Schritt des Validierens im Modellierungskreislauf (Abb. 3.6a im Buch und 3.6b im Download).

Das Problem mit der Nachkommastellenregel

„Dezimalzahlen werden zunächst ohne Berücksichtigung des Kommas multipliziert. Dann setzt man das Komma so, dass das Ergebnis gleich viele Stellen nach dem Komma hat wie die beiden Faktoren zusammen."[72]

Diese Regel gilt aber nur, wenn man nach dem standardisierten Verfahren rechnet. Ein Beispiel: 13,25 · 8,4. Unter dem Strich stehen dann die Ziffern 111300. Nach der obigen Regel hat die Ergebniszahl drei Nachkommastellen, also lautet das Ergebnis 111,300. Das ist nicht falsch, aber eine Mehrzahl der uns bekannten Lehrkräfte würde Wert darauf legen, dass das Ergebnis nicht 111,300 ist, sondern 111,3. Und dann führt die Nachkommastellenregel zu Fehlinterpretationen. Denn es gibt Regeln wie „Wenn an einen Dezimalbruch nach dem Komma am Ende Nullen angehängt werden, verändert sich der Wert des Dezimalbruchs nicht" (Rolles/Unger 2008, S. 66), also auch nicht, wenn man sie weglässt.

Jeder Schulrechner hält sich an die Vereinbarung, am Ende von Dezimalzahlen nichtgeltende Nullen nicht anzuzeigen. Der Lernende, der brav seine Hausaufgaben gemacht hat und dann mit dem Schulrechner seine Ergebnisse kontrolliert, wird also verunsichert und wäre besser gefahren, hätte er sich nicht auf die Nachkommastellenregel verlassen, sondern auf seinen Zahlenblick.

Wir finden es schade, dass Schulbuchautoren mehrheitlich solche Aufgaben vermeiden, die zu Ergebnissen mit nicht gültigen Nachkommastellen führen, nur um sinnlose Regeln aufrechtzuhalten, die „schon immer" in den Schulbüchern waren. Lassen wir doch einfach ohne Rücksicht auf das Komma rechnen und dann das Komma mit Zahlenblick setzen.

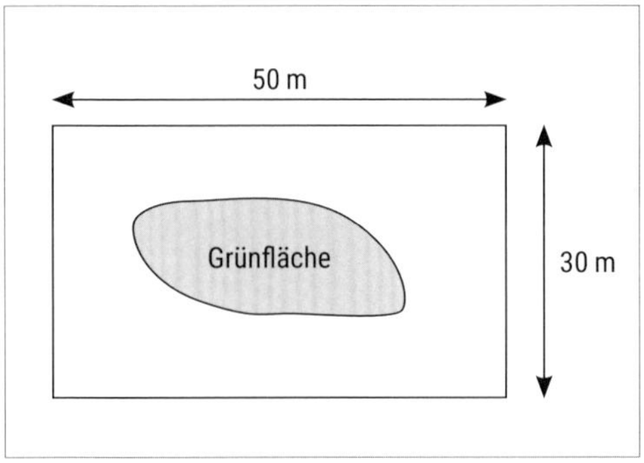

Abb. 5.6: Aufgabe Flächenberechnung

Annäherungslösungen

Wenn man den Inhalt einer unregelmäßig begrenzten Fläche bestimmen möchte, kann man ein Raster mit Einheitsflächen darüberlegen und diese auszählen. Oder man kann die Fläche mit regelmäßigen Flächen auslegen (vgl. Kap. 4.2 Abschnitt Messen durch Annähern). Oder man kann um die Fläche herum regelmäßige

72 Backhaus u. a. 2015, S. 130

Flächen legen, im Beispiel Abb. 5.6 wäre das ein eng angelegtes Rechteck, reduziert um zwei Dreiecke.

Wir Autoren sind Sekundarstufenlehrkräfte. Wir haben uns aber immer auch für die Primarstufe interessiert und uns bei Tagungen hälftig für Primarstufenthemen eingetragen.

Bei der Arbeit an diesem Manuskript ist uns zweierlei erneut klar geworden: Erstens sollten Sekundarstufenlehrkräfte viel besser informiert sein über die Didaktik der Primarstufe, als das bislang meistens der Fall ist. Sprüche von Lehrkräften wie „Du bist jetzt auf dem Gymnasium (der Realschule, der Gemeinschaftsschule …) und da macht man das so: …" sind inakzeptabel, haben ihren Ursprung aber in der Art, wie Lehrkräfte ausgebildet wurden.

Immerhin ist zu beobachten, dass mit Veränderungen in den Bildungsplänen und Qualitätsinitiativen wie *QuaMath* Bemühungen im Gange sind, für mehr Kohärenz zwischen den Schularten zu sorgen.

Zweitens hat sich unsere bisherige Meinung zur Überzeugung verfestigt, dass gerade dann, wenn Grundlagen gelegt werden, Fachleute nötig sind. Dass Primarschullehrkräfte in ihrer Klasse fast alle Fächer unterrichten, ist aus pädagogischen Gründen richtig und sollte so bleiben. Wir ziehen daraus aber den Schluss, dass diese Lehrkräfte dann auch unbedingt Deutsch und Mathematik als Unterrichtsfach studiert haben müssten. Nicht eines davon, sondern beide, und nicht nur diese zwei. Und alle Lehrkräfte. Wir möchten damit nicht eine Abwertung anderer Fächer verstanden wissen, aber Sprache und Mathematik halten wir für die Säulen von Bildung in der Primarstufe, in deren Aufbau man die optimal zur Verfügung stehenden Kompetenzen investieren sollte. Für einen richtigen Weg ist nichts wichtiger als der Anfang.

5.4 Entdeckendes Lernen

Als Christoph Kolumbus 1492 Amerika entdeckte, war er nicht auf der Suche nach Amerika, sondern er wollte eigentlich nach Indien. Es gab auch in Europa niemanden, der Amerika schon kannte und Kolumbus losschickte, auf dass dieser es selbst auch entdecken könne. Entdeckungen sind selten Ergebnisse gezielter Suchen und noch seltener kann man Entdeckungen planen, die andere dann machen.[73]

73 Wobei Kolumbus selbst nicht erkannt hat, dass es sich um einen bzw. zwei neue Kontinente handelt. Das hat erst Amerigo Vespucci erkannt, weshalb der Kontinent „Amerika" genannt wurde.

Deshalb kann nach unserem Verständnis *Entdeckendes Lernen* keine Form des Lehrens sein, sondern es ist eine Form des Lernens, allerdings eine höchst wirksame. Was ich selbst entdeckt habe, prägt sich mir plastischer und nachhaltiger ein als alles, was mir gesagt, gezeigt oder auf was ich hingewiesen wurde. Wir haben Jahrzehnte hinter uns, in denen versucht wurde, *Entdeckendes Lernen* im Unterricht zu inszenieren. Lehrkräfte entwarfen Unterrichtsarrangements in der Hoffnung, die Lernenden würden aufgrund der Arrangements genau das selbst entdecken, was sie ihnen „beibringen" wollten. *Entdeckendes Lernen* wurde deshalb als sinnvolle Alternative zum übernehmenden Lernen angesehen.

Das hat manchmal gut, aber sehr oft nicht funktioniert und hat teilweise zu unschönen Situationen geführt. Den Lernenden wurden dann gestaffelte Hilfen gegeben, um sie auf den geplanten Entdeckungspfad zu führen. Oder es wurden zähe Unterrichtsgespräche geführt mit immer enger werdenden Fragen der Lehrkraft, bis schließlich ein Lernender die Lösung, das Wort oder den Satz gefunden, also die von der Lehrkraft geplante „Entdeckung" gemacht hatte.

Weil wir Entdeckungen der Lernenden im Mathematikunterricht einerseits als sehr wünschenswerte Lernereignisse ansehen, andererseits überzeugt sind, dass sie sich kaum inszenieren lassen, haben wir gewisse Vorbehalte gegen den Begriff *Entdeckendes Lernen*, zumal er aus einer Zeit stammt, in der der Fokus mehr auf dem Lehren als auf dem Lernen lag.

Der Begriff *Entdeckendes Lernen* geht ursprünglich auf Jerome Bruner zurück (Bruner 1961). Im deutschsprachigen Raum verbindet man den Begriff hauptsächlich mit Heinrich Winter (Winter 1989/2016).
Winter sieht einen Widerspruch zwischen Lernen und Entdecken, wobei dieser erklärbar ist durch ein damaliges Verständnis von Lernen als Fremdbestimmung, das wir heute nicht mehr haben. Was Winter beschreibt, ist eher Entdecken lassender Unterricht (Winter 1988, S. 6).
Entdecken lassender Unterricht kennzeichnet sich nach Winter durch

- Selbstbestimmung in eigener Regie,
- eigene Verantwortung für Lerninhalt und Lernweg,
- Individualität oder Arbeit in kleinen „intimen" Teams,
- spontane und sich ändernde Zielrichtungen,
- unplanmäßige Elemente wie Zufall, Glück, Eingebung,
- sprunghaften und unvermittelten Wissenszuwachs.

(Winter 1988, S. 6)

Unsere Vorbehalte gelten nicht den Ausführungen von Bruner und Winter, sondern den Folgerungen, die hineininterpretiert werden können und oft wenig mit Entdeckungen zu tun haben. Winter benutzt den Begriff *Nacherfinden unter Führung* (Winter 1988, S. 6), der es vielleicht zu leicht macht zu unterstellen, dass sich Entdeckungen steuern lassen würden.

Die „Führung" interpretieren wir heute als die Vorstellung, dass es Gelegenheiten zum individuellen Entdecken und Nacherfinden gibt und dass eine Lehrkraft diese Möglichkeiten erkennt und anbietet, aber nicht auf dem Weg des Entdeckers vorangeht.

Entdeckendes Lernen kann nach unserer Auffassung und Erfahrung also dann stattfinden, wenn es entdeckungsoffene Situationen gibt, die Lehrkraft diese sieht, und wenn den Lernenden Zeit gegeben wird, ihre Entdeckungen selbst zu machen. Aber die Situation bleibt offen.

Tatsächlich wird es dann Lernende geben, die in der Situation steckende Entdeckungsmöglichkeiten nutzen, mal nur einzelne, mal mehrere Lernende, aber nie alle. Und es wird Situationen geben, in denen niemand etwas entdeckt. Dann ist es besser, die „Entdeckung" als Lehrkraft nicht selbst zu erklären, sondern es dabei zu belassen und zu akzeptieren, dass eine Entdeckungsmöglichkeit nicht genutzt wurde, denn dann bleibt die Entdeckungsoffenheit erhalten. Vielleicht bei einer anderen Gelegenheit.

Beispiele für entdeckungsoffene Aufgaben

A

Welche Zahlen teilen die Zahl 144?

- Finde ein Beispiel,
- finde mehrere Beispiele,
- finde alle;
- begründe, weshalb du alle gefunden hast.

Die Aufgabe[74] ist als Übungsaufgabe vorgesehen zum Thema *Teilbarkeit*, nachdem der Teilerbegriff gelernt, aber noch keine Teilermengen zusammengestellt wurden. Die erste Entdeckungsmöglichkeit liegt darin, dass es sinnvoll ist, systematisch vorzugehen („finde mehrere") und gefundene Teiler zu ordnen („finde alle"), um Lücken aufzuspüren und am Ende zu wissen, ob man alle gefunden hat („begründe ..."). Damit kann der Aufbau von

74 Aufgabe aus Storz 2020, S. 167 ff., dort mit einigen Schülerlösungen

Teilermengen und das Verfahren zur Bestimmung der Teilermenge „nacherfunden" werden. Die entdeckte Begründung ist dann die Primfaktorzerlegung von 144.

Das ist eine andere Vorgehensweise, als zuerst einzuführen, was eine Teilermenge ist, und dann das Aufstellen von Teilermengen zu üben. Denn einzelne Lernende können das selbst entdecken, bevor sie das Wort kennenlernen. So wie Kolumbus den Kontinent entdeckt hat, bevor er wusste, dass es ihn gibt, und erst recht, wie er heißt bzw. heißen wird.

Wenn dann einzelne Lernende den anderen berichten und erklären, wie man alle Teiler findet und begründen kann, dass es alle sind, ist das für viele parallel Lernende hilfreicher, als wenn die Lehrkraft dies macht. Denn sie sind an derselben Stelle zur Entdeckungstour aufgebrochen.

Entdeckungsoffene Aufgaben halten wir im Übrigen für gute Differenzierungsaufgaben, weil sie so angelegt sind, dass manche Lernende die Entdeckungen machen, andere nicht, und die Aufgaben trotzdem von allen Lernenden bearbeitet werden können. Voraussetzung dafür ist, dass die Aufgaben einen einfachen Einstieg haben, damit nicht von vorneherein von der Lehrkraft antizipiert wird, wer was wo wann entdecken kann. Weitere Voraussetzung ist, dass das Zahlenmaterial dennoch nicht zu einfach sein darf, damit Entdeckungen unterschiedlicher Tiefe möglich sind.

A

Aus $\sqrt{1800}$ kann auf verschiedene Arten teilweise die Wurzel gezogen werden.

- Finde ein Beispiel,
- finde mehrere Beispiele,
- finde alle;
- begründe, weshalb du alle gefunden hast.

Das zweite Beispiel[75] ist ebenfalls im Format *Ein Beispiel, mehrere, alle …* entworfen und nutzt Entdeckungsmöglichkeiten an einer Stelle, an der das Radizieren zum vollständigen Radizieren ausgebaut wird. Lernenden ist oft nicht klar, wie sie beim teilweisen Wurzelziehen die größtmögliche Quadratzahl als Faktor im Radikanden finden sollen, wobei das gar nicht nötig ist, weil man schrittweise vorgehen kann.

75 Aufgabe aus Storz 2020, S. 169 / 170, nach einer Idee von Martin Joos (Lehrer an einem Gymnasium)

Wenn eine Zahl unter dem Wurzelzeichen einer Quadratwurzel in ein Produkt umgewandelt wird, in dem eine oder mehrere Quadratzahlen als Faktor vorkommen, und aus den Quadratzahlen die Wurzel gezogen wird, nennen wir das *Radizieren*, früher *Teilweises Wurzelziehen*. Wenn unter dem Wurzelzeichen keine radizierbaren Faktoren mehr sind, nennen wir *das Vollständiges Radizieren*.

In Schulbüchern wird das Radizieren selten erklärt, sondern nur gezeigt (Brandt 2006, S. 53) und auf die größtmögliche Quadratzahl fokussiert (Backhaus u. a. 2018, S. 22 / 23). Dadurch werden einerseits Verständnishürden eingebaut und andererseits wertvolle Entdeckungsmöglichkeiten verschenkt.

Erst das vollständige Radizieren verschafft Vorteile für den Zahlenblick. Denn $\sqrt{1800}$ lässt sich schwer vorstellen, $15 \cdot \sqrt{8}$ als Beispiel ein wenig besser: $\sqrt{8}$ ist ein bisschen weniger als 3. Gut vorstellen lässt sich $30 \cdot \sqrt{2}$, schon weil $\sqrt{2}$ im Mathematikunterricht sehr oft vorkommt und deshalb eine Zahlvorstellung aufgebaut werden konnte. $\sqrt{1800}$ ist ungefähr $30 \cdot 1{,}414 \approx 42{,}42$.

Zurück zur Entdeckungsmöglichkeit der Aufgabe: Alle Zerlegungen können gefunden werden durch die Primfaktorzerlegung der Zahl unter dem Wurzelzeichen. $1800 = 2^3 \cdot 3^2 \cdot 5^2$, aus den Faktoren 2^2, 3^2 und 5^2 lässt sich die Wurzel ziehen, bleibt als einziger Faktor unter dem Wurzelzeichen die 2.

„Kennzeichen entdeckenden Lernens ist, dass sich der Lernende auf der Basis angebotener, nicht vorstrukturierter Beispiele, Phänomene, Situationen oder Probleme Wissen in Form von Konzepten oder Zusammenhängen selbst erarbeiten muss“ (Leuders 2014, S. 237).

Die Bewertung, ob die oben beschriebenen Beispiele dem Anspruch entdeckenden Lernens gerecht werden, sehen wir in der Art, wie die Lehrperson mit den Aufgaben umgeht. Die Aufgaben sind so gestaltet, dass individuelle Entdeckungen nicht zwingend erforderlich sind, um die für alle angestrebten Lernziele zu erreichen. Sie eröffnen jedoch Möglichkeiten, diese Ziele auf alternativen, teils kürzeren Wegen zu erreichen oder darüber hinausgehende Lernchancen wahrzunehmen.

Es ist uns klar, dass ein Lehramtsanwärter oder eine Lehramtsanwärterin stolz ist, wenn sie oder er bei der Vorbereitung einer Lehrprobe entdeckungsoffene Aufgaben und Situationen gefunden hat. Aber wenn dann versucht wird, die Nutzung der Entdeckungschancen zu erzwingen oder zu organisieren, womöglich noch zeitlich eingeengt, dann kann leicht aus hervorragenden Ideen schlechter Unterricht werden.

5.5 Forschendes Lernen

Im Jahr 1742 formulierte der Mathematiker Christian Goldbach (1690 – 1764) eine Vermutung: *Jede gerade Zahl, die größer als 2 ist, ist Summe zweier Primzahlen.* Über diese Vermutung wurde jahrhundertelang geforscht. Die Vermutung scheint zwar richtig zu sein, denn mit Computerunterstützung wurde inzwischen für alle Zahlen bis $4 \cdot 10^{14}$ nachgerechnet, dass sie stimmt (Fackeldey 2002, S. 4). Und man kann mit Wahrscheinlichkeitsrechnung begründen, dass die Vermutung, „wahrscheinlich" richtig ist, denn die Wahrscheinlichkeit ihrer Richtigkeit liegt rechnerisch bei 1. Das ist trotzdem kein Beweis.

Einen mathematischen Beweis konnte die Forschung bis heute nicht vorlegen. Weil die Vermutung so einfach zu formulieren ist, können sich Lernende damit sicher mit hoher Motivation beschäftigen. Eine etwaige Hoffnung auf neue Forschungsergebnisse, die dabei gewonnen werden könnten, wird mit hoher Wahrscheinlichkeit trotzdem nicht erfüllt werden.

Die Goldbach'sche Vermutung zeigt, dass es eben nicht stimmt, in der Mathematik wisse man schon alles, und es würde sich nichts ändern, wie Freund Rüdiger behauptete (vgl. Einstieg in Kap.1).

Wir finden es lohnend, solche Themen im Mathematikunterricht anzusprechen, schon deshalb, weil den Lernenden damit vermittelt werden kann, dass Mathematik das nicht ist: eine abgeschlossene Welt von Regeln, die man alle kennen muss und die es nur zu befolgen gilt.

Die Goldbach'sche Vermutung verbindet eine multiplikative Eigenschaft (Primzahl zu sein) mit einer additiven Eigenschaft. Das ist eine Verbindung, die bis heute noch nicht ausreichend erforscht wurde (Fackeldey 2002, S. 27). Sogar das Wissen über den Körper der reellen Zahlen $(\mathbb{R}, +, \cdot)$, der für den mittleren Bildungsabschnitt relevant ist, enthält also noch wissenschaftliche Lücken. Was reden wir über Wissenschaftsorientierung?

Forschungsaufgaben können, an der richtigen Stelle eingesetzt, das Verständnis für mathematische Strukturen vermutlich besser fördern als die Kenntnis von Formeln und die Beherrschung zahlreicher Verfahren. „Eigenständiges bzw. geschickt angeleitetes Erforschen und Explorieren von mathematikhaltigen Sachverhalten kann zu besonders nachhaltigen Lerneffekten führen und ermöglicht vielseitige Vernetzungen mit bereits Bekanntem" (Bruder 2014, S. 144).

Beim *Forschenden Lernen* in der Schule geht es nicht darum, bisher unbekannte Erkenntnisse zu gewinnen, und auch nicht darum, von der Lehrkraft versteckte Zusammenhänge „nachzuerfinden", sondern es geht um die suchende Haltung des Lernenden in einer offenen Situation, in der er oder sie „dies und das versucht“ (Roth / Weigand 2014, S. 3). Wenn es gelingt, Lernende neugierig zu machen, setzt forschendes Lernen ein, denn sie beginnen zu suchen. Diese suchende Haltung sollte nicht gestört werden, indem sie in eine wissenschaftliche Einstellung und Propädeutik uminterpretiert wird.

Forschendes Lernen liegt zwischen entdeckendem Lernen und Projektlernen und kann zum „kreativen Raum“ (Ludwig / Lutz-Westphal / Benz 2018, S. 5) werden. Das gelingt besonders, wenn das *Forschende Lernen* nicht nur an Projekttagen stattfindet oder mit Exkursionen verbunden ist, sondern Teil des normalen Unterrichts ist.

Palindrome

Palindrome halten wir für ergiebige Forschungsfelder im Mathematikunterricht. Palindrome sind eine Möglichkeit, dass Lernende sich spielerisch mit Mathematik beschäftigen und dabei Entdeckungen machen, und eigene Forschungsmethoden entwickeln.

In der Sprache sind Palindrome Wörter, die von hinten gelesen gleiche Buchstabenfolgen haben wie von vorne. Wörter oder Namen wie Otto, Abba, Rentner oder Lagerregal. Die Wörter müssen aber sinnvoll sein, etwas bedeuten.
In der Mathematik sind Palindrome symmetrische Zahlen, deren Ziffernfolge von hinten gelesen gleich ist wie von vorne, die Zahl also den gleichen Wert hat wie ihr Spiegelbild. Die Frage, ob sie sinnvoll sind, stellt sich in der Mathematik weniger und deshalb ist es leichter, Palindrom-Zahlen zu finden als Palindrom-Wörter.

Forschungsaufgaben können etwa lauten:
- Wie viele dreistellige Palindrom-Zahlen findest du?
- Wie viele vierstellige Palindrom-Zahlen findest du?
- Ist jedes vierstellige Palindrom durch 11 teilbar? Warum ist das so?

Falls Internetrecherche erlaubt wird, könnten die obigen Forschungsaufgaben rasch erledigt sein, dann können Forschungsfragen folgen, die nicht so leicht ausschließlich mit Recherche zu lösen sind, wie:
- Untersuche, weshalb es gleich viele dreistellige wie vierstellige Palindrom-Zahlen gibt.
- Gilt das auch für fünfstellige Palindrom-Zahlen?
- Berechne die Quadratzahlen 1^2, 11^2, 111^2 bis 111111111^2, beschreibe die Struktur der Lösungen und begründe, weshalb das so ist.

Es ist auch reizvoll, nicht nur reine Zahlen, sondern Kontexte erforschen zu lassen, in denen Palindrom-Zahlen vorkommen. Dann gibt es wie bei den Wörtern sinnvolle und nicht sinnvolle Lösungen. Zum Beispiel im Kontext Palindrom-Tage:

- Der 12.02.2021 und der 22.02.2022 waren Palindrom-Tage. Wann kommt der nächste? Wie viele Palindrom-Tage gibt es in unserem Jahrhundert?
- In den USA wird ein Datum mit der Reihenfolge Monat-Tag-Jahr angegeben. Gibt es dort mehr oder weniger Palindrom-Tage als bei uns und warum?
- Wie verhält sich das in Kanada mit der Reihenfolge Jahr – Monat – Tag?
- Warum war es 2023 nicht möglich, an einem Palindrom-Tag zu heiraten?
- Wann gab es in der Abfolge von Palindrom-Tagen große Lücken und warum?

Auf den Einwand, man könne das ja im Internet recherchieren, ist unsere Antwort erneut: Warum nicht? Oder auch: Probieren Sie es selbst aus. Erstens ist Recherche eine unverzichtbare Forschungsmethode, zweitens halten wir Recherche für eine legitime Problemlösestrategie (vgl. Kap. 3.3) und drittens schult auch die Betrachtung gegebener, selbst gefundener Zahlenbeispiele den Zahlenblick und das Verständnis für das Stellenwertsystem. Und eine Künstliche Intelligenz löst die Aufgaben in Sekunden mit Begründung.

A

Geburtstagsaufgabe

Dominik hat am kommenden Samstag Geburtstag.

- Auf welchen Wochentag fällt Dominiks Geburtstag im nächsten Jahr?
- Wann hat Dominik wieder an einem Samstag Geburtstag?
- Wie lange dauert es allgemein, bis ein festes Datum im Jahr auf denselben Wochentag fällt?

Da die meisten Lernenden einer Klasse an unterschiedlichen Tagen Geburtstag haben, kann diese oder eine ähnliche Aufgabe genügen, um zu initiieren, dass jede und jeder für sich individuell forschend lernt.[76] Wenn sich dann Einzelne zusammentun, weil sie am selben Tag Geburtstag haben, halten wir das eher für bereichernd als für störend. Beim Forschen kommen die Lernenden stufenweise zu Erkenntnissen wie:

- jedes Jahr einen Tag später,
- in Schaltjahren zwei Tage später,

76 Eine ausführliche Darstellung der Lösung dieser Aufgabe, als mathematisches Modellieren interpretiert, findet man in Storz 2018, S. 93 – 96.

- Fallunterscheidung, ob der Geburtstag vor oder nach dem 28. Februar liegt,
- Fallunterscheidung, wie groß der Abstand zum nächsten Schaltjahr ist,
- Sonderfall, dass im Schaltjahr der Samstag übersprungen wird.

Auch hier halten wir es nicht für problematisch, wenn Informationsquellen genutzt werden. Denn eine Antwort auf die letzte Frage wird das Internet nicht so ohne Weiteres ausspucken (eine KI vielleicht schon).

Kirsch-Bananen-Saft

Das süß-saure Getränk Kirsch-Bananen-Saft gibt es fertig abgepackt im Supermarkt zu kaufen. In einer vorangegangenen Unterrichtsstunde hat die Klasse gelernt, Anteile gegen Verhältnisse abzugrenzen, indem sie selbst Sauerkirschsaft und Bananensaft zu KiBa vermischt und sich gegenseitig zum Verkosten angeboten hat.
1 Teil Kirschsaft und 2 Teile Bananensaft ergeben zum Beispiel eine KiBa-Mischung mit $\frac{1}{3}$ Kirschsaft und $\frac{2}{3}$ Bananensaft, was einem Verhältnis Kirsch zu Banane wie 1 zu 2 entspricht.
Die Saftmischungen wurden mit roten und gelben Legosteinen visualisiert. Und sie wurden mit Kunststoff-Schnapsgläsern in Trinkbecher abgefüllt.[77]

In vielen Schulbüchern werden Brüche nur als Anteile dargestellt und die Abgrenzung zu Verhältnissen oder die Umwandlung von Anteilen in Verhältnisse wird vernachlässigt. Wir halten das aber für wichtig für den Aufbau eines tragfähigen Zahlbegriffs für Brüche.

Forschendes Lernen kann nun in einer folgenden Unterrichtseinheit beim Üben stattfinden. Die Lernenden stellen systematisch nicht mehr tatsächliche, sondern virtuelle Saftmischungen her, bestimmen die Anteile und die Verhältnisse und stellen letztere ikonisch dar.

Das ist in gewissem Sinne automatisierend, erfordert und fördert Routinen. Aber auch das ist eine forschende Tätigkeit: Konstellationen systematisch durchdeklinieren. Nebenbei enthält der Forschungsauftrag noch Entdeckungsmöglichkeiten, denn einige KiBa-Säfte schmecken gleich. Bei der Begründung dieser Beobachtungen können Lernende dann das Kürzen und Erweitern „nacherfinden". Im Download ⬇ ist der Vorschlag eines Arbeits-

77 Dieser erste Teil der Unterrichtsidee stammt aus Barzel u. a. 2012, S. 100 ff. Mögliche Befürchtungen eines Chaos, welches ausbrechen würde, wenn man eine ganze Klasse im Unterricht mit Säften hantieren lässt, haben sich nach unserer Erfahrung nicht bestätigt.

blatts zu finden, ausgefüllt mit der Maximalerwartung[78]. Eine unausgefüllte Kopiervorlage befindet sich dort ebenfalls. Die Erwartung der Lehrkraft sollte nicht sein, dass alle Schülerinnen und Schüler beide Seiten ganz und systematisch und womöglich in derselben Zeit ausfüllen werden, aber das ist auch nicht das Ziel.

Forschendes Lernen ist nicht ein anderer Ausdruck für *Entdeckendes Lernen.* Wer forscht, kann Entdeckungen machen, muss aber nicht. Entdecken kann man auch, ohne geforscht zu haben. Und Forschen kann mühsam und mit Routinetätigkeiten verbunden sein.

Noch eine Problemlösestrategie?

Die Lehrkraft übernimmt eine neue Lerngruppe und möchte, dass Namensschilder aufgestellt werden, damit sie die Einzelnen von Anfang an mit Namen ansprechen kann. Ohne weiteren Kommentar stellt sie einen aus Papier gefalteten Tetraeder mit dem eigenen Namen vor sich auf den Tisch.

Wenn die Lerngruppe aus Mathematikstudenten oder Lehramtsanwärtern besteht, teilt die Lehrkraft bedruckte Blätter mit den Namen aus wie links in der Abbildung und bittet darum, ein Namensschild daraus zu falten wie das rechts in der Abbildung gezeigte.

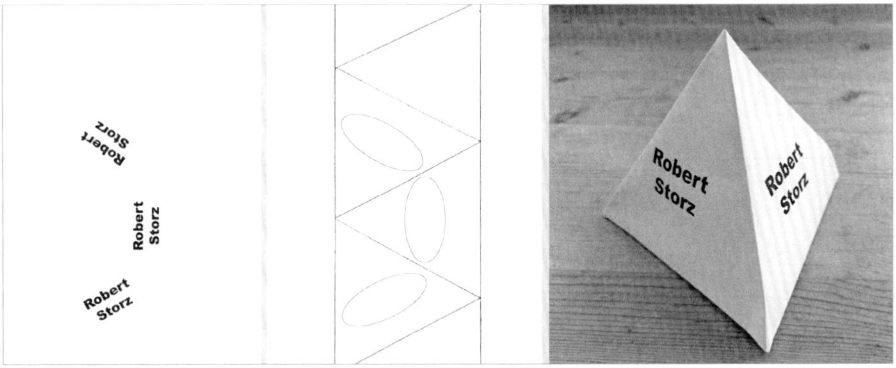

Wenn die Lerngruppe eine Schulklasse ist, teilt die Lehrkraft Arbeitsblätter wie das in der Mitte abgebildete aus, bittet die Lernenden, ihren Namen in die drei ovalen Felder zu schreiben und dann den geometrischen Körper, der übrigens Tetraeder heiße, zu falten.

78 Der zweite Teil der Unterrichtsidee wird ausführlich beschrieben in Storz 2020, S. 189 ff. Die Lösungen sowie die Blanko-Vorlage für das Arbeitsblatt finden Sie im Download.

In beiden Fällen wartet die Lehrkraft dann ab, was geschieht. In beiden Fällen sind Faltversuche zu beobachten, die oft die Form eines Tetraeders nicht erahnen lassen.
Interessanterweise geschieht es in der Schulklasse meist früher, dass einer oder eine fragt: „Darf ich mal ihr Namensschild anschauen?", und dieses vorsichtig aufzufalten beginnt. Manchmal geschieht dies auch ungefragt.
Die erwachsenen Lernenden brauchen wesentlich länger, bis sie auf eine Problemlösestrategie kommen, die so elementar ist, dass sie im entsprechenden Kapitel (3.3) überhaupt nicht erwähnt wurde: Nachschauen.
Das Nachschauen kann man auch Explorieren nennen. Wenn da vorne einer steht und von mir verlangt, ein Ding zu bauen, und ich weiß nicht, wie das geht, dann schaue ich mir das Ding doch einfach genauer an.
Im beschriebenen Fall erfolgt nach einer angemessenen Problemlösephase ein Faltdiktat durch die Lehrkraft oder es wird eine Faltanleitung zur Verfügung gestellt (Beispiele für die Faltanleitung bei Storz 2014, S. 160; Schmitt-Hartmann 2016, S.11; Maitzen 2024, S. 46 und im Download ⬇).

Wer forscht, der sucht Antworten auf Fragen, die er bisher nicht beantworten konnte. Forschung ist „die planmäßige und zielgerichtete Suche nach neuen Erkenntnissen in einem Wissensgebiet" (Duden 1996, S. 1081).

Natürlich ist längst bekannt, wie aus einem Blatt Papier ohne Hilfslinien ein Tetraeder gefaltet werden kann, aber für Lernende in der Schule und, wie sich gezeigt hat, für viele Studierende gehört das durchaus zu einer neuen Erkenntnis in einem Wissensgebiet, in dem sie ansonsten unterwegs sind.

Das Problem, eine Faltanleitung nachzuerfinden, kann also durchaus als Forschungsauftrag aufgefasst werden. In der Wissenschaft sind Beobachtung und Analyse als Forschungsmethoden anerkannt. Weshalb also nicht in der Schule?

Wenn ein Lernender den fertig gefalteten Tetraeder auf dem Pult der Lehrkraft untersucht und dann nachbaut, dann hat er erstens eine Rückwärtsstrategie beim Problemlösen angewandt und zweitens einen Forschungsauftrag erfolgreich erfüllt.

Gerechte intransitive Würfel

Intransitive Würfel haben wir in Kap. 4.5 im Zusammenhang der Leitidee *Daten und Zufall* (L5) vorgestellt. Mit einer Fortführung der Aufgabe kann zu systematischem Forschen und zur Anwendung komplexerer Forschungsmethoden aufgefordert werden.

Eine Recherche im Internet führt zu dem Ergebnis, dass es unterschiedliche Sets für intransitive Würfel gibt. Finden wir ein Set, das „gerechte" Ergeb-

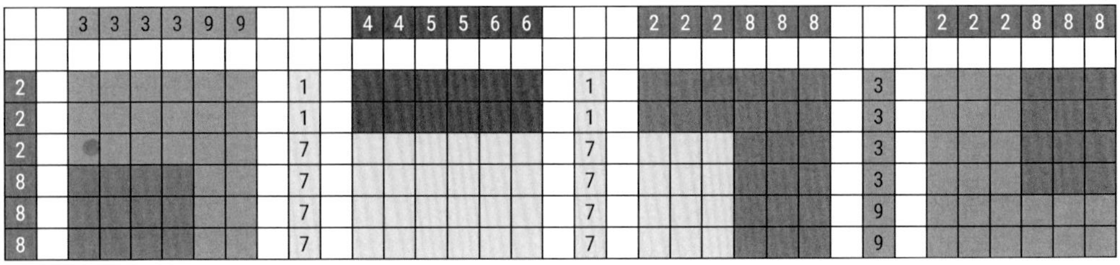

Abb. 5.7: Gerechte intransitive Würfel

nisse erzeugt? Wir erforschen ein Set mit vier Würfeln: 1/1/7/7/7/7, 4/4/5/5/6/6, 2/2/2/8/8/8 und 3/3/3/3/9/9 (Abb. 5.8).

Das forschende Lernen kann über ein Baumdiagramm oder Tabellen (Abb. 5.7) den Nachweis erbringen. Abbildung 5.7 erbringt den Nachweis für das Set 1/1/7/7/7/7; 2/2/2/8/8/8; 3/3/3/3/9/9; 4/4/5/5/6/6. Jeder Würfel gewinnt gegenüber einem anderen mit einer Wahrscheinlichkeit von $\frac{24}{36} = \frac{2}{3}$.

Abb. 5.8: Vier gerechte intransitive Würfel mit Augenzahlsumme 30

5.6 Genetisches Lernen

Ein schönes Beispiel für genetisches Lernen findet man in dem Schulbuch *Mathewerkstatt* (Barzel u. a. 2012, S. 18).
Die Klasse soll herausfinden, wer die größeren Füße hat, die Jungen oder die Mädchen. Die Schuhgrößen als Repräsentanten der Fußlängen werden an der Tafel getrennt nach Geschlechtern notiert. Aber in der Klasse sind nicht gleich viele Jungen wie Mädchen.
Es folgt eine Situation, in der jedes Kind einen Schuh auszieht und alle Schuhe in zwei nach Geschlechtern getrennte Reihen gelegt werden.
Eine lebhaftere Variante besteht darin, dass nicht die Schuhe in Reihen angeordnet werden, sondern die Kinder stellen sich Fuß an Fuß auf.
Die Abfolge innerhalb jeder Reihe spielt in beiden Fällen keine Rolle. Deren Längen werden gemessen und durch die jeweilige Anzahl der Schuhe bzw. Füße dividiert. Ergebnisse sind die durchschnittlichen Fußlängen, und diese kann man vergleichen.
Wenn der Zufall es will, dass die längere Reihe den kleineren Durchschnittswert repräsentiert, unterstützt dies den Begriffsbildungsprozess der Lernenden zusätzlich.

Anschließend könnte gerechnet werden, und zwar mit den Schuhgrößen, muss aber nicht. Die Zuordnung der Fußlängen zu den Schuhgrößen ist so interessant, dass die Lehrkraft sie lieber für später aufspart, wenn es dann darum gehen wird, Nichtbeispiele für Zuordnungen und Funktionen anzubieten. Denn die Zuordnung von Fußlängen zu Schuhgrößen ist stetig, eindeutig, aber nicht umkehrbar, nicht linear, nicht proportional.

In der Genese des Begriffs *Durchschnitt* oder *Arithmetisches Mittel* sind die nächsten Schritte, alle Werte einer Datensammlung zu addieren und dann durch die Anzahl der Summanden zu dividieren. Das kann auch in einem anderen Kontext gemacht werden, zum Beispiel dem der Körpergröße.

Wenn durchschnittliche Körpergrößen bestimmt werden, dann nicht mehr durch Aneinanderlegen, sondern über die Schritte Messen und das Zuordnen von Größeneinheiten (Barzel u. a. 2012, S. 19).

Nachdem bei dieser Variante die Körpergrößen schon numerisch zur Verfügung stehen, kann sich die Klasse oder Jungen und Mädchen getrennt nun rasch der Größe nach aufstellen, was es leicht möglich macht, in Abgrenzung zum Durchschnitt den anderen „Mittelwert" genetisch zu lernen, den Zentralwert. Denn wer in der Reihe genau in der Mitte steht, repräsentiert den Zentralwert („Mittelwert"?) und wenn die Reihe aus einer geraden Anzahl an Personen besteht, ist der Zentralwert eben genau in der Mitte zwischen den beiden Personen „in der Mitte". Damit wird die Genese *Durchschnitt* über den Zentralwert vervollständigt zur Genese *Mittelwerte*.

> „Genetisches Lernen wird aufgefasst als der durch Probleme angestoßene individuelle, aktive Vollzug eines Prozesses der Konstruktion eines mathematischen Begriffs oder Zusammenhangs [...]."
>
> (Leuders 2014, S. 246)

Die Lernenden begegnen der Mathematik nicht als einem fertigen Konstrukt, sondern erleben Mathematik im Entstehen. Dabei können nicht mathematische Begriffe oder wie im obigen Beispiel Verfahren nacherfunden werden, aber die Begegnung beginnt mit einer Problemstellung. Aus Lösungsideen entwickelt sich schrittweise ein Begriff oder ein Verfahren. Die Mathematik wird gemeinsam mit den Lernenden fertiggestellt. Das Lernergebnis steht am Ende und nicht wie so oft im Mathematikunterricht am Anfang des Lernens, oft als „Lernziel" ausformuliert und segmentiert.

Den Gegenentwurf für *Genetisches Lernen* finden wir noch in sehr vielen Schulbüchern repräsentiert. Nachdem kurz ein Realitätsbezug hergestellt wurde, beginnt ein Kapitel mit der Präsentation der fertigen Mathematik in Form von Begriffsdefinition und Verfahren.

Auch der auszugsweise Vorabdruck eines neuen Schulbuchs von einem marktführenden Verlag (Bernhard u. a. 2024), dessen erster Band zeitgleich mit diesem Buch erscheinen wird, weist darauf hin, dass genetisches Lernen auch in nächster Zeit nur wenig in den Schulbüchern zu finden sein wird. Die einzelne Lehrkraft wird also darauf angewiesen bleiben, mit eigenen Ideen Chancen für genetisches Lernen zu erkennen und zu nutzen.

Wir müssen aber aufpassen, dass Lernen nicht mit Lehren gleichgesetzt wird. Mit genetischem Lehren setzen wir uns in Kapitel 6 unter dem Stichwort *Genetisches Prinzip* kritisch auseinander.

Denn *Genetisches Lernen* im Unterricht ist zunächst eine gewagte Unterstellung, die impliziert, Lernen würde einer vorher in Erfahrung gebrachten

„Merke: Der Durchschnitt aller Werte heißt Mittelwert.[79] Er wird berechnet, indem man alle Werte addiert und dann durch die Anzahl der Werte dividiert" (Backhaus u. a. 2015, S. 216).

79 Dass wir die Bezeichnung „Mittelwert" für das arithmetische Mittel ungeschickt finden, haben wir schon in Kap. 4.5 ausgeführt.

Genese folgen, alle Lernenden würden parallel die Mathematik im Entstehen erleben und dabei in einer festen Abfolge von Schritten lernen können.

Im obigen Beispiel mag das gegeben sein, aber eben auch deshalb, weil der Lernprozess von einer Lehrkraft für alle Lernenden gleich organisiert wurde. Das ist dann zwar genetisches Lernen, aber eben auch ein Beispiel übernehmenden Lernens im Gleichschritt.

Man kann Lernprozesse so anregen, wie sich in der Vergangenheit Erkenntnisse entwickelt haben. Oder man kann Lehrprozesse so organisieren, dass einem sachlogischen Aufbau gefolgt wird.

In Verbindung mit dem Grundsatz, Lernen als individuellen Prozess wirklich ernst zu nehmen, erweitert sich der Blick auf genetisches Lernen hin zum Zuhören der Lehrkraft in dualen Situationen mit einzelnen Lernenden und der Diagnose, an welcher Stelle der persönlichen Lerngenese der einzelne Lernende sich gerade befindet, um ihm angemessen weiterhelfen zu können. Ein Beispiel hierfür ist das *Messen durch Annähern* in Kap. 4.2 Größen und Messen.

Wir behaupten nicht, dass dies immer ein einfaches Unterfangen sei. Vielleicht ist im Einzelfall ein Erklärvideo die bessere Lehrkraft, wenn es vom Lernenden selbst ausgesucht oder gefunden wurde. Denn ein Lernender oder eine Lernende kann zumeist selbst am besten beurteilen, was ihn oder sie in einer individuellen Lerngenese weiterbringen wird. Und sie oder er kann dann auch am besten beurteilen, ob das funktioniert hat oder nicht.

Möglicherweise kann sogar die Qualität einer Lernunterstützung durch Lehrkraft oder digitale Mittel in einzelnen Situationen nachrangig sein gegenüber der Passung bezüglich Fragestellung und Zeitpunkt.

Genetisches Lernen kann auch als Form des Problemlösens interpretiert werden. Das hat den Vorteil, dass genetisch nicht mit einer historisch gegebenen Reihenfolge gleichgesetzt werden kann.

Wissen, wie etwas ist, sollte auf Einsichten gründen, warum es so ist, und nicht anders. Dazu sollten den Lernenden Entstehungszusammenhänge erfahrbar gemacht werden (Heymann 1996/2013, S. 235). Nach Heymann ist das *Genetischer Unterricht,* also eine Form des Lehrens. Lernen ist individuell und entwickelt seine eigene Genese. Beides zusammen kann genetisches Lernen bedeuten.

Gelegenheiten für genetisches Lernen finden

Wenn die Lehrkraft Anlässe sucht, in denen genetisches Lernen stattfinden kann, dann gelingt das dadurch, dass bei Einstiegen in neue Themen oder auch in einzelne Unterrichtsstunden der geplante Lerninhalt als Problemstellung oder Frage formuliert wird, weniger über ihre Stellung innerhalb

Frage oder Problemstellung	Schulmathematischer Inhalt
Wie kann man geometrische Körper aus Papier herstellen?	Quadernetze, Würfelnetze
Wie kann man große und kleine Dinge vergleichen?	Größen und Größeneinheiten
Wie kann ich etwas in gleiche Teile teilen?	Bruchzahlen
Wie kann ich Mischungen vergleichen?	Bruch und Verhältnis
Wie kann ich das Gleiche woanders erkennen und herstellen?	geometrische Abbildungen
Wie kann ich die Größe eines Raums bestimmen?	Volumenberechnung
Wie kann ich Mengen schätzen?	Überschlagsrechnung
Wie sind Zahlen zusammengesetzt?	Primfaktorzerlegung
Wie kann ich Anteile zusammenfassen?	Addition von Brüchen
Wie kann ich gleich große Anteile finden?	Kürzen und Erweitern
Wie kann ich Orte durch Zahlen beschreiben?	Koordinatensystem
Wie kann ich Anteile von Anteilen bestimmen?	Multiplikation von Brüchen
Wie kann ich Bilder und Modelle von kleinen und großen Dingen erstellen?	Maßstab
Wie kann ich geschickt zählen und weiterrechnen?	Muster und Folgen
Wie kann ich hoch- und runterrechnen?	proportionale Zuordnungen oder Dreisatz
Wie kann ich rechnen, wenn ich mehr wegnehme, als ich habe?	negative Zahlen
Woran kann ich erkennen, ob Winkel zusammenpassen?	Parkettierungen
Wie viele Angaben benötige ich, um Dreiecke zu zeichnen?	Kongruenzsätze für Dreiecke
Wie kann ich Vierecke beschreiben und ordnen?	Haus der Vierecke
Wie kann ich komplizierte Rechnungen durchschauen?	binomische Formeln
Wie kann ich zwei unbekannte Werte gleichzeitig bestimmen?	lineare Gleichungssysteme
Wie kann ich mit riesigen und winzigen Größen umgehen?	Potenzschreibweise
Wie vergrößere ich so, dass die Formen nicht verzerrt sind?	Ähnlichkeit
Warum ist es so schwierig, das Quadrieren rückwärts zu rechnen?	Wurzelziehen
Wie kann ich alle Möglichkeiten geschickt zählen und darstellen?	Baumdiagramme als Darstellungsform für Zufallsexperimente
Wie kann ich Längen unzugänglicher Strecken bestimmen?	Strahlensätze
Wie kann ich Längen in rechtwinkligen Dreiecken bestimmen?	Satz des Pythagoras
Wie kann ich krumme Kurven beschreiben?	Parabeln
Wie kann ich Daten systematisch auswerten?	Boxplot
Wie kann ich Kapital möglichst schnell vermehren?	exponentielles Wachstum

der schulmathematischen Struktur und gar nicht über ihre Stellung in der wissenschaftlichen Mathematik eingestiegen wird.

In der Tabelle auf der vorigen Seite haben wir solche Fragen zusammengestellt und den mathematischen Inhalt gegenübergestellt. Wir haben dafür alle Jahrgänge des Schulbuchs *Mathewerkstatt* durchgesehen, weil dieses Unterrichtswerk das genetische Lernen durchgängig anstrebt und den Fragen die entsprechenden Inhalte zugeordnet.[80] Die Auswahl, die wir getroffen haben, ist subjektiv und erhebt keinen Anspruch auf Vollständigkeit oder Ausgewogenheit.

Diese Aufzählung haben wir auch deshalb so ausführlich gehalten, weil damit gleichzeitig die wohl am häufigsten an Mentoren und Lehrbeauftragte gestellte Frage beantwortet wird: „Können Sie mir weiterhelfen? Für meine Lehrprobe fällt mir kein zündender Einstieg ein."

Die Frage nach dem „Lebensweltbezug" des zu planenden Unterrichts und die Anschlussfähigkeit an Erfahrungen, Interessen und Denk- und Handlungsmuster der Lernenden (Leuders/Hussmann/Barzel/Prediger 2011, S. 4) kann sehr oft direkt zu einem „zündenden Einstieg" führen. Das ist allemal zielführender als die immer noch beliebten „motivierenden Einstiege", denen oft zu große Bedeutung zugeschrieben wird.

5.7 Verstehendes Lernen

Die Lehrkraft löst vor und mit der Klasse eine Gleichung durch Äquivalenzumformungen:
$4x + 8 = 2 \cdot (2x + 5) - 2$.
Als die Lösung gefunden ist, fragt sie: „Haben das alle verstanden?"
Da meldet sich ein Lernender: *„Im Prinzip habe ich alles verstanden, nur nicht, weshalb Sie nach der Zeile 8 = 8 nicht die 8 in die Lösungsmenge geschrieben haben. Ich habe die Probe gemacht. 8 ist doch richtig."*
Was hat der Lernende nicht verstanden?
Die Gleichung ist eine Tautologie. Wenn man für *x* die Zahl 8 einsetzt, dann wird sie zu einer wahren Aussage. Mit jeder anderen Einsetzung wird sie ebenfalls zu einer wahren Aussage. Die Zahl 8 ist zwar in der Lösungsmenge enthalten, sie ist aber nicht die Lösung. Hätte man bei den Äquivalenzumformungen eine andere auch richtige Reihenfolge gewählt, dann hätte die letzte Zeile auch 10 = 10 lauten können.

80 Eine detaillierte Quellenangabe für alle Bände wäre sehr aufwendig und würde wenig Übersichtlichkeit erzeugen, da sich die Herausgeber Barzel, Hußmann, Leuders und Prediger entschieden haben, auf jedem Band in unterschiedlicher Reihenfolge genannt zu werden.

Das Wort *Verstehen* wird mit unterschiedlichen Bedeutungen verknüpft. Als die Lehrkraft ihre Frage stellte, meinte sie das Wort *Verstehen* im Sinne von „den Sinn von etwas erfassen, etwas begreifen“[81], sie wollte sich vergewissern, dass die Lernenden den Lösungsweg nachvollziehen konnten.

Sicher nimmt die Lehrkraft für sich selbst in Anspruch, den Sachverhalt ebenfalls verstanden zu haben, aber eher im Sinne von „(in etwas) besondere Kenntnisse haben, sich (mit etwas, auf einem bestimmten Gebiet) auskennen (und daher ein Urteil haben)“.[82] Die Einschätzung, eine Lehrkraft sei eine Person, die etwas gut erklären könne, was sie selbst nicht verstanden habe, ist nur ein Scherz.

Beiden Definitionen von Verstehen liegt die Einschätzung zugrunde, Verstehen sei das Ergebnis eines Lernprozesses, nicht Voraussetzung eines solchen.

Ein Blick auf eine Lernzieltaxonomie (Abb. 5.9) verrät, dass Verstehen durchaus nicht das Ende des Lernens anzeigt, sondern nur die zweite von sechs Stufen: Wissen, Verstehen, Anwenden, Analysieren, Bewerten, Erschaffen. Die Lernzieltaxonomie in Abb. 5.9 basiert auf der von Bloom (vgl. Kap 1.3) und wurde von David Krathwohl weiterentwickelt (Krathwohl 2001, S. 212–218). Verstehen ist Voraussetzung zur Erreichung höherstehender Lernziele.

Demzufolge ist Wissen die erste Stufe. Wissen ist aber nur von Nutzen, wenn man damit Ziele erreichen kann. Im Eingangsbeispiel hatte das Wissen des Lernenden eine Lücke, die ihn daran hinderte, die Gleichung „8 = 8“ zu interpretieren. Deshalb konnte er die letzte Gleichung weder erklären noch den damit verbundenen Schritt neu formulieren. Den Schritt von der allgemeingültigen Gleichung zur Lösungsmenge hatte er nicht verstanden, aber nur diesen.

PADUA

Nach Hans Aebli artikuliert sich am Verstehen orientiertes schulisches Lernen allgemein in fünf Stufen. Die fünf Stufen stellen sich wie folgt dar:

- **P**roblem: Der Lernende erhält Zugang zum „Problem“, zum Lerngegenstand. Zugang kann dadurch entstehen, dass der Lernende sich für den Lerngegenstand ohne Einwirkung der Lehrkraft interessiert oder dass er mit mehr oder weniger wirksamen Maßnahmen dazu veranlasst wird.
- **A**ufbau: Bei der Problemlösung werden Verknüpfungen zum Vorwissen gelegt und genutzt, es werden Strukturen aufgebaut, und dadurch wird Ver-

81 Duden.de/rechtschreibung/verstehen [Zugriff: 23.09.2024]
82 Duden.de/rechtschreibung/verstehen [Zugriff: 23.09.2024]

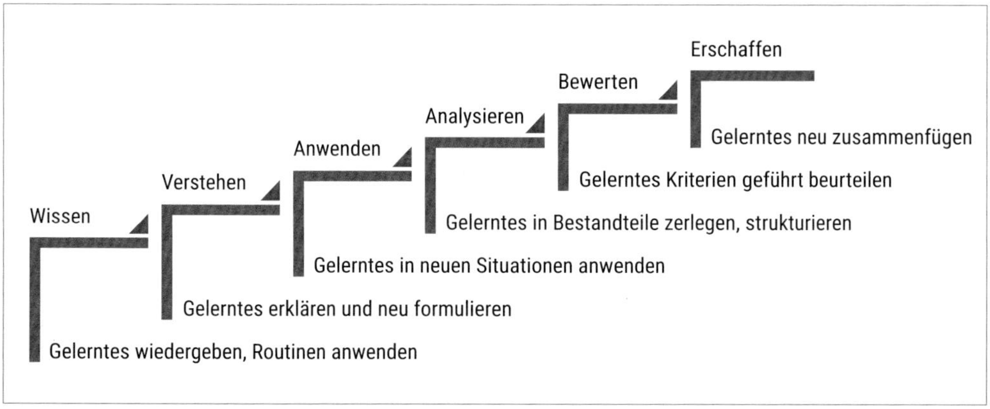

Abb. 5.9: Überarbeitete Lernzieltaxonomie

stehen ermöglicht. Beim Aufbau neuer Wissensstrukturen ist eine Nutzung der enaktiven, der ikonischen und der symbolischen Abstraktionsebene hilfreich.

- **D**urcharbeiten: Das Durcharbeiten dient einem vertieften Verständnis und löst das neu Gelernte von der eingangs verwendeten Problemstellung, verallgemeinert und festigt es.
- **U**eben und Wiederholen: Durch Wiederholungen werden neue Wissensstrukturen verfestigt und gegen das Vergessen gesichert.
- **A**nwenden: Erst wenn schulisches Lernen auf außerschulische Kontexte übertragen werden kann, ist es abgeschlossen, und erst dann wurde eine Kompetenz erworben. Durch die Übertragung auf einen neuen Kontext entsteht eine neue Problemstellung, sodass das Modell PADUA letztlich einen zyklischen Ablauf beschreibt.

Auch hier steht das Verstehen am Anfang des Zyklus, ist nicht Lernergebnis. Demzufolge sollten Fragen der Lehrkräfte nach dem Verstehen am Anfang des Lernens stehen.

Mathematisches kann man umso besser verstehen, je besser man seine Entdeckungsgeschichte kennt (Winter 2016, S. VII). Insofern sind die Abschnitte dieses Kapitels nicht trennscharf, sondern Entdeckendes Lernen (Kap. 5.5) ist eine Möglichkeit des Verstehenden Lernens.

Verstehensorientierung

Verstehensorientierung gehört zu den fünf Prinzipien qualitätsvollen Unterrichtens von Mathematik im *QuaMath*-Projekt (Holzäpfel u. a. 2024, S. 3).

Spontan dachten wir, das sei nicht sonderlich originell, denn schon immer stand für uns bei unserer Tätigkeit als Lehrkräfte ganz vorne, dass die Lernenden überhaupt verstanden, was zu lernen wir sie veranlassten.

Eine Durchsicht der Werke von je drei namhaften Pädagogen und drei namhaften Fachdidaktiker-Teams zu Unterrichtsqualität ergab, dass keiner der Pädagogen dieses Kriterium explizit in seiner Liste hatte, lediglich zwei der Fachdidaktiker-Teams.[83] Es bleibt also eine Anmerkung wert, dass Lernende das, was sie lernen, auch verstehen sollten und dass Verstehen eine notwendige Voraussetzung für die Verinnerlichung von Gelerntem ist.

Ziel der Lehrkraft muss sein, den Unterricht so zu gestalten, dass verstehendes Lernen stattfinden kann. Verstehen ist mehr, als zu wissen, sondern zu wissen, weshalb. Wenn man Neues verstanden hat, kann man es durch bereits Bekanntes erklären (Minsky 1994, S. 23–26).

Orientierung am Verstehen schließt Wissensvermittlung nicht aus, siehe die Stufen in Abb. 5.9. Im Gegenteil, vorhandenes Wissen ist nötig, um neue Wissenselemente zu verstehen und in die kognitive Struktur zu integrieren. Aber Verstehen reicht nicht aus, um das Lernen zu vollenden, sondern ist nur ein Schritt im Lernprozess, wenn auch ein wichtiger oder der wichtigste.

Nach Leistungsüberprüfungen oder Schullaufbahnprüfungen ist oft festzustellen, dass angebliche Lernergebnisse innerhalb kurzer Zeit nicht mehr abrufbar sind. Das lässt sich so erklären, dass erworbenes Wissen und Fertigkeiten nicht wirklich verstanden worden sind und es deshalb nicht möglich ist, das Gelernte in neuen Situationen anzuwenden.

Verstehen fällt leichter, wenn eine vernetzte Denkstruktur vorhanden ist und genutzt wird. Das erklärt, weshalb Verstehen in engen, stark segmentierten Kontexten schwerer fällt als in weitmaschig vernetzten. Ein Sachverhalt ist desto besser verstanden, je mehr Verbindungen der Lernende zwischen seiner Vorstellung des Sachverhalts und anderen bereits verstandenen Sachverhalten konstruiert oder konstruieren kann (Heymann 1996/2013, S. 211).

Erklären

Wenn eine Lehrkraft erklärt, dann besteht die Gefahr, dass sie den Lernenden beim selbstständigen Denken im Weg ist, weil sie sie engspurig auf dem eigenen Weg der Erkenntnis führt. Trotzdem beinhaltet gutes Erklären, den eigenen Verstehensprozess des Erklärenden wieder lebendig werden zu lassen und ihn sprachlich an den Adressaten zu adaptieren. Erklären ist ein

83 Zusammenstellung der Qualitätskriterien von Meyer 2014, Helmke 2015, Heymann 1996 / 2009, Leuders 2001 / 2008, Blum / Leiß 2005 / 2006, Barzel u. a. 2011 in Storz 2020, S. 25

Komplement zum Verstehen, wir erklären jemand etwas, damit er oder sie es besser versteht (Wagner / Wörn 2011, S. 10). Verstehendes Lernen wird durch erklärendes Lehren unterstützt.

Gute Erklärungen sind inhaltsbezogen, didaktisch fundiert, sprachsensibel, adressatenbezogen und werden vom Lernenden initiiert. Vorauseilende und ungewollte Erklärungen erfüllen diese Merkmale selten.

„Nur ich selbst kann wissen, ob ich verstanden habe" (Heymann 1996 / 2013, S. 212). Als Lehrkraft sollte man zurückhaltend sein mit Bewertungen, was die Lernenden verstanden haben. Trotzdem sind wir Lehrkräfte darauf angewiesen, eigene Einschätzungen zu entwickeln, inwieweit einzelne oder mehrere Lernende einen Inhalt wohl verstanden haben werden. In Kapitel 3.2 und 6.12 gehen wir näher auf das Erklären als Aspekt des Lehrens ein.

5.8 Kernprozesse

Das Modell der Kernprozesse des Mathematiklernens beschreibt die Lernschritte aus den Perspektiven der Lernenden: Erkunden, Ordnen, Vertiefen, Sichern (Abb. 5.10). Gleichzeitig stellen die Kernprozesse ein Modell für das Lehren von Mathematik dar, dessen Intention ist: Das Lehren soll dem Lernen folgen.

Den Kernprozessen[84] liegt eine Theorie des individuellen Lernens zugrunde, wie sie von Peter Gallin und Urs Ruf (Gallin / Ruf 1998) beschrieben wurde. Der Unterricht wird nicht aus der Perspektive der wissenschaftlichen Mathematik, sondern konsequent aus den Perspektiven der Lernenden gedacht und artikuliert.

- *Erkunden:* Der Kernprozess des Erkundens gibt als erster Lernschritt einem beziehungshaltigen Entdecken und Nacherfinden Raum. Ausgehend von

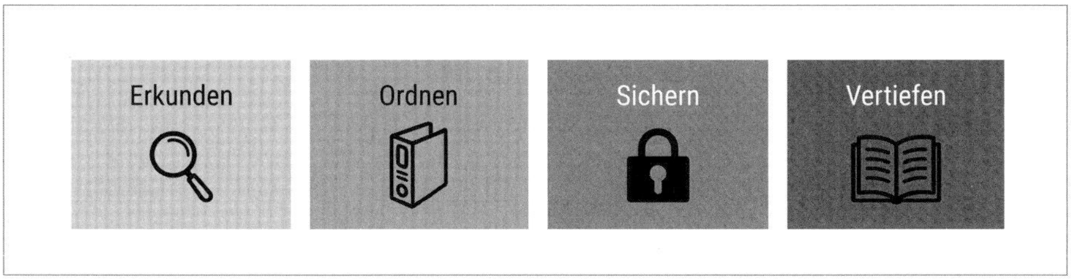

Abb. 5.10: Modell: Kernprozesse des Mathematiklernens

84 im Folgenden sinngemäß dargestellt nach: Barzel u. a. (Hrsg.) 2011c und 2012a

ihren singulären Welten gehen die Lernenden eigene Lernwege. Vorwissen wird aktiviert, an Vorerfahrungen wird angeknüpft, Zusammenhänge werden gefunden und im gemeinsamen Dialog kooperativ diskutiert. In diesem Lernschritt gibt es kein Richtig oder Falsch, sondern Argumente können das Gegenüber überzeugen oder nicht.

- *Ordnen:* Das Ordnen stellt sich als Abfolge zweier Teilprozesse dar. Die im Erkunden gewonnenen Erkenntnisse werden zunächst gesammelt und dann systematisiert. Beim Systematisieren werden Begriffe zugeordnet, Regeln aufgestellt und verstanden, mathematische Symbole eingeführt, Vereinbarungen getroffen. Hier findet der Übergang von den singulären Welten der Lernenden in die reguläre Welt der Mathematik statt; unter aktiver Beteiligung der Lernenden wird gemeinsam eine Abstraktion erarbeitet.
- *Vertiefen:* Beim Vertiefen werden erworbene Kenntnisse und Fertigkeiten wiederholt und trainiert, wobei weitere Lernfortschritte möglich und erwünscht sind.
- *Sichern:* In diesem Lernschritt wird erworbenes Wissen gespeichert und für eine zukünftige Nutzung zugänglich gemacht; damit verbunden sind die Diagnostik individueller Kompetenzstände und individuelle Förderung.

Wenn Mathematik an den Kernprozessen des Lernens orientiert unterrichtet wird, ergeben sich klare Konsequenzen, zum Beispiel dass Mathematikunterricht nicht mit dem Lernen einer Regel beginnt, denn eine Regel muss zuerst gefunden und dann in die mathematische Struktur eingeordnet werden, und damit steht die Regel am Ende des Lernens.

Im konkreten Unterricht können die beiden letzten Kernprozesse auch vertauscht auftreten, das heißt, das Sichern kann auch vor dem Üben stattfinden. Damit rückt das Modell wieder näher heran an das, was man aus traditionellem Mathematikunterricht gewohnt ist: Zuerst wird das Lernen abgeschlossen und das Ergebnis gesichert, dann wird geübt.

Ergänzt wird dieses Modell durch das Postulat, das Erkunden müsse an Vorerfahrungen anknüpfen und diese aktivieren, also bietet der Einstieg „den Lernenden sinnstiftende, anschauliche Situationen, die an die Kernfragen [...] heranführen“ (Barzel u. a. 2012b, S. 6). Der Einstieg als Vorstufe des Erkundens verfeinert das Modell, ohne den ursprünglichen Vierklang infrage zu stellen.

Die Farben Blau für Erkunden, Gelb für Ordnen, Rot für Sichern und Grün für Vertiefen haben wir aus dem *KOSIMA*-Projekt und dem daraus hervorgegangenen Schulbuch *Mathewerkstatt* übernommen (vgl. Abb. 5.11, im Download farbig), weil sich dieses System als sehr hilfreich erwiesen hat. Wir

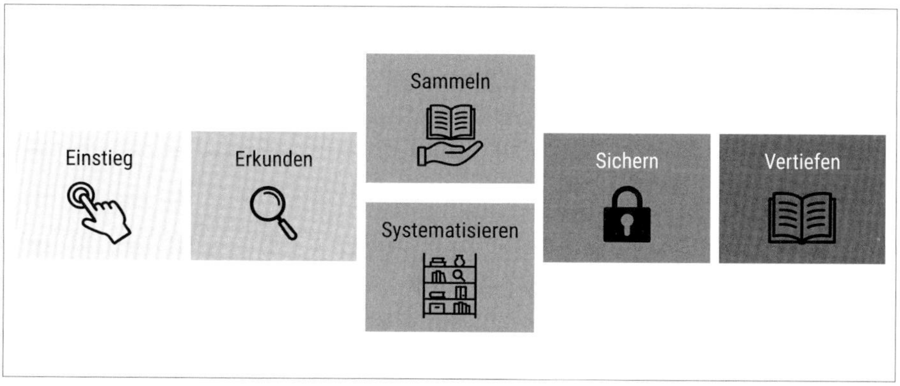

Abb. 5.11: Verfeinertes Modell: Kernprozesse des Mathematiklernens

haben auch sehr gute Erfahrungen damit gemacht, diese Farben in der Lehrerausbildung, in der Unterrichtsberatung und Bewertung von Unterricht einzusetzen.[85]

Sammeln, Systematisieren und Sichern

Die Teilschritte Sammeln, Systematisieren und Sichern führen das Beobachten und Erkunden der Lernenden in geordnetes mathematisches Denken über. Dabei gibt es keine Rückschauperspektive, das mathematische Denken entwickelt sich aus dem naiven Denken der Lernenden hin zu einer systematischen Ordnung.

In einer Erkunden-Phase wurden unterschiedliche Lösungsansätze verfolgt und daraus ergaben sich verschiedene Lösungsmöglichkeiten. Diese wurden zugelassen, gesammelt und reflektiert.

Die gefundenen Ansätze, Ergebnisse und Lösungen werden zueinander in Beziehung gesetzt, sie werden miteinander vernetzt. Dann wird ein Zusammenhang zu den Regeln der Mathematik hergestellt, die gefundenen Ergebnisse werden reguliert. Um sie vor dem Vergessen zu sichern, werden die Lernergebnisse dann in irgendeiner Form physikalisch festgehalten, sie werden dokumentiert.

Daraus ergibt sich ein prinzipieller Ablauf[86] für den Umgang mit Ergebnissen des Erkundens:

Dieser Ablauf ist ein weiteres, wenn auch kein zwingendes Argument dafür, die Abfolge von Sammeln, Systematisieren und Sichern nicht durch Phasen des

85 siehe dazu Storz 2020, Kap.5

86 frei nach Jaschke 2013

Reflexion Verschiedene Ergebnisse, Lösungen, Ansätze sammeln und reflektieren	→ Sammeln
Vernetzung Zusammenhänge zwischen verschiedenen Ergebnissen, Lösungen und Ansätzen herstellen	→ Systematisieren
Regularisierung Zusammenhänge zum Regelwerk der Mathematik herstellen und aufzeigen	→ Systematisieren
Dokumentation Erkenntnisse nachhaltig festhalten und dokumentieren	→ Sichern

Vertiefens zu unterbrechen. An vielen Schulen wird Lernen und Üben aus organisatorischen Gründen getrennt, was man nicht unbedingt gut finden muss. Aber die Vorstellung von Sammeln, Systematisieren und Sichern im Sinn von Dreistufigkeit macht es etwas leichter, traditionelle Vorstellungen von Mathematikunterricht mit Ideen individualisierter Übungsstunden zu synchronisieren.

Beispiel „Punkt vor Strich"[88]

Erkunden	Ohne Bekanntgabe einer Regel wird von allen Lernenden in Einzelarbeit ein Aufgabenpaket bearbeitet, z. B. a) $2 \cdot 3 + 4$ b) $5 + 4 \cdot 3$ c) $12 - 3 \cdot 4$ d) $36 : 4 + 2$ e) $48 - 12 : 3$ f) $20 \cdot 5 - 2$ g) $24 : 6 + 2$ h) $6 + 12 : 3$
Sammeln	Alle Rechenwege und Lösungen werden in einer zweispaltigen Tabelle auf Whiteboard oder Tafel gesammelt. Die Lehrkraft achtet bei der Darstellung darauf, dass in der linken Spalte immer von links nach rechts vorgegangen wurde, in der rechten Spalte von rechts nach links, was in diesem Paket „Punkt vor Strich" entspricht.
Systematisieren	Die Zusammenstellung wird vervollständigt, sodass für alle Aufgaben sowohl die richtigen als auch die falschen Rechenwege vertreten sind. Anschließend einigt sich die Klasse für jede Aufgabe, welchen der beiden möglichen Rechenwege man für richtig hält; dabei wird sehr schnell erkennbar, dass „von links nach rechts" nicht immer die richtige Reihenfolge ist.[87]

87 Wir haben diese Aufgabe über viele Jahre mit vielen Klassen durchgeführt. Noch nie hat sich eine Klasse auf eine Lösung geeinigt, die nicht der Regel „Punkt vor Strich" entspräche.

88 Dieses Unterrichtsbeispiel wird ausführlicher beschrieben unter dem Stichwort „Lösungswegevielfalt" in Storz 2020, S. 173 – 176.

Sichern	Je nach den vorhandenen technischen Möglichkeiten werden die Lösungswege gekennzeichnet, zum Beispiel mit grünem und rotem Hintergrund. Die Erkenntnis wird von Lernenden versprachlicht, zum Beispiel: „Man muss immer zuerst multiplizieren oder dividieren."
Vertiefen	Aber was ist nun mit den falschen Lösungen? „Wenn man in den Rechenwegen geschickt Klammern setzt, könnten sie auch richtig werden."[89] Damit ist der zweite Teil der Vereinbarung schnell formuliert: „Wenn nicht zuerst multipliziert oder dividiert werden soll, setzt man Klammern." Die Aufgaben werden dementsprechend geändert, sodass alles richtig ist, siehe die Tabelle unten. Zum Vertiefen gehört auch, dass nun geübt wird, sich an die gefundenen Regeln zu halten. Aber dieser Schritt hat nicht die Bedeutung, die dem Üben meistens zugeschrieben wird.

2 · 3 + 4	= 6 + 4 = 10	2 · (3 + 4)	= 2 · 7 = 14
(5 + 4) · 3	= 9 · 3 = 27	5 + 4 · 3	= 5 + 12 = 17
(12 − 3) · 4	= 9 · 4 = 36	12 − 3 · 4	= 12 − 12 = 0
36 : 4 + 2	= 9 + 2 = 11	36 : (4 + 2)	= 36 : 6 = 6
(48 − 12) : 3	= 36 : 3 = 12	48 − 12 : 3	= 48 − 4 = 44
20 · 5 - 2	= 100 − 2 = 98	20 · (5 − 2)	= 20 · 3 = 60
24 : 6 + 2	= 4 + 2 = 6	24 : (6 + 2)	= 24 : 8 = 3
(6 + 12) : 3	= 18 : 3 = 6	6 + 12 : 3	= 6 + 4 = 10

Ob nach einer solchen Stunde noch ein Merksatz aufgeschrieben werden muss, wird oft diskutiert; die Antwort findet man eher im Kapitel „Mathematik lehren". Auf jeden Fall haben die Lernenden die Regel „Punkt vor Strich" selbst erarbeitet und dabei die Regel „Klammer geht vor" erfunden. Nicht jeder Einzelne für sich, aber die Lerngruppe gemeinsam.

89 Dass keine einzige solche oder eine ähnlich weiterführende Äußerung im Unterricht von einem Lernenden gekommen wäre, haben wir ebenfalls noch nie erlebt.

5.9 Begriffslernen

Begriffslernen und Regellernen stehen für wichtige, aber nicht hinreichende mathematische Kompetenzen, die sich auf die Hierarchie der Lernarten nach Robert Gagné zurückführen lassen.

Mathematikunterricht ist weitgehend Sprachunterricht, Mathematik wird strukturell ähnlich gelernt wie die eigene oder eine fremde Sprache. Um eine Sprache nutzen zu können, sind Vokabeln, Grammatikregeln und Syntax nötig. Vokabeln werden erlernt, der Lernende verknüpft inhaltliche Vorstellungen damit und zieht dafür bereits vorhandene Vorstellungen heran, die mehr oder weniger tragfähig sein können.

Wir halten es für wichtig, Begriff und Begriffsbezeichnung auseinanderzuhalten. Ein Begriff ist eine Vorstellung von etwas, eine Vorstellung mit individuellen Ausprägungen. Eine Begriffsbezeichnung ist ein Name für diese Vorstellung, der relativ willkürlich zugeordnet wurde oder wird.

Man denke nur an das alljährlich veröffentlichte „Jugendwort des Jahres". Jugendliche grenzen sich dadurch von der Erwachsenenwelt ab, indem sie Vorstellungen mit Begriffsnamen kodieren, die die Erwachsenen nicht kennen, nicht oder in anderen Zusammenhängen verwenden und folglich nicht zuordnen können. Wir fühlen uns zu erwachsen, um dafür tragfähige aktuelle Beispiele zu nennen. Deshalb ein paar antiquierte Beispiele.

B

Begriff und Begriffsname

Mit dem Begriffsnamen *Popper* wurde in den 1980er-Jahren die Vorstellung von Jugendlichen verknüpft, die gut und teuer gekleidet waren, sich konformistisch und unpolitisch gaben und demonstrativ Konsum zelebrierten. Der Begriffsname *Popper* war ein Fantasieprodukt.
Mit dem Begriffsnamen *Generation Golf* wurde die Vorstellung einer Generation verknüpft, die in den 1990er-Jahren erwachsen wurde, weil der VW Golf in dieser Zeit das typische Fahrzeug „für alle" war. Zu der Begriffsvorstellung gehörte auch eine egoistische und unpolitische Einstellung, die mit dem Begriffsnamen als Auto so wenig zu tun hatte wie mit der gleichnamigen Sportart. Ebenfalls ein Begriffsname aus den 1990er-Jahren war *Skater*. Damit waren Jugendliche gemeint, die sich über sportliche Aktivitäten identifizierten (Skateboard oder Inlineskater). Man trug Kapuzenpullis, weite Hosen, die in den Kniekehlen hingen, Skaterschuhe (Marke: Vans). Musikrichtung Punk Rock oder Hip-Hop.
Ehrenmann ist auch so ein Begriffsnamen in letzter Zeit. Inhaltlich aber keine Überraschung. Als Lehrkraft ist man zum Beispiel *Ehrenmann*, wenn man keine Hausaufgaben gibt.

Wenn nicht Begriffe gebildet, sondern nur Begriffsnamen auswendig gelernt werden, kann selten Verstehen erzeugt werden. Dies gilt erst recht, wenn Begriffe gelernt werden, von denen dann kein Gebrauch gemacht wird. Diese werden einfach schnell wieder vergessen.

Aber auch wenn Begriffe mit Vorstellungen verbunden sind, können Kommunikationsprobleme entstehen, wenn die mit den Begriffsnamen verbundenen Vorstellungen sich nicht decken.

Der Mathematik wird gerne nachgesagt, sie sei „exakt“, was in diesem Kontext bedeutet, dass die Vokabeln im Vergleich zu anderen Sprachen unmissverständlicher seien. In der Tat werden in der Mathematik seltener als in anderen Sprachen dieselben Vokabeln für unterschiedliche Begriffe verwendet, aber auch dies kommt vor.

Zum Beispiel wird der Begriffsnamen „Würfel“ in der Mathematikdidaktik sowohl für einen geometrischen Körper verwendet, der von quadratischen Flächen begrenzt ist, als auch für ein Spielgerät zur Erzeugung von Zufallsexperimenten. Letzteres sogar dann, wenn das Spielgerät dem Körper „Würfel“ gar nicht entspricht, weil es mehr oder weniger als sechs Flächen besitzt.

Ein „Betrag“ ist die Bezeichnung für eine rationale Zahl ohne Vorzeichen, derselbe Begriffsnamen wird aber auch verwendet für Größen mit Geldwerten als Einheit.

Mit „senkrecht“ wird in der Alltagssprache beschrieben, dass etwas genau nach oben oder unten geht oder zeigt, in der Mathematik beschreibt „senkrecht“ eine Beziehung zwischen Objekten: zueinander senkrecht.

Ein „Körper“ ist in der Mathematik sowohl eine dreidimensionale geometrische Figur als auch eine Menge, versehen mit zwei inneren Verknüpfungen, die bestimmte Axiome erfüllen. Im Leben ist mein Körper zwar auch dreidimensional, ansonsten aber etwas ganz anderes.

Wer die Bedeutung einiger Wörter einer Sprache kennt, der kann diese Sprache noch nicht sprechen. Auch die bloße Kenntnis mathematischer Begriffe ermöglicht noch kein mathematisches Denken und Handeln.

Andererseits gilt auch für die Mathematik, dass sich derjenige präziser, interessanter und detaillierter ausdrücken kann, der über einen reicheren Schatz an Begriffen verfügt als jemand mit eingeschränktem Wortschatz.

Die Auswahl an mathematischen Begriffen, die dem Lernenden angeboten oder abverlangt werden, fundiert gerade im Mathematikunterricht auf wichtigen, grundlegenden und weitreichenden didaktischen Entscheidungen, deren Tragweite teilweise unterschätzt wird.

Oft werden Begriffe eingeführt, die nur dazu dienen, um Regeln zu formulieren, die man eigentlich nicht braucht. Wir denken dabei an Konstellationen wie Stufen-, Wechsel-, Neben- und Scheitelwinkel an geschnittenen Parallelen. Erschwerend kommt bei diesem Beispiel dazu, dass die Regeln, die dann formuliert werden, mathematisch falsch sind.[90]

Auch spielt beim Lernen mathematischer Begriffe eine Abgrenzung von Alltags-, Bildungs- und Fachsprache eine Rolle. Einerseits ist Fachsprache eine Verfeinerung von Bildungssprache. Andererseits erschwert Fachsprache die Entwicklung von Vorstellungen, die aber Grundlage des Begriffslernens sind.

Die aktuellen Rahmenbedingungen an den Schulen sind noch aus einer anderen Zeit und passen nicht mehr zu den aktuellen Voraussetzungen bezüglich der Schülerschaft. Die Diversität ist enorm gewachsen, Kinder mit Wurzeln aus zahlreichen Sprachen und Kulturen werden in immer noch zu großen Klassen zusammengebracht. Es gibt Schulen mit Lernenden, die zwanzig verschiedene Sprachen sprechen. Deutsch ist oftmals die einzige Sprache, in der sich alle verständigen können. Und Mathematik.

Denn oft fallen Kinder mit erheblichen Sprachproblemen dadurch auf, dass sie in Mathematik gute Leistungen bringen. Warum? Weil die Sprache Mathematik überall fast gleich gesprochen wird.

Wir sind der Überzeugung, dass ein Fokus auf das Begriffslernen zu den effektivsten Strategien zählt, die Defizite im Mathematiklernen, die sich an deutschen Schulen herausgestellt haben, zu verringern. Ein wichtiger Schritt dahin ist aus unserer Sicht beim Begriffslernen die Unterscheidung von Begriffsinhalt als Vorstellung und Begriffsbezeichnung als Namen.

Wie kommt man zu Begriffen?

Der Erwerb elementarer Begriffe beinhaltet vorwiegend ein Entdecken einfacher Begriffsinhalte. Zahlreiche Beispiele und Gegenbeispiele sind nötig, um das Entdecken zu ermöglichen, der Abstraktionsgrad der Verbalisierung orientiert sich an den Lernenden und ist nicht immer mathematisch exakt.

Komplexere Begriffe werden zunehmend rezeptiv übernommen, verbunden mit erläuternden Hinweisen und der Anleitung zu exaktem Verbalisieren. Besonders nachhaltig ist Begriffserwerb, wenn er mit Handlungen oder Handlungsvorstellungen verbunden ist. Beispiel Winkelbegriff: Ein Winkel entsteht durch Drehung einer Halbgeraden um ihren Anfangspunkt.

Beim Begriffserwerb werden einfache, typische Beispiele, Gegenbeispiele und Fast-Beispiele betrachtet. Beispiele sollten sich möglichst stark in den irrelevanten Merkmalen, Gegenbeispiele möglichst wenig in den relevanten Merkmalen unterscheiden. Extremfälle, Sonderfälle und Fast-Beispiele ver-

90 vgl. dazu den Kasten „Winkel im Schnittpunkt von Geraden" in Kap. 3.5

hindern Begriffsverengungen. Methodische Hilfsmittel wie farbiges Hervorheben bestimmter Merkmale, zeitweiliges Abdecken von anderen Merkmalen können den Begriffserwerb unterstützen, behindern ihn bisweilen aber auch, weil sie die Wahrnehmung und das Denken der Lernenden in eine bestimmte Richtung lenken oder eigenem Denken im Weg stehen.

Begriff und Definition

Weil Begriffe oft mit unterschiedlichen Vorstellungen oder mit unterschiedlichem Wissen verbunden sind, obwohl dieselben Begriffsnamen verwendet werden, kommt es im Leben zu unendlich vielen Missverständnissen, denn „man redet aneinander vorbei". In der Mathematik ist das, wie oben ausgeführt, selten der Fall, aber nicht ausgeschlossen.

Sobald man aber nicht über die Mathematik kommuniziert, sondern darüber, wie Mathematik unterrichtet wird, geht es mit differierenden Deutungen los.

Motivation und Motivieren

Über Motivation kann man in Kollegien unendliche Diskussionen führen, die selten Missverständnisse beseitigen. Für die einen ist Motivation eine Unterrichtsphase, in der die Lehrperson Lernprozesse anstößt (Zech 1996, S. 182), also aktiv in den Lernprozess eingreift. Für Besitzer und Besitzerinnen dieser Vorstellung ist es eine wichtige Frage, wie sie ihren Unterricht beginnen, damit sie die Lernenden „motivieren", also Lernprozesse anstoßen können.

Eine andere Vorstellung von Motivation meint alle Gründe, weshalb von Individuen in bestimmten Situationen Handlungen initiiert und in Gang gehalten werden (frei nach Heckhausen 1974, zit. n. Zech 1996, S. 187).

Absichtlich haben wir für beide Vorstellungen dieselbe Quelle verwendet. Zech löste den Widerspruch der konkurrierenden Begriffsvorstellungen, indem er einerseits von Motiven (individuellen Handlungsanlässen), andererseits von Motivation (Eingriffen der Lehrkraft in die Motive der Lernenden) sprach.

Wenn man bei diesen Definitionen bleibt, ergibt sich ein klarer Schluss: Zu motivieren ist ein Ansinnen von Lehrkräften, das nicht funktioniert. Motivation findet in jedem einzelnen Individuum statt, weil sein Handeln von Motiven gesteuert wird. Als Lehrkraft kann man bestenfalls gute Bedingungen schaffen und Angebote machen.

Manchmal liest man von „Begriffsdefinitionen". Wer das schreibt, hat das Problem erkannt, denn Begriffe sind etwas anderes als Definitionen. Wenn ich etwas definiere, dann nicht, damit mein Gegenüber meine Vorstellungen, also Begriffe, übernimmt, sondern dass sie versteht, was ich meine. „Durch

Definitionen werden die Begriffe festgelegt, mit denen man später arbeiten kann. Im Gegensatz zu einer Aussage kann eine Definition nicht wahr oder falsch sein, wohl aber mehr oder weniger sinnvoll" (Arens u. a. 2018, S. 26). Eine Definition muss widerspruchsfrei, eindeutig und zweckmäßig sein, wird dadurch aber nicht zum Begriff. Eine Begriffsdefinition kommuniziert die Begriffsvorstellung dessen, der die Definition vornimmt.

Arten von Definitionen

Definitionen vergeben Begriffsnamen, die sich nicht zwingend auf Vorstellungen stützen.

Konventionaldefinition
Hier werden die Bedingungen angegeben, die erfüllt sein müssen, wenn ein Objekt oder ein Ereignis unter diese Bezeichnung fallen soll. Beispiel: *Die dem rechten Winkel gegenüberliegende Seite eines rechtwinkligen Dreiecks heißt Hypotenuse.* Konventionaldefinitionen sind getroffene Vereinbarungen, die weder entdeckt noch verstanden werden können; man muss einfach das Wort wissen.

Realdefinition
Hier wird ein Objekt mithilfe einer umfassenden Gattungsbezeichnung und durch die Angabe eines oder mehrerer kennzeichnender Merkmale definiert. Beispiel: *Ein Viereck mit zwei parallelen Seiten heißt Trapez.* Zahlreiche Beispiele, Nicht-Beispiele und Fast-Beispiele sollten verglichen werden, bevor die Definition vorgenommen wird.

Abstraktion
Innerhalb einer Menge von Objekten wird eine Äquivalenzrelation erklärt und mit einer Bezeichnung versehen. Beispiel: *Allen Mengen, die den gleichen Anteil an einem Ganzen darstellen, wird eine bestimmte Bruchzahl zugeordnet.* Hier unterstützt eine Variation der Darstellungsform den Erwerb einer Vorstellung.

Begriffserwerb

Wenn sich beim Begriffserwerb Fehlvorstellungen etablieren, zieht das Folgen beim Verständnis von Regeln nach sich. Das der mathematischen Grundbildung im Sinne der OECD-Studien zugrunde liegende Verständnis von Fachkompetenz spricht mathematischem Begriffserwerb einen höheren Stellenwert zu als dem Beherrschen von Rechenroutinen, weil die Kompetenzen *Problemlösen* und *Modellieren* stärker in den Vordergrund gerückt sind. Begriffe werden zum Teil auch ohne einen abgeschlossenen Begriffserwerb verwendet; man kann eine Wortbezeichnung und eine verbale Definition für einen Begriff kennen, ohne ihn mit einer tragfähigen Grundvorstellung zu verknüpfen. Einen Begriff hat erst erworben, wer ihn abstrahieren und verallgemeinern kann.

5.10 Regellernen

Erst mithilfe von Begriffen ist es möglich, Regeln zu formulieren. Regeln sind die Grammatik der Mathematik. Werden Begriffsnamen verwendet, die eindeutig und unmissverständlich den zugrunde liegenden Begriffen zugeordnet werden können, dann sind einleuchtende Regelformulierungen möglich, die weniger gelernt als verstanden werden müssen.

Andere Arten von Regelformulierungen basieren lediglich auf Gedächtnisleistungen oder auf Wiedererkennung. Regeln wie etwa „in Summen kürzen nur die Dummen" sprechen hauptsächlich die zuletzt Genannten an, denn mit einer solchen Form von Grammatik wird nicht einmal versucht, ein logisch strukturiertes Denken anzuregen, sondern im Gegenteil wird damit verhindert, dass ein mathematisches Sprachgefühl entstehen und wachsen kann.

Auch in der Mathematik basiert Grammatik auf logischen Prinzipien mit dem Lernvorteil, dass die Anzahl an Ausnahmen von den Regeln im Vergleich zu anderen Sprachen gering ist. Die Verwendung vertrauter Zeichen und Symbole erleichtert das Verstehen neuer Regeln.

Regellernen ist sinnvolles rezeptives Lernen mathematischer Zusammenhänge (Zech 1996, S. 283). Eine mathematische Regel ist eine Gesetzmäßigkeit, die eine bestimmte Verknüpfung von Begriffen beinhaltet, die in der Regel mit einem Namen versehen und in einer symbolischen Kurzform memoriert wird.

Voraussetzung für erfolgreiches Regellernen ist, dass zuvor alle in der Regel verwendeten Begriffe gelernt und „begriffen" wurden. Insofern hängen Begriffslernen und Regellernen eng zusammen und dem Begriffslernen fällt die wichtigere Rolle zu. Grundsätzlich sollten Fachbegriffe ökonomisch verwendet werden, andererseits zieht ein zu sparsamer Bestand an Fachbegriffen oft Schwierigkeiten beim Formulieren von Regeln nach sich.

Zum Beispiel wird in aktuellen Schulbüchern oft auf den Begriff *Betrag einer rationalen Zahl* verzichtet. Das macht es aber bisweilen schwierig, eine

Rationale Zahlen addieren[91]	
Gleiche Vorzeichen Man addiert die Zahlen, ohne ihr Vorzeichen zu berücksichtigen. Das Ergebnis erhält das gemeinsame Vorzeichen.	**Verschiedene Vorzeichen** Man subtrahiert die Zahlen, ohne ihr Vorzeichen zu berücksichtigen. Das Ergebnis erhält das Vorzeichen der Zahl, die von der Null weiter entfernt ist.

am Verstehen orientierte und fachlich korrekte Regel für Rechenverfahren zu formulieren. Etwa für die Addition rationaler Zahlen.

Wer soll auch verstehen, weshalb man rationale Zahlen addiert, indem man sie subtrahiert, ohne ihr Vorzeichen zu berücksichtigen? Weshalb hat eine rationale Zahl ein Vorzeichen, wenn es Situationen gibt, in denen man es nicht zu beachten braucht? Warum wird in meinem Schulbuch das positive Vorzeichen manchmal geschrieben, dann wieder weggelassen? Wie weit sind solche Regeln entfernt von den Sprüchlein aus dem Rechenunterricht des 18. Jahrhunderts?

Eine Regel ist erst dann in die kognitive Struktur integriert, wenn der Lernende sie in neuen Situationen richtig anwenden kann. Lernende können eine Regel als neue mentale Einheit im Rahmen ihrer kognitiven Struktur aber auch stabil verinnerlicht haben, ohne dass sie eine genaue Formulierung oder eine vereinbarte Wortbezeichnung dafür besitzen. Dann kann die Regel zwar angewendet werden, ist aber noch nicht kommunizierbar.

Regelformate

Bisweilen werden Wortbezeichnungen, verbale Formulierungen oder symbolische Darstellungen für eine Regel verwendet, ohne dass die Regel selbst tatsächlich verstanden und verinnerlicht wurde. Ein typisches Beispiel dafür ist der Satz des Pythagoras, der nicht nur von Lernenden oft ausschließlich mit der Gleichung $a^2 + b^2 = c^2$ memoriert wird und als solche eben keine Gesetzmäßigkeit beschreibt. „Wird eine Voraussetzung nicht benutzt, so ist das Ergebnis selten richtig“ (Arens u. a. 2018, S. 13). Das Format *Wenn … dann …* kann gewährleisten, dass Regeln korrekt formuliert werden.

Nehmen wir zum Beispiel den **Satz des Thales**: *Alle Winkel im Halbkreisbogen sind rechte Winkel.* Eine andere, genetische Annäherung an die Regel kann mit dynamischer Geometriesoftware erarbeitet werden.

91 Backhaus u. a. 2016, S. 18

Auf einer Kreislinie verbindet man drei Kreispunkte und bewegt sie auf der Kreislinie. Dann sind drei Konstellationen zu beobachten:

- Der Kreismittelpunkt liegt in dem Dreieck, dann ist es spitzwinklig.
- Der Kreismittelpunkt liegt auf einer Dreiecksseite, dann ist es rechtwinklig.
- Der Kreismittelpunkt liegt außerhalb des Dreiecks, dann ist es stumpfwinklig.

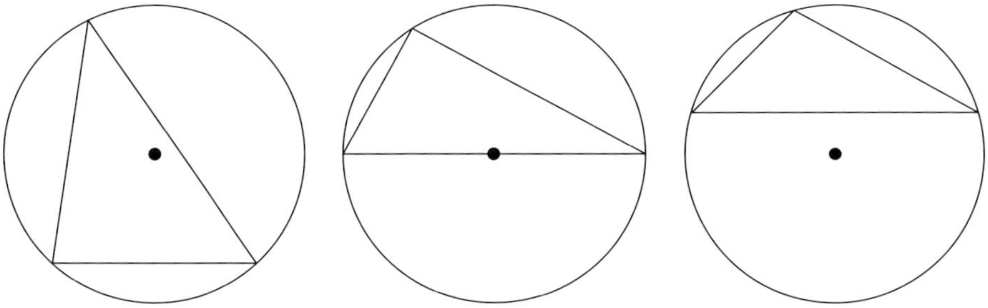

Spitzwinkliges Dreieck — Rechtwinkliges Dreieck — Stumpfwinkliges Dreieck

Nach dieser Herangehensweise kann der Satz des Thales dann lauten: *Wenn von einem in einen Kreis einbeschriebenen Dreieck eine Seite durch den Mittelpunkt des Kreises geht, dann ist das Dreieck rechtwinklig.*

Einzelne Regeln können von der Lehrkraft vorgegeben werden, ohne dass dadurch automatisch individuelles Lernen verhindert werden würde, wenn dies in einem angemessenen Zusammenhang stattfindet. Neben darbietenden können und sollten für das Regellernen auch entdecken lassende Unterrichtsformen eingesetzt werden. Regeln können auch dadurch gefunden werden, dass viele Beispiele gerechnet, diese dann beschrieben werden und schließlich die gefundene Erkenntnis zur Regel verallgemeinert wird (siehe dazu zum Beispiel die *Regel Punkt vor Strich* (Kap. 5.8).

Induktiv oder deduktiv

Induktives Regellernen, also von den Beispielen her zu einer verbalen Formulierung, ist einer deduktiven Vorgehensweise, bei der von der Regelformulierung zu erläuternden Beispielen übergegangen wird, meistens vorzuziehen. Regeln werden wie Begriffe effektiv durch ein Zusammenspiel von Beispielen, Gegenbeispielen und verbalen Erläuterungen gelernt. Die Beispiele sollten unter Einbezug von Extrem- und Sonderfällen so breit variieren, dass eine unerwünschte Einengung einer Regel verhindert wird.

Unterrichtsbeispiel Addition rationaler Zahlen

Gerade bei Regeln, die eigentlich leicht zu befolgen sind, bereitet deren Formulierung bisweilen enorme Schwierigkeiten. Die Gewinnung einer Regel für die Addition rationaler bzw. ganzer Zahlen gehört dazu. Das Entdecken und auch ein intuitives Befolgen der Regel gelingen im Unterricht normalerweise ohne Probleme. Ein methodischer Weg ist, die Lernenden Zahlen auf großen Zahlengeraden nachgehen zu lassen, oder es werden Kartenspiele oder andere Spiele eingesetzt. Auch Betrachtungen an Thermometern oder das Erklärungsmodell „Guthaben und Schulden", wenn es auch nicht ganz altersgemäß ist, führen irgendwie zum Ziel.

Wenn es dann aber darum geht, eine Regel zu formulieren, stellt sich meistens heraus, dass die Lernenden und sogar manche Lehrkräfte damit überfordert sind. Das Thema *Addition und Subtraktion ganzer/rationaler Zahlen* oder auch nur auf die Addition verkürzt, wird gerne für beratende Unterrichtsbesuche gewählt. In gut zwanzig Jahren Erfahrung mit Unterrichtberatungen haben wir bei keinem anderen Stundenthema so viele misslungene Unterrichtsversuche gesehen wie bei diesem,[92] gerade bei diesem Thema haben wir angehende Lehrkräfte nahezu scheitern gesehen.

Die Formulierung, der doch leicht zu befolgenden Regel, erfordert nämlich eine Fallunterscheidung. Die Regel setzt sich aus zwei Teilen zusammen, einem für Summanden mit gleichen und einem anderen für Summanden mit verschiedenen Vorzeichen, und auch dann gilt die Regel nur für die Addition von genau zwei Zahlen, nicht für mehrere. Im Fall unterschiedlicher Vorzeichen müssen die Beträge, die so aber nicht benannt werden, subtrahiert werden, obwohl es sich doch um eine Addition handelt. Dies alles in einer sprachlich korrekten und gerne knapp gehaltenen Formulierung unterzubringen, ist äußerst schwierig.

Wenn aber Modelle herangezogen werden müssen, wie im folgenden Kasten beschrieben, nur um Regelformulierungen zu unterstützen, nicht Sachverhalte zu verdeutlichen, sollte man als Lehrkraft vorsichtig sein.

Möglicherweise haben diejenigen erfahrenen Lehrkräfte gar nicht so unrecht, die auf das schriftliche Festhalten von Regeln ganz verzichten: „Mir ist es wichtiger, dass sie es können."

92 Glücklicherweise steht das Thema normalerweise in den Stoffverteilungsplänen im ersten Schulhalbjahr, während die Prüfungszeiträume sich weitgehend auf das zweite Schulhalbjahr konzentrieren, sodass die wenigsten dieser misslungenen Unterrichtsversuche zu einer Bewertung herangezogen wurden.

Vektorielle Darstellung für Rechenregeln

Immer wieder begegnen wir in Literatur und Internet einem Modell, womit die Verknüpfungen für rationale oder ganze Zahlen visualisiert werden, das sich als sehr problembehaftet herausgestellt hat. Für die Addition wirkt das Modell auf den ersten Blick überzeugend: Pfeile werden aneinandergehängt, die Länge steht für den Betrag, die Pfeilrichtung für das Vorzeichen der jeweiligen Zahlen.

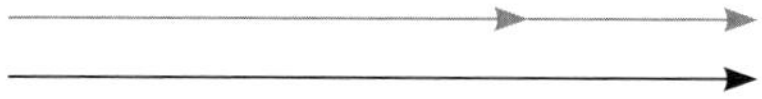

Zu einer positiven Zahl wird eine positive Zahl addiert.

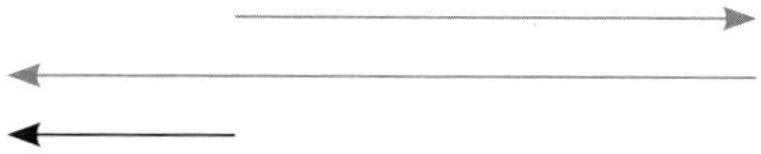

Zu einer positiven Zahl wird eine negative Zahl addiert.

Als Modell für die Subtraktion wird Pfeilspitze an Pfeilspitze angelegt.

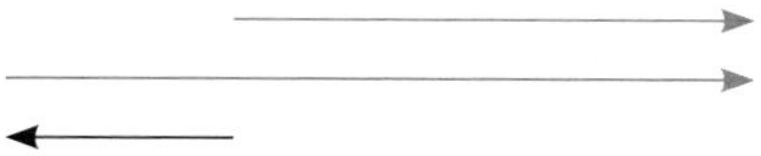

Von einer positiven Zahl wird eine positive Zahl subtrahiert.

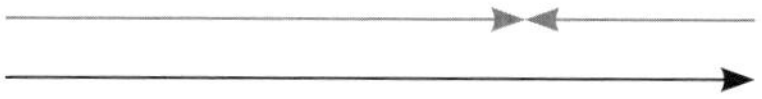

Von einer positiven Zahl wird eine negative Zahl subtrahiert.

Das Modell stammt aus den 1950er-Jahren (Minning 1955). Leider kann es seinen anfänglichen Charme beim Einsatz im Unterricht nicht bestätigen, erst recht nicht, wenn man damit auch noch die Multiplikation erklären will, Division geht nicht. Wir raten aber bereits davon ab, es zur Erklärung der Addition einzusetzen, da es auch diesbezüglich nicht mehr leistet als Guthaben / Schulden, Fahrstuhl oder Thermometer als Stützvorstellungen.[93]

93 Ein misslungener Unterrichtsversuch mit diesem Modell wird ausführlich beschrieben in Storz 2020, S. 227 – 232.

Rundungsregeln

Ein weiteres Beispiel aus einem anderen thematischen Zusammenhang:

> „Rundungsregel:
> Es wird abgerundet bei: 0,1,2,3,4.
> Es wird aufgerundet bei: 5,6,7,8,9.
> Es wird immer die Zahl angeschaut, die direkt rechts neben der zu rundenden Zahl steht."[94]

Abgesehen von der Frage: Was ist denn nun Ab- und Aufrunden? In der hier formulierten Rundungsregel werden Zahl und Ziffer beide als Zahl bezeichnet. Das ist bedauerlich, weil die Regel aus einem Buch stammt, mit dem Grundschulkinder, die endlich das Stellenwertsystem begreifen wollen, zusammen mit ihren Eltern damit außerhalb der Schule lernen sollen.

Das Beispiel zeigt wieder einmal, dass das Aufstellen von Regeln mit dem Ziel, dass diese gelernt werden, mehr Fingerspitzengefühl erfordert, als oft angenommen wird. Und wer Regeln aufstellt, übernimmt die Verantwortung für deren Richtigkeit.

5.11 Verfahren lernen

Ein Verfahren beinhaltet das Beachten mehrerer hierarchisch angeordneter Regeln, es ist „eine eindeutige Handlungsvorschrift zur Lösung eines Problems oder einer Klasse von Problemen" (Kortenkamp/Lambert 2015, S. 2). Ein **Rechenverfahren** ist also ein Rezept, ein Routineweg, mit dem sicher und effizient eine bestimmte Aufgabe schematisiert und durch Rechnen erledigt werden kann, und damit eine der zentralen Ideen der Mathematik.

Wenn sich Mathematiklernen aber auf Verfahren beschränkt oder auch nur konzentriert, also auf das rezeptive Lernen von Verfahren, wird Mathematik von Lernenden verstanden als Einhalten einer Disziplin und nicht als Nutzen eines kreativen Werkzeugs (Vollrath / Roth 2012, S. 263), was schade ist.

Verfahren zu lernen heißt, sie nachvollziehend auszuführen. Die Beherrschung von Verfahren durch ihre Lernenden wurde für Lehrkräfte lange als Merkmal ihrer Qualifikation angesehen. Mit Sätzen wie „Alle meine Schülerinnen und Schüler können lineare Gleichungssysteme nach allen vier Verfahren lösen", begründeten Lehrkräfte, deren Zöglinge bei Schullaufbahn-

94 Müller-Wolfangel / Schreiber 2006, S. 41

prüfungen überdurchschnittlich gut abgeschlossen hatten, den Erfolg ihrer Arbeit.

Dabei nutzten diese Lehrkräfte nur die Bedingungen, wie Prüfungen erfolgreich absolviert werden können, weil sie wussten, welche Verfahren zu beherrschen seien, und trainierten ihre Schülerinnen und Schüler systematisch darauf.

Dass genau solche Lernenden mit ihren überdurchschnittlichen Prüfungsergebnissen auch überdurchschnittliche Kompetenzen erworben haben sollten, ließ sich nicht nachweisen. Oft waren die „beherrschten" Verfahren kurz nach der Prüfung vergessen. „Beherrschen" ist auch in der Mathematik ein zeitlich begrenzter Zustand, der nicht automatisch mit Nachhaltigkeit verbunden ist.

Schriftliche Rechenverfahren

Die Sekundarstufe ist nicht der Ort, an dem schriftliche Rechenverfahren für die Grundrechenarten gelernt werden, sondern ihre Beherrschung wird vorausgesetzt. Weil aber die Handlungsvorschriften von Rechenverfahren in der Primarstufe als eindeutig gelernt und ausgiebig geübt wurden, sollte die Sekundarstufen-Lehrkraft Respekt davor haben, wie jeder einzelne Lernende das jeweilige Verfahren ausübt.

So interkulturell verständlich Mathematik auch ist, es gibt doch Unterschiede in der Routine von Verfahren. In Kap. 4.1 *Abschnitt Subtraktion* haben wir dargelegt, wie schwierig es schon sein kann, unterschiedlich gelernte Verfahren innerhalb desselben Kulturkontextes zu respektieren. Wie viel schwieriger ist das in einer multikulturell vielfältig zusammengesetzten Lerngruppe?

Eine Lehrkraft kann unmöglich alle Varianten kennen, wie die Lernenden ihrer Lerngruppe das gelernt haben, und was sie aktuell vielleicht nicht mehr zuverlässig können. Es gibt aus unserer Sicht nur eine Möglichkeit: fragen und zuhören. Wenn ein Lernender ein Verfahren nicht so ausführt, wie es die Lehrkraft für richtig hält, muss sie sich von dem Lernenden erklären lassen, warum er oder sie das so macht. Nur so ergibt sich eine Chance zum Weiterhelfen. Denn gelernte, eingeübte und verfestigte Verfahren korrigieren und überdecken zu wollen, das kann nicht funktionieren.

Mit dem Einsatz digitaler Hilfsmittel ist die Fähigkeit zur Ausführung von Rechenverfahren unwichtiger geworden. Das ist richtig. Aber anstelle des schriftlichen Rechnens ist keine Leerstelle entstanden, sondern die Notwendigkeit getreten, Rechenergebnisse überschlagen und überprüfen zu können. Man muss weniger händische Verfahren ausführen, aber um die Richtigkeit von Ergebnissen überprüfen zu können, muss man wissen, wie die Verfahren funktionieren.

Rechenverfahren in der Sekundarstufe

In der Schule gelernte Rechenverfahren sind oft einstufig oder so überschaubar, dass sie zum Teil als Selbstverständlichkeiten angesehen oder mit Regeln gleichgesetzt werden:

- Zählen und Reihen bilden,
- Sortieren und Ordnen,
- Muster kreieren,
- Division mit Rest,
- Bestimmung von ggT (größter gemeinsamer Teiler) und kgV (kleinstes gemeinsames Vielfaches),
- Bestimmung des Hauptnenners von Brüchen,
- Kürzen und Erweitern von Brüchen,
- Darstellung von Funktionen mit Wertetabelle und Graph,
- Lösen linearer Gleichungen,
- Lösen linearer Gleichungssysteme,
- Extremstellen bestimmen,
- Vollständige Induktion.

Im Alltag stellen wir Verhaltensänderungen in der Bevölkerung fest wie diese:

- Im Restaurant gibt der Kellner oder die Kellnerin Kennmerkmale für den Verzehr in ein elektronisches Gerät ein und nennt am Ende einen Betrag. Eine Dokumentation des Rechenverfahrens oder gar einen Beleg auf Papier gibt es nicht. Das heißt, der Gast ist darauf angewiesen, auf die Richtigkeit der eingegebenen Daten und die korrekte Ausführung des Rechenverfahrens zu vertrauen, weil ihm nur das Resultat genannt wird. Er kann entweder negativ damit auffallen, dass er explizit einen Beleg verlangt, oder er kann durch eine Überschlagsrechnung die mögliche Richtigkeit der Abrechnung abschätzen.[95] Oder er kann naiv den geforderten Betrag bezahlen.
- Im Supermarkt wird zunehmend mit Karte bezahlt, und den Kassenzettel lässt man liegen. Es ist also eine Tendenz festzustellen, dass Kundinnen und Kunden ihre Ausgaben weder auf Richtigkeit überprüfen noch ihr eigenes Budget überschauen wollen. Das kann man als angenehme Lockerheit interpretieren. Es ist aber auch ein freiwilliger Verzicht auf Selbstbestimmung und Emanzipation. Oder fehlt es am Können?

95 Wer in einer ländlichen Region wohnt oder urlaubt, der kennt das noch: die kleinen Papierblocks, auf denen die einzelnen Posten des Verzehrs notiert werden, und dann der Bleistift der Kellnerin oder des Kellners, der Ziffer für Ziffer die Werte zusammenzählt und das „Behalten" notiert. Während die Kellnerin ihre Rechnung überprüft, kann man sich in Ruhe überlegen, wie viel Trinkgeld man zugeben wird. Wenn die Handschrift besonders schön ist, wird es etwas großzügiger.

- Anbieter von Mediennutzung verzichten zunehmend darauf, Entgelte über Rechenverfahren abzurechnen. Die kontextbezogene Mathematikstunde mit dem Thema *Handytarife vergleichen* als Einstieg in das Thema *Lineare Funktionen* ist schon lange nicht mehr möglich. Stattdessen wird über Pauschalen oder maximale Übertragungsraten abgerechnet. Verbraucherinnen und Verbraucher werden dazu erzogen, die Medien möglichst ausgiebig zu nutzen, und wenn sie das nicht tun, bezahlen sie Leistungen, die sie nicht in Anspruch nehmen. Das ist Manipulation und Übervorteilung. Damit werden Transparenz und Vergleichbarkeit beseitigt, die mithilfe der Mathematik so einfach wären.

Wir leben aber in einer Gesellschaft, die „– im Prinzip – die Fähigkeit zum kritischen Vernunftgebrauch bei allen erwachsenen Angehörigen der Gesellschaft voraussetzt" (Heymann 1996/2013, S. 89). So absurd der folgende Gedanke bei der ersten Begegnung wirken möge: Das Lernen von Verfahren kann zum kritischen Vernunftgebrauch beitragen, sofern gelernte Verfahren anlassbezogen dann auch genutzt werden.

„Für die reine Durchführung eines Verfahrens ist ‚Vormachen – Nachmachen' durchaus eine erfolgreiche Lernstrategie. Wenn Lehrkräfte ein Verfahren in kleinen Schritten zeigen, können viele Lernende ihre Durchführung kurzfristig durchaus effektiv nachahmen" (Prediger/Wittmann 2012, S. 138).

Der Unterricht darf sich auf „Vormachen – Nachmachen" nicht beschränken, aber nicht jeder einzelne Lernende muss ein Verfahren nacherfinden, wenn ihm kompetent gezeigt wird, wie es geht.

Insgesamt wird die Beherrschung von Verfahren überschätzt und dominiert noch immer den Mathematikunterricht. „Um es überspitzt auszudrücken: Kein Mensch muss heute noch rechnen können. Wir rechnen in der Schule, damit die Lernenden Vorstellungen von Zahlen und zur Wirkung von Operationen bekommen, und nicht, damit sie rechnen können. Wenn sie die Schule verlassen, sollten Lernende den Rechner verstandesgemäß bedienen können, damit sie die Maschine rechnen lassen können. Die Kompetenz, selbst zu rechnen, beschränkt sich auf einen überschaubaren Zahlenraum und auf die Fähigkeit, angemessene Schätzungen vorzunehmen" (frei zitiert nach Wartha 2012). Ziel von Mathematikunterricht ist das Verstanden-Haben, nicht die Fähigkeit, Handlungsabläufe memorieren zu können.

In der Sekundarstufe sollen Lernende deshalb nicht nur Rechenverfahren ausführen, sondern solche auch eigenständig erarbeiten, sie sollen deren Gültigkeit begründen, modifizieren und bewerten können. Daraus ergibt sich unter anderem die Forderung nach Lösungswegevielfalt.

5.12 Algorithmen verstehen

Die Bezeichnungen *Verfahren* und *Algorithmus* sind eigentlich Synonyme. Man kann den Begriffsgebrauch ein wenig verfeinern. Unsere Ausführungen zu Rechenverfahren in Kap. 5.11 beziehen sich hauptsächlich auf Verfahren, die von Menschen ausgeführt werden. Die Ausführungen zu Algorithmen in Kap. 5.12 beziehen sich vorwiegend auf Verfahren, die von Maschinen ausgeführt werden.

Wir halten das für angebracht, weil mit der Entstehung der akademischen Disziplin *Informatik* der Begriff *Algorithmus* quasi vereinnahmt wurde. Es gibt eine Bedeutung für Algorithmen sowohl in der Mathematik als auch in der *Informatik*, die sich zwar nicht widersprechen, aber auf Vorstellungen gründen, die nicht ganz deckungsgleich sind. „Informatik ist die Wissenschaft der Algorithmen" (Ziegenbalg 2010, S. 31), Mathematik ist es nicht ganz.

Wenn digitale Programme auf elektronischen Geräten Aufgaben erledigen, dann geschieht dies fast ausschließlich dadurch, dass gerechnet wird, deshalb bezeichnen Nutzerinnen und Nutzer ihren stationären Computer auch als „ihren Rechner".

Für die Lernenden besteht der wesentliche Unterschied darin, dass sie Rechenverfahren selbst ausführen, bei der Benutzung von digitalen Geräten und Programmen das Rechnen, also das Ausführen der Algorithmen, der Technik überlassen.

Es ist nicht mehr nötig, Rechenverfahren ab einer gewissen Komplexität noch selbst auszuführen, denn das Abarbeiten gegebener Algorithmen beherrschen programmierte Maschinen schneller und zuverlässiger als Menschen. Die Rolle des Menschen liegt eher in der (mathematisch anspruchsvolleren) Algorithmierung als im Abarbeiten von Algorithmen (Heymann 1996/2013, S. 171).

Das heißt konkret, dass in unserer modernen Welt das Thema *Algorithmen* vom Mathematikunterricht von Lernenden weniger verlangt, vorgegebene Lösungsverfahren ausführen zu können, sondern dass sie dazu befähigt werden sollen, die Verfahren zu verstehen, zu bewerten und deren Ausführung dann an eine Maschine zu delegieren.

Anstatt den immer selben Algorithmus selbst etliche Male auszuführen, um seine Anwendung zu automatisieren, ist es sinnvoller, den Algorithmus einmal in eine Sprache zu übertragen, die ein digitales Programm versteht, um das Programm dann mit den unterschiedlichen Daten zu füttern. Dadurch wird das stumpfsinnige Auswendiglernen vorgegebener Abläufe überführt in ein abstrahierendes Erfinden solcher Abläufe. Voraussetzung dafür ist, dass die Abläufe verstanden worden sind.

Wenn zum Beispiel bei Aufgaben zum Thema *Funktionen* der Punkt erreicht ist, dass die Gleichung aufgestellt ist, dann kann man es den Lernenden freistellen, die Gleichung mit einer App zu lösen statt händisch. Die App Photomath zum Beispiel kann Gleichungen lösen, und sie kann die Umformungsschritte anzeigen. Es ist auch möglich, als Benutzer das Lösungsverfahren auszuwählen.

Photomath eignet sich zur Überprüfung von Ergebnissen und um verschiedene Lösungswege gegeneinander abzuwägen.

Technisch sind wir beim Lösen von Algorithmen damit auf dem Stand wie vor einigen Jahren mit einfachen Rechenverfahren, als man den Lernenden erlaubte, die Berechnung der letzten Gleichung mit dem Schulrechner auszuführen, der damals nur die Lösungszahl anzeigte und nicht den berechneten Term.

Wenn wir also den Lernenden gestatten, Termumformungen mithilfe eines digitalen Endgeräts zu erledigen, dann machen wir nichts anderes als früher, als wir ihnen erlaubten, Grundrechenverfahren dem Schulrechner zu überlassen.

Wie es damals kritische Lehrkräfte gab, die den Einsatz des Schulrechners so lange wie möglich hinauszögerten, weil sie darauf bestanden, dass die Lernenden „selbst rechnen“ sollten, weil dies ihrem Bildungsverständnis entsprach, so gibt es dazu auch heute skeptische bis ablehnende Haltungen, die solche Fortschritte am liebsten nicht mitgehen.

Neuer Blick auf Algorithmen

Algorithmen im Sinne von Rechenverfahren haben den in Verruf geratenen „traditionellen“ Mathematikunterricht dominiert und haben sich dadurch ein schlechtes Ansehen erworben. Trotzdem gibt es kaum ein mathematisches Thema, bei dem Rechenverfahren keine Rolle spielen würden.

Wenn heute fast jeder bei dem Begriff *Algorithmus* sofort an digitale Endgeräte, Programme und Apps denkt, so wird schnell vergessen, dass Algorithmen viel älter sind als Computer. Bereits Euklid beschreibt in seinen Werken im 3. Jahrhundert v. Chr. Algorithmen (Ziegenbalg 2010, S. 12).

Rechenverfahren sind im Mathematikunterricht der Sekundarstufe in mehrerlei Hinsicht relevant:

- ein sicheres Abarbeiten von fertigen, vorgegebenen Verfahren, also die traditionelle Sicht;
- Verständnis vorgegebener Verfahren mit dem Ziel, zu deren Abarbeiten elektronische Geräte einzusetzen;
- Entwurf und Konstruktion neuer Rechenverfahren, die sich jedoch nicht notwendig durch optimale Effektivität und Eleganz auszuzeichnen brauchen, möglichst mithilfe von elektronischen Geräten und Programmen.

Für die beiden letztgenannten Funktionen verwenden wir bevorzugt den Begriff *Algorithmen*. Der Einsatz von Algorithmen im Unterricht sollte dem Anspruch einer Balance zwischen starr (Beherrschung vorgegebener Verfahren) und flexibel (Konstruktion eigener Verfahren) gerecht werden (Ziegenbalg 2000).

6 Mathematik lehren

Was Sie in diesem Kapitel erwartet:

- welche Folgerungen für das Lehren aus dem Wissen über das Lernen von Mathematik gezogen werden,
- wie Lernen und Lehren miteinander verzahnt werden können,
- die Diagnostik im Zusammenhang des Übergangs von der Primarstufe in die Sekundarstufe und wie man sie interpretiert,
- der Unterschied zwischen Motivation und Sinnstiftung und wie die Lehrkraft die Lernenden dazu bringt, das zu tun, was die Lehrkraft geplant hat, und wie eher nicht,
- wie man den Unterricht so gestaltet, dass er der Diversität der Lernenden gerecht wird,
- Methoden der Differenzierung,
- Methoden der Diagnostik,
- der Stand der Online-Diagnostik und wie man sie sinnvoll nutzt,
- was Rechenschwächen sind und wie Sie als Lehrkraft damit umgehen,
- Konzepte individualisierten Lernens, deren Chancen und Grenzen,
- Möglichkeiten und Hemmnisse der Inklusion,
- der Umgang der Lehrkraft mit Sprache im Mathematikunterricht und wie die Sprachkompetenz der Lernenden gefördert werden kann,
- welche Arten von Aufgaben gibt es und wie man sie einsetzt,
- was Üben ist, wie es abläuft und wie man es als Lehrkraft organisiert,
- wie man Leistungen definiert, feststellt, misst und bewertet,
- wie man Methodenvielfalt erkennt und sie lernzielfördernd nutzt,
- Einsatzorte von Spielen im Mathematikunterricht und wie man sie gestalten kann, dass das Spielen lernfördernd ist und nicht nur Beschäftigung.
- wie man Unterrichtsmedien definieren und sortieren kann und wie man erreicht, dass man als Lehrkraft über die richtigen Medien mit den Lernenden kommuniziert,
- Hinweise auf besondere Schwierigkeiten von Medien, die man als Lehrkraft leicht übersehen kann.

Weshalb Lernen und Lehren nicht zu einem Doppelbegriff vermischt werden sollten, haben wir schon in der Einführung zu Kap. 5 ausgeführt. Unterricht muss sich so artikulieren, dass die Priorität auf Vorgängen und Reihenfolgen des Lernens liegt. Natürlich muss Unterricht, also das Lehren, organisiert werden. Aber wo immer es möglich ist, geben Erkenntnisse über das Lernen von Mathematik Reihenfolgen und Schwerpunkte vor.

Ein wichtiges Merkmal solcher Schwerpunktsetzung haben wir schon mehrfach erwähnt: Der mathematische Ertrag in Form eines Begriffs, einer Regel oder eines Verfahrens kann nicht am Anfang stehen, sondern muss erarbeitet worden sein. Die Unterrichtsorganisation als Ausdruck des Lehrens dient der Abfolge des Lernens und nicht umgekehrt.

Artikulation des Lernens

Unter „Artikulation des Lernens" versteht man dessen Gliederung in Lernphasen. Leider wird der Begriff oft als Artikulation des Lehrens interpretiert, also als Schablone für Unterrichtsverläufe missverstanden. Ein Lernphasenschema hat Modellcharakter und gibt Grundorientierungen für die Planung von Unterricht aus der Perspektive des Lernens, die unter Berücksichtigung der aktuell gegebenen Situation in Lehrphasen konkretisiert werden.
Nach Hans Aebli (Aebli 1983 / 2011) artikuliert sich am Verstehen orientiertes schulisches Lernen allgemein in fünf Stufen, die in der pädagogischen Literatur als PADUA-Modell bezeichnet werden (vgl. Kap. 1.3 und Kap. 5.7).

6.1 Artikulation von Mathematikunterricht

Entflechtung von Lehren und Lernen

Mit dem SAMBA-Modell[96] und dem KAFKA-Modell[97] verfeinert Kurt Reusser (2014) das Modell Aeblis, indem er Lehr- und Lernprozesse entflechtet und den Ablauf schulischen Lernens zunächst getrennt aus der Perspektive der Lehrkraft (SAMBA) und ihren Handlungen und aus der Perspektive der Lernenden (KAFKA) und ihrer Handlungen darstellt, dann aber wieder miteinander verbindet mit dem Blick auf die Interdependenz beider Perspektiven.

96 SAMBA steht für die Anfangsbuchstaben von **S**ituieren, **A**nstoßen, **M**odellieren, **B**egleiten, **A**uswerten.
97 KAFKA steht für die Anfangsbuchstaben von **K**ontakt, **A**ufbau, **F**lexibilisierung, **K**onsolidierung, **A**nwenden.

Das Modell *SAMBA* (Lehren) und *KAFKA* (Lernen)

SAMBA	KAFKA
Situieren des Lerngegenstands mithilfe von Lernumgebung, Aufgaben und Zielformulierungen	X
Anstoßen des Lernprozesses durch Anknüpfung an Vorwissen und Maßnahmen, die die Motivation fördern können	Kontakt wird hergestellt, indem Lernende das gestellte Problem erfahren und sich darauf einlassen
Modellieren von Zielstrukturen und Lerntätigkeiten, die zu möglichst wirksamer Zielerreichung führen	Aufbauphase durch Konstruktion von Wissen, Können und Verstehen, Anknüpfen an Vorwissen, Strukturbildung
Begleiten und Beraten während des Lernprozesses	Flexibilisierung durch Vernetzung mit dem Vorwissen, Vertiefung des Verständnisses durch Strukturierung
Auswerten der Lernergebnisse	Konsolidierung durch Festigen, Üben und Wiederholen
X	Anwenden des Gelernten durch Transfer auf andere Kontexte

SAMBA / KAFKA ist ein Modell, das die Verzahnung von Lehren und Lernen überzeugend abbildet, das aber nicht den Anspruch erhebt, als Schema für die Planung einzelner Unterrichtsstunden zu dienen.

Lehramtsanwärter und Studierende suchen aber konkrete Hilfen für die Planung von Unterricht und stoßen dabei nach unserer Beobachtung immer noch häufig auf das Lernphasenmodell von Friedrich Zech (Zech 1996, Kap. 7), das aus den 1970er-Jahren stammt, und das oft schon allein wegen der Bezeichnung *Phasenschema* als Formular für die Planung von Unterrichtsstunden interpretiert und missverstanden wird. Daran ist Zech selbst nicht unschuldig, denn als Vororientierung zu seinen Ausführungen spricht er von *Artikulation* also *Gliederung* von Unterricht (Zech 1996, S. 181), nicht des Lernens. Zwar relativiert er ein paar Seiten später, dass sein Lernphasenmodell nicht als Schema für eine Unterrichtsstunde missverstanden oder gar dogmatisiert werden dürfe (Zech 1996, S. 185), aber wir haben oft genug erlebt, dass genau das gemacht wurde. Wir wollen die Artikulation des Mathematiklernens nach Zech unserer Leserschaft nicht vorenthalten, weil wir sie nicht so schlecht finden, wie sie manchmal gemacht wird, erlauben uns aber, Anmerkungen anzufügen. Gerne darf man unsere Anmerkungen als Übersetzungshilfe verstehen, denn zwischen der ersten Auflage „des Zech“ (1977) und unseren Anmerkungen liegt fast ein halbes Jahrhundert.

Lernphasenschema nach Friedrich Zech

Lernphasen (Zech 1996, S. 182 – 184)	Unsere Anmerkungen
Phase der Motivation Jeder Lernprozess bedarf eines Anstoßes, der von innen oder von außen kommen kann, oft über die Lehrkraft.	*Einstieg* Da nicht von „Motivieren" die Rede ist, stimmen wir zu, mit Bedenken bei der Dominanz der Lehrkraft.
Phase der Schwierigkeiten Ist der Lernprozess angestoßen, so sieht sich der Lernende im Allgemeinen mit Schwierigkeiten konfrontiert, die je nach Lernprozess sehr verschieden aussehen können.	*Erkunden* Die „Schwierigkeiten" würden wir durch „Lernchancen" und „Entdeckungsmöglichkeiten" ersetzen, stimmen aber der Offenheit der Situation in dieser Phase zu.
Überwindung der Schwierigkeiten (Lösungsphase) Der Lernende überwindet, unter Umständen mit Hilfestellungen der Lehrkraft oder von Mitschülern, die Schwierigkeiten.	*Sammeln und Systematisieren* In dieser Phase gefällt uns das Bild des Lerngegenstands als Hürde, deren Überwindung Hilfestellungen erfordert, nicht gut, aber das Ziel ist klar: die „richtige" Mathematik.
Sicherung des Gelernten Das neu Gelernte wird nochmals ausgeführt, verbessert, schriftlich fixiert und kontrolliert.	*Sichern* Das sehen wir genauso. Lediglich die schriftliche Fixierung sehen wir als nur eine von mehreren Möglichkeiten.
Phase der Anwendung und Übung Das Gelernte wird in Beispielen angewendet und geübt, zunächst im Sinne von Verständnisaufgaben und einer operativen Übung und Vertiefung, später im Sinne eines Einschleifens.	*Vertiefen* Hinsichtlich der Übungsformen weisen wir auf unsere Ausführungen zum Üben hin (Kap. 6.10), in denen dem „Einschleifen" keine große und vor allem nicht finale Bedeutung zukommt.
Transfer des Gelernten Das Gelernte wird in späteren Schul- und Lebenssituationen angewendet. Erst damit ist der Lernprozess sinnvoll abgeschlossen.	Hieran erkennen wir, dass Zech nicht nur an eine einzelne Unterrichtsstunde gedacht hat und dass dafür ein Kernprozess als explizite Entsprechung, obwohl mitgedacht, fehlt.

Bei dieser Gegenüberstellung fällt erstens auf, dass das Lernphasenmodell nach Zech und die Kernprozesse des Mathematiklernens nicht so weit auseinanderliegen, wie man spontan vermuten könnte.

Zweitens fällt auf, dass im Aufbau der meisten unserer heutigen Schulbücher immer noch nicht konsequent umgesetzt wird, was Studierende seit einem halben Jahrhundert als richtig gelernt haben, wenn auch mit wechselnden Terminologien. Denn schon bei Zech stand der Merksatz nicht am Anfang und auch nicht an zweiter Stelle.

Der dritte Aspekt ist, dass der Transfer im Modell der Kernprozesse des Mathematiklernens nicht angemessen berücksichtigt ist. Erst wenn die letzte Phase, der Transfer auf eine neue Situation, durchlaufen wurde, ist der Lernprozess abgeschlossen. Dies kann in der Regel nicht bis zum Ende einer Unterrichtsstunde geschehen. Es wird sich also in den allermeisten Fällen erst später herausstellen, ob das Gelernte in neuen Situationen wirklich angewendet werden kann.[98]

Da dies gerade bei mathematischen Inhalten oft nicht gelingt, könnte man Mathematikunterricht auch so beschreiben, dass hier oft Lernprozesse angestoßen werden, die dann aber nicht abgeschlossen werden. Der Einbau von sogenannten Transfers oder von unmittelbar folgenden Anwendungsaufgaben am Ende von Übungsphasen ist richtig gedacht, erfordert aber in der Regel kein wirkliches Umdenken der Lernenden in eine neue Situation.

Die Lernphasen können vom einzelnen Lernenden unterschiedlich schnell durchlaufen werden. Einzelne Phasen können akzentuiert, miteinander verflochten, unterbrochen und wieder aufgenommen werden. Lernen ist ein individueller Prozess, der nicht oder kaum von außen steuerbar ist, und Lehren ist der Versuch, Bedingungen zu schaffen, unter denen möglichst viele individuelle Lernereignisse parallel stattfinden können.

6.2 Förderung von Basiskompetenzen

> „Als Basiskompetenzen in Mathematik bezeichnen wir die mathematischen Kompetenzen, über die **alle** Schülerinnen und Schüler **aller** Bildungsgänge am Ende der Pflichtschulzeit mindestens und dauerhaft verfügen müssen."
>
> (Drüke-Noe u. a. 2011, S. 8)

Obwohl dies hier ein Buch über Mathematikunterricht in der Sekundarstufe ist, muss es sich auch mit den Kompetenzen beschäftigen, die Lernende beim Eintritt in die Sekundarstufe mitbringen, bzw. was zu tun ist, wenn sie diese nicht oder nur lückenhaft mitbringen.

Basiskompetenzen[99] werden schwerpunktmäßig als Grundlagen für erfolgreiches Weiterlernen nach der Primarstufe betrachtet beziehungsweise behindert ihr Fehlen oder ihre Mangelhaftigkeit letztendlich den Schulfort-

98 Diese Erkenntnis steht nicht nur für das Mathematiklernen. Auch das Lernen einer Sprache ist erst als erfolgreich anzusehen, wenn Lernende sich mit dieser Sprache außerhalb der Schule in einem Umfeld, in dem diese Sprache gesprochen wird, verständigen können und im Alltag zurechtkommen.

99 Das Thema wird in der Mehrheit der Bundesländer von den Kultusverwaltungen forciert, allerdings unter verschiedenen Bezeichnungen: *Basiskompetenzen, Förderung der mathematischen Grundbildung, Mathe sicher können, starke Basis, Lernstand 5.*

schritt und spätere gesellschaftliche Teilhabe, und das lässt sich lange vor dem Abschluss von Schullaufbahnen erkennen und bekämpfen.

Eine deutliche Verschlechterung in internationalen Vergleichsstudien wie PISA und im nationalen IQB-Bildungstrend[100] hat die Bedeutung dieser Kompetenzen stärker ins Bewusstsein gerückt. Der bildungspolitische Fokus liegt derzeit darauf, diese Fähigkeiten zu stärken, um Bildungsungleichheiten abzubauen und die stetig wachsende Risikogruppe zu reduzieren.

Die Fachdidaktik konzentriert sich auf das Identifizieren, Diagnostizieren und Fördern der Verstehensgrundlagen, um das Weiterlernen im Fach Mathematik zu unterstützen.

Es wäre zu kurz gegriffen, das Fehlen von Basiskompetenzen in der Sekundarstufe mit mangelnder Unterrichtsqualität in der Primarstufe zu erklären. Mit zunehmendem Umfang an Eingangsdiagnostik in die Sekundarstufe sind die Mängel in den primarstufenbezogenen Kompetenzen

- Zahlvorstellungen für natürliche Zahlen,
- Operationsvorstellungen für die Grundrechenarten,
- Rechenfertigkeiten,
- Rechenstrategien

zwar besonders aufgefallen. Basiskompetenzen gibt es aber auch später, zum Beispiel bei

- Zahlvorstellungen für Brüche,
- Zahlvorstellungen für negative Zahlen,
- Operationsvorstellungen für höherstehende Rechenarten,
- Vorstellungen für funktionale Zusammenhänge,

um nur einige zu nennen.

Wenn im Folgenden trotzdem auf die in der Primarstufe zu erwerbenden Basiskompetenzen fokussiert wird, dann liegt das hauptsächlich daran, dass es dafür schon wissenschaftlich erhobene Daten und erprobte Fördermaterialien[101] gibt. Für jede einzelne Lehrkraft ist Kern unserer Botschaft, nicht nur angebotene Materialien einzusetzen, sondern dass es sinnvoll bis notwendig ist, stets Basiskompetenzen zu diagnostizieren und deren Förderung angemessen Zeit und Aktivität zuzugestehen, auch für solche Basiskompetenzen, zu denen es bis jetzt noch keine wissenschaftlich fundierten Fördermaterialien gibt.

---

100 Das *Institut für Qualitätsentwicklung im Bildungswesen* (IQB) an der Humboldt Universität in Berlin ist eine Einrichtung des Bundes, die die Länder bei der Verbesserung der Unterrichtsqualität unterstützt.

101 Allerdings gibt es noch nicht viele davon. Bei Redaktionsschluss konnten wir nur *Mathe sicher können* und *Rechenbausteine* empfehlen, beide vom Cornelsen Verlag vertrieben.

Dass Letzteres nicht ganz einfach ist, wissen wir, aber wir vertrauen darauf, dass auch für Basiskompetenzen aufbauender Themengebiete ebenfalls wissenschaftlich fundierte Fördermaterialien erarbeitet werden und irgendwann zur Verfügung stehen.

Die Bedeutung von Basiskompetenzen

Operationsverständnis, also zu verstehen, was jede Rechenoperation bewirkt, und die Fähigkeit, in einer Situation die jeweils passende Rechenoperation auszuwählen, ist grundlegend für jeden. Operationsverständnis kann nicht so leicht an technische Hilfsmittel delegiert werden wie die Ausführung von Rechenverfahren, ist also basaler. Auch jeder Erwachsene sollte in Sachsituationen erkennen können, welche Rechenart angemessen ist, um die Situation zu erklären oder das enthaltene Problem zu lösen. Das gehört zur Ausübung des Rechts auf Teilhabe am gesellschaftlichen Leben als mündiger Bürger dazu.

Eine empirische Untersuchung unter Lernenden der Jahrgangsstufe 10 in Baden-Württemberg (Humbach 2008, S. 99 ff.) hat ergeben, dass es diesbezüglich große Defizite gibt. Ein erheblicher Anteil der Schülerinnen und Schüler zeigte Mängel bei Basiskompetenzen, die eigentlich in der Primarstufe hätten erworben werden müssen (siehe Abb. 6.1), und brachte wenig Verständnis für die Rechenoperationen mit.

So konnten zum Beispiel bei der Zuordnung ikonischer Darstellungen zu Situationen in einfachen Multiplikationsaufgaben die Zuordnungen oft nur aufgrund der Reihenfolge der Faktoren vorgenommen werden und verrieten, dass die entsprechenden Probanden auf keine tragfähige Grundvorstellung zugreifen oder einfache Grundschulaufgaben nicht lösen konnten (siehe Abb. 6.1).

Aufgabe	Fehlerquoten (%)			
	HS	GS	RS	Gym
a) Umkreisen Sie auf diesem Zahlenstrahl den Strich, der zu der Zahl 39 000 passt: 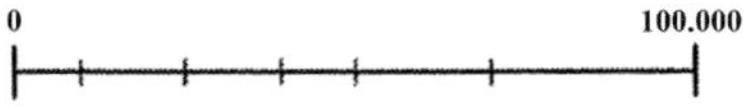	39,3	41,5	23,3	16,5
b) 50 000 – 400 =	27,1	28,6	23,3	17,5
c) 7 000 : 1 000 =	24,3	20,2	10,5	8,2
d) Ein Gorilla- Weibchen wiegt etwa 170 kg. Das sind 90 kg weniger als ein Gorilla-Männchen wiegt. Wie schwer ist ein männlicher Gorilla?	20,2	28,0	15,1	5,2

Abb. 6.1: Lernstandserhebung in Klasse 10 alle Schularten (Humbach 2008)

Dass Lernende des 10. Schuljahrgangs bei allen Aufgaben fast ausschließlich im zweistelligen Prozentbereich und bei einer Aufgabe sogar zu über 40 % an Anforderungen aus der Primarstufe scheiterten, ist besorgniserregend und erzeugt unmittelbaren Handlungsbedarf.

Denn auf dieser Basis fällt das Weiterlernen schwer. Die schulischen Inhalte bauen aufeinander auf, und, wenn die Basis nicht stabil ist (siehe dazu auch Abb. 4.3 in Kap. 4.2) fallen Quereinstiege schwer oder misslingen ganz.

Diagnosetest zu Basiskompetenzen

Die Lernenden werden einer der folgenden vier Stufen zugeordnet:

- einfachste Operationen in klar strukturierten Situationen verstehen (Stufe 1a),
- elementare Operationen verstehen (Stufe 1b),
- verknüpfte bzw. mehrschrittige Operationen verstehen (Stufe 2),

Schüler/in	Name (kann ggf. eingetragen werden)	Rechenverfahren			Operationsverständnis					Zahlverständnis				
		Indikator			gelöste Aufgaben (%)	Lernstandsstufe				gelöste Aufgaben (%)	Lernstandsstufe			
						untere		mittlere	obere		untere	mittlere		obere
		Subtraktion	Division	Multiplikation		1a	1b	2	3		1	2a	2b	3
1		🔍	🔍	🔍	57 %			2		50 %		2a		
2		🔍	🔍	✓	64 %			2		36 %		2a		
3		🔍	🔍	🔍	50 %			2		64 %			2b	
4		🔍	🔍	🔍	29 %		1b			43 %		2a		
5		✓	🔍	✓	43 %			2		50 %		2a		
6		✓	🔍	🔍	86 %				3	43 %		2a		
7		✓	🔍	🔍	50 %			2		50 %		2a		
8		🔍	✓	🔍	50 %			2		50 %		2a		
9		🔍	🔍	🔍	50 %			2		36 %		2a		
10		✓	🔍	🔍	50 %			2		36 %		2a		
11		✓	🔍	🔍	57 %			2		50 %		2a		
12		🔍	🔍	🔍	43 %			2		43 %		2a		
13		🔍	🔍	🔍	21 %	1a				0 %	1			
14		🔍	🔍	🔍	64 %			2		64 %			2b	
15		🔍	🔍	🔍	64 %			2		79 %				3
16		✓	✓	✓	57 %			2		79 %				3
17		✓	🔍	✓	36 %		1b			29 %	1			
18		✓	✓	🔍	71 %			2		43 %		2a		
19		✓	✓	✓	57 %			2		50 %		2a		
20		✓	✓	🔍	29 %		1b			21 %	1			
21		🔍	✓	🔍	29 %		1b			21 %	1			
22		🔍	🔍	🔍	43 %			2		36 %		2a		
23		✓	🔍	✓	29 %		1b			0 %	1			
24		✓	✓	✓	64 %			2		36 %		2a		
25		✓	🔍	✓	50 %			2		36 %		2a		

Abb. 6.2: Ergebnisliste Basiskompetenzen

- Operationen in komplexen und problemhaltigen Situationen verstehen und flexibel anwenden (Stufe 3).

Es kommt nahezu nie vor, dass ein Lernender Aufgaben aus einer höheren Stufe löst, aber nicht aus einer niedrigeren. So reichen im Diagnosetest 14 Aufgaben aus, um sicher bestimmen zu können, auf welcher Stufe des Operationsverständnisses sich der Lernende befindet.

Daraufhin kann die Förderung mit passendem Material für die jeweilige Stufe im Unterricht fortgesetzt werden. Natürlich ist die gleichzeitige Förderung auf vier Niveaustufen didaktisch und methodisch sehr anspruchsvoll. Nicht jede Schule wird äußere Differenzierungsmöglichkeiten mit Förderstufen umsetzen können.

Daher geben wir in Kapitel 6.5.2 auch eine Möglichkeit an, wie durch individuelles Lernen in Übungsstunden mittels eines geschickten Classroom-Managements eine einzelne Lehrkraft auch in anderen Klassenstufen auf unterschiedlichen Niveaus arbeiten lassen kann.

Basiskompetenzen diagnostizieren

Das hier besprochene Beispiel (Abb. 6.2) zeigt die Ergebnisse einer Realschulklasse in einer Großstadt in Süddeutschland, Innenstadtlage. Dass die Klasse keine guten Voraussetzungen mitbringt, sieht man auf den ersten Blick: schwach besetzte obere Lernstandstufe, zu viele Ausreißer nach unten.

Betrachten wir das Kompetenzspektrum: Die Lösungsprozentsätze reichen von 0 % bis maximal 79 %. Der obere Bereich des Kompetenzspektrums ist also schwach besetzt, der oberste überhaupt nicht. Die Lehrkraft ist gefordert zu differenzieren und wird wahrscheinlich zurückhaltend sein mit Aufgaben, die Spitzenanforderungen stellen.

Betrachten wir exemplarisch die oder den Lernenden mit der Nummer 13 (Lupe bedeutet Förderbedarf). In Rechenoperationen, Operationsverständnis und Zahlverständnis fehlen die Basiskompetenzen ganz. Dieses Kind hat in Mathematik definitiv das Ziel der Grundschule nicht erreicht (in den anderen Fächern übrigens auch nicht). Jetzt sitzt es in einer Realschule, weil die Entscheidung für die Schulart allein bei den Eltern lag.[102] Diese begründeten auf Nachfrage die Wahl der Schulart mit der besseren Busverbindung.

Betrachten wir das Kind mit der Nummer 15 in Abb. 6.2. Beim Operationsverständnis liegt es im mittleren Bereich, beim Zahlenverständnis als eines von nur zweien der gesamten Klasse im oberen Bereich. Aber alle Rechen-

102 Das hat sich 2025 in Baden-Württemberg geändert – siehe: https://km.baden-wuerttemberg.de/de/schule/grundschule/uebergang-grundschule-zu-weiterfuehrende-schulen [Zugriff: 26.06.2025].

verfahren werden nicht beherrscht. Dieses Kind könnte in Mathematik einen beachtlichen Leistungssprung machen, sobald das Hilfsmittel Schulrechner erlaubt wird. Möglicherweise ist es ein Kind mit Rechenschwäche, was weder mit Dummheit noch mit Mathematikschwäche gleichzusetzen ist (siehe dazu auch Kap. 5.3 und 6.6).

Die Basiskompetenzen dieses Kindes sind tragfähig, denn die Beherrschung von Rechenverfahren entscheidet nicht über Zukunftschancen, sondern Verständnis, und das hat es nachgewiesen.

Diagnoseergebnisse nutzen

Unsere persönlichen Erfahrungen mit Diagnose und Förderung von Basiskompetenzen haben wir in einem Bundesland gemacht, in dem die Eingangsdiagnose für die Sekundarstufe seit einigen Jahren durchgeführt wird, der Umgang mit den Ergebnissen aber nicht verbindlich geregelt ist.

Es hat sich bewährt, die Daten, die bei der Diagnose entstanden sind, als Lehrkraft zu nutzen. Das bezieht sich auf Differenzierungsmaßnahmen, auf die Zuordnung individueller Fördermaßnahmen und auf Rückmeldungen an Lernende.

Auch im Kontakt mit Eltern und Elterngremien hat sich bewährt, wenn Diagnosedaten vorliegen, wobei dabei selbstverständlich ist, dass die Daten nur in anonymisierter Form eingesetzt werden dürfen.

6.3 Lernziele setzen

Ein Ziel ist ein Ort, wo ich hinmöchte, oder ein Zustand, den ich erreichen möchte. Hinsichtlich der Formulierung von Lernzielen herrscht bei Lehramtsanwärterinnen und Lehramtsanwärtern zum Teil große Verunsicherung. Eine diesbezügliche Klärung scheint angebracht. Grundsätzlich gilt es zunächst zu unterscheiden zwischen Bildungszielen, Kompetenzen und Lernzielen.

Bildungsziele sind allgemeine didaktische Leitlinien und somit offene und relativ vage formulierte Maßstäbe für die grundlegende Legitimität von Bildungsanstrengungen, die in der Regel nicht fachspezifisch zuzuordnen sind. Ein beispielhaftes Bildungsziel: den Lernenden Kenntnisse erschließen, die sie zum Verstehen der gegenwärtigen und der zukünftigen Welt brauchen. Bildung dient

- der Lebensvorbereitung des Individuums,
- der Nützlichkeit für die Gesellschaft,
- dem Erhalt und der Erweiterung der Kultur dieser Gesellschaft.

Bildungsziele sind einem ständigen Wandel unterworfen. Die rasante Zunahme der Bedeutung von Digitalität schuf den Anlass, den Bildungsbegriff um weitere Kompetenzen zu erweitern, deren Bedeutung zunimmt: Kommunikation, Kollaboration, Kreativität, kritisches Denken.

Kompetenzen sind Leistungsdispositionen, das heißt erwünschte Fähigkeiten und Fertigkeiten (vgl. Kap. 2 Bildungsstandards). Kompetenzen kann man nicht unmittelbar beobachten, nicht empirisch erfassen. Vielmehr kann auf das Vorhandensein bestimmter Kompetenzen nur geschlossen werden, indem Handlungen beobachtet, analysiert und interpretiert werden. Möchte man das Vorhandensein einer Kompetenz überprüfen, muss man festlegen, wie sich jemand in einer bestimmten Situation zu verhalten hat, um nachzuweisen, dass er diese Kompetenz besitzt.

Die durch Bildungsstandards festgelegten Kompetenzen stellen eine mittlere Abstraktionsebene zwischen allgemeinen Bildungszielen und den konkreteren Lernzielen dar. Beispiel einer fachgebundenen Kompetenz: *Zahlen vergleichen und ordnen können.*

Erst **Lernziele** sind so konkret formuliert, dass eine direkte Kontrolle möglich wird. Sie beziehen sich auf überschaubare Zeiträume, also auf einzelne Unterrichtsstunden oder auf Unterrichtseinheiten. Lernziele beschreiben in der Regel Verhaltensweisen der Lernenden, die im Anschluss an den Unterricht oder währenddessen beobachtet und kontrolliert werden können.

Ein Beispiel für fachliche Lernziele aus einer Unterrichtsstunde mit dem Thema *Bruchteile erkennen und darstellen*: Die Lernenden kennen die Bruchschreibweise, sie kennen die Begriffe *Zähler* und *Nenner*, können Brüche in verschiedenen Darstellungen erkennen und in Bruchschreibweise aufschreiben und einfache Bruchzahlen veranschaulichen.

In einem schriftlichen Unterrichtsentwurf, der anlässlich einer Beratung oder einer Lehramtsprüfung vorgelegt wird, muss der Beitrag der Stunde zum Kompetenzerwerb dargelegt und begründet werden. Zum schriftlichen Unterrichtsentwurf gehören aber auch ausgewiesene Lernziele, die den Kompetenzerwerb in der konkreten Stunde differenziert beschreiben.

Dabei kann der Schwerpunkt auf Fach-, Methoden-, Medien-, Sozial- und/oder Personalkompetenz gelegt werden. Deckt der erwartete Kompetenzzuwachs nicht alle oben genannten Zielebenen ab, was die Regel ist, dann ist es hilfreicher, dies zu begründen, anstatt zu jeder Kompetenz nichtssagende Plattitüden zu formulieren wie „Die Lernenden sollen sich in einem respektvollen Umgang miteinander üben“, wenn in der Stunde eine Gruppenarbeitsphase eingeplant ist. Besser ist es, wenn deutlich wird, welche methodischen Entscheidungen dem nicht fachlichen Kompetenzerwerb dienen und warum.

Es empfiehlt sich, die Lernziele möglichst als erworbene Kenntnisse, Fertigkeiten und Fähigkeiten zu beschreiben. Diese sollten sich in der Stunde dann aber auch als Lernzuwachs zeigen und überprüfen lassen. Die Zielformulierungen müssen deshalb konkret, überprüfbar und an fachliche Inhalte gebunden sein. Bei überfachlichen Zielen und Intentionen bieten sich offenere Formulierungen an. Längerfristig oder übergeordnet angelegte Ziele oder Kompetenzen können auch im Rahmen der didaktischen oder der methodischen Überlegungen aufgeführt werden.

B

Zum Teil gelingen Lernzielformulierungen in Unterrichtsentwürfen nicht, weil der oder die Unterrichtende in den Zielformulierungen nicht den Ertrag des geplanten Unterrichts beschreibt, sondern dessen Verlauf. Ein Beispiel aus einem Unterrichtsentwurf zu einer Stunde mit dem Thema *Winkelsumme im Dreieck*:

„Mein Stundenziel besteht darin, dass sich die Lernenden mit einer zu Beginn der Stunde gebildeten Hypothese in Bezug auf die Winkelsumme im Dreieck auseinandersetzen und diese hinterfragen.

- *Die Lernenden sollen die Hypothese hinterfragen und selbst einen Beweis dazu finden.*
- *Die Lernenden sollen wenn möglich ihren Beweis vor der Klasse präsentieren und darstellen. Sie sollen den Beweis des Satzes von der Winkelsumme mit eigenen Worten wiedergeben können.*
- *Die Lernenden sollen nach der Beweisfindung das neu erlernte Wissen anhand von Übungsaufgaben festigen und anwenden."*

Nur der Satz *„Sie sollen den Beweis des Satzes von der Winkelsumme mit eigenen Worten wiedergeben können"* beschreibt eine durch den Unterricht angestrebte Verhaltensänderung der Lernenden, alle anderen „Lernziele" stellen lediglich eine ausformulierte Beschreibung der jeweils geplanten Verlaufsphase der Unterrichtsstunde dar. Erfahrungsgemäß wird oft dann auch mehr verlaufs- statt zielorientiert unterrichtet, wenn der Unterrichtsvorbereitung solche naiven Lernzielformulierungen zugrunde liegen.

Für die Planung, Durchführung und Bewertung von Unterricht kann auf die Formulierung von Lernzielen kaum verzichtet werden, auch dann nicht, wenn die Förderung eines überfachlichen Kompetenzerwerbs das übergeordnete Ziel ist. Nicht jedes gesetzte Lernziel ist per se anstrebenswert. Immer müssen Lernzielformulierungen auch an der Frage gemessen werden, inwieweit sie dem Kompetenzerwerb dienen, wohl wissend, dass die gültige Beantwortung dieser Frage im Zeitpunkt der konkreten Situation immer spekulativ sein wird.

Eine Lernzielformulierung gibt auch darüber Auskunft, wo der didaktische Schwerpunkt einer Stunde angesiedelt ist. Fällt es leicht, fachliche Ziele zu formulieren, dann stehen fachbezogene Kompetenzen im Vordergrund. Je allgemeiner der Kompetenzerwerb angelegt ist, desto geringer ist sein fachlicher Bezug. Erst durch eine Ausformulierung von Lernzielen wird die Einordnung deutlich beziehungsweise kommunizierbar. So wird auch die Gefahr verringert, dass wegen der ja wünschenswerten Kompetenzorientierung des Unterrichts fachlichen Zielen zu wenig Beachtung geschenkt werden würde.

Fachliche Lernziele können hierarchisch angeordnet werden, um ihren Beitrag zum Kompetenzerwerb transparent zu machen. Für das Verfassen schriftlicher Unterrichtsentwürfe lässt sich der Grundsatz formulieren, dass zwar über alle Kompetenzen reflektiert werden sollte, dass aber keine Lernziele formuliert werden sollten, die in dieser Stunde überhaupt nicht angestrebt werden, nur damit die entsprechende Kompetenz abgedeckt ist. Man kann in einer Unterrichtsstunde und damit auch in einem schriftlichen Unterrichtsentwurf Schwerpunkte setzen, welche Kompetenzen im Vordergrund stehen sollen und welche eher nicht. Daraus ergeben sich die Lernziele, die dann konkret, überprüfbar und an fachliche Inhalte gebunden sind.

6.4 Sinnstiftung und Motivation

Begriffsbestimmungen

Motivation ist die Summe aller „aktuellen Faktoren und Prozesse, die unter gegebenen situativen Anregungsbedingungen zu Handlungen führen und diese bis zu ihrem Abschluss in Gang halten“ (Heckhausen 1974, zitiert nach Zech 1977/1996, S. 187). Motivation ist der Grund, weshalb jemand etwas macht oder denkt, und nicht eine Unterrichtsphase und auch keine Handlung der Lehrkraft. Wer motiviert ist, ist bereit, etwas zu tun oder zu denken, und dabei kann es zu Lernereignissen kommen.

Intrinsische Motivation. Motivation mit Lernanstoß, der „von innen“ kommt. Damit sind Neugierde und Interesse an einer Sache gemeint. Wer neugierig und von sich aus an etwas interessiert ist, ist bereit zu lernen oder sogar mehr. Welche Lehrkraft hätte das nicht gerne, das Gegenüber einer Gruppe wissbegieriger und genau am vorbereiteten Unterrichtsstoff interessierter Kinder oder Jugendlicher? Andererseits kann zu hohe intrinsische Motivation auch dazu führen, nur ein einziges Ziel zu verfolgen.

Extrinsische Motivation. Motivation mit Lernanstoß, der „von außen“ kommt, zum Beispiel weil man weiß, dass man etwas machen muss, sich Vorteile davon verspricht, wenn man es macht, oder Nachteile umgeht, wenn man es unterlässt. Wer dazu bereit ist, der kann respektable Ergebnisse seiner Handlungen erreichen, die aber meistens keine Lernergebnisse nach sich ziehen, die vergleichbar wären mit Handlungen, die intrinsisch motiviert sind. Man könnte das in Entsprechung zu dem oben verwendeten Begriff *Lernen* als *angelernt werden* bezeichnen. Extrinsisch motivierte Lernereignisse sind meist wenig nachhaltig.

Motivieren. Der Begriff steht für das Missverständnis, es wäre möglich, durch gezielte Handlungen der Lehrkraft intrinsische Motivation bei den Lernenden zu erreichen. Wir haben zahlreiche Lehramtsanwärterinnen und Lehramtsanwärter erlebt, die fast verkrampft nach dem zündenden Gedanken für einen „motivierenden Einstieg" gesucht haben, womit sie einen intrinsisch motivierenden Anfang ihres Unterrichts meinten. Den kann es nicht geben, denn alles, was die Lehrkraft macht, um die Lernenden „zu motivieren", kommt aus deren Perspektive immer „von außen". Der Versuch einer Lehrkraft, die Lernenden „zu motivieren", kann immer nur extrinsische Motivation erreichen.

Unterrichtseinstieg. Der Einstieg in eine Unterrichtsstunde oder Unterrichtseinheit muss nicht gezwungenermaßen „motivierend" sein. Für die Planung von Unterricht ist es sogar hilfreich, methodische Überlegungen hinsichtlich des Unterrichtseinstiegs und solche bezüglich der Motivation voneinander getrennt zu betrachten; denn Letztere beziehen sich auf den Kontext und gehen weit über die Phase des Unterrichtsbeginns hinaus.

Man kann der Lerngruppe auch einfach sagen oder zeigen, was sie erwartet; man nennt das einen informierenden Unterrichtseinstieg. Dann gibt es noch den ritualisierten Einstieg siehe das unten folgende Beispiel der Episode aus vergangenen Zeiten und die aktuelle Praxis von Begrüßungs- oder Zentrierungsritualen an vielen Schulen.

Instrumentelle Motivation. Im Zusammenhang mit sogenannten individualisierten Übungsformen haben sich in den letzten Jahren Motivationsmethoden etabliert, in denen extrinsische Motivation instrumentell genutzt wird. Die Lernenden arbeiten allein, es gibt Aufgabensets, Lösungsselbstkontrolle und Vorgaben, was zu leisten ist. Die Organisation der Abläufe geht über belohnende Elemente wie Stempel, Sterne, Könner-Buttons, der Erlaubnis, außerhalb des Unterrichtsraums weiterzuarbeiten, und andere.

Wir haben Unterrichtsstunden in solchen Zusammenhängen gesehen, in denen die Lernenden hoch motiviert waren. Sie waren aber nicht an der Sache interessiert, sondern durch das Bestreben motiviert, auszeichnende Symbole und Privilegien zu bekommen dafür, dass sie fleißig Aufgaben abgearbeitet hatten.

Die Motivation, die man dadurch erreicht, ist nicht unbedingt die, die man sich als Mathematiklehrkraft wünscht. Man könnte sich sogar zu der These versteigen, dass instrumentelle Motivation geeignet ist, intrinsische Motivation zu behindern oder sogar zu verhindern. Aber das ist immer noch besser als keine Motivation.

Warum die folgende Episode? Sie zeigt Möglichkeiten, zu motivieren, auf die man beim ersten Nachdenken möglicherweise nicht kommt:

Eine Episode aus vergangenen Zeiten

Der älteste unter uns Autoren hatte Ende der 1960er-Jahre einen Lehrer in Sport und Latein, der seine Lateinstunden stets mit dem im Folgenden beschriebenen Ritual eröffnete. Er kam im Gegensatz zu den meisten seiner Kollegen stets pünktlich und riss von außen geräuschvoll die Klassenzimmertür auf, blieb in der Türöffnung stehen und warf von dort seine Aktentasche gezielt quer durch den Raum auf das Lehrerpult, das in der diagonal gegenüberliegenden Ecke des Raums stand. Das war bestimmt nicht einfach, aber er traf die Mitte des Lehrerpults exakt. Immer. Und nie gefährdete er einen Lernenden, der zufällig im Weg gestanden hätte.

Dann betrat er selbst den Raum und stellte sich aufrecht vor die Tafel, wartete ab, bis alle aufgestanden waren und bis es mucksmäuschenstill geworden war. „Guten Morgen, ihr Spitze!"

Im Chor antworteten wir „Guten Morgen, Herr Deppler!" und warteten ruhig und zentriert auf das, was folgte. Wir wussten, dass durch unsere Erwiderung der Begrüßung jetzt die Lateinstunde begonnen hatte und dass wir ab jetzt aufpassen mussten, um in der nächsten Vokabelarbeit keine Sechs zu riskieren. Schließlich brauchten etliche von uns das Große Latinum, um die Berufsvorstellungen ihrer Eltern nicht zu verunmöglichen.

Waren wir motiviert? Ja. Hatte unsere Motivation etwas mit der lateinischen Sprache zu tun, die wir lernen sollten? Nein. Wem würden wir heute ein solches Verhalten als Lehrkraft empfehlen? Niemandem.

- Vorbildfunktion der Lehrkraft, hier durch Pünktlichkeit;
- Vorhersehbarkeit des Geschehens durch feste Rituale;
- Selbstbewusstes Auftreten[103] als Bestandteil der Persönlichkeit und Autorität der Lehrkraft;
- Gezeigtes Können, er war ja auch unser Sportlehrer, denn keiner von uns hätte auch nur einen der Würfe hinbekommen, die wir vor jeder Lateinstunde zu sehen bekamen;[104]
- Authentizität und Professionalität, denn unser Lehrer machte seinen Job aus Überzeugung und hatte sich eine Lehrerrolle zurechtgelegt, die zu ihm

103 Dass wir ironischerweise als „Spitze" bezeichnet wurden, konnten wir überhören, weil wir ansonsten von ihm nicht als solche behandelt, sondern als Persönlichkeiten und gleichberechtigte Gesprächspartner akzeptiert wurden. Die Ausdrucksweise gehörte zu der Lehrerrolle, die er sich zurechtgelegt hatte und mit der er erfolgreich unterrichtete. Wenn wir Anwärterinnen und Anwärtern empfehlen, sich eine Rolle als Lehrkraft zuzulegen, dann muss es nicht diese sein.

104 Das kann man trainieren und wir sind uns sicher, dass Herr Deppler das gezielt trainiert hat. Das hat ihm Kompetenzen des Motivierens verschafft in anderen Bereichen, die er nicht alle auch trainiert hat.

passte und die wir akzeptieren konnten. Wir mochten ihn trotz seines autoritären Auftretens und seiner ruppigen Ausdrucksweise und damit gelang es ihm, uns „zu motivieren", allerdings nicht für Latein.

Sinnstiftung

Begeisterung für ein mathematisches Thema ist intrinsische Motivation, die Einsicht in die Notwendigkeit, sich auf eine Prüfung vorzubereiten, ist extrinsisch motiviert. Dennoch stiftet beides für das jeweilige Individuum Sinn. Der Begriff *Sinnstiftung* wirft einen Blick auf Motivation, der mehr vom Individuum als von der Lehrkraft aus gerichtet ist.

Sinnstiftung ist die Antwort auf Fragen wie „Wozu soll ich das überhaupt lernen?" (Leuders u. a. 2011, S. 2). Wenn es gelingt, mathematische Inhalte in sinnstiftende Kontexte einzupflanzen, stellen sich Fragen der Motivation nicht mehr.

So weit die Theorie. In der Praxis gelingt es nicht immer, dass Lernende die Sinnstiftung von Kontexten für sich selbst erkennen oder glauben, wenn sie ihnen erklärt wird.

Wenn Lernende im Rahmen von Problemsituationen aktiv mathematische Konzepte entwickeln, Zusammenhänge entdecken und Zwecke und Entdeckungszusammenhänge erfahren sollen (Leuders u. a. 2011, S. 3), dann wird damit zwar genetisches Lernen gefördert, aber diese Einschätzung entspringt einer Perspektive der Rückschau.

Wir sind trotzdem von der wesentlich höheren Wirksamkeit von Sinnstiftung im Vergleich zum „Motivieren" überzeugt. Wir haben die Erfahrung gemacht, dass es wirksamer ist, wenn Lebensweltbezüge hergestellt, authentische Kontexte genutzt werden und zu Fragen angeregt wird, als wenn am Anfang Motivierungsfeuerwerke abgebrannt werden und die Lernenden dann machen, wozu sie angewiesen werden, und sich mit etwas beschäftigen, das sie eigentlich nicht interessiert.

Motivation durch dialogisches Lernen

Vorhandene, unzureichende oder fehlende Motivation ist nicht nur für den Einstieg in Lernprozesse von Bedeutung, sondern auch für deren Verlauf. Nicht nur der Lerngegenstand entscheidet über Art und Dauer der Motivation von Lernenden. Die Methode *Ich – Du – Wir* ist mehr als eine ritualisierte Abfolge der Sozialformen Einzelarbeit – Partnerarbeit – Klassenunterricht, sondern sie unterstützt die Motivation der Lernenden in jeder Phase auf unterschiedliche Art (siehe Abb. 6.3[105]).

105 Die Tabelle haben wir erstellt auf der Basis von Ruf / Gallin 1999a, S. 235.

Phase	Ich	Du	Wir
Motivation	Vertrauen in eigene Möglichkeiten	Neugier auf das und Respekt vor dem Gegenüber	Teilhabe am gemeinsamen Ergebnis
Ziel	Stärkung der Autonomie	soziale Eingebundenheit	Zuwachs an Kompetenz

Abb. 6.3: Motivation und Ziel beim dialogischen Lernen

Ein nicht zu unterschätzender Faktor für die Motivation der Lernenden ist die Motivation der Lehrkraft selbst. Eine Lehrkraft, die an der Sache selbst Interesse zeigt und von etwas begeistert ist, kann leichter das Interesse der Lernenden wecken, als wenn sie gleichgültig ist oder gleichgültig wirkt. Dann kann die Lehrkraft auch begeistern mit Inhalten, die nicht vom Bildungsplan vorgeschrieben sind.

Die Lehrkraft, die Inhalte nur deshalb im Unterricht „behandelt", weil sie in der Abschlussprüfung drankommen, macht diesbezüglich wahrscheinlich „keinen guten Job", und der Erfolg ihres Unterrichts bleibt hinter den Möglichkeiten zurück.

B

Beispiel Mirpzahlen

Eine Mirpzahl ist eine Primzahl, die rückwärts gelesen eine andere Primzahl ergibt.
Wir suchen möglichst viele Mirpzahlen.
Die Mirpzahlen bis 100 sind 13, 17, 31, 37, 71, 73, 79, 97.
Wir überprüfen weitere Mirpzahlen.
Die Mirpzahlen zwischen 100 und 200 sind: 107, 113, 149, 157, 169, 179, 199.
Den Mirpzahlen kommt keine besondere mathematische Bedeutung zu, sie sind dem Bereich der *Unterhaltungsmathematik* zuzuordnen. Aber die Begeisterung einer Lehrkraft für solch ein Thema, wenn sie denn echt ist, kann sich auf Lernende übertragen und sie motivieren. Nicht alle, nicht zur gleichen Zeit, aber manche bisweilen.

Lebensweltbezug

Es ist nicht leicht zu erreichen, dass möglichst viele Lernende am Mathematikunterricht intrinsisch motiviert teilnehmen. Sinnstiftung ist der richtige Weg, und diese erreicht man durch Lebensweltbezüge. Das ist leicht gesagt. Das Problem dabei ist, dass diese Lebensweltbezüge von den Lernenden auch als solche erkannt werden müssen, sonst sind sie von geringer Wirkung. Und sie müssen aktuell gültig sein, man denke nur an Handytarife.

Die Lehrkraft muss die Sinnstiftung aus der Perspektive der Lernenden denken. Am wirksamsten ist ein Bezug zur aktuellen Lebenswelt. Lernende sehen sicher am meisten Sinn in einem Unterricht, der Fragen beantwortet und Probleme löst, die für sie relevant sind und ihnen weiterhelfen. Welche Beispiele fallen uns dafür ein?

Aktuelle Lebensweltbezüge
- gerechtes Teilen,
- Umgang mit Geld,
- Leistungen im Sport vergleichen,
- den Klimawandel verstehen,
- Wahlergebnisse verstehen,
- aktuelle Anforderungen der Schule bewältigen,
- beim Kaufen Sonderangebote bewerten,
- beim Lernen das Smartphone nutzen,
- Handyvideos machen, bewerten, verbessern.

Zukünftige Lebensweltbezüge
- einen Raum renovieren,
- Haushaltsplanung,
- Guthaben, Schulden und Geldgeschäfte,
- Reiseplanung und Kostenberechnungen,
- Energiesparmaßnahmen.

Konstruierte Lebensweltbezüge
- fiktive Berechnungen im Bereich Handwerk,
- Hausplanung,
- Geschäftskalkulationen.

Wenn bei der Unterrichtsvorbereitung über Lebensweltbezüge nachgedacht wird, dann kommen bisweilen Unterrichtsideen heraus, die mehr Bezüge zur Lebenswelt der Lehrkraft als zu der der Lernenden herstellen.

Die berühmte Tanken-Aufgabe mit der Frage, ob es sich in Grenznähe lohne, wegen des Benzinpreises ins Nachbarland zu fahren (Blum / Leiss 2005), oder die Frage, wie lang die Rille einer Langspielplatte ist, gehören dazu.

Motivation der Lernenden ist mit solchen Bezügen kaum zu erwarten, weil sie noch kein Auto haben, vielleicht auch keines wollen, weil sie nicht wissen, was mit einer Langspielplatte gemeint ist, oder nie auf die Idee kämen, physische Träger zu benutzen, um Musik zu hören.

6.5 Differenzierung

Unter Differenzierung versteht man einen angemessenen Umgang mit der Heterogenität der Lernenden, der immer notwendiger wird, weil die Heterogenität innerhalb von Lerngruppen zunimmt.

Äußere Differenzierung
Hat man vor Jahrzehnten daran geglaubt, es reiche, Lernende in Schularten mit unterschiedlichen Lernangeboten und Abschlüssen zu verteilen und dann dort zu denselben Zielen zu führen, so hat man inzwischen eingesehen, dass kein Unterricht, an dem mehrere Lernende beteiligt sind, ohne Differenzierung auskommt, auch innerhalb einer vermeintlich homogen zusammengestellten Lerngruppe nicht.

Innere Differenzierung
Innerhalb der Lerngruppe soll eine bestmögliche Passung des Unterrichts erreicht werden. Lerninhalte und Methoden müssen an die individuellen Voraussetzungen und Möglichkeiten der Lernenden angepasst werden. Nicht alle müssen dieselben Ziele erreichen, schon deshalb, weil sie auch nicht dieselben Voraussetzungen mitbringen.

Ziel von Differenzierung
Differenzierung berücksichtigt sowohl die unterschiedlichen Voraussetzungen der Lernenden als auch deren unterschiedliche Potenziale. Ziel ist es, sowohl die schwachen Lernenden zu fördern, als auch die starken zu fordern. Von gelingender Differenzierung profitieren alle, dadurch verschwinden die Leistungsunterschiede allerdings nicht, sondern sie werden größer (Krippner 1992, S. 18).

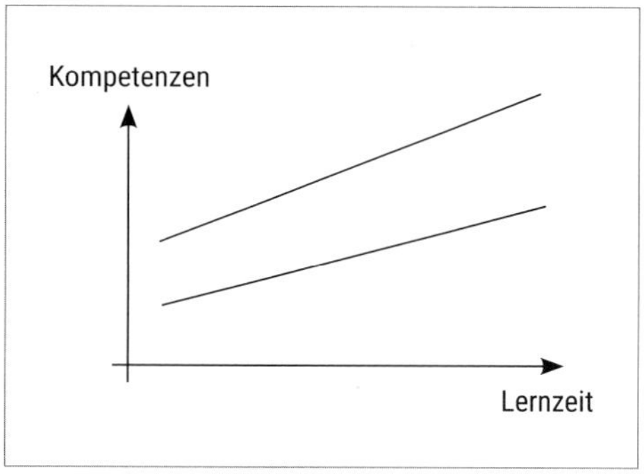

Wir wissen aus zahlreichen Gesprächen bei Fortbildungen und Beratungen, dass der Gedanke der ausgleichenden Differenzierung noch in den Köpfen vieler Lehrkräfte fest verankert ist. Wir halten ihn aber für falsch. Deshalb wiederholen wir den wichtigen Gedanken: Von gelungener Differenzierung profitieren sowohl die Leistungsstarken als auch die Leistungsschwachen. Dadurch vergrößern sich am Ende die Leistungsunterschiede.

Wollte man durch Differenzierung erreichen, dass alle denselben Kompetenzstand erreichen, den Lernerfolg also egalisieren, dann müssten die schwachen Lernenden wesentlich größere Fortschritte machen als die starken. Wie soll das gehen?

Oder man müsste die Starken daran hindern, ihre Potenziale auszuschöpfen. Die Ergebnisse vergleichender Bildungsstudien der vergangenen Jahre legen den Schluss nahe, dass genau das an zu vielen unserer Schulen immer noch geschieht, wenn auch ungewollt.

6.5.1 Methodische Differenzierung

Durch methodische Differenzierung werden merkmalsbezogene Gruppierungen der Lernenden vorgenommen. Methodische Differenzierung fokussiert weitgehend darauf, den Lernenden Aufgaben in unterschiedlichen Schwierigkeitsstufen anzubieten. Damit wird zunächst innerhalb des Klassenverbands prinzipiell nichts anderes gemacht als früher zwischen den Schularten.

Die Ausdifferenzierung der Bildungspläne nach Anforderungsniveaus ist ausdrücklich zu begrüßen. Wenn das dann aber dazu führt, dass innerhalb einer Schule Lerngruppen desselben Jahrgangs getrennt auf den unterschiedlichen Anforderungsniveaus unterrichtet werden und unterschiedliche Leistungsnachweise erbringen müssen, fragt man sich, welcher Vorteil gegenüber einem gegliederten Schulwesen mit den vorhandenen Übergangsmöglichkeiten damit erreicht wurde.

Dahinter steckt der Gedanke, alle müssten dasselbe Ziel erreichen, und wieder wird früh separiert, wer welches Ziel erreichen wird. Welchen Vorteil hat es, dass alle durch dieselbe Gebäudetür gekommen sind, wenn die Bildungschancen wieder separiert werden?

Die ursprüngliche Idee von methodischer Differenzierung

Das oben stehende Modell basiert auf dem Anspruch, alle Lernenden zum selben Ziel zu bringen. In einer gemeinsamen Phase werden die Grundanforderungen erfüllt. Dann arbeitet der schwache Teil der Klasse weiter an den Grundanforderungen, während den Stärkeren „mehr Zeit für Vertiefungen“ zugestanden wird.

Dieses Modell schadete vor allem den Leistungsstarken, denn sie merken natürlich, dass sie meistens nur mit denselben Aufgabentypen beschäftigt werden, bei denen das komplexere Zahlenmaterial etwas mehr Zeit in Anspruch nimmt. Sie werden angewiesen, ein Ziel zu „vertiefen“, welches sie bereits erreicht haben, und verlieren möglicherweise das Interesse.

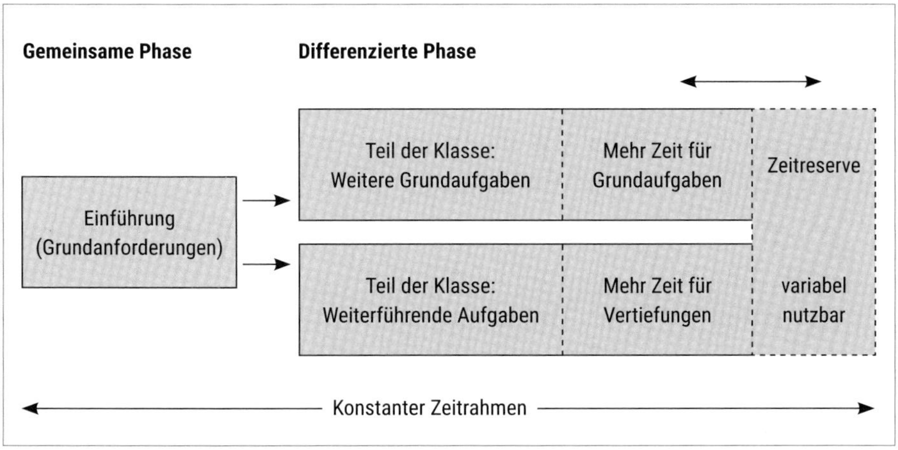

Abb. 6.4: Differenzierter Unterricht nach Wolfgang Krippner (1992, S. 31)

Dieses Modell hat wohl auch zur Verbreitung des unsinnigen Auftrags „Der Rest ist Hausaufgabe“ beigetragen, der die noch Langsameren nur mit Überstunden bestrafte, ohne irgendeine Hilfe zu beinhalten.

Modernere Differenzierungsmodelle, die oft mit dem Begriff „Paralleldifferenzierung“ kommuniziert werden, basieren auf derselben Idee: Die Leistungsfähigeren werden mit komplexerem Zahlenmaterial gebremst, damit sie so viel Zeit brauchen wie die Schwachen. Leider erkennen das die Leistungsfähigeren oft und entscheiden sich dann lieber für die einfachere Aufgabenvariante, sofern ihnen die Wahl freigestellt wird.

Die Lernenden zu zwingen, bei Wahlaufgaben die für sie passende Schwierigkeitsstufe zu wählen, ist eine pädagogische Aufgabe, die nicht immer leicht zu bewältigen ist.

Heute haben wohl alle eingesehen, dass Differenzierung nicht nur Hilfen bei Schwierigkeiten bedeutet, sondern weiterführende Anforderungen bei Erreichung der Ziele „für alle“, man muss es als Lehrkraft nur geschickt machen. Differenzierung bedeutet nach unserem Verständnis mindestens die Stufen

- Grundanforderungen, die jede und jeder erreichen sollte,
- Regelanforderungen, die die meisten erreichen werden,
- Zusatzanforderungen, die nur wenige erreichen werden.

Erschreckend an der oben stehenden Abstufung ist, dass ein zunehmender und beängstigend hoher Anteil der Lernenden in Schulleistungstests inzwischen nicht einmal die Grundanforderungen erfüllt. Es gibt also eine vierte Gruppe von Lernenden, an denen die Bildungsanstrengungen gescheitert sind, inklusive die Bemühungen um Differenzierung.

Differenzierung nach dem Arbeitstempo

Im einfachsten Fall bedeutet Differenzierung, dass die Lernenden in Einzelarbeit unterschiedlich viele Aufgaben bearbeiten und sich nicht zwingend jeder mit jeder Aufgabe beschäftigt. Das geht ohne großen Vorbereitungsaufwand, auch bei der Arbeit mit dem Schulbuch. Idealerweise ist ein Schulbuch so aufgebaut, dass sich die Differenzierung nach Arbeitstempo automatisch ergibt, wenn Aufgabe für Aufgabe in der vorhandenen Reihenfolge gelöst wird.

Am Anfang stehen grundlegende Aufgaben, dann folgen Übungen, die weiterführende Kompetenzen betreffen oder die Vernetzung neu erworbener mit bereits vorhandenen Kompetenzen unterstützen.

Die Differenzierung nach Arbeitstempo kann durch unterschiedliche Medien (Protokolle, Checklisten …) geführt und überprüft werden. Die Methode funktioniert dann, wenn es gelungen ist, mit der Klasse Vereinbarungen zu treffen wie:

- Jede und jeder strengt sich an.
- Jede und jeder möchte so weit kommen, wie es für sie oder ihn möglich ist.
- Wer etwas schon kann, darf Aufgaben überspringen.
- Wer Hilfe braucht, bekommt sie.
- Ergebnisse werden selbst kontrolliert.
- Bei falschen Ergebnissen wird nicht korrigiert, sondern nachgefragt.

Lerntempoduett

Lerntempoduett ist eine Methode des kooperativen Lernens, über das Arbeitstempo zu differenzieren. Die Lernenden beschäftigen sich zunächst allein mit einer Aufgabe und vergleichen ihre Ergebnisse anschließend mit einem Partner, beziehungsweise die Partner stellen sich ihre Lösungswege gegenseitig vor.

Zum Partner wird derjenige Lernende, der etwa zum gleichen Zeitpunkt mit der Bearbeitung der Aufgabe fertig geworden ist. Die Partner finden sich, indem sie sich an einen vereinbarten Treffpunkt begeben, oder über Handzeichen.

Danach arbeitet jeder wieder allein, und zwar entweder an der Aufgabe, die sein Tauschpartner vorgestellt hat, oder, wenn beide dieselbe Aufgabe bearbeitet haben, an einer neuen Aufgabe.

Vorteil der Methode ist, dass jeder ohne Zeitdruck nach seinem eigenen Tempo arbeitet und dass die Lernpartnerinnen und Lernpartner über Aufgaben kommunizieren, mit denen sie sich unmittelbar vor dem Austausch beschäftigt haben. Während bei der ersten Aufgabe annähernd homogene Lernduette entstehen, durchmischt sich das Niveau zunehmend, je mehr Aufgaben mit dieser Methode bearbeitet werden.

Differenzierung in homogenen oder heterogenen Gruppen

Wenn Lernende kooperativ lernen sollen, stellt sich die Frage, wie Gruppen von Kooperierenden zusammengestellt werden:

- zufällig: Sitzordnung, Losverfahren, Wunsch der Lernenden,
- durch die Lehrkraft mit dem Ziel leistungshomogener Gruppen,
- durch die Lehrkraft mit dem Ziel leistungsheterogener Gruppen.

Die Beachtung des 4K-Modells der Bildungsdimensionen *Kommunikation, Kollaboration, Kreativität, kritisches Denken*[106], also der auch sogenannten Zukunftskompetenzen, legt Gruppenarbeit als Sozialform zwar generell nahe, jedoch sollte nicht unreflektiert der Gruppenarbeit stets Vorrang eingeräumt werden, denn die Wahl der Sozialform ist nur ein Strukturfaktor unter mehreren bei der Planung und Durchführung von Unterricht.

Wir vergleichen hier nur die Einteilung in homogene und heterogene Gruppen. Die homogene Gruppeneinteilung geht von annähernder Leistungsgleichheit der beteiligten Lernenden aus, und deshalb teilt die Lehrkraft den einzelnen Gruppen eher unterschiedliche Aufgaben zu.

Die Wirksamkeit der Differenzierung hängt bei leistungshomogenen Gruppen stark von der Qualität der Aufgabenauswahl ab. Wenn diese gering ist, kann die Gruppenarbeit leicht von der erhofften Kooperation abgleiten in eine kommunikationsarme Aktivität parallel agierender Lernender, die zwar dasselbe machen, aber nicht miteinander.

Bei leistungsheterogenen Gruppen ist die Chance größer, dass kommuniziert und kooperiert wird und dass damit kritisches Denken gefördert wird. Allerdings besteht auch die Gefahr einer unerwünschten Rollenverteilung, die sich durch Dominanz, Passivität oder gar Aggressivität einzelner Lernender manifestieren kann (Krippner 1992, S. 42). Die Antwort auf die Frage „Homogen oder heterogen?“ hängt also stärker von situativen als von prinzipiellen Faktoren ab.

106 Fadel u. a. 2017, S. 123 ff. und Storz / Schneider / Takin 2022, S. 33 – 35

Phase	Ich	Du	Wir
Sozialform	Einzelarbeit	Partnerarbeit	Klassengespräch
Rolle der Lehrkraft	Initiative, keine Beratung	Initiative, keine Beratung	Initiative, Moderation
Ziel	singuläre Positionen	divergierender Diskurs	regulärer Konsens

Abb. 6.5: Sozialformen beim dialogischen Lernen

Ich – Du – Wir als Methode zur Differenzierung

Ich – Du – Wir ist die Methode des dialogischen Lernens[107] (siehe auch Kap. 6.5). Sie besteht im Wesentlichen aus der systematischen Abfolge von drei Schritten:

- singuläres Erkunden einer Fragestellung, Zugriff auf individuelles Vorwissen, Bilden einer singulären Position,
- kooperativer und divergierender Austausch mit einem oder mehreren Lernpartnern, Einigung auf eine gemeinsame Position,
- Sammeln und Systematisieren in der gesamten Lerngruppe, Einigung auf einen regulären Konsens.

Es ist sinnvoll, den Ablauf der drei Schritte zu ritualisieren und mit Symboldarstellungen zu lenken. Er kann zeitlich getaktet werden, muss aber nicht.

Die **Ich-Phase** ist eine individuelle Einzelarbeitsphase, in der jeder Lernende sich zunächst allein mit der Aufgabe oder Fragestellung beschäftigt, denn „zum Verständnis führt vor allem ein Weg: der selbst gegangene" (Ulm 2008, S. 20). Dafür muss die Fragestellung jedem einzelnen Lernenden zugänglich sein, damit er sich unbeeinflusst in seiner individuellen Denkstruktur orientieren kann. Es wird kein Lösungsweg vorskizziert und es wird nicht kommuniziert.

Ich

In der **Du-Phase** wird in Partnerarbeit oder in Kleingruppen kooperiert; die individuellen Denkergebnisse werden in einem geschützten Raum ausgetauscht ohne die Notwendigkeit, sie innerhalb der Klasse zu veröffentlichen. Dabei entstehen Situationen des Argumentierens, Begründens und Überzeugens. In der Du-Phase gibt es noch keine Bewertungen oder Belehrungen durch die Lehrkraft.

Du

107 Für die Darstellung der Methode und Erstellung von Abb. 6.5 haben wir herangezogen: Gallin / Ruf 1998, S.156; Ruf / Gallin 1999a, S. 235 und Ulm 2004, S. 20.

Erst die **Wir-Phase** findet im Klassenverband statt und wird von der Lehrkraft moderiert. Es ist möglich, die Wir-Phase in eine Gruppenarbeit zu verlagern. In der Wir-Phase werden Erkenntnisse ausgetauscht, sprachlich verfeinert, verallgemeinert und präzisiert. Die Wir-Phase ist eine Phase des Ordnens, in der die Lehrkraft als Anwältin der fachlichen Richtigkeit und Vollständigkeit behutsam dafür sorgt, dass die singulären Welten der Lernenden mit der regulären Welt der Mathematik in Einklang gebracht werden.

Das Prinzip „Vom Ich über das Du hin zum Wir“ macht deutlich, dass das Lernen von der individuellen Struktur ausgeht. Über die Kommunikation von Denkergebnissen wird erst in der Wir-Phase ein gemeinsames Ergebnis erarbeitet. Dafür sind mathematische Begriffe nötig und hilfreich; neue Begriffsnamen werden erst verwendet, nachdem die Begriffsinhalte vom einzelnen Lernenden „begriffen“ worden sind.

In einer digital unterstützten Variante nutzt die Lehrkraft ein Abstimmungstool, um den Lernstand der Ich-Phase zu ermitteln und darauf basierend gezielt homogene oder heterogene Tandems für die Du-Phase zusammenzustellen. Im letzten Fall unterstützt sie Tandems mit niedrigen Ergebnissen während der Du-Phase.

6.5.2 Didaktische Differenzierung

Durch didaktische Differenzierung werden vielfältige Lernwege geöffnet, individuelle Herangehensweisen gefördert und Diversität ermöglicht, dadurch dass nicht alle dasselbe machen oder denken. Didaktische Differenzierung fokussiert weitgehend darauf, den Lernenden offene Aufgaben mit unterschiedlichen Eintauchtiefen anzubieten.

B

Beispiel: Einführung der Teilermenge

Keine Differenzierung[108]

Die unerfüllbare Erwartung, dass alle in derselben Zeit und derselben Reihenfolge dieselben Aufgaben lösen.

108 Böttner u. a. 2005a, S. 27

Bestimme die Teilermenge

a) T_4	b) T_6	c) T_8
d) T_5	e) T_9	f) T_{10}
g) T_{18}	h) T_{22}	i) T_{27}

Methodische Differenzierung[109]

Die Lernenden müssen entweder das einfachere oder das schwierigere Aufgabenpäckchen bearbeiten. Der Aufgabentext ist identisch. Die Unterschiede sind:

- Das einfachere Päckchen enthält eine Musterlösung für die erste Aufgabe.
- Das schwierigere Päckchen besteht aus 8 statt 6 Aufgaben.
- Die Zahlen des schwierigeren Päckchens sind ein wenig komplexer.
- Im schwierigeren Päckchen wird zusätzlich der Fachbegriff verwendet.

○ **4** Bestimme mitilfe einer Liste die Teiler der Zahl.

a) 18	b) 24	c) 30
d) 32	e) 35	f) 50

18
1 · 18 2 · 9 …

● 4 Bestimmte mithilfte einer Liste die Teiler der Zahl.
Schreibe sie auch als Teilermenge.

a) 24	b) 27	c) 28	d) 30
d) 33	e) 40	f) 45	h) 55

Didaktische Differenzierung[110]

Man bearbeitet ein einziges, nicht zu einfaches Zahlenbeispiel. Das Verfahren zur Bestimmung der Teilermenge wird gemeinsames Lernergebnis sein, das von einem Teil der Lernenden kooperativ herausgefunden wird. Andere Lernende werden das Verfahren als Lernergebnis übernehmen wie in den obigen Beispielen alle.

Welche Zahlen teilen die Zahl 144?
a) Finde ein Beispiel;
b) finde weitere Beispiele;
c) finde alle Beispiele;
d) begründe, weshalb du alle Beispiele gefunden hast.

109 Backhaus u. a. 2015b, S. 11
110 Storz 2014, S. 62

Wir plädieren für didaktische Differenzierung, wann immer dies möglich ist. Der Lerninhalt wird nicht vorgegeben, sondern ist Ergebnis des Unterrichts, zu dem die Lernenden entsprechend ihren Möglichkeiten unterschiedlich viel beigetragen haben.

Unserer Erfahrung nach bedarf schon die Tatsache, dass die Lehrkraft nicht erwartet, dass alle dasselbe tun und können, immer noch gewisser Erklärungen in Lerngruppen und vor allem gegenüber Eltern. Die differenzierte Erwartungshaltung wird dann aber von Lerngruppen schnell mit erhöhter Motivation und von Schülereltern mit fast euphorischer Zustimmung beantwortet, sofern sie der Lehrkraft als glaubwürdig abgenommen wird.

Ein Aspekt der Glaubwürdigkeit ist die klare Trennung von Lernen und Leisten. Lernende müssen sich sicher sein, dass sie im Unterricht keine schlechten Bewertungen riskieren, auch nicht in „mündliche Noten" verpackt, wenn sie mit ihrem eigenen Vorwissen und ihren eigenen Lernfortschritten wie Lernhindernissen kooperativ an Lernprozessen teilnehmen. Und dann tun sie das auch.

Paralleldifferenzierung

Bei Paralleldifferenzierung bearbeiten die Lernenden nicht unterschiedlich umfangreiche und komplexe Varianten derselben Aufgabe, sondern haben die Wahl aus unterschiedlichen Aufgaben, die aber zu denselben Zielen führen.

Die Erstellung von wirksamen parallel differenzierenden Aufgabensets ist anspruchsvoll und bedarf einer tiefen Einsicht in das Leistungsspektrum einer ganz konkreten Lerngruppe.

Oder es ist hohes Potenzial an Prognostik nötig, wenn es darum geht, allgemein verwendbare parallel differenzierende Aufgabensets zu erstellen. Der gängige Weg ist, dass Lehrkräfte oder Gruppen von Lehrkräften für konkret bekannte und betreute Lerngruppen parallel differenzierende Aufgaben erstellen und diese dann anderen Lehrkräften im Kollegium oder über Online-Portale zur Verfügung stellen. Es bleibt die Einschätzung, dass Paralleldifferenzierung dann am wirksamsten ist, wenn sie für den konkreten Einsatz geplant wurde.

Ein bekanntes Beispiel für paralleldifferenzierende Aufgaben sind die sogenannten Blütenaufgaben. Ihr Aufbau folgt den Anforderungsniveaus *Basiskönnen, Regelstandard, Zusatz* vgl. Abb. 6.6 (Grave / Thiemann 2010, S. 18). Auf dem Weg zur Blüte muss zuerst eine Grundaufgabe, dann eine Umkehraufgabe gelöst werden. Auf Höhe des Regelstandards und des Zusatzes gibt es jeweils eine Wahlmöglichkeit.

Wenn man die Idee der Blütenaufgabe auf den Alltag herunterbricht, ergibt sich ein Differenzierungskonzept, das sich auch mit Schulbuchaufgaben durchführen lässt:

- eine Grundaufgabe für alle,
- eine Umkehraufgabe für alle,
- die Wahl zwischen einer Begründungsaufgabe und einer Anwendungsaufgabe für viele,
- die Wahl zwischen einer offenen Problemstellung und dem Erfinden einer eigenen Aufgabe für wenige.

Methodisch organisieren lässt sich diese didaktische Differenzierung, indem die Aufgabenfolge den Lernenden präsentiert wird. Die Metapher einer Blume ist dafür nicht notwendig. Die Phase wird beendet, wenn die ersten Lernenden mit der Zusatzaufgabe fertig sind und alle mit der Umkehraufgabe.

Falls diese Ereignisse zeitlich nicht zusammenfallen, nimmt die Lehrkraft sich vor, das Aufgabenset für den nächsten Jahrgang zu optimieren. Natürlich könnte man die leistungsstärkeren Lernenden damit noch beschäftigen, dass sie die nicht gewählten Aufgaben auch noch lösen müssen.

Davon raten wir aber ab, weil die betreffenden Lernenden das so empfinden würden: Sie werden zusätzlich beschäftigt, weil ihre Leistung oder ihr Arbeitstempo ein Störfaktor ist. Besser setzt man diese Lernenden ein, um langsamere parallel Lernende mit Hilfestellungen zu unterstützen.

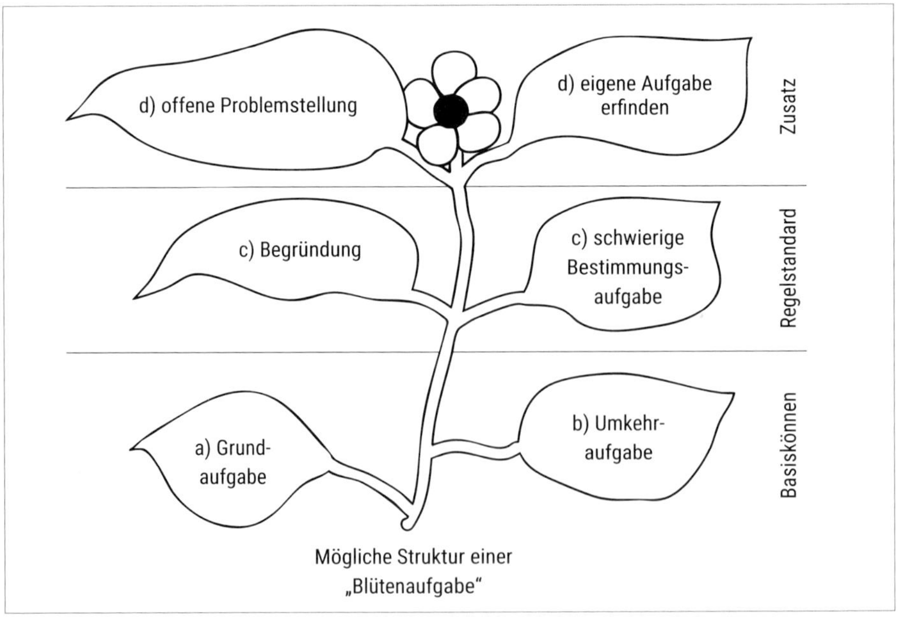

Abb. 6.6: Blütenaufgabe

Gestufte Hilfen

Eine Lehrkraft, die einem Lernenden eine Hilfe geben will, muss wissen, wo der oder die Lernende ein Problem hat. Gestufte Hilfen sind das Gegenteil von „Ich zeige dir, wie es geht" und fangen immer mit einer Frage an. Es gibt Taxonomien für Lernhilfen (vgl. Kap. 3.3., Abschnitt *Hilfen beim Problemlösen*), die trotz ihres Alters immer noch zu empfehlen sind. Diese Hilfen sind aber gedacht für den Dialog zwischen einzelnem Lernenden und Lehrkraft.

Wenn Lehramtsanwärterinnen und Lehramtsanwärter für ihre Beratungs- oder Prüfungslehrproben mit großem Fleiß gestufte Hilfen zum Beispiel auf Kärtchen vorbereiten, machen sie meistens die Erfahrung, dass die Hilfen von den Lernenden wenig genutzt werden.

Hilfekärtchen, auch gestuften, haftet generell der Mangel an, dass jedem einzelnen die Frage, der „Hilferuf", fehlt. Die Lehrkraft überlegt sich bei der Vorbereitung, welche Probleme in welcher Reihenfolge die Lernenden bei der Bearbeitung der Aufgaben wohl haben könnten. Dabei überträgt sie in Gedanken ihren eigenen Lösungsweg auf alle Lernenden. Hilfekärtchen sind also fast immer Wegweiser auf dem Gedankengang der Lehrkraft und damit wenig Differenzierung und viel Lenkung im Sinne nachvollziehenden Lernens.

Bei digitalen Hilfen ist das prinzipiell nicht anders, außer der Zuordnung der Hilfen ginge eine diagnostische Analyse voraus, was bislang noch nicht der Fall ist.

Ein Beispiel für gestufte Hilfen sind *qr*-Lernhilfen.[111] Die Lehrkraft kann mit überschaubarem Aufwand gestaffelte Hilfestellungen erstellen, die via QR-Code aufgerufen werden können.

Neben Hilfestellungen, die auch analog umgesetzt werden können, lassen sich verschiedene digitale Elemente einbinden, die unterstützend wirken. Hierzu zählen z. B. Erklärvideos, Sprachnachrichten, interaktive H5P-Inhalte oder *GeoGebra*-Dateien.

Es wird sicher bald Programme geben, die mit den Hilfen nicht einer festgelegten Reihenfolge folgen, sondern vorangegangene Schritte oder Lösungen auf Fehlerursachen analysieren und dementsprechend die Hilfen individuell zuordnen.

„Individuelles Arbeiten"

An vielen Schulen wird der Unterricht unter anderem im Fach Mathematik rhythmisiert mit Maßnahmen wie diesen:

111 qr-lernhilfen.de ist z. B. ein kostenpflichtiger Anbieter. Ein ausführliches Beispiel wird in Storz / Schneider / Takin 2022 beschrieben.

- Abkehr von der 45-Minuten-Unterrichtsstunde zugunsten von 60-Minuten-Stunden oder meistens Doppelstunden.
- Trennung von Lernen und Üben durch fest im Stundenplan verankerte Stunden „individuellen Arbeitens“.
- Von Aufgabenlisten unterschiedlicher Formate gelenktes Üben und zum Teil auch Lernen dadurch, dass die Lernenden in Alleinarbeit meist differenzierende Listen abarbeiten und die Lösungen kontrollieren.
- Belohnungs- und Bestrafungsmodelle zur Förderung extrinsischer Motivation wie der Erlaubnis, sich auf den Schulflur zurückzuziehen, was vermeintlich die Konzentration verbessert.

Es ist sinnvoll, wenn es im Schulunterricht Phasen gibt, in denen sich die Lernenden ganz allein und ungestört mit einem Lerngegenstand beschäftigen können. Aber wenn man realistisch auf solche Modelle schaut, dann dienen sie mehr schulorganisatorischen Belangen, als dass sie didaktischen und pädagogischen Erkenntnissen entsprechen würden. Wir denken da vor allem an den Ablauf von Lernen, Behalten und Üben (siehe Abb. 6.9), an zeitliche Konzentrationsgrenzen, an Methodenwechsel, an soziale Kommunikation in Pausen.

Kinder 90 Minuten ohne Pause mit derselben Tätigkeit zu beschäftigen, widerspricht genauso pädagogischen Erkenntnissen wie das Ansinnen, Lernen und Üben grundsätzlich zeitlich zu trennen.

Das kann Teil eines vielfältigen pädagogischen Konzepts sein, ist aber bedenklich, wenn solche Konzepte nicht Unterricht bereichern, sondern ersetzen. Wenn nämlich gilt:

> „Die Vorgabe der Lehrkraft besteht im Wesentlichen in der Darstellung der Lernziele, also dem, was am Ende erreicht werden soll. Wie die Schülerinnen und Schüler diese Ziele erreichen, ist ihnen selbst überlassen.“
>
> (Lieser 2020, S. 30)

Die oben geäußerten Bedenken basieren auf Erfahrungen aus der Anfangszeit der Gemeinschaftsschule. Anders ist dies zu bewerten, wenn Weiterentwicklungen individueller Lernformen zu einer positiven Lernkultur geführt haben, in der Lernende basierend auf ihren eigenen kurz-, mittel- und langfristigen Zielsetzungen Lernschritte setzen, die kontinuierlich gemeinsam mit der Lehrkraft reflektiert werden.

Dann erhalten die Lernenden konstruktive Unterstützung durch klassische Lösungswege, Expertenlisten und digitale Formate. Parallel Lernende werden zu Co-Lehrern, und prozessorientierte Kompetenzen wie Argumentieren und Kommunizieren werden gefördert. Mit interaktiven Checklisten, Lernvideos, individualisierten Übungen und Plattformen wie Mathebattle.de können Lernende ihre Kompetenzen weiterentwickeln und erhalten Feedback zu ihrem Lernstand. KI-Sprachassistenten bieten zusätzliche Unterstützung, indem sie Aufgaben erklären und Rückfragen beantworten.

Voraussetzung dafür ist, dass *Lehrerpersönlichkeit* und gelungene *Klassenführung* gegeben sind.

6.6 Diagnostik

Beim *Lernen im Gleichschritt* wurden die individuellen Voraussetzungen und Möglichkeiten der Lernenden ignoriert, weil ausschließlich auf äußere Differenzierung gesetzt wurde.
Der *Ansatz ausgleichender Differenzierung* lenkte die Aufmerksamkeit unangemessen auf die Schwachen, die Leistungsstarken wurden ignoriert.
Der Fokus auf *Fordern und Fördern* hat beide Leistungsgruppen im Blick. Dadurch wird aber immer noch eine Leistungsgruppe vernachlässigt: die Gruppe mit mittlerer Leistungsfähigkeit, die weder auffallende Stärken noch dramatische Schwächen zeigt.
„Die zuweilen übliche dichotome Unterscheidung in Fordern und Fördern führt allzu leicht zur Vernachlässigung des mittleren Leistungsniveaus" (Häsel-Weide / Prediger 2017, S. 170).

Das eher unauffällige Leistungsniveau bildet aber erstens die größte Gruppe und diese hat zweitens denselben Anspruch auf Förderung wie alle.

Die Idee der Diagnostik hat ihren Ursprung auch in dem Anspruch, allen gerecht zu werden.

> „Diagnostik ist ein zentraler Baustein des Unterrichts. Sie hilft, Schülerprodukte und Lernprozesse besser zu verstehen und passende Schlussfolgerungen für eine systematische individuelle Förderung abzuleiten."
>
> (Jordan / vom Hofe 2008, S. 4)

Diagnostik bedeutet, auf Ursachen einzugehen, nicht auf Symptome zu reagieren.

Die Lehrkraft versucht herauszufinden, was und wie die Lernenden denken, und orientiert daran den Unterricht und die Einzelberatung. Eine gute Lehrkraft zeichnete sich dadurch aus, dass sie sich an der Leistungsfähigkeit

des Mittelfelds der Lernenden orientiert, sich dann Hilfen für die Schwachen und zusätzliche Herausforderungen für die Starken zurechtlegt.
Diagnostik beinhaltet drei Zielebenen:
- Identifikation vorhandener Kompetenzen,
- Identifikation vorhandener Probleme,
- Zuordnung geeigneter Fördermaßnahmen,

aber dies grundsätzlich für alle.

Unterschiedliche Diagnoseformen können vor, während oder nach Abschluss einer Lerneinheit zum Einsatz kommen. Alle basieren auf dem Grundsatz, den einzelnen Lernenden genau zuzuhören, bevor man anfängt zu belehren.

Diagnostik kann sich einerseits auf den Lernprozess beziehen, andererseits auf Lernergebnisse. Deshalb unterscheidet man prozessorientierte und produktorientierte Diagnostik.

Produktorientierte Diagnostik

Das klassische Beispiel für produktorientierte Diagnostik ist die schriftliche Klassenarbeit, also Leistungsüberprüfung. Allerdings sind mit einer Klassenarbeit in der Regel keine oder nur geringe Konsequenzen für die Weiterarbeit verbunden, das Leisten ist vom Lernen abgetrennt und dient hauptsächlich der Selektion. Lernergebnisse werden vor allem nach den Polen *korrekt/nicht korrekt* und *kann/kann nicht* ausgewertet.

Produktorientierte Lernstanderhebungen können aber auch gezielt im Hinblick auf die Weiterarbeit genutzt werden. Die Kontrolle kann dabei durch die Lernenden selbst erledigt werden: Diagnoseaufgaben, Selbst- oder Partnerdiagnosebögen, Kompetenzraster, Checklisten.

Die Korrektur von Leistungsnachweisen kann auch unterstützende Maßnahmen in einem Feedback-Audiokommentar umfassen. Diesen kann die Lehrkraft durch das Scannen eines QR-Codes aufnehmen, an den Leistungsnachweis anfügen, und die Lernenden können die Kommentare durch erneutes Scannen des QR-Codes anhören.

Kompetenzraster

Kompetenzraster bieten Übersicht über erworbene Kompetenzen für einen Unterrichtsabschnitt aus Lernenden-Sicht. Ich-kann-Formulierungen machen deutlich, welche Leistungen der oder die Lernende zu erbringen fähig oder willens war. Das Kompetenzraster ist ein Instrument, mit dessen Hilfe die individuelle Lernarbeit im Nachhinein strukturiert werden kann. Es konkretisiert die Standards auf der Ebene der Lerngruppe. Im Mittelpunkt der Arbeit mit Kompetenzrastern steht die Frage: „Was kann ich und was sollte ich können?“

Ein Kompetenzraster kann Auskunft über Fähigkeiten und Fertigkeiten geben. Es soll zeigen, was ein Lernender zu einem Zeitpunkt oder zu verschiedenen Zeitpunkten kann. Sichtbare Lernfortschritte können motivieren. Ein Kompetenzraster zeigt auch auf, in welche Richtung, auf welchem Gebiet Lernende weiterlernen könnten. Es hilft Lernenden, sich Ziele zu setzen.

Das Raster unterstützt bei der Selbsteinschätzung. Der oder die Lernende muss sich überlegen, wie gut er oder sie auf diesem Gebiet ist. Wenn Kompetenzraster mit einer Matrix für verschiedene Anforderungsbereiche oder Niveaustufen erstellt werden, hilft das den Lernenden, ihren Lernstand einzuordnen. Richtig eingesetzt, enthalten Kompetenzraster alle Zielebenen der Diagnose: Was kannst du, was kannst du noch nicht, und womit kann dir geholfen werden?

Bisweilen fußt der Einsatz von Kompetenzrastern auch auf einem Missverständnis ihrer Funktion. Ein Mathematikunterricht, in dem mithilfe von Kompetenzrastern das Lernen und nicht das Üben gesteuert wird, ist kritisch zu sehen, da die Gefahr einer fachlichen Verflachung groß ist und auch weil solche Lernarrangements bislang kaum beforscht worden sind.
Kaum jemand käme auf die Idee, den Lernenden einen Bildungsplan in die Hand zu drücken in der Hoffnung, sie könnten damit das Lernen selbst organisieren. Genau das geschah aber in der Anfangszeit des Kompetenzen-Rasterns in den Nullerjahren.

Checklisten

Mit Checklisten (s. Abb. 6.7) können Lernstände und Lernfortschritte transparent gemacht werden. Schon der Begriff verringert die Gefahr eines missverstandenen Einsatzes: Zuerst wird gelernt und geübt, dann wird der Ertrag des Lernens „gecheckt“.

Checklisten werden explizit für die Hand der Lernenden erstellt und hauptsächlich von diesen eigenverantwortlich genutzt, sie stehen für Selbstdiagnostik und repräsentieren die Rückschauperspektive, weil sie bereits Gelerntes überprüfen und nicht Gelerntes aufdecken.

In der Checkliste werden die inhaltlichen Kompetenzen in lernendengerechter Sprache aufgelistet: Ich kann ..., ich kenne ... Beispielaufgaben verhindern Missverständnisse. Es gibt die Möglichkeit, in Abstufungen zu checken. Optional sind Hinweise auf Aufgaben, die weiterhelfen, wenn der Check negativ ausfällt.

Mit Instrumenten der Selbstdiagnostik gehen Lernende nicht immer ehrlich um; auch Checklisten können zum Selbstbetrug verführen, wie es schon

Checkliste – Reisen und Rechnen

Checkliste **Reisen und Rechnen – Hochrechnen und Runterrechnen**

Ich kann … *Ich kenne …*	*So gut kann ich das …*	*Hier kann ich üben …*

Ich kann bei proportionalen Zuordnungen fehlende Werte in Tabellen ergänzen.
Berechne die fehlenden Werte.
Wie könnte man den Rechenweg nennen…
Rechnen mit einem festen Faktor?
direkt Hoch- oder Runterrechnen?
Zusammenrechnen?
Rechnen mit einem Zwischenschritt?

Anzahl der Tage	Kosten in Euro
3	
5	
10	360
15	
20	

S. 240 Nr. 1, 2
S. 241 Nr. 3, 5
S. 242 Nr. 7

Ich kann bei proportionalen Zusammenhängen gesuchte Werte schriftlich bestimmen
Löse diese Aufgabe mit Hilfe einer Minitabelle:
15 kg Farbe kosten 10,50 €. Wie viel muss ich für 100 kg bezahlen?

S. 243 Nr. 8
S. 244 Nr. 9
S. 244 Nr. 10, 11
S. 245 Nr. 14
S. 248 Nr. 21, 23

Ich kann in einer Tabelle erkennen, wenn eine Zuordnung nicht proportional ist.
Zeige an der Tabelle, warum die Zuordnung nicht proportional ist.

Anzahl	Kosten in Euro
1	40
2	75
3	105
6	200
8	270
10	340
15	500

S. 246 Nr. 15, 16
S. 248 Nr. 22

Ich kann bei Zusammenhängen im Alltag einschätzen, ob sie proportional sind, also ob etwas „pro Portion" berechnet wird.
Welcher Zusammenhang ist proportional, welcher nicht? Erkläre.
- Für eine Glasflasche erhält man 15 ct Pfand.
- Eine Taxifahrt kostet 3,90 € zuzüglich 15 ct für jeden Kilometer.

S. 246 Nr. 17
S. 247 Nr. 18, 19
S. 249 Nr. 25

Ich kann im Kopf näherungsweise hoch- und runterrechnen.
10 Eier kosten 4,50 €.
Berechne im Kopf die ungefähren Kosten für 11 Eier, für 15 Eier und für 25 Eier.

S. 250 Nr. 26–28
S. 251 Nr. 29

Ich kann überschlagen, indem ich im Kopf eine einfachere Aufgabe rechne.
Wie viel sind 75 · 4,99 € ungefähr?
Rechne zuerst im Kopf, erkläre dann, wie du vorgegangen bist.

S. 251 Nr. 30

Abb. 6.7: Checkliste zum Thema *Proportionaler Zusammenhang* (aus Prediger u. a. 2013b, S. 252)

die Möglichkeit der Lösungsselbstkontrolle tut. Aber ehrlich genutzte Checklisten verschaffen der Lehrkraft Überblick und geben ihr Hinweise, wo sie mit anderen Werkzeugen der Diagnostik ansetzen kann.

Bei der interaktiven Form von Checklisten[112] (das Beispiel zum Thema *Quadratische Funktionen* ist auf dem Landesbildungsserver Baden-Württemberg zu finden) bekommen die Lernenden zusätzlich Rückmeldungen über die Richtigkeit ihrer Selbsteinschätzung, per QR-Code können Erklärungen, Quiz und Übungen abgerufen werden. Die Lösungen der Diagnoseaufgaben werden angegeben, sodass die Lernenden selbstständig und individuell entscheiden können, ob und welche Hilfen sie in Anspruch nehmen.

Prozessorientierte Diagnostik

Bei prozessorientierter Diagnostik handelt es sich um Methoden zur Erfassung individueller Lernprozesse mit dem Ziel, die Gedanken des einzelnen Lernenden besser verstehen zu können. Eine hilfreiche Unterscheidung ist in diesem Zusammenhang die in eine reguläre Welt und in viele singuläre Welten. Die Begriffe „singuläre Welt" für Schülersicht und Schülersprache und „reguläre Welt" für Fachstruktur und Fachsprache gehen zurück auf Peter Gallin und Urs Ruf (Gallin / Ruf 1998). Diagnostik hat die Aufgabe, der Lehrkraft die singulären Welten jedes einzelnen Lernenden zu erschließen. Die Methoden dafür sind aufwendig: Tests, Lerntagebücher, diagnostische Interviews.

Fehler spielen eine wichtige Rolle in der Diagnostik, weil sie Aufschluss über tragfähige Vorstellungen und Fehlvorstellungen der Lernenden geben. Friedhelm Padberg (Padberg 2009, zitiert nach Weixler / Weixler 2014) nennt drei Kategorien von Fehlern:

- *Flüchtigkeitsfehler* ergeben sich durch Unachtsamkeit;
- *systematische Fehler* treten bei einem Lernenden bei ähnlichen Aufgaben immer wieder auf und lassen auf ein nicht ausreichendes Verständnis eines bestimmten Sachverhalts schließen;
- *typische Fehler* werden von vielen Lernenden gleichermaßen gemacht.

Eine Herausarbeitung von typisch richtigen und typisch falschen Schülerlösungen hilft der Lehrkraft, diagnostisch vorzugehen. Ein Beispiel für typisch falsch: Aufgaben werden stets auf den zuletzt behandelten Lerninhalt bezogen. Typisch richtig ist hingegen, alle relevanten Informationen zu verwenden und sinnvoll zu verknüpfen.

Es wäre illusorisch zu fordern, dass im alltäglichen Unterricht die Lehrkraft stets den Lernprozess jedes und jeder einzelnen Lernenden diagnos-

112 Im Download befindet sich ein Beispiel zahlreicher interaktiver Checklisten, die auf dem Landesbildungsserver Baden-Württemberg frei zugänglich sind.

tisch begleiten, also stets individualisiert diagnostizieren könnte. Es ist aber in diesem Zusammenhang besser, kleine Schritte zu tun, als große im Bereich des Wünschenswerten zu begraben.

Eine Zusammenstellung typischer Fehler kann auch hilfreich sein beim Erstellen differenzierender Hilfen, weil die Fehlerursachen im Lerngegenstand zu suchen sind.

Systematische Fehler dagegen sind auf das Individuum bezogen. Man könnte anhand dieser Unterscheidung die mathematische Diagnostik in eine eher differenzierende, an typischen Fehlern orientierte, und in eine eher individualisierende, an systematischen Fehlern orientierte Form unterscheiden.

Grundvorstellungen sind die Schlüssel zum Gelingen der Übersetzung von der Realität in die Mathematik und von der Mathematik in die Realität.

> „Die Analyse von Schülerstrategien im Hinblick auf zugrundeliegende Vorstellungen ermöglicht eine Diagnose bestehender Lerndefizite. Daraus lassen sich effektive Fördermaßnahmen ableiten."
>
> (Hafner / vom Hofe 2008, S. 14)

Kern der Diagnose ist, dass die Lehrkraft versteht, wie Lernende denken, sie muss die singulären Welten der Lernenden mit der regulären Welt der Mathematik vergleichen. Erst dann kann sie geeignete Fördermaßnahmen einleiten.

Diagnostische Interviews

Diagnostische Interviews werden in Forschung und Therapie systematisch eingesetzt, können in vereinfachter Form im alltäglichen Unterricht mit einzelnen Lernenden geführt werden. Es geht dabei darum, dass die Lernenden laut aussprechen, was sie denken und verstehen.

> „Indem die Schülerinnen und Schüler den Aufgabentext mit eigenen Worten wiedergeben und ihre Gedanken laut aussprechen, zeigt sich, inwieweit sie die Aufgabenstellung verstanden haben."
>
> (Hafner / vom Hofe 2008, S. 15)

Sebastian Wartha verwendet dafür den Begriff des „lauten Denkens" (Wartha 2014).

Damit einher geht eine genaue Beobachtung von Materialhandlungen. So erhält man detaillierte Informationen über das Vorgehen des jeweiligen Lernenden bei der Lösung der vorgelegten Aufgabe (Hafner/vom Hofe 2008, S. 15). Die Lehrkraft achtet darauf, welche Lösungsstrategien der oder die

Lernende verfolgt und welche Probleme sich dabei ergeben. Daran kann sie erkennen, ob der oder die Lernende über adäquate Grundvorstellungen verfügt oder ob auf Fehlvorstellungen zugegriffen wird.

Online-Diagnostik

Online-Diagnostik wird in Zukunft eine entscheidende Rolle im Mathematikunterricht spielen, indem sie eine präzise und effiziente Bewertung der individuellen Lernstärken und -schwächen der Lernenden ermöglicht und darauf basierende, gezielte Fördermaßnahmen unterstützt.
Die Vorteile sind dabei eindeutig: Lehrkräfte müssen die Diagnosetests nicht aufwendig manuell korrigieren und auswerten. Idealerweise kann auch die Zuordnung der individuellen Förderung automatisiert und digital gestützt erfolgen. Die Bestrebungen zur Entwicklung solcher Systeme sind an vielen Stellen erkennbar, befinden sich aber vielerorts noch in Anfangsstadien[113] oder sagen wir: sind noch nicht am Ziel angelangt.

Das Internet bietet zahlreiche Plattformen, auf denen Lernende mathematische Aufgaben bearbeiten und eine Gesamtrückmeldung in Form von Lösungsprozentsätzen erhalten. Allerdings muss angemerkt werden, dass Übungssoftware der Schulbuchverlage das in den 2000er-Jahren auch schon konnte.[114] Der Fortschritt ist also nicht dramatisch. Die Grundlagen der inzwischen zahlreichen Angebote von Online-Diagnostik sind immer noch wenig erforscht.

Eine hochwertige Diagnose hingegen identifiziert präzise, welche Teilkompetenzen bereits beherrscht werden und welche noch Defizite aufweisen. Ein empfehlenswertes digitales und kostenfreies Angebot ist die Plattform *Mathebattle.de.*[115] Der Name der Plattform deutet bereits auf den kompetitiven Charakter hin, der die Lernenden motiviert, durch Highscore-Wettbewerbe und Übungseinheiten gegeneinander anzutreten.

Lehrkräfte können detailliert nachverfolgen, wie gut die Schülerinnen und Schüler verschiedene Aufgabentypen beherrschen und basierend auf diesen Diagnosen gezielte Impulse für die kommende Unterrichtsstunde ableiten.

---

113 Online-Diagnose von *Mathe sicher können*: Ermöglicht Lehrkräften, den Lernstand der Lernenden zu ermitteln und gezielte Fördermaßnahmen zu ergreifen; bietet Lernenden umfassende Diagnosemöglichkeiten.

114 z. B. der *Klett Mathetrainer* des Klett Verlags Stuttgart zu den Unterrichtswerken *Lambacher Schweizer, Schnittpunkt* und *Einblicke*

115 *Mathebattle*: gamifizierte Diagnose- und Fördermöglichkeit Sekundarstufe I und II, wird vom Land Baden-Württemberg gefördert und in Zusammenarbeit mit der Universität Tübingen kontinuierlich weiterentwickelt.

Zudem besteht die Möglichkeit, den Lernenden per Knopfdruck auf Grundlage der Diagnostik passgenaue neue individuelle Trainingsbattles zuzuweisen.

Es gibt jedoch auch Grenzen zu beachten. „Online-Diagnostik basiert auf dem Prinzip, dass genau das, was die Schüler nicht können, als nächste Aufgabe kommt" (Leuders 2013). Die Möglichkeit konstruktiver Rückmeldungen wird in Online-Diagnosen oder *digitalen Feedbacks* noch selten genutzt.

Diese Systeme beschränken sich meist auf einfache Rückmeldungen wie „richtig" oder „falsch", während eine fachspezifische und konstruktive Rückmeldung über den Fehler wünschenswert und hilfreich wäre. Das könnten neben dem Übungsmaterial konstruktive Unterstützungsformate, wie zusätzliche Inputs der Lehrkraft oder Hilfestellungen durch parallel Lernende sein.

Lernstand 5

Mit *Lernstand 5* werden die arithmetischen Basiskompetenzen beim Übergang von der Primar- in die Sekundarstufe individuell diagnostiziert. Untersucht werden die schriftlichen Rechenverfahren Subtraktion, Multiplikation und Division, Operationsverständnis und Zahlverständnis. Die Diagnoseergebnisse werden bei den Rechenverfahren in zwei, bei den Verständnissen in drei Stufen rückgemeldet. Förderbedarf besteht, wenn nur die unterste Stufe erreicht wurde oder nicht einmal diese. Alle Lernenden erhalten dadurch eine individuelle Rückmeldung über den Stand ihrer Basiskompetenzen.

Lernstand 5 gibt es in mehreren Bundesländern, das Setting ist aber recht unterschiedlich hinsichtlich Verbindlichkeit und Zeitpunkt.

Eine gezielte individuelle Förderung ist nun möglich mit den Fördermaterialien *Mathe sicher können* oder den *Rechenbausteinen*. Diese Materialien wurden wissenschaftlich erstellt und setzen nicht dort an, was das einzelne Kind nicht kann, sondern gehen einen Schritt zurück an die Stelle, an der das Defizit entstanden ist. Dies geschieht dadurch, dass nicht nur die Richtigkeit von Rechenergebnissen überprüft wird, sondern jeder einzelnen Fehlermöglichkeit eine Fehlerursache zugeordnet wird, an der die Förderung dann ansetzt.

B

Beispielaufgabe

Pia sammelt für ein Klassenfest Geld ein. Von jedem der 28 Kinder bekommt sie 2 €.
Wenn ein Kind den Lösungsweg „Ich habe 28 + 28 oder 28-mal die 2 addiert" ankreuzt, wird es zu einer Aufgabe geführt, bei der mit Bildern zu Aufgaben wiederholter Addition entsprechende Multiplikationsaufgaben zugeordnet werden. Denn es hat so gerechnet, dass es die Multiplikation umgehen konnte.

VERA

Die Vergleichsarbeiten (VERA)[116] dienen bundesweit zum Leistungsvergleich der Kompetenzstände von Klassen innerhalb einer Schule, von Schulen innerhalb einer Schulart und von Schularten untereinander. Die Ergebnisse werden in fünf Standardstufen kommuniziert. Zwar werden mit den Auswertungen auch Listen mit individuellen Einzelergebnissen an die Schulen gegeben, jedoch beschränken sich diese auf die Richtigkeit der Lösungen und auf Lösungsprozentsätze. Es handelt sich damit um Diagnostik ohne die dritte Zielebene *Förderung*.

Die Ergebnisse der Vergleichsarbeiten geben der Lehrkraft wertvolle Rückmeldungen über den Kompetenzstand ihrer Lerngruppe. Damit sind sie Grundlagen für intensivierte Differenzierung, ermöglichen aber nur bedingt eine Individualisierung.

Rechenschwächen

Analog zur Legasthenie als Lese- und Rechtschreibschwäche wird zunehmend von Psychologen bei Lernenden eine mathematische Lern- und Entwicklungsstörung, die Dyskalkulie, diagnostiziert. Die Psychologen stützen sich auf die Definition der Weltgesundheitsorganisation (WHO):

> „Rechenstörung ist eine Beeinträchtigung der Rechenfertigkeiten, die nicht allein durch eine allgemeine Intelligenzminderung oder eine unangemessene Beschulung erklärbar ist. Das Defizit betrifft die grundlegenden Rechenfertigkeiten wie Addition, Subtraktion, Multiplikation und Division."
>
> (zit. n. Bonhoff / Lehr 2006, S. 19)

Psychologen wenden Testverfahren an, mit denen eine Rechenschwäche diagnostiziert werden kann. Falsche Lösungsstrategien betroffener Kinder lassen sich zum Beispiel dadurch aufspüren, dass die Lösungsschritte vom Kind laut aufgesagt werden.

Aktuelle Erkenntnisse aus Untersuchungen von Mathematikdidaktikern (Schipper, Moser Opitz, Wartha) kommen zu der Auffassung, dass es sich bei den diagnostizierten Rechenschwächen um Lernstörungen im Primarbereich handelt. Die Probleme beschränken sich auf einen Teilbereich der Mathematik und stellen sich oft erst spät heraus, wenn nämlich mit dem

116 VERA ist bei Redaktionsschluss das einzige Testverfahren, das flächendeckend, d. h. bundesweit, grundsätzlich in allen allgemeinbildenden Schulen mit allen Schülerinnen und Schülern der dritten bzw. achten Jahrgangsstufe durchgeführt wird (https://www.kmk.org/themen/qualitaetssicherung-in-schulen/bildungsmonitoring/verfahren-zur-qualitaetssicherung-auf-schulebene.html, Zugriff: 12.06.2025).

Bruchrechnen begonnen wird, beziehungsweise genauer, wenn Aspekte der Teilbarkeit in den Vordergrund treten. Zu Begriffen im Zusammenhang mit der Teilbarkeit können von betroffenen Kindern keine Grundvorstellungen aktiviert werden.

Die Ursache für auftretende Schwierigkeiten beim Bruchrechnen liegt daher oft bei nicht verstandenem Grundschulstoff oder sogar noch weiter zurück in der Vorschulzeit.

Bei den betroffenen Schülern handelt es sich, wenn sie dann in der Sekundarstufe ankommen, immer noch um „zählende Rechner und Rechnerinnen", also um Lernende, die das Rechnen dadurch umgehen, dass sie im Geist vorgestellte Elemente abzählen, aufsteigende und absteigende Reihen aufsagen.

Problematisch und fehlerträchtig sind dabei das Setzen des Zählbeginns und das Fehlen eines zutreffenden Zahlbegriffs. Der Zahlbegriff dieser Kinder reduziert sich auf den Zahlennamen und ist mit keiner Mengenvorstellung verknüpft, denn die Reihenfolge der Zahlennamen wurde unverstanden auswendig gelernt.

Der dezimale Aufbau des Stellenwertsystems wurde nicht verstanden, es wird mit Ziffern gerechnet statt mit Zahlen. Schon die Vereinbarung, dass bei mehrstelligen Zahlen die Ziffern in der absteigenden Reihenfolge ihres Stellenwerts gesprochen werden, die Einer- aber vor der Zehnerstelle, stellt für solche Kinder mitunter ein unüberwindbares Hindernis dar.

Mit zunehmendem Alter wird für betroffene Schülerinnen und Schüler die Mathematik zu einer immer länger werdenden Liste von unverständlichen Vorschriften, welche nach ihrem Erleben die anderen Schülerinnen und Schüler aber verstehen.

Sekundarstufenlehrerkräfte können Rechenschwächen einerseits als nicht gelungene Zahlbegriffsbildung spezifizieren, andererseits sehen sie sich mit unterschiedlichen Erwartungen von Eltern und psychologischen Fachleuten konfrontiert, was eine besondere Betreuung und Leistungsbeurteilung bei den betroffenen Kindern anbelangt.

In der Leistungsmessung wird Dyskalkulie jedoch kaum berücksichtigt (siehe Kasten zum Nachteilsausgleich am Beispiel Baden-Württemberg). Da es sich um eine isolierte Schwäche handelt, ist ein völliges Versagen der betroffenen Schülerinnen und Schüler im Fach Mathematik eher selten. Im Gegenteil fallen zählende Rechner bei anderen mathematischen Themen, bei denen es nicht um ein Zahlverständnis geht, häufig mit überdurchschnittlicher Leistungsfähigkeit auf.

Nachteilsausgleich für Kinder mit Rechenschwächen Baden-Württemberg

Schritte der Förderung von Kindern mit besonderem Förderbedarf

- Diagnose (in der Grundschule, im Einzelfall bis in weiterführende Schulen);
- 1. Stufe: Förderung im Rahmen des regulären Mathematikunterrichts;
- 2. Stufe: flankierende, ergänzende oder den Unterricht ersetzende Fördermaßnahmen mit dem Ziel der Wiederteilnahme am regulären Unterricht nach Abschluss der Förderung. Bei einer diagnostizierten Rechenschwäche liegt es im Ermessen der Lehrkraft, wie sie die individuellen Lernfortschritte würdigt. Das Anforderungsprofil darf aber nicht für einzelne Schülerinnen und Schüler herabgesetzt werden.

Mögliche Maßnahmen des Nachteilausgleichs

- Anpassung der Arbeitszeit,
- Nutzung von besonderen technischen oder methodischen Hilfen,
- Anpassung der Gewichtung der Leistungsarten,
- Abweichung der äußeren Rahmenbedingungen einer Prüfung.

(Quelle: Minister für Kultus, Jugend und Sport Baden-Württemberg, Infodienst Schulleitung 238 vom September 2014)

6.7 Individualisierung

Eine Abgrenzung von Individualisierung gegen Differenzierung ist in der praktischen Umsetzung schwierig. Während durch Differenzierung merkmalsbezogene Gruppierungen in einer Lerngruppe vorgenommen werden, bezieht sich Individualisierung theoretisch auf jedes einzelne Individuum in seinen jeweiligen Voraussetzungen, Interessen und Potenzialen. Im Mittelpunkt steht das Individuum, also jeder einzelne und jede einzelne Lernende. Diese Einstellung gehört auch zu den Leitprinzipien der Montessori-Pädagogik (Schumacher 2020, S. 49), auch wenn wir die Montessori-Pädagogik nicht als Musterbeispiel gelungener Individualisierung erleben. Die Übergänge von Differenzierung zu Individualisierung sind fließend, wobei das Maß an Selbstregulierung und Selbstverantwortung aufseiten der Lernenden in Richtung Individualisierung zunimmt.

Die Grundidee von Individualisierung ist, dass Lernwege sehr verschieden und wenig vorhersehbar sein können. Individualisierung respektiert die Individualität ausdrücklich und stellt sie in den Vordergrund; sie enthält den

Blick auf das Kind insgesamt. Lernen geht von vorhandenem Wissen aus; eigene Interessen und persönliche Zugänge spielen dabei eine große Rolle. Individualisierung unterscheidet sich von Differenzierung, indem Lernwege weiter geöffnet werden, als lediglich eine mehr oder weniger begrenzte Auswahl anzubieten oder zuzulassen.

Individualisiert lehren beinhaltet die Diagnose von individuellen Lernständen als Basis für differenziertes Fördern und Fordern. Es ist mehr, als die Lernenden nur zu begleiten, denn Lehren bleibt eine aktive initiative Tätigkeit. Es ist auch mehr, als den Lernenden fertige Materialien anzubieten, aus denen sie sich das ihren Bedürfnissen entsprechende aussuchen können, was Kern der Methode „Freiarbeit“ ist. Nicht die Lehrkraft individualisiert, sondern die Individualisierung entsteht durch die Lernenden.

Um an die Lebenswelt der Schülerinnen und Schüler anknüpfen zu können, muss auch ihr kultureller und sozialer Hintergrund beachtet und respektiert werden. Lernen setzt voraus, dass man dem Neuen auf seinem eigenen Hintergrund eine Bedeutung zuweist.

Für einen Teil der Kinder bedeutet es schon eine große Herausforderung, wenn grundsätzlich in deutscher Sprache unterrichtet wird. Kinder, die schon außerhalb Deutschlands in die Schule gegangen sind, haben unter Umständen die Notation der Grundrechenarten anders gelernt als die deutschen.

Die vermeintliche Objektivität der Mathematik gibt es nicht in allen Aspekten. Aber wie geht man damit um? Müssen alle unsere Kinder umdenken und neu lernen, damit jeder gleich rechnet, obwohl sie die entsprechenden Kompetenzen bereits besitzen? Oder müssen die Lehrkräfte umdenken?

Zur Individualisierung gehört, mathematische Vorgehensweisen in der Vielfalt möglicher Zugänge zuzulassen, einfach weil unterschiedliche Kinder unterschiedliche Zugänge zu denselben mathematischen Fragen haben.

Solche unterschiedlichen Zugänge zuzulassen, gelingt, wenn die Mathematik nicht auf fertige und festgelegte Handlungsabläufe reduziert wird, sondern wenn die Verschiedenheit möglicher Zugangsweisen erlaubt, gewünscht und reflektiert wird. Individualisierung, wie sie hier verstanden wird, kann nur in Grundzügen ein theoretisches Thema sein. Sie muss vor Ort, in jedem Klassenzimmer, gelebt und gestaltet werden.

6.7.1 Methodische Individualisierung

Worin unterscheiden sich Lernende?

Ihre Individualität äußert sich in Interessen, Vorwissen, dem intellektuellen Potenzial, Sprachkompetenz, Arbeitshaltung, Konzentrationsfähigkeit, Leistungsbereitschaft, Flexibilität, Selbstbestimmung, Lern- und Arbeitstempo und vielen weiteren Aspekten. Jeder und jede ist anders. Individualisierung des Unterrichts bedeutet zunächst, dieses Anderssein zuzulassen, ohne die Lernenden in merkmalsbezogene Gruppen einzuteilen, die dann doch wieder bezüglich dieser Merkmale als gleich angesehen und behandelt werden.

Differenzierung mithilfe von Niveaustufen oder die Zuteilung von Vorteilen wie der Vergabe von Könner-Buttons oder Sonderrechten sind keine Individualisierung, weil sie das Individuum nicht ins Zentrum rücken, sondern extrinsische Motivation fördern und den Individuen reaktive Rollen zuweisen.

Individualisierung des Lerninhalts

Die konsequenteste Form von Individualisierung ist die Individualisierung des Lerninhalts. Jeder Lernende entscheidet darüber, was er wann und wie lernt.

Es gibt zahlreiche positive Erfahrungen. Unsere Erfahrungen als Lehrkräfte an Regelschulen mit quereingestiegenen Lernenden, die in der Primarstufe nach dem Montessori-Konzept beschult wurden, beinhalten aber auch, dass es sich diesbezüglich um nicht immer erfüllte Wunschvorstellungen handeln kann.

Die von den Lernenden gewählte Tätigkeit konnte bisweilen darin bestehen, mitgebrachte Spielzeugautos auszupacken und auf dem Tisch zu sortieren oder kunstvolle Manga-Zeichnungen in Serie anzufertigen, obwohl

> Nach dem Konzept von Maria **Montessori** (1870 – 1952) kann der oder die Lernende aus einem differenzierten Lernangebot den Gegenstand seiner Tätigkeit, die Ziele, die Sozialform sowie die Zeit, die er oder sie dafür verwenden will, im Rahmen allgemeiner Vorstrukturierungen selbst bestimmen (Klein-Landeck 2000, S. 10).
> Das Montessori-Konzept basiert auf dem Grundgedanken, dass das Kind mit seiner Individualität im Mittelpunkt stehe und sich von selbst durch vitale Kräfte auf ein bestimmtes Ziel hin entwickle, weil es über natürlichen „Lernhunger“ verfüge.
> Dieser Hunger wird in der Schule durch Bereitstellung einer Lernumgebung in Form von Materialien gestillt, die klare Aufgaben und Ziele enthalten. Kindliche und Erwachsenentätigkeit werden als gleichwertig angesehen (Böhm 2005, S. 442). Diese Gleichwertigkeit wird gegenüber den Heranwachsenden zum Ausdruck gebracht. Auf Belohnungen und Bestrafungen wird verzichtet. Die Lernenden werden auch nicht ständig von Anweisungen der Lehrkraft „gegängelt“ (Klein-Landeck 2000, S. 12).

dies nicht Teil des Lernangebots war. Sie ließen sich von der „gleichwertigen“ Lehrperson oder ihren resignierenden Eltern auch selten beeinflussen.

Laut der Hattie-Studie hat direkte Instruktion (0,59) eine viel größere Effektstärke als Freiarbeit (0,04). Warum sollte man also davon abrücken, Lernenden ab und zu freundlich zu sagen, was man als Lehrkraft von ihnen begründet erwartet?

Das Konzept von „offenem Unterricht“ und Freiarbeit hat sich auch in vielen Regelschulen etabliert und bietet den Vorteil von festen Unterrichtsphasen, in denen jeder und jede ruhig und konzentriert individuell, also allein und auf sich gestellt, arbeitet.

Wie weit es aber große Vorteile bringt, wenn alle selbst entscheiden können, mit welchem Unterrichtsfach sie sich beschäftigen, obwohl die anwesende Lehrkraft nur für eines der Fächer ausgebildet ist, stellen wir gern zur Diskussion.

Auch wenn innerhalb des Fachs Lernende zur selben Zeit völlig unterschiedliche Themen bearbeiten, kann dies für die Lehrkraft eine große Herausforderung bedeuten. Wenn einzelne Lernende Hilfe brauchen, muss sich die Lehrkraft dann innerhalb kürzester Zeit ständig auf neue Kontexte einstellen, was sich negativ auf die Qualität der Beratung auswirken muss.

Die Materialien, die in der Freiarbeit verwendet werden, wurden von den Lehrkräften erstellt oder von der Schule gekauft und enthalten von daher ein hohes Maß an Fremdbestimmung für die einzelne Klasse, mit der die Lernenden sich konfrontiert sehen. Wir haben viele Materialien für „offenen Unterricht“ und Freiarbeit gesehen und prüfen können und sind zu dem Ergebnis gekommen, dass die Qualität solcher Materialien weit auseinandergeht.

Ein weiteres Problem ist, dass die Lehrkraft mit Unterrichtsmaterialien arbeitet, die sie oft nicht selbst erstellt oder sogar nicht einmal selbst zusammengestellt hat.

Dies hat eine Entfremdung der Lehrkraft von den eingesetzten Medien zur Folge. Die Dimensionen didaktisch wohlüberlegter Zusammenhänge und Reihenfolgen spielen zunehmend untergeordnete Rollen und die Zieldimensionen des Lernens rücken in den Hintergrund zugunsten eines materialgeführten Abarbeitens von Aufgaben.

Am wenigsten konnten uns Materialien überzeugen, die den Anspruch verfolgten, neue Lerninhalte zu vermitteln, bei den Übungsaufgaben war ein wesentlich höherer Anteil von Aufgabenpaketen zu finden, die dem Anspruch von Individualisierung gerecht werden konnten.

Unser Fazit: eine methodische Individualisierung des Lerninhalts halten wir beim Lernschritt *Vertiefen/Üben* für realistisch, bei den anderen Lernschritten eher für illusorisch.

Individualisierung der Lerntempi

Checklisten (vgl. Kap 6.6) und Arbeitspläne, Lernwegelisten oder Lernjobs sind bewährte Hilfsmittel zur Individualisierung der Lerntempi. Es bleibt die Frage, wie die Lehrkraft damit umgeht. Die Erwartung darf nicht sein, dass durch methodische Maßnahmen ein Ausgleich geschaffen wird. Sondern Lerntempo muss mit Anspruchsniveau verzahnt gesehen werden.

Aufgaben, die im Rahmen des Übungsplans (ein Beispiel befindet sich im Downloadmaterial) falsch gelöst wurden oder an denen die Lernenden scheiterten, werden in einer folgenden Phase gemeinsamen Lernens angesprochen.

Mit solchen Übungsplänen haben wir gute Erfahrungen gemacht. Nach einer gewissen Eingewöhnungsphase seitens der Lernenden und zunehmender Erfahrung der erstellenden Lehrkraft wurde es zum Normalfall, dass die stärksten Lernenden mit den schwierigen Aufgaben fertig waren, während die schwächsten die Grundaufgaben bewältigt hatten. Die Übungspläne bezogen sich inhaltlich immer auf den vorausgegangenen gemeinsamen Unterricht.

Einschränkend muss aber auch erwähnt werden, dass zu den meisten Schulbüchern keine ausführlichen Lösungswege, sondern nur Lösungszahlen zur Verfügung stehen und dass die Erstellung solcher Übungspläne viel Arbeitszeit bindet, wenn man auch als Lehrkraft diesbezüglich eine gewisse Routine entwickeln kann. Auch noch die Lösungswege als Lehrkraft selbst zu erstellen, halten wir für illusorisch. Man muss sich also mit Lösungszahlen zufrieden stellen und entsprechend mehr Anfragen von Lernenden erwarten.

Weniger aufwendig ist die Erstellung von Checklisten, schließlich kennt die Lehrkraft ihre Lernziele. Checklisten sind grundsätzlich hilfreich, nicht nur, aber auch für die Vorbereitung auf Lernkontrollen. Ein Beispiel für eine Checkliste findet sich in Kap. 6.6.

Für unangemessen halten wir Checklisten, die zu Beginn des Lernens eingesetzt werden. Einige Jahre lang geisterten solche Listen unter der Bezeichnung „Kompetenzraster“ in den Schulen herum, weil man der Auffassung war, Lernende könnten „individuell lernen“, wenn man ihnen mit Listen aufgab, was zu lernen sei. Das scheiterte schon daran, dass in den Listen Fachbegriffe verwendet wurden, die Ziele des Lernens, nicht Voraussetzungen sein konnten.

Individualisierung des Lernwegs

„Ich mach das aber so!“ Lehrkräfte werden bisweilen ungehalten, wenn Lernende partout nicht so arbeiten wollen, wie es ihnen gezeigt wurde. Das kann aber Ausdruck von Individualität sein und solange eigene Lösungswege richtig sind, obwohl sie von üblichen Schemata abweichen, können sie sogar wertvoll und schützenswert sein.

Wir denken an Beispiele wie die Strahlensatz-Aufgabe in Kap. 3.1 oder daran, dass Binome aufgelöst werden, indem sie durchmultipliziert werden. Es gab Zeiten, in denen auf solchem Weg entstandene richtige Lösungen mit Punktabzug bestraft wurden, weil nicht eine binomische Formel angewendet wurde, sondern verstanden worden war. Oder sind diese Zeiten womöglich noch gar nicht vorbei? Immerhin findet man in Schulbüchern noch Aufgabentexte[117] wie:

- Wende die 1. binomische Formel an.
- Wende die 2. binomische Formel an.
- Überlege zuerst, welche binomische Formel du anwenden kannst.
- Berechne nur die Terme, für die binomische Formeln gelten.

Hier wird der Lösungsweg vorgegeben und dem Lernenden das Recht auf einen individuellen Lernweg von vorneherein verwehrt.

Weil manche Lernende sich lieber Erklärungen geben lassen, als selbst nachzudenken, haben viele Lehrkräfte Regeln eingeführt wie diese, dass bei Problemen zuerst parallel Lernende oder Lernende, die einen Experten-Button besitzen, gefragt werden müssen, bevor man sich an die Lehrkraft wenden darf.

Solche Regeln entlasten die Lehrkraft, schränken aber Lernwege ein. Wenn ich allein nicht mehr weiterkomme, dann hole ich mir doch dort Hilfe, wo ich sie erhoffe und wo ich der Quelle vertraue.

Man sieht bei Unterrichtsbesuchen selten, dass Lernende von sich aus im Schulbuch nachschauen, wenn sie eine Frage haben. Obwohl doch das Schulbuch als Leitmedium eine vertrauenswürdige und verlässliche Informationsquelle ist, denn selbst die Lehrkraft zieht es heran, um ihren Unterricht vorzubereiten.

Kann es sein, dass sogar das Schulbuch heute noch als unerlaubtes Hilfsmittel angesehen wird, sobald es aufgeschlagen wird, ohne dass die Lehrkraft das angeordnet hätte? Seien wir doch froh, wenn Lernende über so hohe Methodenkompetenz verfügen.

Warum muss man Lernenden verbieten, eine Formelsammlung zu benutzen? Gedächtnisleistung als Bildungsziel ist schon sehr lange überholt. Zu wissen, wo und unter welchem Stichwort die benötigte Formel oder Definition zu finden ist, ist doch viel hilfreicher, als sie auswendig zu wissen.[118]

117 Backhaus u. a. 2017, S. 13 / 14

118 Outing eines der drei Autoren: Wenn ich die Musterlösungen (den Erwartungshorizont) für eine Klassenarbeit erstelle, schaue ich zur Sicherheit jede Formel, die ich benutze, immer noch in der daneben liegenden Formelsammlung nach, auch wenn ich sie auswendig weiß, weil ich absolut sicher sein will, dass meine Musterlösung auch richtig ist, und weil ich weiß, dass auch ich Flüchtigkeitsfehler mache.

Nicht anders verhält es sich mit der Nutzung digitaler Medien. Warum sollte ein Lernender, der eine Frage hat, sich nicht bei *Wikipedia* schlaumachen dürfen oder ein Erklärvideo von *Daniel Jung* oder *Lehrerschmidt* heranziehen? Die Online-Lehrkräfte stehen immer zur Verfügung und ihre Erklärungen kommen bei einzelnen Lernenden vielleicht besser an als die des Klassenkameraden, der daneben sitzt.

Daniel Jung ist wohl einer der erfolgreichsten Autoren von Erklärvideos im Bereich Mathematik. Unter seinem Namen gibt es interessanterweise inzwischen zahlreiche auf Papier gedruckte Lernhefte, die aufgebaut sind wie traditionelle Merkhefte inklusive Aufgaben und Lösungen, und die über QR-Codes die dazugehörigen Lernvideos abrufen können (z. B. Wiens 2021).

Wir halten das für einen empfehlenswerten Lernweg, auf den man nicht unbedingt die Lernenden aktiv schicken muss, den man ihnen aber auch nicht versperren sollte. Mittlerweile haben das auch Schulbuchverlage erkannt. So gibt es schon Arbeitshefte, die mit QR-Codes voll sind, welche zu Erklärvideos führen.

Man könnte es auch so sehen, dass die Lehrkräfte sich anstrengen müssen, bei den Lernenden besser anzukommen als Daniel Jung und seine Mitstreiterinnen und Mitstreiter.

Was spricht eigentlich dagegen, einzelne Exemplare solcher Materialien anzuschaffen und als Freiarbeits-Materialien und Teile einer vorbereiteten Umgebung nach Montessori (Schumacher 2016, S. 49) anzubieten, auf die Lernende zugreifen können, ohne dass sie in einem methodisch getakteten Ablauf dazu genötigt werden? Ist es die Nutzung des digitalen Endgeräts?

Wir kennen die Argumente der Bedenkenträgerinnen und Bedenkenträger, die Handynutzung der Jugendlichen sei eh schon zu viel und außerdem würden die ersten Bundesländer schon wieder dazu übergehen, Handynutzung in der Schule zu untersagen. Man muss den Jugendlichen zeigen, wie sie mit digitalen Hilfsmitteln lernen können, und nicht den Graben zwischen ihrer wirklichen Welt und der Schule noch tiefer baggern.

6.7.2 Didaktische Individualisierung

Wenn Lernende allein arbeiten und dabei Aufgabenpäckchen abarbeiten, ist das noch keine Individualisierung, auch dann nicht, wenn sie es in einer Atmosphäre der Stille und Konzentration tun. Denn die Aufgaben, die sie bearbeiten, wurden nicht individuell für einen einzelnen Lernenden oder eine einzelne Lernende erstellt.

Die am konsequentesten individualisierte Arbeit von Lernenden, die nicht allein arbeiten, ist die Betreuung eins zu eins durch eine Lehrkraft. In einer solchen Konstellation kann wirklich individualisiert gelehrt werden.[119] Viele Fotos von Lernsituationen bei Eva Schumacher (Schumacher 2020) erwecken den Eindruck, in Montessori-Schulen wäre das so.

Natürlich kann es nur so gemeint sein, dass Teilausschnitte des Unterrichtsgeschehens gezeigt werden, in denen sich die Lehrkraft einem einzelnen Kind widmet. In solchen Situationen ist diejenige Lehrkraft die bessere Lehrkraft, die die Gedanken des Lernenden erfragt, nachvollzieht und aufgreift, und nicht die Lehrkraft, die gut erklärt.

Individualisierung beginnt mit dem Respekt vor den singulären Welten aller Lernender und damit, dass die Lehrkraft sich nicht nur darauf einlässt, sondern davon in ihrem eigenen Denken ausgeht.

Ein wichtiger Aspekt der singulären Welten der Lernenden ist die Vorschau-Perspektive. Lernende können die Struktur des Lerngegenstands noch nicht erkennen, wenn sie ihn noch nicht gelernt haben, und erst recht nicht fachsprachlich ausdrücken. Sie denken und sprechen in naiven Kategorien, gewonnene Erkenntnisse müssen ihre Allgemeingültigkeit erst unter Beweis stellen.

Je mehr Lernende gleichzeitig angesprochen werden, desto weniger zielgenau ist dies möglich. In einem von der Lehrkraft moderierten Klassengespräch können Lernende frei und respektiert ihre Vorstellungen äußern und weiterentwickeln.

Denn die Lehrkraft hat weniger einen Lernweg vorbereitet, auf den sie die Lernenden schickt, sondern sie ist bereit, zuzulassen, dass die Lernenden gleichberechtigt am Lernweg mitgestalten. Didaktische Individualisierung hat viel mit der Einstellung der Lehrkraft den Lernenden gegenüber zu tun und wenig mit Methoden, Materialien und der Einrichtung von Unterrichtsräumen.[120]

Die Lehrkraft darf nicht zu früh Hilfen anbieten oder sogar aufdrängen, sondern muss die Lernenden immer zuerst auf sich selbst und ihre eigenen Fähigkeiten verweisen (Hintz u. a. 2001, S. 140).

119 Individualisierte Lehrsituationen entstehen auch bei privat organisierter Einzelnachhilfe, die hauptsächlich von Lehramtsstudentinnen und Lehramtsstudenten gegeben wird. Studierenden können wir nur empfehlen, Gelegenheiten zu solchen Nebenbeschäftigungen zu nutzen, denn sie können davon selbst enorm für die Qualifikation in ihrem späteren Beruf profitieren und bekommen sogar noch Geld dafür.

120 Wir spielen damit auf die Dominanz von Materialien und Raumkonzepten in der Montessori-Pädagogik an.

6.7.3 Inklusion

Wenn Individualisierung mit dem Satz „Hilf mir, es selbst zu tun" (Schumacher 2020, S. 105) beschrieben werden kann, dann ist es bei Inklusion „Hilf mir, es so lange wie möglich selbst zu tun" (Schumacher 2020, S. 117).

In Artikel 24 der UN-Behindertenrechtskonvention 2009 wird das Recht von Menschen mit Behinderung auf gleichwertige Bildung anerkannt. Dabei ist sicherzustellen, dass Menschen mit Behinderung nicht wegen ihrer Behinderung vom allgemeinen Bildungssystem ausgeschlossen werden dürfen.[121]

In der fachdidaktischen Diskussion wird Inklusion oft in Zusammenhang mit einer verfeinerten Form von Differenzierung gebracht oder sogar damit gleichgesetzt, meint aber zunächst nur die gemeinsame Beschulung von Kindern und Jugendlichen mit und ohne Behinderung[122] (KMK 2011, S. 7).

Es erscheint uns sinnvoll, zunächst die Begriffe zu klären (siehe Abb. 6.7), die verwendet werden, um zu beschreiben, in welcher Form „Andersartige" in ein bestehendes gesellschaftliches System aufgenommen werden oder nicht, mit Bezug auf schulischen Unterricht.

Exklusion beschreibt die Situation, dass „Andersartige" gezielt nicht in die

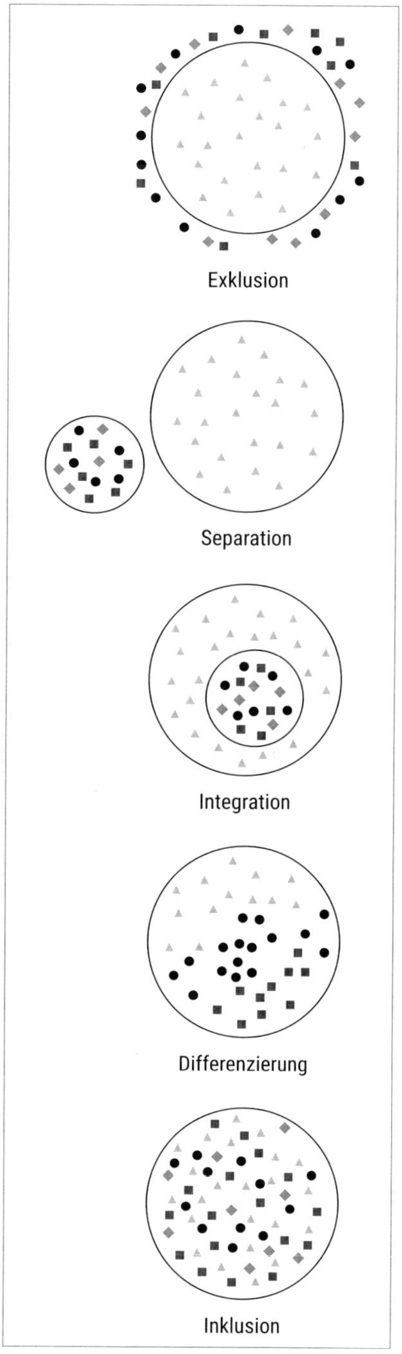

Abb. 6.7: Begriffe zum Umgang mit Andersartigkeit

121 Bildung | UN-Behindertenrechtskonvention geladen am 30.10.2021

122 „Inklusive Bildung von Kindern und Jugendlichen mit Behinderungen in Schulen" (Beschluss der Kultusministerkonferenz vom 20.10.2011)

Gemeinschaft aufgenommen werden. Menschen zum Beispiel mit einer Behinderung erhalten kein Bildungsangebot, weil sich das gesellschaftlich nicht lohne. Seit dem Ende des Nationalsozialismus gibt es diese Form der Diskriminierung in Deutschland nicht mehr.

Separation bedeutet, dass Menschen mit Einschränkungen oder Auffälligkeiten nicht dasselbe Bildungsangebot erhalten wie die Mehrheit. Die Sonderschule, in der Nachkriegszeit „Hilfsschule" genannt, oder in neuerer Zeit die „Förderschule" sind Beispiele dafür, dass Menschen mit bestimmten Merkmalen aus dem allgemeinen Bildungsangebot ausgeschlossen werden, aber ein auf sie zugeschnittenes alternatives Bildungsangebot erhalten, was nicht per se schlecht zu sein braucht.

Aktuell gibt es dieses Bildungsangebot in einigen Bildungsländern noch, der Zugang ist aber freiwillig. Durch die Separation wird gewisse Homogenität erreicht, weil Lernende ohne Behinderung unter sich bleiben und Lernende mit Behinderung gezielte Förderung erhalten. Pädagogische Separation beinhaltet die Idee der äußeren Differenzierung. Lehrkräfte an sonderpädagogischen Bildungseinrichtungen sind aber nicht Ausführende von Diskrimination, sondern leisten wertvolle Bildungsarbeit für eine Zielgruppe mit besonderen Bedürfnissen.

Integration basiert auf der Idee gemeinsamen Lernens und nimmt die durch Separation noch ausgeschlossenen „Anderen" in die Gemeinschaft auf mit der Überzeugung, dass durch gegenseitige Anregungen und Hilfen die Bildung zu einem insgesamt gerechteren und auch effektiveren Ergebnis kommt. Was bleibt, ist die Unterscheidung derjenigen, die „anders" sind, von denen die zu der Gemeinschaft gehören, die sie aufnimmt. Integration ist die Grundidee eines Schulsystems, in dem alle Lernenden gemeinsam lernen. Die Erfahrung hat aber gezeigt, dass der Gedanke der Integration leicht dazu führen kann, dass intern doch wieder in die Separation zurückgefallen wird; man denke nur an Niveaustufen innerhalb eigentlich integrativer Schulkonzepte.[123]

Differenzierung ist die Idee, innerhalb einer Schulform das Lernangebot möglichst passend, aber gleitend an die Möglichkeiten und Bedürfnisse aller beteiligten Lernenden anzupassen. Es geht um innere Differenzierung, also nicht um Separation, sondern zuerst entsteht die Zusammenstellung der

123 Zum Beispiel in der „Realschule neu" in Baden-Württemberg, die neben dem mittleren Abschluss seit 2017 auch den Hauptschulabschluss anbietet, hat das Angebot der Einführung verschiedener Bildungsabschlüsse an vielen Schulen dazu geführt, dass die Klassen in höheren Stufen nach den Niveaus getrennt werden, das heißt, es gibt im Jahrgang eine Grund-Niveau-Klasse und die anderen arbeiten auf dem mittleren Niveau. Damit wurde nur die äußere Differenzierung nach innen geholt und das Gegenteil von Integration erreicht.

Lernenden und erst dann werden didaktische und methodische Überlegungen angestellt, diesen möglichst gut gerecht zu werden.

Inklusion ist die Realisierung der Idee, dass die „Andersartigen" nicht nur innerhalb der „Normalen" diskriminierungsfrei geduldet werden, sondern wirklich gleichberechtigt dazugehören, man versteht darunter die Anerkennung von Diversität als natürlich gegebene Vielfalt ohne Ausgrenzung oder Stigmatisierung. Inklusion möchte ein Maximum an Teilhabe bei einem Minimum an Diskriminierung erreichen.

Inklusion unterscheidet sich von Differenzierung, weil noch konsequenter nicht vorausgesetzt wird, dass alle dieselben Ziele erreichen, auch nicht auf unterschiedlichen Niveaus. Sicher müssen didaktische Konzepte und Methoden eines bisher separierenden oder integrierenden Systems in ein System der Inklusion auf Wegen transferiert werden, die über Differenzierung führen; aber damit allein ist es noch nicht getan.

Vielmehr unterscheidet man bei Inklusion drei Beteiligungsebenen (Bikner-Ahsbahs 2019, S. 12):

- Teilnahme, also dabei zu sein,
- Teilhabe, also zu partizipieren,
- fachliche Herausforderung, also fachliches Vorankommen in sozialer Eingebundenheit zu nutzen.

Differenzierung setzt erst auf der dritten Ebene ein. Die Lehrkraft muss also zuerst über Maßnahmen reflektieren, wie potenzielle Barrieren auf dem Weg zu fachlicher Teilnahme und Teilhabe überhaupt überwunden werden können, bevor sie an Maßnahmen der Differenzierung denken kann.

Vereinzelt werden Lernende mit Behinderung in Regelschulen integriert, tatsächlich werden sie aber noch oft gesondert beschult. Außerdem muss berücksichtigt werden, dass 75 % der Förderschülerinnen und Förderschüler Probleme beim Lernen, beim Sprechen, in der sozialen und emotionalen Entwicklung haben oder Lernbehinderungen infolge geistiger Behinderungen vorliegen (vom Hofe/Tiedemann 2017, S. 3). Das Kind im Rollstuhl als Visualisierung für Inklusion ist denkbar ungeeignet. Sondern bei Inklusion geht es hauptsächlich „um Sprachkompetenz, Konzentrationsfähigkeit, Selbstorganisation, Lerntechniken, Sozialverhalten und mehr" (Richarz/Grebe 2017, S. 23).

Gelingender Inklusion als Merkmal einer demokratischen, solidarischen und aufgeklärten Gesellschaft mangelt es noch an den passenden Rahmenbedingungen. Konsequente Inklusion ist vielleicht eine Utopie, aber man muss nötige Schritte in diese Richtung gehen. Dabei gilt es nicht nur, auf den Aspekt Behinderung/Nicht-Behinderung zu fokussieren.

Vielmehr sollte man in Anlehnung an die Pädagogik der Vielfalt (Prengel 2006, S. 13) möglichst alle Vielfaltsdimensionen betrachten. Dazu gehören vor allem die ethnische Zugehörigkeit bzw. Angehörigkeit zu verschiedenen Kulturen, das Alter und das Geschlecht. Digitale Medien können dazu einen guten Beitrag leisten, man denke nur zum Beispiel an Übersetzungsprogramme, die zahlreich und oft kostenlos zur Verfügung stehen.

Körperbehinderung
Seit wenigen Jahren wird beim Neubau von Schulen darauf geachtet, dass sie barrierefrei und mit Aufzügen ausgestattet sind. Der größte Teil der bestehenden Schulgebäude ist das aber nicht. Dadurch besteht für viele Lernende im Rollstuhl oder für Sehbehinderte schon aus baulichen Gründen kaum eine realistische Möglichkeit der Teilhabe an einer Regelschule.

Und wenn vorhandene Aufzüge mal kaputt sind, kann auch nicht davon ausgegangen werden, dass sie umgehend repariert werden. Man stelle sich eine solche Situation einmal in einem Kaufhaus vor.

Barrierefreiheit muss nicht nur für bauliche Anlagen gelten, sondern betrifft genauso technische Hilfsmittel und Lernmaterialien im Unterricht. Zum Beispiel der Zugang zur Kreidetafel war für viele Behinderungsarten eine Barriere, die mit digitalen Hilfsmitteln problemlos überwunden werden kann.

Oft ermöglicht der Einsatz digitaler Hilfsmittel erst die Inklusion. Technische Lösungen wie Screenreader (Software für die Sprachausgabe am PC) ermöglichen beispielsweise, dass sehbehinderte Lernende digitale Texte „lesen“ können. Dazu gehören auch sogenannte „alternative Texte“, die in Wortlaut beschreiben, was auf einem Bild zu sehen wäre. Oder Hörbehinderte können dem Unterricht folgen, wenn die Lehrkraft ein Headset benutzt.

Ein anderer Aspekt für digitale Inklusion besteht im Potenzial der digitalen Endgeräte. Durch die direkte Eingabegeste auf dem Display entfällt beispielsweise die sonst notwendige Koordination von Hand, Auge und Maus (Sadel 2017, S. 302) und erweitert das Spektrum körperlicher Möglichkeiten, digitale Endgeräte zu bedienen und zu nutzen.

Lernbehinderung
Dass im Einzelfall nicht die aufnehmende Schule über Inklusion entscheidet, sondern die Erziehungsberechtigten, kann Schwierigkeiten bereiten und muss auch nicht immer zu Lösungen führen, die alle Beteiligten als sinnvoll erachten.

Häufig ist zu beobachten, dass die soziale Integration von Lernenden mit Lernbehinderung mit Problemen verbunden ist. Der sonderpädagogische

Förderbedarf eines nicht unerheblichen Anteils von Lernenden, die Inklusion beanspruchen, besteht im Bereich des Lernens oder der sozial-emotionalen Entwicklung: Aspekte wie Hyperaktivität, Aufmerksamkeitsstörungen, Intelligenzminderung, Schwierigkeiten mit Emotionsregulierung (Zimmermann / Ebert 2018, S. 243) kommen in den allgemeinbildenden Schulen über das Vehikel der Inklusion vermehrt an und überfordern diese in ihren Handlungsmöglichkeiten.

6.8 Sprache im Mathematikunterricht

Sprache ist „Grundvoraussetzung für das Verstehen und Kommunizieren überhaupt" (Leisen 2013, S. 3) und dementsprechend von zentraler Bedeutung nicht nur in der Schule. Mathematikunterricht ist zu großen Teilen Sprachunterricht auf unterschiedlichen Ebenen, deren Übergänge fließend sind (vgl. Abb. 6.9).

Alltagssprache
In Alltagssprache wird überwiegend mündlich kommuniziert. Sie wird spontan verwendet und ist an Situationen gebunden. Aufgrund von einfachen Sprachroutinen, geringer Komplexität, eher flacher Struktur und hoher Fehlertoleranz erfordert sie einen geringen kognitiven Aufwand. Oft ist sie emotionsgeladen und stark subjektiv geprägt.

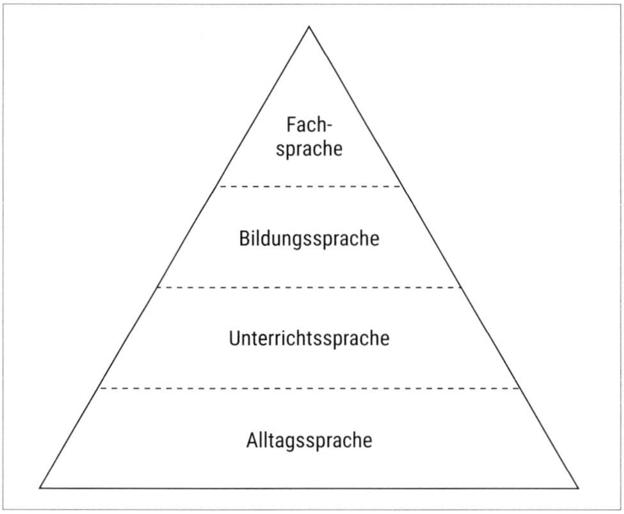

Abb. 6.9: Sprachebenen

Im Unterricht dient sie der Kommunikation über organisatorische und erzieherische Aspekte und der Pflege von sozialen Kontakten. Teilweise nutzen Lernende ihre aktuelle Jugendsprache, um die Lehrkraft von der Kommunikation auszuschließen oder sich zu profilieren.

Oder mehrsprachig aufgewachsene Jugendliche separieren sich von parallel Lernenden, indem sie in ihrer Herkunftssprache kommunizieren. Weil dadurch soziales Miteinander und Kommunikation behindert werden können, wird dies an vielen Schulen nicht geduldet.

Unterrichtssprache
Unterrichtssprache stellt das Bindeglied zwischen Alltagssprache und Bildungssprache dar. Die Unterrichtssprache ist mit Alltagssprache versetzt, enthält jedoch Anteile von Bildungs- sowie Fachsprache. Unterrichtssprache dient der mündlichen wie der schriftlichen Kommunikation, befolgt die Regeln von Rechtschreibung, Grammatik und Syntax. Unterrichtssprache ist die Sprache des Erkundens und Sammelns.

In Unterrichtssprache werden Vorwissen, Vorerfahrungen, Lernergebnisse und Erkenntnisse ausgetauscht, Hilfestellungen und Rückmeldungen gegeben. Sie ist hilfreich im Zusammenhang mit Motivation und beim Wechsel der Darstellungsebenen.

Bildungssprache
Bildungssprache ist die Sprache in Bildungssituationen und mündet in der Fachsprache. Sie kommt überwiegend in Schriftform vor, wodurch ein planvoller Sprachgebrauch erforderlich ist. Des Weiteren ist sie nicht an Situationen gebunden, ist strukturiert, wenig fehlertolerant und somit komplexer, wodurch ein hoher kognitiver Aufwand erforderlich ist. Sie ist prägnant und präzise.

Mit Bildungssprache gelingt der Kernprozess des Ordnens, weil sie konkrete begriffliche Festlegungen erfordert, weil sie Sprache verdichtet und ökonomisiert. Bildungssprache ist die Sprache des Verstehens.

Fachsprache
Fachsprache ist die Sprache des Verstandenhabens. In Fachsprache gibt es eindeutige Zuweisungen zu richtig oder falsch, zu vollständig oder lückenhaft. Mithilfe von Fachsprache nimmt die Lehrkraft ihre Rolle als Anwalt der fachlichen Richtigkeit wahr.

Mit Fachsprache wird weniger über Sachverhalte kommuniziert, als dass Lernergebnisse und Erkenntnisse festgehalten oder reaktiviert werden. Deshalb wird Fachsprache bevorzugt in schriftlicher Form verwendet.

Fachsprache stellt einerseits die höchste sprachliche Ebene im Mathematikunterricht dar, andererseits mangelt es ihr in gewissem Sinn an Ästhetik. Wenn sich Lernende bisweilen weigern, Fachsprache zu verwenden, sollte man das als Lehrkraft einerseits ernst nehmen. Vielleicht lehnen die Lernenden nur ein Übermaß an Fachsprache ab, was im Mathematikunterricht durchaus vorkommen kann.

Andererseits sollte auf fachsprachliche Richtigkeit bestanden werden, sobald Fachsprache verwendet wird.

Wie heißt das richtig?

Fachsprachlich falsche Äußerungen von Lernenden sollte die Lehrkraft nicht unkommentiert stehen lassen, es fragt sich nur, wie sie das macht.
Das wohl am häufigsten vorkommende Beispiel für solche fachsprachlichen Fehler ist, wenn Lernende „Zahl" sagen, aber „Ziffer" meinen.
Wenn die Lehrkraft dann unterbricht: „Wie heißt das richtig?", dann ist wie gesagt die Kommunikation unterbrochen. Gleichzeitig hat die Lehrkraft insgeheim unterstellt, der oder die Lernende hätte bewusst einen falschen Ausdruck verwendet, denn wie sollte er oder sie sonst die Frage beantworten können? Meistens wird durch Zuflüstern anderer Lernender die Situation aufgelöst.
Die Kommunikation wäre nicht unterbrochen worden, wenn die Lehrkraft an der Stelle des falschen Begriffs „Zahl" eingeworfen hätte: „Du meinst Ziffer", und ansonsten den Lernenden hätte weiterreden lassen. Josef Leisen nennt das „den richtigen Begriff unaufgeregt überformen" (Leisen 2013, S. 12).

Im Mathematikunterricht sollte man von der Alltagssprache über die Unterrichtssprache zur Bildungs- und schließlich Fachsprache gelangen. Und das immer wieder.

Ein guter Grundsatz ist: So wenig und so spät wie möglich Fachsprache verwenden, aber die muss dann auch richtig sein. Wir haben viele Unterrichtsstunden gesehen, die daran krankten, dass Fachbegriffe früh hingeworfen und von da an ausschließlich verwendet wurden, obwohl sie von vielen Lernenden erst nur oberflächlich verstanden worden waren.

Die Reihenfolge der sprachlichen Ebenen war zwar richtig, aber zu schnell wurde auf die Ebene der Fachsprache gewechselt, und auch bei Schwierigkeiten wurde auf dieser Ebene verblieben.

Die Übergänge zwischen den sprachlichen Ebenen stellen die Lernenden oft vor Herausforderungen, da sie individuell unterschiedliche sprachliche

Voraussetzungen mitbringen. Demzufolge müssen den Lernenden verschiedene Hilfestellungen angeboten werden.

Es liegt nahe, auf eine sprachlich tieferliegende Ebene zu wechseln, wenn sich auf der gewählten Ebene Schwierigkeiten zeigen. Wenn einzelne Lernende Sachverhalte nicht verstehen, ist es doch naheliegend, sie ihnen zu „erklären", was nichts anderes bedeutet, als auf den sprachlichen Ebenen so weit „herabzusteigen", bis eine das Verstehen fördernde Kommunikation möglich ist.

Sprachgebrauch durch die Lehrkraft

B

Was ist eigentlich ein Punkt?

Alltagssprache
Unter einem Punkt versteht man einen ausgefüllten Kreis, bei dem zwischen Kreislinie und Kreisfläche nicht unterschieden wird. Es gibt große und kleine Punkte, halbe Punkte, farbige Punkte und Punktemuster. Im Supermarkt kann man sogar Punkte sammeln, die nicht einmal rund sind. Punkte sind also in Alltagssprache auch Zähleinheiten.

Unterrichtssprache
Im Mathematikunterricht ist ein Punkt ein Grundbegriff, der einfach verwendet wird, für den es aber keine Merksatz-Definition gibt. Gleichzeitig ist ein Punkt auch hier ein Einzelaspekt, der sogar teilbar ist.

Bildungssprache
Ein Punkt ist ein einzelner Aspekt unter vielen, die sich in Reihenfolgen bringen oder abarbeiten, sogar in Unterpunkte aufteilen lassen. Also auch Zähleinheiten, die sogar die Eigenschaft Teilbarkeit besitzen.

Fachsprache
Ein Punkt ist ein Axiom, ein Grundbegriff. Er kann nicht durch andere Grundbegriffe definiert werden, sonst wäre er kein Grundbegriff. Aber seine Eigenschaften können beschrieben werden. Ein Punkt ist Element der Ebene und des Raums und hat keine Ausdehnung, also keinen Flächeninhalt und keinen Rauminhalt, folglich kann man ihn nicht teilen.
Aber man kann Punkte lokalisieren, indem man Geraden oder Strecken schneidet. Und deshalb kann man zwar nicht definieren, was ein Punkt ist, aber sehr genau bestimmen, wo er sich befindet.

> „Punkte werden meist mit einem Kreuz markiert und in der Regel mit großen Buchstaben bezeichnet."
>
> (Rolles / Unger 2008, S. 179)

Einen wichtigen Aspekt von Sprachsensibilität sehen wir darin, dass vermieden werden sollte, Objekte mit ihren Bezeichnungen und Darstellungen sprachlich zu vermengen.

Weil Punkte keine Ausdehnung haben, sollte man nicht kleine Kreise zeichnen und sie einfach so als Punkte bezeichnen. Man kann sich darauf einigen, dass man Punkte so darstellen möchte, aber das muss dann auch explizit thematisiert werden, nämlich dass Punkte zwar gemeint sind, die Darstellungen solche aber nicht zeigen.

Ein Linienkreuz repräsentiert die Eigenschaften eines Punktes wesentlich zutreffender, denn es markiert die Schnittmenge zweier definierter Objekte.

Wir kennen eine Menge von Unterrichtsmaterialien und sogar Fachaufsätze, in denen fette Kreisflächen als Punkte bezeichnet werden, um Sachverhalte darzustellen. In einem Unterrichtsfach, in dem genau das zu den Inhalten zählt, sollte damit sensibel umgegangen werden.

Auch Geometriesoftware zieht Kreisflächen heran, um Punkte darzustellen. Aber weil die Zeichnungen dynamisch verändert werden können und werden, ist hier sehr viel deutlicher zu erkennen, dass die Kreisflächen auf den gemeinsamen Elementen von Strecken und Flächen liegen und die Kreisfläche nicht der Punkt ist, sondern ihn lediglich hervorhebt. Bei Lernenden-Zeichnungen auf Papier ist das anders.

Wenn man dann als Mathematiklehrkraft gezwungen wird, wegen bürokratischer Vorgaben wohlüberlegten Sprachgebrauch zu missachten, dann kann das manchmal schmerzhaft sein.

So ist zum Beispiel bei der Korrektur von Abschlussprüfungen für den Mittleren Bildungsabschluss in Baden-Württemberg klar geregelt, wofür Punkte gegeben werden dürfen und wie viele. Kleinste Einheit ist ein halber Punkt. Warum eigentlich ist ein ganzer Punkt, den es in der Mathematik sowieso nur gibt, nicht die kleinste Einheit, und es gibt eben doppelt so viele davon? Warum macht man sich in der Bildungsbürokratie bei der Konzeption von Prüfungen für ein Unterrichtsfach so wenig Gedanken darüber, was in diesem Fach gelernt worden sein sollte?

Lehrkräfte werden mit solchen willkürlichen bürokratischen Vorgaben gezwungen, gegen ihre eigenen didaktischen Erfahrungen und Überzeugungen zu handeln. Muss man sich da wundern, wenn die Standfestigkeit didaktischer Überzeugungen ins Wanken gerät, sobald die gut ausgebildeten Lehrkräfte erst in der Schulwirklichkeit angekommen sind?

Und muss man sich darüber wundern, wenn Lehrkräfte nach einigen Jahren Berufspraxis aufgegeben haben, die Ziele zu verfolgen, die sie einst getrieben haben, Lehrkraft zu werden? Hier zum Beispiel klare fachliche Sprachlichkeit.

In unseren eigenen Leistungskontrollen, sprich Klassenarbeiten, haben wir auf jeden Fall Bruchteile von Punkten schon lange abgeschafft. Einen Punkt bei der Bewertung bekommt man oder man bekommt ihn nicht. Ein Punkt ist das, was nicht teilbar ist. Punkt.

Authentizität der Lehrkraft

Die Lehrkraft steht immer als ganze Person vor der Klasse, was ihre Kleidung, ihre Ausstrahlung und das, was sie sagt und tut, betrifft. Ihre Ausstrahlung setzt sich aus Klang und Einsatz der Stimme, aus Mimik, Gestik, Körpersprache zusammen und daraus, wie die Lehrkraft sich im Unterrichtsraum bewegt.

Wenn die nette Referendarin fast festlich gekleidet und stärker geschminkt ist als üblich, weil sie einen Unterrichtsbesuch oder eine Prüfung hat, dann verliert sie damit für ihre Klasse an Authentizität: Das ist doch nicht unsere Lehrerin. Weil sie den Unterricht besonders gründlich vorbereitet hat und deshalb teilweise vorformulierte Sätze sagt, verliert sie weiterhin an Authentizität.

„Normalerweise äußern sich ganz viele Lernende in solchen Situationen“, ist im Nachhinein die Einschätzung der Lehrkraft, „heute waren sie ganz anders.“ Meistens ist es die Lehrkraft, die heute anders war.

Man kann die Prominenz von Anlässen, bei denen Unterricht beraten und bewertet wird, nicht vermeiden, und Schulklassen zeigen sich in der Mehrheit durchaus kooperativ.

Aber man sollte als Lehrkraft nicht so weit gehen, vorformulierte Sätze aufzusagen im Dialog mit Lernenden. Manche Politikerinnen und Politiker machen das in Talkshows gerne, aber genau das trägt dazu bei, dass sie weniger glaubhaft wirken als andere, die mit ihren Aussagen auf Fragen und Äußerungen ihrer Gegenüber reagieren.

Wenn eine Lehrkraft in ihren Unterricht mit einer Geschichte einsteigt, ist das selten authentisch, weil sie sich die Geschichte ausgedacht hat, um eine bestimmte Wirkung zu erzielen, zum Beispiel dass die Lernenden motiviert sein sollten, und nicht aus dem Bedürfnis heraus, eine Geschichte zu erzählen.

Echte und unechte Fragen

Im deutschen Mathematikunterricht würden fragend-entwickelnde Unterrichtsgespräche und Segmentierung dominieren, schrieb Volker Ulm vor

Im **fragend-entwickelnden Unterrichtsgespräch** versucht die Lehrkraft, aus Lernenden herauszuholen, was man ihnen einfach sagen könnte (Heymann 1996 / 2013, S. 236). Die Methode geht zurück auf das dialogische Lehrgespräch, das durch Platons „Menon-Dialoge" beispielhaft verbreitet wurde. Zu Platons Zeiten war das fortschrittlich, weil die einseitige Belehrung, das „Eintrichtern", gängige Methode war.
Noch spät in der zweiten Hälfte des zwanzigsten Jahrhunderts wurden Lehrkräfte ausgebildet mit Grundsätzen wie dem, die Lehrkraft solle im Unterricht nichts sagen, was nicht auch ein Lernender sagen könnte.
Deshalb legte man es ihnen in den Mund und segmentierte die angebliche Erkenntnis in immer noch kleinere Portionen, worunter nicht nur der Lernprozess, sondern auch die Unterrichtssprache litten. Die Lehrkraft fragte mit nur unwesentlich veränderten Formulierungen so lange verschiedene Lernende, bis die erwartete Antwort endlich fiel.
In diesem Ablauf wurde jede Lernenden-Antwort unmittelbar von der Lehrkraft bewertet, evaluiert, korrigiert oder ergänzt (Heymann 1996/2013, S. 251). Weil die Lernenden ihre Antworten genauso segmentierten wie die Lehrkraft ihre Fragen, hörte man in solchen Konstellationen bisweilen Anweisungen wie: „Antworte bitte in einem vollständigen Satz." Der vollständige Satz ist dann meistens ziemlich kurz.

zwanzig Jahren (Ulm 2004/2008, S. 11). Das ist heute nicht mehr so, aber aus den Schulen verschwunden ist beides immer noch nicht.

Fragen der Lehrkraft im Zusammenhang mit fragend-entwickelnden Unterrichtsgesprächen sind fast ausschließlich unechte Fragen, weil die Lehrkraft durch die Antworten nichts erfahren, sondern die Lernenden auf einen Weg führen möchte, über den die Lehrkraft bestimmt. In den oben angesprochenen Situationen von Unterrichtsbesuchen hat sie diesen Weg schon beschrieben und begründet, weshalb sie ihn für richtig hält. Das kann vorab im Unterrichtsentwurf gelesen werden.

Auch bei schriftlich kommunizierten Aufgaben gibt es sprachlich authentische und weniger authentische Fragen. „Was ist $49 \cdot 51$?" ist als Frage oder als Aufgabe weniger authentisch als „Wie rechnest du $49 \cdot 51$?" (Gallin 2014). Denn das Resultat ist absolut uninteressant im Vergleich zu der Erkenntnis, dass man sich hier mithilfe von Zahlenblick über die dritte binomische Formel einen Rechenvorteil verschaffen kann.

Ergänzen lässt sich eine solche Frage dann mit der Aufforderung, weitere Zahlenbeispiele zu erfinden, die nach derselben Methode gerechnet werden können. Diese Frage ist echt, denn die Lehrkraft weiß nicht im Voraus, worauf die Lernenden bei der Beantwortung kommen werden.

Trotzdem ist sie aufgrund ihrer Ausbildung in der Lage, angemessen auf Nichtvorhersehbares zu reagieren und dieses in den Unterricht einzubauen. Wir erleben es oft und verstehen nicht ganz, weshalb angehende Lehrkräfte teilweise unsicher bis ängstlich damit umgehen, dass Lernende enaktive und sprachliche Handlungen vornehmen könnten, die im schriftlichen Unterrichtsentwurf nicht vorhergesehen sind.

Förderung der Sprachkompetenz

Formulierungsanlässe schaffen
Im Mathematikunterricht kommuniziert man hauptsächlich über Zahlen und Symbole. Das muss nicht festgezurrt sein. Sprache sollte nicht isoliert im Sprachunterricht als System gelehrt werden, sondern Sprache sollte gebraucht werden, und dies in allen Unterrichtsfächern (Gallin / Ruf 1998, S. 207).

Es gibt zahlreiche Ansätze, Sprachgebrauch im Mathematikunterricht zu fördern:

- Aufgabenteile wie „Erkläre, wie du überlegt hast“ (Hammer 2010, S. 6),
- die Aufforderung „Einigt euch auf eine Lösung“ in Du-Phasen,
- die Aufforderung „Überzeuge deinen Lernpartner von deiner Lösung und prüfe kritisch seine Argumentation“
- die Idee der Hausaufgabenfolie: ein Lernender übernimmt die Hausaufgabenbesprechung vor der Klasse mit einem selbst erstellten Text,
- Lernende formulieren eigene Aufgaben,
- Lernberichte und Lerntagebücher,
- „Reisetagebücher (Gallin / Ruf 1998, S. 91): Die Lernenden dokumentieren schriftlich ihre individuelle Auseinandersetzung mit dem Stoff.

Wir wissen, dass das Schreiben von Texten im Mathematikunterricht noch nicht in der Breite angekommen ist. Kleine Schritte in die richtige Richtung sind besser als große, die nicht gemacht werden.

Ein kleiner Schritt in die richtige Richtung wäre, konsequent auf Texte zu verzichten, die nur in Kombination mit einer ikonischen Darstellung zu verstehen oder überhaupt richtig und vollständig sind.

Paradebeispiele sind wieder der Satz des Pythagoras und die Strahlensätze: Gern dürfen Zeichnungen den Inhalt illustrieren, aber die sprachliche Formulierung muss auch ohne die ikonische Darstellung vollständig und richtig sein. Dabei sollte es keine Rolle spielen, ob die Formulierungen durch die Lehrkraft oder Lernende vorgenommen werden (und idealerweise das Schulbuch).

Sprachhilfen
Sprachhilfen können Unterstützungssysteme sein, die explizit auf sprachliche und fachsprachliche Schwierigkeiten abzielen. So können Wortlisten oder Wortfelder Fachbegriffe enthalten, die für das aktuelle Thema relevant sind. Diese können zusammen mit den Lernenden erarbeitet oder weiterentwickelt werden und beispielsweise im Klassenzimmer aufgehängt werden, sodass sie jedem jederzeit zugänglich sind. Eine weitere Möglichkeit sind Formulierungshilfen (je größer ..., desto ...), (wenn ..., dann ...) die beispielsweise bei der Entwicklung von Merksätzen verwendet werden können.

Strukturhilfen
Strukturhilfen unterstützen dabei, komplexere Abläufe verständlich zu machen bzw. Texte und Themen zusammenzufassen. Strukturhilfen sind beispielsweise Mindmaps zu einem Themengebiet oder eine Bildfolge zu einem Ablauf (Beispiel: Wie messe ich einen Winkel mit dem Geodreieck?).

Josef Leisen hat einen „Werkzeugkasten“ mit unterschiedlichen Methoden zur Sprachförderung im Fachunterricht zusammengestellt (Leisen 2017).

6.9 Aufgaben

Aufgaben sind wesentliche Strukturelemente von Mathematikunterricht, da sie fast immer die Anlässe schaffen, sich im Unterricht mit Mathematik zu beschäftigen. Eine Aufgabe ist die Aufforderung, Handlungen durchzuführen.

Im Mathematikunterricht gehören zu den **Merkmalen einer Aufgabe**:

- die *Befugnis* einer Person oder eines Mediums, die Aufgabe zu stellen, zum Beispiel als Lehrkraft, als Schulbuch oder als Arbeitsauftrag;
- die *Passung*, also die Angemessenheit der Schwierigkeit der Aufgabe an die Möglichkeiten der Adressaten;
- der *Lösungsweg*, genauer das Maß an Offenheit für mögliche Lösungswege;
- die *Methoden*, die zur Bearbeitung zur Verfügung stehen;
- die *Hilfsmittel*, die zur Bearbeitung zugelassen werden;
- das *Ziel*, also die erwartete Lösung.

Aufgabenformate

„Unbestritten bringt das Bearbeiten vieler gleichartiger Aufgaben, das „Abarbeiten von Aufgabenplantagen", nur einen kurzlebigen und vordergründigen Lernerfolg" (Schupp 2010, S. 152). Wer es schon kann, langweilt sich bald, wer es nicht kann, übt unverstandene Verfahren ein.

Wenn auch die „Aufgabenplantagen" didaktisch einen schlechten Ruf genießen, so sind sie bei Lernenden nicht unbeliebt, vor allem bei denjenigen Lernenden, die dem mittleren Leistungsbereich zuzuordnen sind. Denn wenn man verstanden hat, wie die Aufgaben „funktionieren", kann man ohne große Anstrengungen eine nach der anderen lösen und kommt so schnell zu zahlreichen Erfolgserlebnissen, im Fall einer dazu passenden Leistungskontrolle sogar zu guten Bewertungen.

Sich zu langweilen ist dann oft das geringere Übel im Vergleich zu Misserfolgserlebnissen. Wenn sich die Aufgaben unmittelbar auf das zuletzt Gelernte beziehen, geht es sogar noch schneller; schneller mit den Erfolgserlebnissen, nicht mit der Nachhaltigkeit des Lernerfolgs.

Leider sind die Aufgabenformate, die wir als Didaktiker den Lehrkräften empfehlen, nicht unbedingt dieselben, die von Lernenden geliebt werden. Bei Textaufgaben muss zuerst sinnentnehmend gelesen werden – im Mathematikunterricht lesen, hä? – und bei offenen Aufgaben wird einem nicht gesagt, was man zu tun hat: Wo ist denn da bitte die Frage?

Das Format *Multiple Choice* – Ankreuzaufgaben – ist bei Lernenden wie Lehrkräften zwar beliebt, aber es dient hauptsächlich der Auswertung. Den Lernenden eröffnet es die Möglichkeit, mittels Negativauslese Lösungswege auszuwählen, den Lehrkräften ermöglicht es, effektiv zu Leistungseinschätzungen und -bewertungen zu kommen.

Nicht aus eigenen Erfahrungen, sondern über Gemunkel wissen wir von einzelnen Lehrkräften, die Klassenarbeiten nur über Multiple-Choice-Aufgaben stellten und die Lösungsblätter der Lernenden dann sauber übereinanderstapelten, um jeweils bei der richtigen Lösung einen Nagel durch den Stapel zu hämmern. So waren die richtigen Lösungen mit einem Blick erkennbar und die Klassenarbeit war in kürzester Zeit bewertet.

Das obige Beispiel ist schon einige Jahrzehnte alt. Aber Online-Auswertung ohne Diagnostik funktioniert genauso. Das Aufgabenformat wird den Erfordernissen der Lösungskontrolle untergeordnet.

Bei Studien wie *PISA* und *TIMSS* und Diagnose-Erhebungen wie *VERA* und *Lernstand 5* ist das anders, denn die jeweils gewählten Fehlermöglichkeiten wurden wissenschaftlich fundiert ausgewählt und werden diagnostisch ausgewertet.

Dabei sind Lösungen das Langweiligste im Mathematikunterricht. Wir sind noch nicht so weit, dass Lösungen auch bei der Leistungsbewertung das Langweiligste sind, aber die Wegweiser sind aufgestellt.

Zwecke von Aufgaben

Aufgaben erfüllen unterschiedliche Zwecke. Eine Aufgabe, die für einen bestimmten Zweck erstellt wurde und für diesen geeignet ist, kann für einen anderen Zweck ungeeignet sein.

So können Aufgabentexte wie „Wende die zweite binomische Formel an" oder „Löse das lineare Gleichungssystem mithilfe des Einsetzungsverfahrens" an Stellen des Lernprozesses sinnvoll sein, wo die Ausführung eines isolierten Verfahrens geübt wird. Aber als Teil einer Leistungsüberprüfung sind sie ungeeignet, weil sie eine Fertigkeit überprüfen und keine Kompetenz nachweisen würden.

Die Kraft guter Zahlen in Aufgaben

Die Bedeutung von Aufgaben für die Unterrichtsqualität wird oft unterschätzt. Wohl jede Lehrkraft hat schon die Erfahrung gemacht, dass sie einem Lernenden bei einer bestimmten Aufgabe im Schulbuch nicht weiterhelfen konnte, weil sie spontan nicht durchschaute, was die Buchautoren mit genau dieser Aufgabe erreichen wollten.

Bei selbst gemachten Aufgaben ist das anders. Nehmen wir ein Beispiel: *Größenvergleich ungleichnamiger Brüche*. In allen Schulbüchern, die wir kennen, und wir kennen viele, aber bei Weitem nicht alle, wird folgende Reihenfolge eingehalten:

- gleichnamige Brüche vergleichen,
- Erweitern und Kürzen lernen,
- ungleichnamige Brüche gleichnamig machen,
- die nun gleichnamigen Brüche vergleichen.
- Selten findet man Aufgabenbeispiele wie:
- Welcher Bruch ist größer: $\frac{80}{144}$ oder $\frac{221}{450}$?

Denn das würde vermeintlich die Lernenden überfordern, weil davon ausgegangen wird, sie würden das Verfahren über den Hauptnenner anwenden, und nur das, und dafür sind die Zahlen zu komplex.

Dabei ist es so einfach: Der erste Bruch ist mehr als die Hälfte, der zweite weniger als die Hälfte. Also ist der erste Bruch größer als der zweite. Dazu braucht man nicht den Hauptnenner zu bestimmen, sondern muss sich die Brüche nur anschauen.

Wenn aber in Aufgaben nur Zahlenbeispiele angeboten werden, bei denen sich ein Größenvergleich über Erweitern anbietet, dann wird eben Verfahren gelehrt und nicht Denken unterstützt.

Wir haben den ansonsten guten Entwurf für eine Unterrichtsstunde, deren Ertrag dann enttäuschend belanglos war, hinsichtlich der verwendeten Zahlen in den Aufgaben optimiert.

In einem motivierenden Kontext, der hier keine Rolle spielen soll, wurden folgende Vergleiche angebahnt:

- 6 von 10 oder 3 von 4,
- 7 von 9 oder 2 von 3,
- 3 von 4 oder 4 von 6.

Die Zahlen waren so gewählt, dass sich in allen drei Fällen der Größenvergleich über den Hauptnenner anbot, fast aufdrängte. Ziel der Lehrkraft sollte aber sein, unterschiedliche Lernwege zu öffnen oder zumindest zuzulassen.

Tatsächlich kann man Größenvergleiche von Brüchen über mehrere Strategien anstellen:

- Vergleich der Zähler bei gleichem Nenner,
- Vergleich der Nenner bei gleichem Zähler,
- Vergleich mit der Hälfte,
- Erweitern auf einen gemeinsamen Nenner,
- Erweitern auf einen gemeinsamen Zähler,
- Erweitern auf den kleinsten gemeinsamen Nenner.

Wir möchten nicht, was nur konsequent wäre, auch das mögliche Erweitern auf den kleinsten gemeinsamen Zähler anführen, denn wir wollen nicht missverstanden werden, als hätten wir die Einführung eines Hauptzählers vorgeschlagen.

Aber der Weg über den Hauptnenner und dann erweitern ist wirklich nicht die einzige Möglichkeit, Brüche zu vergleichen, und wir sollten Lernende nicht in solche Sackgassen schicken, sondern sie darin unterstützen, zu denken. Allein die Änderung der obigen Zahlenbeispiele in

- 6 von 10 oder 7 von 10,
- 7 von 10 oder 7 von 9,
- 3 von 7 oder 5 von 9,
- 6 von 10 oder 3 von 4

hätte bewirkt, dass die Lernenden nicht nur darauf vorbereitet werden, ein Rechenverfahren zu lernen. Vielmehr würde ihnen die Chance geboten, ihren Zahlbegriff zu festigen und ihre bereits erworbenen Kompetenzen auf den neuen Zahlbereich auszuweiten: Welche Zahl ist die größere?

Die Zahlen in Aufgaben werden oft so gewählt, dass es die Lernenden „leichter haben", es werden Hürden weggeräumt. Dass diese Hürden aber Lernchancen sind, wird dabei vergessen.

Aufgaben für die Kernprozesse[124]

- *Erkunden:* Beim Erkunden geht es darum, etwas herausfinden, zu entdecken. Aufgaben zum Erkunden müssen also offen sein, die Lernenden herausfordern, es gibt keine richtigen und falschen Lösungen. Beispiel: Wie kann man geschickt zählen?
- *Ordnen:* Beim Ordnen geht es darum, das Richtige gegen das Falsche abzugrenzen, Strukturen zu erkennen und zu benennen. Beispiel: Angefangene Zahlenfolgen fortsetzen.
- *Vertiefen:* Beim Vertiefen werden erworbene Fertigkeiten und Kompetenzen erneut angewendet, dabei gibt es eindeutig richtige und falsche Lösungen, die idealerweise auf unterschiedlichen Wegen erreichbar sind. Beispiel: Von vorgegebenen Zahlenfolgen die Regeln herausfinden.
- *Sichern:* Beim Sichern werden bekannte oder verwandte Aufgaben benutzt, um den Lernenden rückzumelden, dass sie die Lernziele erreicht und Kompetenzen erworben haben. Beispiel: Fibonacci-Folgen erkennen und fortsetzen.

Modellieren

Offene Aufgaben, die gezielt zum Modellieren anregen sollen, also vor allem Fermi-Aufgaben, wurden auch schon als „Foto-Fragen" bezeichnet (Blum u. a. 2010, S. 189), aber viele sind auch ohne ein Foto zu verstehen, zum Beispiel wie viele Menschen in einem x Kilometer langen Stau auf der Autobahn sitzen.

Auch für die Frage, wie lange Elon Musk bräuchte, um sein Geld in großen Scheinen einzeln zum Fenster hinauszuwerfen, oder wie hoch der Stapel sein würde, wenn jemand unten stünde und die Scheine einsammeln würde, oder wie lange eine Verkäuferin leben müsste, um eine ähnliche Summe zu verdienen, brauchen kein illustrierendes Foto.

Deshalb haben wir uns entschieden, auf ein Foto der wirklich schönen vergrößerten Maurerkelle zu verzichten, mit der ein Stuckateurbetrieb in der Nachbarschaft wirbt, und die wir hier ursprünglich einfügen wollten. Man könnte daran den Vergrößerungsfaktor errechnen lassen, um anschließend zu ermitteln, wie schwer die „Skulptur" ist. Es müsste sich nur jemand ne-

124 Bei der Auswahl der Beispiele haben wir uns orientiert an Prediger u. a. 2013b, Kapitel *Zahlen- und Bildmuster*.

ben die Kelle stellen, damit eine Schätzung möglich ist. Aber wollen wir das wirklich wissen? Wir möchten nicht den Eindruck erwecken, die Qualität von Aufgaben hänge von der Präsentationsform ab. Letztere richtet sich nur nach dem Erkenntnisstand der Adressaten.

Beschäftigung

Eine Lehrkraft erkrankt und stellt morgens spontan fest, dass sie den für diesen Tag vorgesehenen Unterricht nicht halten kann. Sie schickt eine E-Mail an die Schule mit Aufgaben, die eine Vertretungslehrkraft der Klasse/den Klassen stellen soll, oder sie trägt die Aufgaben in das Stundenplanprogramm ein.

Die Aufgaben sind nicht Teil eines didaktischen Konzepts, sondern wurden von der erkrankten Lehrkraft zusammengestellt, um die Klasse zu beschäftigen, während sie von einer anderen Lehrkraft beaufsichtigt wird. Gedanken der Differenzierung kommen in solchen Konstellationen kaum vor.

„Die Aufgaben habe ich schon gemacht" und ähnliche Reaktionen der Lernenden führen dazu, dass Vertretungsstunden oft in ungenutzte und damit vergeudete Lebenszeit aller Beteiligten münden.

Für die wenigsten Lernenden sind die gestellten Aufgaben lernzielfördernd. Von den oben aufgeführten Merkmalen von Aufgaben erfüllen sie nur das erste: Die vertretende Lehrkraft nimmt die Befugnis wahr, der Klasse die Aufgaben zu stellen.

Eine Alternative

Es gibt eine Alternative, die verhindert, dass Aufgaben bei Vertretungen zu Beschäftigungsmethoden degenerieren, die wir selbst erfahren und als sehr positiv erlebt haben. Voraussetzung ist, dass jede Lehrkraft an einer Schule ein Unterrichtsfach benannt hat, das sie im Vertretungsfall in allen Klassenstufen unterrichten kann.

Die Lehrkraft, die Mathematik als bevorzugtes Unterrichtsfach angegeben hat, hält also immer eine Mathematikstunde, wenn sie als Krankheitsvertretung eingeteilt ist, unabhängig davon, welcher Unterricht ausfällt.

Die Vertretungsstunde beginnt dann nicht damit, dass Aufgaben ausgeteilt werden und um Ruhe gebeten wird, sondern damit, dass die vertretende Lehrkraft sich nach dem aktuellen Lernstand in Mathematik erkundigt. Die vertretende Lehrkraft macht einfach an der Stelle weiter, hält also die anschließende Stunde an den Unterricht der erkrankten Lehrkraft.

Unsere Erfahrung: Jede halbwegs erfahrene Lehrkraft ist in der Lage, spontan eine Unterrichtsstunde in ihrem bevorzugten Fach mit einer unbekannten Klasse zu improvisieren.

Dabei muss nicht unbedingt eine Glanzstunde herauskommen, aber auf jeden Fall mehr und

Besseres, als dass das Strukturmerkmal „Aufgaben" missbraucht wird, um Lernende nur zu beschäftigen, weil die Person, die sie unterrichten müsste, krank ist, und eben kein Unterricht stattfindet, sondern nur Beschäftigung.[125]

Authentizität

Authentisch ist, was als glaubwürdig wahrgenommen wird und was für mich als Individuum Relevanz hat, was ich selbst also als „echt" erlebe. Dazu benötige ich aber Erfahrungen, um über Echtheit urteilen zu können.

Im Umgang mit Lernenden ist das manchmal schwierig einzuschätzen. Was fangen pubertierende Jugendliche mit Überlegungen an, ob es sinnvoll ist, mit dem Auto Umwege zu fahren, um günstiger tanken zu können, oder wie man sich in einer Wohngemeinschaft die Kosten teilt? Ob sie jemals ein Auto besitzen wollen, haben sie sich noch nicht überlegt, und eine Wohngemeinschaft kennen sie nur als ihre Familie, in der die Eltern alles bezahlen.

Mit unseren Rückschauperspektiven tun wir Lehrpersonen uns schwer einzuschätzen, was für die Lernenden authentisch ist. Statt aus Problemstellungen, die uns Lehrende aktuell beschäftigen, Aufgaben für Jugendliche zu basteln, sollten wir ihnen besser zuhören und ansonsten eine Umgebung schaffen, in der sie sich gern mit Zahlen, Zusammenhängen, Regeln und Abstraktionen beschäftigen.

B

Inhalte zusammengesetzter Flächen

Zur Berechnung von zusammengesetzten Flächeninhalten gibt es zahlreiche Aufgaben wie „Einen Raum renovieren" (Prediger u. a. 2013b, S. 123 ff.) oder „Fassadenanstrich" (Schupp 2010, S. 159). Zwölf- bis Vierzehnjährige führen selten mit oder ohne Anleitung Erwachsener solche Arbeiten aus. Wenn sie es doch tun, sind sie darin Laien.

Laien, zu denen wir uns auch zählen, nehmen reichlich Farbe nach dem Motto „Viel hilft viel", schmieren damit die Poren des Untergrunds zu und erhalten am Ende alles andere als einen gleichmäßig wirkenden Auftrag.

Fachleute kommen mit weniger Farbe aus, verdünnen sie sogar vor dem Anstrich, und an deren Materialbedarf orientiert sich die Flächenangabe auf dem Gebinde. Zu den Kompetenzen der Fachleute gehört der Schutz umgebender Flächen, denn Farbe spritzt umso mehr, je stärker verdünnt sie ist.

125 Nebenbei hat dieses Modell den Vorteil, dass der fachliche Austausch innerhalb des Kollegiums gefördert und präzisiert wird.

Auch unabhängig von diesem Unterschied ist die Frage nicht, wie viel Liter Farbe man braucht, sondern wie viele Eimer Farbe. Den Flächeninhalt auf den Quadratmeter genau auszurechnen, ist eine gute Schätzaufgabe, größere Genauigkeit ist Unsinn.
Runden wäre ebenfalls Unsinn, denn wie arbeite ich weiter, wenn die mathematisch korrekt abgerundete Menge an Material verbraucht ist?
Die Kontexte „Fassadenanstrich" und „Einen Raum renovieren" sind dann authentisch, wenn die verlangte Lösung der Aufgabe nicht der Inhalt der zu renovierenden Fläche ist, sondern wie viele Eimer Farbe gekauft werden müssen, das mit Begründung, und als Erweiterung, welche Gebindegröße oder Kombination zum günstigeren Preis führt.
Der Weg zur Lösung führt dann über dieselben Berechnungen, aber nicht auf Dezimalen genau, sondern mit großzügig überschlagenen Größen.

Das Ziel entscheidet in dem obigen Beispiel auf dem Weg über die Methoden, ob die Aufgabe authentisch ist.

Aufgabentypen

Die ausgewählten Aufgabentypen erheben keinen Anspruch auf Vollständigkeit. Je nach Ordnungskriterium kann man auch zu anderen Zusammenstellungen gelangen.

- *Textaufgaben:* Textaufgaben beschränken sich nicht auf den formal mathematischen Teil, sondern erzählen mit einem Text eine Problemstellung aus der umgebenden Welt. Wenn es „Modellierungsaufgaben" gäbe, könnte man sie auch als Unterbegriff von Textaufgaben auffassen.
- *Eingekleidete Aufgaben:* Manche Textaufgaben weisen den Weg zu dem Verfahren, mit dem sie gelöst werden sollen, so erkennbar, dass von „eingekleideten Aufgaben" die Rede ist. Es gibt aber auch so schlecht eingekleidete Aufgaben, dass der Begriff „verkleidete Aufgaben" zutreffender wäre. Die Verkleidung kann zum Beispiel aus einer schwer verständlichen Sprache oder aus unbekannten Begriffen bestehen oder aus einem für die Lernenden fremden Kontext. Aufgaben mit konstruierten Sachzusammenhängen „können nicht zur Auseinandersetzung mit einem Sachproblem anregen, denn sie enthalten schlicht und einfach keines" (Heckmann / Vernay / Witzmann 2007, S. 5).
- *Überbestimmte Aufgaben:* Aufgaben können Angaben enthalten, die zur Lösung nicht nötig sind; dies verwirrt die Lernenden zunächst, kann dann aber zum Nachdenken über den Zusammenhang anregen.
- *Unvollständige Aufgaben:* Zur Lösung der Aufgabe können Angaben fehlen. Die Reflexion darüber, welche Angabe fehlt, kann das Verständnis fördern,

kann aber auch Frustrationen auslösen. Bei Fermi-Aufgaben ist es die Regel, dass Angaben fehlen. Dieses Merkmal sollte man mit Lernenden erörtern, sofern sie solche Aufgaben nicht gewohnt sind. Wieder zeigt sich, dass Lösungen irrelevant sind, sofern nicht dargelegt wird, wie man dazu gekommen ist. Unvollständige Aufgaben lassen erkennen, ob man in der Lage ist, fehlende Angaben durch Annahmen zu ersetzen, und wie sinnvoll und zutreffend diese dann sind.

- *Geschlossene Aufgaben:* Das sind Aufgaben, die dazu verführen, zügig und unreflektiert abgearbeitet zu werden. Bei geschlossenen Aufgaben ist glasklar, was und wie von den die Aufgaben lösenden Personen erwartet wird. Geschlossene Aufgaben sind genau deshalb bei Lernenden beliebt und sie sollten zumindest am Anfang von Übungsphasen in überschaubarer Anzahl nicht fehlen, wenn auch ihr Lerneffekt gering ist. Mit zunehmendem Lernfortschritt sollten sie aber weniger werden.
- *Offene Aufgaben:* Ein Überbegriff für Aufgaben, die eben nicht auf vorgegebene Lösungswege führen, sondern unterschiedliche Herangehensweisen und Lösungswegevielfalt auf unterschiedlichen Niveaus herausfordern.
- *Selbstdifferenzierende Aufgaben:* Aufgaben, deren Offenheit so gestaltet ist, dass nicht nur verschiedene Lösungswege möglich sind, sondern dass diese zu Lernprozessen auf unterschiedlichen Niveaus führen.

Aufgabentheken

Aufgabentheken werden auch „Lerntheken" genannt, was sie fast nie sind. Aufgabentheken sind Aufgabenensembles, aus denen sich die Lernenden wie an einem Büffet die für sie passenden Aufgaben aussuchen. Das wird teilweise als individuelles Lernen bezeichnet, ist es aber nicht, sondern bestenfalls eine Form der Differenzierung, deren Wirksamkeit man anzweifeln kann.

Auf die Gefahr hin, einige Lehramtsanwärterinnen oder Lehramtsanwärter und Studierende zu verunsichern, stellen wir fest, dass Aufgabentheken den enormen Vorbereitungsaufwand und den Materialeinsatz, die sie verursachen, in den seltensten Fällen rechtfertigen. Das ist zu einem großen Teil Arbeitsaufwand, der sich nicht auszahlt.

Vielleicht dann, wenn eine etablierte Lehrkraft ihre Aufgabentheken aus dem Vorbereitungsdienst pflegt, weiterentwickelt und im alltäglichen Unterricht als Höhepunkte immer wieder einsetzt, wenn es passt. Damit kann sie Lernende beeindrucken und ihnen zeigen, wie viel Mühe sie sich mit der Unterrichtsvorbereitung macht, nicht nur an diesem einen Tag, was ja nicht falsch ist.

Aufgabentheken haben wir hauptsächlich als Bestreben erlebt, der Veranstaltung Unterricht möglichst viele Unsicherheiten zu nehmen, Unterricht vorhersehbar zu machen. Ein motivationaler Effekt ist nicht abzustreiten, aber er ist vergleichsweise gering.

Aufgabenformate

Es ist sinnvoll, mit einer Lerngruppe Aufgabenformate einzuüben. Jede Lehrkraft pflegt Vorlieben für bestimmte Aufgabenformate. Früher waren es ritualisiertes Kopfrechnen oder „Mathefußball", heute können es Formate von Gesellschaftsspielen oder Fernsehsendungen sein. Wichtig ist immer, dass die Erklärung, wie die Aufgabe zu bearbeiten ist, wenig wertvolle Unterrichtszeit kosten darf. Das gilt auch für die einfachsten Formate: Wie wird vorgegangen und welche Erwartungen sind damit verbunden?

- *Päckchenaufgaben:* Dieselbe Aufgabe mit unterschiedlichen Zahlen mit steigender Komplexität bildet ein Päckchen. Dahinter steckt keine besonders originelle Idee, aber Päckchen können durchaus sinnvoll sein, wenn sich die Aufgabenkultur nicht darauf beschränkt und wenn damit nicht die Erwartung verbunden ist, jeder Lernende müsse dieselben Päckchen in derselben Anzahl bearbeiten.
- *Strukturaufgaben:* Auf den ersten Blick sehen Strukturaufgaben aus wie Päckchenaufgaben. Aber das Zahlenmaterial der Päckchen ist so aufgebaut, dass die Lernenden eine Struktur erkennen und dadurch schneller zur Lösung kommen, und neue Lösungswege entdecken können. Beispiel: Bei der Berechnung von Mittelwerten werden Zahlenreihen mit regelmäßigen Abständen verwendet, sodass der Mittelwert teilweise der mittlere Wert ist, aber nicht immer (siehe Barzel u. a. 2012b, S. 25). Nutzen sie die Entdeckungsmöglichkeiten nicht, rechnen die Lernenden wie bei Päckchen ohne Struktur.
- *Differenzierende Schulbuchaufgaben:* Differenzierende Ausgaben von Schulbüchern unterscheiden sich von ihren Vorgängerausgaben meist dadurch, dass Päckchen- und Textaufgaben nebeneinander in zwei Spalten präsentiert werden und den Lernenden die Wahl zwischen Basisaufgaben und anspruchsvolleren Aufgaben gegeben wird. Der Unterschied liegt aber oft nur in der Komplexität des Zahlenmaterials. Wenn dann noch besonders gekennzeichnete Zusatzaufgaben ausgewiesen werden, kann man eine dreistufige Differenzierung erkennen.
- *Offene Aufgabenformate:* Offen bedeutet nicht beliebig. Mit „offen" ist gemeint, dass eine Aufgabe so einfach beginnt, dass alle Lernenden der Zielgruppe Zugang zu der Aufgabe finden, dass der Anspruch der Aufgabe dann auf ein mittleres Niveau steigt und dass die Aufgabe am Ende auch Anregungen auf einem hohen Niveau enthält. Offen sind erstens der Zugang und zweitens die Option, wie tief die Lernenden individuell in die Aufgabe

eindringen. Beispiel dafür ist das Format *Ein Beispiel, mehrere, alle, begründe …*, das wir in Kap. 5.4 unter dem Stichwort „Entdeckungsoffene Aufgaben“ vorgestellt haben.
- *Spiele:* Weil Teile der Leserschaft, die sich für Spiele im Mathematikunterricht interessieren, vermutlich danach kaum unter dem Stichwort Aufgaben suchen werden, haben wir Spielen im Mathematikunterricht ein eigenes Kapitel gewidmet (Kap. 6.13).

6.10 Üben und Vertiefen

Was ist Üben?

„Übung gehört als notwendiger Schritt zu allem Lernen. Damit Lösungswege, Beweisverfahren, Verhaltensweisen, Techniken, Wissensbestände, Fähigkeiten und Fertigkeiten zum festen Besitz werden, müssen sie nicht nur gekannt, sondern auch geübt werden“ (Böhm 2005, S. 642).

„Eine Übungsaufgabe vorweg“ (Meyer 1987, S. 110), solche Formulierungen basieren auf einem anderen Verständnis von Üben als dem hier vertretenen, wir würden hier eher „Erkunden“ oder „Probieren“ sagen. Üben kann man nur, was man schon kann, wenn auch noch nicht perfekt und fehlerfrei.

Das Üben haben wir im Kapitel *Mathematik lehren* verortet. Es ist zwar ein Lernschritt, muss aber im Fach Mathematik vorwiegend von der Lehrkraft initiiert werden, gehört damit zum Lehren.

„Unter Übung im pädagogischen Sinne verstehen wir den wiederholten Vollzug von Tätigkeiten (Handlungsabläufen) mit dem Ziel ihrer fortschreitenden Vervollkommnung und teilweisen Mechanisierung zu Fertigkeiten und Gewohnheiten“ (Klingberg 1974, zitiert nach Bruder 2008a, S. 4). Die Übungsideologie der 1970er-Jahre war stark fixiert darauf, dass beim Üben etwas immer wieder ausgeführt wird, bis es „beherrscht“ wird. Das Verständnis, was Üben bedeutet, hat sich indes verfeinert.

- *Operatives Üben:* „Vertiefen des Verständnisses, Beweglichmachen des Denkens durch vielfältige Variation“ (Zech 1977/1996, S. 208). Dabei ist an Einbezug von Umkehraufgaben, an Variationen der Handlungen, der Darstellungsebene und der Darstellungsform gedacht sowie an die Öffnung verschiedener Lösungswege (Zech 1995, S. 85 – 90).
- *Integratives Üben:* Üben muss integrativen Charakter haben in dem Sinne, „dass jeweils vielfältige Beziehungen zum früher Gelernten hergestellt werden“ (Winter 1984, S. 10). Der Lerngegenstand darf nicht durch oder zum Zweck von Üben segmentiert werden. Neu erworbene Kompetenzen werden nicht additiv geübt, sondern durch Üben werden vorhandene

Kompetenzen besser eingeordnet, auf den Kern gebracht, mit anderen Kompetenzen vernetzt (Winter 1984, S. 10).

- *Produktives Üben:* „Die Absicherung, dass das erworbene Wissen flexibel und nachhaltig verfügbar bleibt" durch Konsolidieren der erworbenen Kompetenzen und Flexibilisieren von Wissensbeständen (Leuders 2014, S. 251 f.) mit den Aspekten Reflexion, Struktur, Differenzierungsvermögen und Entdeckungsoffenheit.
- *Kopfübungen:* Was nicht verwendet wird, wird vergessen. Deshalb müssen Grundlagen auch in neuen Kontexten „mitgeübt werden" (Bruder 2008b, S. 12). Oft ergibt sich das wegen der Durchgängigkeit der Schulmathematik von selbst, aber es schadet nicht, wenn die Lehrkraft mit regelmäßigen vermischten Kopfübungen zum Basiswissen dafür sorgt, dass wichtige Grundlagen nicht verschüttet werden.

Wie auch immer Übung definiert wird, in jedem Falle soll durch Übung eine Verbesserung und Steigerung erreicht werden, der oder die Übende sollte in vergleichbaren Situationen zukünftig besser und erfolgreicher agieren als vor der Übung. Was als Verbesserung anzusehen ist, hängt vom jeweiligen Ziel und den Umständen ab.

Stereotype Gewohnheitshandlungen, die nicht verbessert werden können, sind keine Übungen, denn hier wird nur bereits Erworbenes im Gedächtnis verfestigt, aber nichts verbessert. Wenn ich mit dem Auto fahre, übe ich nicht das Autofahren, denn ich kann es seit vielen Jahren, und ich fahre nicht wegen einer weiteren Fahrt besser.

Der weitergehende Sinn des Übens liegt darin, dass durch eine sichere, problemlose Bewältigung gewisser geübter Fertigkeiten und Fähigkeiten der Weg frei wird für neue, höhere geistige Leistungen, welche die vorhergegangenen als Voraussetzung haben und als Teilkompetenzen einschließen.

Ausgehend von der Frage des Alltagsnutzens ergibt sich ein enger Zusammenhang von Üben mit Anwendungen und Transfer. Wenn die Lernenden erkennen, dass zu übende Inhalte tatsächlich brauchbar sind, werden sie eher bereit sein, sich damit auseinanderzusetzen, als bei sinnentleerten, abstrakten Aufgabenstellungen. Also auch die Aspekte der Sinnstiftung und der Motivation spielen eine Rolle, wenn es um die Qualität des Übens geht.

Das bedeutet jedoch nicht, dass jede Aufgabe anwendungsorientiert sein muss. Es kann vorteilhaft sein, den Anwendungsbezug stellenweise bewusst auszuklammern, um die Konzentration auf das mathematische Wesentliche zu gewährleisten und nicht durch zusätzliche Schwierigkeiten die Lernenden zu überfordern.

Üben und Gedächtnis[126]

Informationsaufnahme und Lernen sind nicht dasselbe. Wir sind ständig von einer Unzahl an Informationen umgeben, die wir zum größten Teil ignorieren. Wie kommen Informationen dauerhaft in unser Gedächtnis (vgl. Abb. 6.10)?

- *Ultrakurzzeitgedächtnis:* Das Gedächtnis speichert nicht alle Informationen, sondern selektiert. Nur Informationen, die die Wahrnehmungsschwelle überschreiten, speichern wir in einem Ultrakurzzeitgedächtnis und vergessen sie, wenn wir ihnen innerhalb von fünf bis zwanzig Sekunden keine Bedeutung zuordnen. Beispiel: Man fährt an einer Verkehrsampel weiter, weil sie Grün zeigt.
- *Kurzzeitgedächtnis:* Informationen, die wir für bedeutsam erachten, finden den Weg ins Kurzzeitgedächtnis; diese Übertragung ist unbewusst. Dort bleiben sie für etwa zwanzig Minuten verfügbar. Beispiel: Man erschrickt, weil man feststellt, dass man an einer Ampel aus Unachtsamkeit bei Rot weitergefahren ist.
- *Langzeitgedächtnis:* Prozesse im Gehirn, die Informationen aus dem Kurzzeit- ins Langzeitgedächtnis übertragen, sind sehr langsam (Minsky 1994, S. 158). Informationen im Kurzzeitgedächtnis, von denen wir innerhalb dieser zwanzig Minuten Gebrauch machen oder die wir in unserem Gedächtnis vernetzen, bleiben länger verfügbar. Beispiel: Man wird von der Polizei angehalten, weil man an einer Ampel bei Rot weitergefahren ist.
- *Erinnern und Reaktivieren:* Informationen im Langzeitgedächtnis hinterlassen Erinnerungsspuren, die sich zurückverfolgen lassen. Sie sind in unserem Gedächtnis verankert oder sind abrufbar, das heißt,

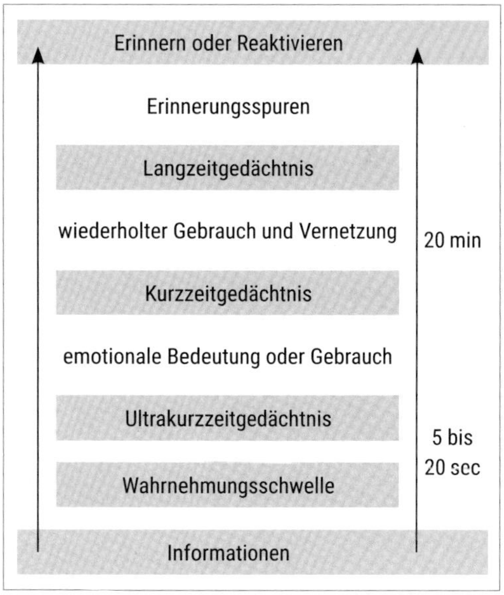

Abb. 6.10: Üben und Gedächtnis

126 Hans Werner Heymann (Heymann 1998, S. 7) hat die Erkenntnisse der Gedächtnisforschung (Minsky 1994, S. 153 ff.) auf den Unterricht bezogen, was wir hier zusammenfassen. Daraus ergeben sich interessante Folgerungen.

man kann sich mit bewussten gedanklichen Operationen daran erinnern, auch wenn sie spontan nicht zur Verfügung standen. Beispiel: der Bußgeldbescheid wegen eines Ampelverstoßes, der mehrere Wochen zurückliegt.

In Dutzenden von Seminargruppen haben wir über viele Jahre die Erfahrung gemacht und weitergegeben, dass der oben beschriebene Ablauf richtig ist.
Wir haben in einer Sitzung alle Teilnehmerinnen und Teilnehmer ans Fenster gebeten und drei beliebige Personen, die sich auf dem Gelände vor dem Seminargebäude aufhielten, mit jeweils drei Merkmalen beschrieben (Wahrnehmungsschwelle überschreiten). Sofort im Anschluss haben wir zwei oder drei Teilnehmende gebeten, die Beschreibungen zu wiederholen (Gebrauch der Informationen).
Innerhalb der folgenden zwanzig Minuten haben wir erneut darum gebeten, die Beschreibungen zu wiederholen, obwohl sich die Situation längst geändert hatte. Das haben wir im Lauf der Sitzung mehrmals wiederholt (wiederholter Gebrauch).
In der darauffolgenden Sitzung waren immer alle Teilnehmenden in der Lage, die drei Personen zu beschreiben, zum Teil detaillierter als die verbale Beschreibung des Seminarleiters (Langzeitgedächtnis). Mehrere Wochen später war es wieder möglich, die Erinnerungen an die Personen wachzurufen (Erinnern und Reaktivieren).

Für den Mathematikunterricht ziehen wir aus diesen Erkenntnissen folgende Schlüsse:

- Alle Informationen, die eine Lehrkraft einzelnen Lernenden, Lernendengruppen oder Klassen gibt, erfordern, dass die Wahrnehmungsschwelle bei allen Beteiligten überschritten ist. Deshalb ist der beste Unterrichtseinstieg der, bei dem die Lehrkraft ruhig vor der Klasse steht und geduldig wartet, bis sie die Aufmerksamkeit aller Lernenden hat, wirklich aller.
- Lernphasen, bei denen am Stück über einen Zeitraum von mehr als zwanzig Minuten neue Informationen geboten werden, ohne dass etwas wiederholt werden würde, sind wenig effektiv.
- Abgetrennte Übungsphasen, in denen all das zusammen geübt wird, was an mehreren zurückliegenden Tagen gelernt wurde, sind weniger effektiv, als wenn ein zeitlicher Zusammenhang zwischen Lernen und Erst-Üben besteht.
- Die Zeitspanne von 45 Minuten für eine Unterrichtsstunde ist eine sinnvolle Idee, um Lernen und Erst-Üben unterzubringen.
- Üben ist weder bei Lernenden noch bei Lehrkräften beliebt (Heymann 1998, S. 7), das gilt vor allem für wiederholendes Üben. Also sollte Üben schwerpunktmäßig dort stattfinden, wo zeitliche Nähe zum Lernen be-

steht, denn dann wird es weniger als lästig, sondern mehr als Lernhilfe wahrgenommen.

Wenn an Schulen zunehmend Mathematik in Doppelstunden unterrichtet wird und / oder Lernen und Üben organisatorisch getrennt werden, dann gibt es dafür tragende Gründe. Solche Gründe liegen nicht in der Didaktik, sondern verringern die didaktische Qualität des Unterrichts, wenn sie auch aus anderen Gründen sinnvoll sein mögen.

Vorbereitung auf Leistungsüberprüfungen als Form des Übens

Unseren Lernenden haben wir regelmäßig empfohlen, sich auf die Klassenarbeit in der Form vorzubereiten, dass sie sich einen Spickzettel zusammenstellen, den sie dann aber nicht benutzen durften. Durch die Anfertigung des Spickzettels wurden sie veranlasst, den Stoff zu reaktivieren, zu analysieren und zu strukturieren, aufs Wesentliche zu beschränken, Schwerpunkte zu setzen, bisher übersehene Zusammenhänge herzustellen, Doppelungen zu vermeiden.

Von den Lernenden bekamen wir oft die Rückmeldung, dass sie den Spickzettel gar nicht gebraucht hätten, weil sie noch wussten, was draufstand. Die Erstellung eines guten Spickzettels macht dessen Einsatz in der Regel also überflüssig.

Rosel Reiff geht einen Schritt weiter. Sie lässt ihre Schülerinnen und Schüler im Unterricht als Übungsform Spickzettel anfertigen, stellt dafür farbige Zettel zur Verfügung und gestattet den Lernenden, ihren eigenen Spickzettel aus diesem Unterricht, und nur diesen, in der Klassenarbeit zu nutzen (Reiff 2008, S. 36 ff.). Warum nicht?

Schaut man sich Spickzettel von Lernenden genauer an, dann fällt auf, dass fast ausschließlich Formeln, Umrechnungsfaktoren, Regeln darauf stehen. Es gehört nicht zu den vorrangigen Zielen von kompetenzorientiertem Mathematikunterricht, solche Informationen auswendig zu wissen.

Weshalb also sollte man Lernende hindern, selbst erstellte (oder auch vorhandene) Wissensspeicher bei der Leistungsfeststellung zu nutzen, wenn deren Erstellung (oder Auswahl) mit einem sinnvollen Übungsprozess verbunden war? Die Gefahr, dass dadurch nicht vorhandene Kompetenzen vorgetäuscht würden, halten wir für vernachlässigbar gering.

6.11 Leistungsfeststellung und -bewertung

Begriffe wie *Leistungsmessung, Leistungsfeststellung, Leistungsbeurteilung, Leistungsbewertung* werden wenig trennscharf verwendet. Immer ist damit gemeint, dass schulische Leistungen definiert, festgestellt, anhand eines Maßstabs skaliert werden und dann zu einer Bewertung führen.

Die Definition schulischer Leistungen erfolgt durch die Bildungspläne der Länder und wird durch Kompetenzen und Lernziele konkretisiert. Schulische Leistungen werden heute nicht mehr als Fertigkeiten und Wissen beschrieben, sondern als Kompetenzen. „Kompetenzen einzuschätzen ist sehr viel schwieriger, als Wissen abzufragen" (Stern 2010, S. 110).

Der Schwierigkeit dieser Aufgabe muss sich jede Lehrkraft stellen. Den Erfolg kompetenzorientierten Unterrichts am Maß der Beherrschung eingeübter Verfahren zu messen, wird nicht funktionieren.

Leistungsmessung soll nicht nur die Fähigkeit messen, auf Fragen, die im Unterricht schon behandelt wurden, richtige Antworten zu reproduzieren. Sondern es geht neben Wissen und Fertigkeiten auch darum, auf Situationen eingehen zu können, die den Horizont des absolvierten Unterrichts übersteigen und eben noch nicht unterrichtet worden sind.

Konkret für den Mathematikunterricht beinhaltet dies, dass zur Leistungsfeststellung auch Aufgaben herangezogen werden, die im Unterricht „noch nicht dran waren"; nicht ausschließlich, aber auch. Wir gehen sogar so weit zu sagen, dass in einer Klassenarbeit Aufgaben enthalten sein müssen, die oder bisweilen sogar deren Format den Lernenden bisher unbekannt waren, sonst werden keine Kompetenzen überprüft. Ein Auswechseln von Zahlenwerten reicht da nicht.

Herkömmliche Leistungsmessung beschränkte sich meistens auf die Wiedergabe von Wissen, das Vorführen von Fertigkeiten und fachlich eng begrenztes Verständnis von Zusammenhängen. Kompetenzorientierte Leistungsmessung muss darüber hinaus auch höhere Fähigkeiten überprüfen. Lernende müssen zunehmend komplexe Themenfelder selbstständig bearbeiten, Informationen beschaffen und bewerten, Ergebnisse aufbereiten und präsentieren können.

Es ist hilfreich, Leistungsfeststellung und Leistungsbewertung als Teilvorgänge zu unterscheiden. Die Leistungsfeststellung liefert Informationen über den Kompetenzstand. Zu diesem Zweck werden Aufgaben gestellt und Beobachtungen gemacht, werden Klassenarbeiten geschrieben und Beobachtungsprotokolle erstellt.

Bei der Leistungsbewertung werden Ergebnisse der Leistungsfeststellung nach vorgegebenen Kriterien evaluiert, um daraus Konsequenzen zu ziehen.

Eine Form der Bewertung ist die Ziffernnote, eine andere ein verbaler Kommentar mit Begründung; es gibt noch weitere nicht numerische Zuordnungssysteme, zum Beispiel die Zuordnung von Smileys oder Farben zu erfüllten Leistungserwartungen.

In manchen Schularten wird auf Leistungsbewertung teilweise oder weitgehend verzichtet. Allerdings werden auch dort in den Abschlussklassen dann Leistungsbewertungen vorgenommen, weil sich Schullaufbahnabschlüsse immer auf Leistungsbewertungen stützen. Der Übergang in die Abschlussklasse soll an diesbezüglichen Schulen von den Lernenden bisweilen als heftig empfunden worden sein.

Leistungsmessung wird oft als notwendiges Übel erlebt, von den Lehrkräften, weil sie es als unangenehm empfinden, beurteilen und bewerten zu müssen, Zukunftschancen zu vergeben oder zu verweigern.

Für Lernende ist die Situation der Leistungsfeststellung unangenehm, weil das Bewusstsein Stress erzeugt, dass es „jetzt darauf ankommt".

Andererseits legen Lernende Wert darauf, Rückmeldungen über ihre Leistungen zu bekommen, sowohl soziale, also wie ihr Leistungsstand innerhalb der Lerngruppe einzuordnen ist, als auch individuelle, also wie sich ihre persönlichen Leistungen entwickelt haben.

Beide Vergleichsaspekte sollten bei der Kommunikation über Leistungsergebnisse gleichwertig behandelt werden. Die Bekanntgabe des sozialen Vergleichswerts in Form eines Klassenspiegels ist in manchen Bundesländern per Schulgesetz vorgeschrieben, in anderen an Bedingungen geknüpft oder freigestellt.

Den individuellen Vergleichswert halten wir aber für mindestens genauso wichtig. Deshalb haben wir immer den Lernenden rückgemeldet, wer seine Leistungen im individuellen Vergleich besonders stark verbessert hat und wer zum Beispiel seine eigene bisher beste Klassenarbeit geschrieben hat. Wenn jemand immer eine „Fünf" geschrieben hat und plötzlich eine „Vier" schafft, dann ist das eine große Leistung ganz unabhängig vom Klassendurchschnitt.

Leistungsmessung ist Teil einer Selektionsfunktion, die Schule zu erfüllen hat, das ist Teil ihres gesellschaftlichen Auftrags. Sie kann nicht abgeschafft werden, aber ihre Handhabung sollte kritisch überprüft werden (Heymann 1996/2013, S. 111/112).

Eine Lehrkraft, die unverdiente gute Noten vergibt, sprich einen unangemessen milden Maßstab anlegt, macht sich bei Lernenden und vor allem bei deren Eltern zwar beliebt. Gleichzeitig verliert sie gerade bei Lernenden an Glaubwürdigkeit, denn diese merken sehr wohl, wenn sie unangemessen positiv bewertet werden. „Bei dem (oder der) muss man sich nicht anstrengen, und man bekommt trotzdem eine gute Note“ aus Schülermund ist kein Kompliment, sondern eine eher negative Evaluation.

Ein weiteres Merkmal von Leistungsmessung ist, dass sie der einzelnen Lehrkraft Rückmeldungen über ihre Arbeit und in diesem Fall vor allem über die Qualität ihrer Leistungsmessung gibt.

Eine Klassenarbeit muss Anforderungen auf allen Niveaus beinhalten, also Aufgaben, die fast alle lösen werden, solche die vom größten Teil der Klasse gelöst werden und weitere, die nur eine Minderheit zu lösen in der Lage ist.

Lehramtsanwärterinnen und Lehramtsanwärter tun sich damit schwer, auch Aufgaben zu stellen, von denen sie ausgehen müssen, dass die meisten der Lernenden daran scheitern oder sie überhaupt nicht bearbeiten. Aber (siehe oben) das ist Teil des Auftrags, den sie angenommen haben.

Auswertung einer Klassenarbeit

Nachdem eine Lehrkraft eine Klassenarbeit bewertet hat, liegen ihr wertvolle Daten vor, die zu weiteren Zwecken genutzt werden können.
Wir gehen davon aus, dass der Leserschaft dieses Buchs daran gelegen ist, die Qualität ihrer Arbeit kontinuierlich zu verbessern. Deshalb ein paar Anregungen, was Sie nach der Bewertung einer schriftlichen Klassenarbeit tun können:

- Rechnen Sie für jede Aufgabe und jede Teilaufgabe den Lösungsprozentsatz der Klasse aus.
- Lösungsprozentsätze von über 90 % tragen nicht zu einer trennscharfen Bewertung bei, weil die Aufgabe zu leicht war. Also notieren Sie sich, dass Sie diesen Aufgabenteil beim nächsten Jahrgang nicht mehr einsetzen.
- Lösungsprozentsätze von unter 10 % tragen auch nicht zu einer trennscharfen Bewertung bei, weil die Aufgabe zu schwer war. Also notieren Sie sich, dass Sie diesen Aufgabenteil beim nächsten Jahrgang nicht mehr einsetzen.
- Eine ungefähr gleichmäßige Verteilung der Lösungsprozentsätze zwischen 10 % und 90 % mit Schwerpunkt im mittleren Bereich auf die Aufgaben weist darauf hin, dass die Klassenarbeit gut geeignet war, ihre Selektionsfunktion zu erfüllen.
- Wenn Sie Lücken oder Häufungen bei den Lösungsprozentsätzen festgestellt haben, dann überlegen Sie sich alternative Aufgabenteile. Nicht irgendwann, sondern jetzt. Denn jetzt sind Sie mental tief drin in dem Thema, und sofern Sie sich nicht in einem Ihrer letzten Dienstjahre befinden, spricht vieles dafür, dass Sie in einem zeitnahen Folgejahr wieder eine Klassenarbeit zu diesem Thema erstellen werden.
- Für Folgejahre empfehlen wir Ihnen, die dann alte Klassenarbeit als Basis für die aktuell anstehende zu verwenden, aber nie ohne daran etwas verändert, sprich aktualisiert, angepasst und optimiert zu haben. Der Schritt, die Klassenarbeit vom Vorjahr einfach unverändert weiterzuverwenden, wäre der erste in ein reproduzierendes und wenig befriedigendes

Lehrerleben, das Sie sicher nicht führen wollen, sonst hätten Sie nicht nach diesem Buch gegriffen.

Lösungsprozentsatz	Anspruchsniveau
> 90 %	zu leicht
70 – 90 %	Anforderungsniveau I
30 – 70 %	Anforderungsniveau II
10 – 30 %	Anforderungsniveau III
< 10 %	zu schwer

Abb. 6.11: Stufung der Anforderungsniveaus

Wenn wir davon ausgehen, dass obige Auswertungskriterien angewandt werden und dass das Ziel eine stärkere Akzentuierung des mittleren Anforderungsbereichs ist, dann kommen wir zu einer Stufung der Anforderungsniveaus für Leistungskontrollen wie in Abb. 6.11. Diese Stufung ist als idealtypisch zu verstehen. Mit zunehmender Erfahrung wird eine Lehrkraft diesem Ideal näherkommen, je öfter sie die Ergebnisse ihrer Leistungsmessungen ausgewertet hat.

Gemeinsame Klassenarbeiten?

Die Durchführung von Leistungskontrollen liegt in der Verantwortung jeder einzelnen Lehrkraft. Die Schulgesetze[127] der Länder regeln die formalen Bedingungen wie Definition unterschiedlicher Klassenarbeitsformate, vorgeschriebene und zulässige Anzahl, Konsequenzen von Versäumnissen und manches mehr. Wir können der Leserschaft nicht abnehmen, diese Bedingungen für ihr eigenes Bundesland zu erheben, und empfehlen dringend, sie zu beachten.

Im Sinne einer auch für die Arbeit im Kollegium wünschenswerten Kollaboration empfehlen wir, innerhalb des Kollegiums Klassenarbeiten und darin enthaltene Aufgaben gegenseitig auszutauschen und/oder gemeinsam Aufgaben zu erstellen. Die Initiative muss aber aus dem Kollegium kommen und man tauscht sich nicht aus, um sich zu einigen, sondern wegen der gegenseitigen Bereicherung.

Wir können aber immer wieder Fälle feststellen, in denen Schulleitungen sich in die Arbeit der Lehrkräfte unangemessen einmischen. Insbesondere fielen uns Schulen auf, in denen aufgrund von Anordnungen der Schulleitung pro Klassenstufe einheitliche Klassenarbeiten geschrieben werden mussten.

---

127 z. B. für Baden-Württemberg die Verordnung des Kultusministeriums über die Notenbildung vom 5. Mai 1983, zuletzt geändert am 28. Juli 2023 (GBl S. 305, 306).

Dazu ist klar zu sagen: Schulleitungen sind verantwortlich für die Einhaltung der Bildungspläne und der allgemein geltenden Grundsätze der Notengebung. Für Inhalte und Form der Leistungsmessung sind sie darüber hinaus nicht zuständig, und Lehrkräfte sollten sich dagegen wehren, wenn versucht wird, ihnen die Zuständigkeit dafür abzusprechen.[128] Es ist auch nicht per Konferenzbeschluss möglich, der Lehrkraft diese Zuständigkeit einzuschränken oder abzusprechen.

Einheitliche Klassenarbeiten führen vor allem dazu, dass der Unterricht schleichend den Anforderungen der Klassenarbeit angepasst wird, wie wir das von Schullaufbahnprüfungen schon kennen. Das kann nicht der Qualität förderlich sein. Im Endeffekt wird dadurch indirekt die Kompetenzorientierung wieder zurückgefahren, die endlich in die Bildungspläne eingezogen ist.

Welche Leistungen werden bewertet?

„Grundlage der Leistungsbewertung sind alle vom Schüler im Zusammenhang mit dem Unterricht erbrachten Leistungen (schriftliche, mündliche und praktische Leistungen)."[129] Die Gewichtung muss den Lernenden vorab bekannt gemacht werden.

Nach wie vor wird vielerorts vereinfachend zwischen „schriftlichen" und „mündlichen" Leistungen unterschieden, wobei mit „schriftlichen" Leistungen die Ergebnisse der vorgeschriebenen Klassenarbeiten gemeint sind, und mit „mündlich" alle anderen Leistungen, die in die Leistungsbewertung einfließen, auch wenn sie nicht mündlich vorgetragen werden.

Die „schriftlichen" Leistungen dokumentieren die Ergebnisse des Lernens, sind also produktbezogen, während die sogenannten „mündlichen" Leistungen den Verlauf des Lernens spiegeln, also prozessbezogen sind. Es empfiehlt sich, das den Lernenden und ihren Erziehungsberechtigten in geeigneter Form zu kommunizieren. Eine bewährte Möglichkeit dafür ist, die vereinfacht sogenannten „mündlichen Noten" als „prozessbezogene Leistungen" zu bezeichnen.

Es hat sich bewährt, prozessbezogene Noten in regelmäßigen Abständen für alle Lernenden bekannt zu geben, um einen Anschein von Willkür überhaupt nicht erst aufkommen zu lassen und größtmögliche Transparenz herzustellen.

128 Wir konnten nicht die Schulgesetze aller Bundesländer durchforsten, sind aber überzeugt, dass dies nicht nur für unser Bundesland gilt.

129 Verordnung des Kultusministeriums über die Notenbildung vom 5. Mai 1983, zuletzt geändert am 28.Juli 2023 Abs. 3 § 7 (GBl S. 305, 306)

Gegen Ende des Schuljahrs zusätzliche „mündliche Leistungen“ zu ermöglichen, um Lernenden, die genau zwischen zwei Noten stehen, eine Chance für die bessere Note zu geben, halten wir nicht für sehr sinnvoll.

Man kann denjenigen Lernenden, deren Leistungsstand mit einer 5 auf der ersten Nachkommastelle steht, die Chance geben, in einem Kolloquium die Notenentscheidung zu beeinflussen. Sie bekommen dann nicht eine zusätzliche Note eingerechnet, die die Mitlernenden nicht bekommen, sondern bei positivem Verlauf des Kolloquiums bekommen sie trotz der Nachkommastelle, die ein Runden auf die schlechtere Note verursachen würde, die bessere Note.

Die pädagogische Freiheit erlaubt der Lehrkraft eine solche Entscheidung. Theoretisch auch in die andere Richtung, aber davon raten wir dringend ab. Denn es ist für eine Lehrkraft ein sehr unschöner Vorgang, wenn sie eine bereits erteilte Note zurücknehmen muss, weil Eltern oder ein Anwalt interveniert haben und die Schulleitung einen Konflikt vermeiden möchte.

Eine übliche Gewichtung ist 2 zu 1 für Klassenarbeiten gegenüber prozessbezogenen Leistungen. Anders als bei den Inhalten der Klassenarbeiten gibt es hier die Möglichkeit von Beschlüssen der Lehrerkonferenzen, die dann für die einzelne Lehrkraft bindend ist.[130]

Mathematik ist wohl dasjenige Unterrichtsfach, dem das größte Maß an Genauigkeit, Verlässlichkeit und Nachvollziehbarkeit zugeschrieben wird. Diese Merkmale sollten sich schon deshalb in der Leistungsmessung und -bewertung wiederfinden. Die Qualitätskriterien im unten stehenden Kasten sind für alle Unterrichtsfächer gedacht, aber in Mathematik teilweise besonders gut nachzuprüfen, was bedeutet, dass sie in Mathematik auch besonders leicht zu erfüllen sind.

Qualitätskriterien[131] für die Leistungsbewertung

- *Objektivität:* Die Leistungsbewertung muss von demjenigen, der die Bewertung durchführt, und denjenigen, deren Leistungen bewertet werden, so weit wie möglich unabhängig sein. Konsequenz: gleicher Bewertungsmaßstab für alle Lernenden, deren Leistungen parallel bewertet werden.

130 Die Aussage ist bezogen auf Baden-Württemberg.

131 Hier sind wir von den Ausführungen von Bovet / Huwendiek (Hrsg.) 1994, S. 227 – 229 ausgegangen und haben Ergänzungen vorgenommen.

- *Reliabilität:* Leistungsmessungen müssen von formaler Genauigkeit, von Fehlerfreiheit und von Reproduzierbarkeit gekennzeichnet sein. Konsequenz: Qualitätsbewusstsein hinsichtlich der bei der Leistungsfeststellung eingesetzten Instrumente und bei der Auswertung der erhobenen Daten.
- *Validität:* Die Leistungsbewertung muss genau das bewerten, was sie vorgibt zu bewerten. Konsequenz: Aufgabenstellungen nach Kategorien der inhaltlichen und prozessbezogenen Kompetenzen, die bewertet werden sollen.
- *Lernzielorientierung:* Überprüft wird das, was transparent begründet gelernt werden sollte. Die Leistungsbewertung muss also das abbilden, was in dem vorausgegangenen Unterricht gelernt werden sollte, also das, was durch die Lernziele vorgegeben wurde.
- *Vergleichbarkeit:* Die Leistungsbewertung muss so skaliert sein, dass Leistungen, die in unterschiedlichen Konstellationen erbracht wurden, vergleichbar sind.
- *Abgrenzung des Leistens vom Lernen:* Im Unterricht muss es große bewertungsfreie Inseln geben, auf denen erkundet und geübt wird und auf denen sanktionsfrei Fehler gemacht werden dürfen.
- *Transparenz:* Die Betroffenen müssen über Grundsätze und Ergebnisse von Leistungsfeststellungen und Leistungsbewertungen stets informiert sein.
- *Trennschärfe:* Leistungsfeststellung und Leistungsbewertung müssen so gestaltet sein, dass sich gute von weniger guten Leistungen klar abheben; die Leistungsverteilung muss sich aber nicht nach Normen wie zum Beispiel der Gauß'schen Normalverteilung richten.
- *Rückmeldungen* an die Lernenden über ihre Leistungen sollten mehr vom individuellen Leistungsverlauf als von sozialem Vergleich geprägt sein.

6.12 Sozialformen und Methoden

Sozialformen

Wir haben schon sehr viele Unterrichtsstunden hospitiert, in denen die Lehrkräfte Gruppenarbeitsphasen eingeplant hatten, die nicht den Ertrag brachten, den sich die jeweilige Lehrkraft erhofft hatte. Die enttäuschte Lehrkraft beklagte im Anschluss, dass „die Gruppenarbeit nicht funktioniert hat“, obwohl sie ihren Unterricht doch so gut vorbereitet habe.

Oft war ausgerechnet die Gruppenarbeitsphase, der eine zentrale Funktion zukommen sollte, unzureichend vorbereitet gewesen, obwohl die Lehrkraft viel Positives über „diese Methode“ gelesen hatte. Gruppenarbeit ist aber keine Methode.

Natürlich kann man eine Methode „Gruppenarbeit“ nennen, definieren und dann beschreiben, wie diese zu organisieren sei, damit daraus eine Methode wird (vgl. Barzel u. a. 2007, S. 84).

Weil wir aber so oft erlebt haben, dass nach der Entscheidung für die Sozialform Gruppenarbeit für diese Unterrichtsphase keine weiteren methodischen Überlegungen angestellt wurden, bevorzugen wir eine klare und konsequente Abgrenzung von Sozialform und Methode. Für jede Unterrichtsphase muss beides geplant werden: Sozialform und Methode.

Die Sozialform beschreibt die Struktur der Kommunikation innerhalb einer Lerngruppe und transportiert keine weiteren Informationen über methodische Entscheidungen der Lehrkraft. Man kann nicht Teile von Unterricht vorbereiten, indem man nur die Sozialform festlegt.

Bei der Wahl der Sozialform geht es nur um die Entscheidung über die Struktur der Kommunikation im Unterricht, die natürlich begründet sein muss. Eine mögliche Begründung für den Einsatz einer bestimmten Sozialform kann zum Beispiel der Grundsatz sein, innerhalb einer Unterrichtsstunde mehrere Wechsel der Sozialform vorzusehen, um die Aktivität der Lernenden aufrechtzuerhalten.

Oder dass aufgrund von Disziplinproblemen eine eigentlich wünschenswerte Gruppenarbeit nicht ratsam ist. Oder dass wegen sprachlicher Defizite eines Teils der Klasse heterogene, von der Lehrkraft zusammengestellte Gruppen gewählt wurden, um mit der Gruppenarbeit die sprachliche Integration zu fördern.

Ohne den Zusammenhang zu den anderen Strukturelementen von Unterricht herzustellen, kann keine allgemeingültige Aussage über die Tauglichkeit einer bestimmten Sozialform gemacht werden.

Es gibt genau vier Sozialformen für Unterricht:

- Einzelarbeit: Jeder und jede Lernende arbeitet für sich allein und bestimmt dadurch Lerntempo und Lernfortschritt individuell. Wie die Lehrkraft sicherstellt, dass mit dieser Sozialform für möglichst viele Lernende möglichst große Lernfortschritte erreicht werden, ist dann bereits eine methodische Frage. Welche Rolle die Lehrkraft selbst einnimmt, während sie diese Sozialform einsetzt, darüber gibt der Begriff allein keine Auskunft.
- Partnerarbeit: Die Zusammenarbeit von jeweils genau zwei Lernenden wird nicht nur geduldet, sondern explizit eingeplant. Diese Sozialform ist dann sinnvoll, wenn eine konzentrierte Kommunikation über den Lerninhalt den Lernprozess fördern kann.
- Gruppenarbeit: Hiermit ist gemeint, dass die Klasse in Gruppen aufgeteilt wird, die miteinander arbeiten. Innerhalb dieser Gruppen soll kommuniziert werden. Findet diese Kommunikation nicht statt, handelt es sich um keine Gruppenarbeit.

  Theoretisch sind Gruppenstärken zwischen drei Lernenden und der halben Klassenstärke möglich, in der Praxis haben sich Gruppenstärken zwischen vier und sechs Lernenden als

gut organisierbar erwiesen. Vor dem Einsatz dieser Sozialform ist es sinnvoll, über die Struktur innerhalb der Gruppen zu reflektieren. Einmal kann eine Zusammenstellung von Zufallsgruppen, das andere Mal eine gezielte Differenzierung angemessen sein. Dabei gibt es die Möglichkeit von möglichst heterogenen oder möglichst homogenen Gruppen, je nachdem welche Ziele verfolgt und welche Methoden eingesetzt werden. Rollenzuteilungen innerhalb der Gruppen können sich förderlich oder hinderlich auswirken.
- Klassenunterricht: Weil der Begriff „Klassenarbeit", der hierfür eigentlich angebracht wäre, bereits mit einem anderen Inhalt besetzt ist, muss ein neuer Begriff herangezogen werden. „Unterrichtsgespräch" oder „Frontalunterricht" lesen wir oft, seltener „Plenum". Unterrichtsgespräche finden auch in den anderen Sozialformen statt, und Frontalunterricht ist nur eine der möglichen Formen der Kommunikation im Klassenverband.
  Klassenunterricht nennen wir also die Sozialform, in der die Lehrkraft die ganze Klasse anspricht und mit der ganzen Klasse kommuniziert.

Es ist ratsam, in schriftlichen Unterrichtsentwürfen die Sozialform nicht nur zu nennen, sondern die Auswahl zu begründen. Das führt am Rande dazu, dass die Wahl der Sozialform von der Lehrkraft gründlicher reflektiert wird.

Methoden

Eine Methode beschreibt eine planmäßige Vorgehensweise zur Erreichung gesetzter Ziele. Es wird ein angemessener Weg gewählt, um die Lernziele zu erreichen, es werden Strategien angewendet, um Lernprozesse anzuregen, zu ermöglichen oder zu steuern. „Der Inhalt bestimmt die Methode(n)" (Meyer 1987, S. 72).[132] Dabei werden in der Regel auch Medien eingesetzt.

Das methodische Handeln von Lehrkräften und Lernenden steht auch in Wechselwirkungen mit angetroffenen Bedingungen und sozialen Interaktionen, die zwangsläufig Auswahlen aus dem Methodenspektrum erfordern.

Das Primat der Didaktik nach Wolfgang Klafki besagt, dass Inhalte und Ziele geklärt sein müssen, bevor die Methode gewählt werden kann, also auch, bevor Medien hergestellt oder ausgewählt werden.

> „Man muss immer wissen, wohin man will, bevor sich sagen lässt, wie man gehen kann. [...] Methoden können nur entworfen und bewertet werden, wenn didaktische Vorentscheidungen gefallen sind [...]."
>
> (Klafki 1964, S. 23)

132 Der Vollständigkeit halber soll nicht unerwähnt bleiben, dass Meyer dieses Postulat im Folgenden abschwächt und zu dem Ergebnis kommt, Inhalte und Methoden stünden in Wechselwirkung zueinander (Meyer 1987, S. 77). Die Inhalte ja, aber nicht die Ziele.

Genau dagegen verstoßen unserer Erfahrung nach Lehramtsanwärterinnen und Lehramtsanwärter oft, weil sie Methoden oder Medien auswählen, die sie in einer Lehrprobe einsetzen wollen, bevor sie festlegen, welche Ziele sie über welche Inhalte damit erreichen wollen.

„In meiner Prüfung möchte ich eine Lerntheke einsetzen." Solche Äußerungen von Lehramtsanwärterinnen und Lehramtsanwärtern haben wir oft gehört und nicht immer ist es uns gelungen, die Anwärterinnen und Anwärter davon zu überzeugen, dass solche Priorisierungen falsch sind.

Derartige Missverständnisse werden unter Umständen befeuert von Restbeständen an inhaltsungebundenem „Methodentraining" (Klippert 1994/2006), das in den 1990er-Jahren an Schulen heftig propagiert wurde.

Eine **Unterrichtsmethode** ist „eine typische Handlungsfolge im Unterricht", die

- allgemeinen Charakter hat, d. h., sie kann immer wieder an neue Situationen angepasst werden;
- zielorientiert ist, d. h., sie ist mit speziellen Funktionen versehen, um zur Erreichung gesetzter Ziele beizutragen;
- strukturiert ist, d. h., sie beschreibt, wie die Handlungen und die Kommunikation der Beteiligten geplant sind.

(Barzel/Büchter/Leuders 2007, S. 22)

Auflistungen von Methoden oder Prinzipien wie „Methodenvielfalt" oder die allgemeine Beschäftigung mit Methoden verführen bisweilen dazu, die Zielorientierung aus dem Auge zu verlieren.

Empirische Forschungen haben ergeben, dass es keine optimalen Methoden gibt (Meyer 2014, S. 80 ff.), sondern dass eine gute, weil zielorientierte Kombination verschiedener Methoden und eine Balance aus Konstruktion und Instruktion die besten Lernergebnisse erzielen.

Langfristiges Ziel ist, dass die Lernenden in die Lage versetzt werden, selbst geeignete Methoden zu finden und anzuwenden, eigene Methodenkompetenzen zu erwerben beziehungsweise bereits vorhandene Kompetenzen zu vergrößern.

Eine Zwischenstufe besteht darin, dass die Schülerinnen und Schüler zunehmend an der Auswahl der Methoden beteiligt werden. Die im Mathematikunterricht angewandten Methoden kann man also auch unter dem Gesichtspunkt bewerten, ob sie geeignet sind, neben der Erreichung der fachlichen Ziele zusätzlich noch die Methodenkompetenz der Schülerinnen und Schüler zu fördern.

Die im Folgenden beschriebenen Methoden sind nur als Beispiele gedacht, wobei wir durchaus wichtige Beispiele meinen und die am häufigsten eingesetzten vorangestellt haben.

Im Prinzip kann aber jede denkbare Methode auch im Mathematikunterricht eingesetzt werden und es kommen immer wieder neue Methoden hinzu, die sich als hilfreich herausstellen, solange sie geeignet sind, die Erreichung gesetzter Ziele zu fördern.

Methodische Groß- und Kleinformen

Im letzten Jahrzehnt des vergangenen und im ersten Jahrzehnt des aktuellen Jahrhunderts waren Methoden ein ganz großes Thema. Man war sich einig, dass Methoden bis dahin in ihrer Bedeutung viel zu wenig gewichtet wurden, und wollte das ändern.

Bücher über Methodenlernen erreichten für Fachbücher sensationell hohe Auflagen[133], Lehrkräfte strömten scharenweise zu Fortbildungsveranstaltungen, kauften Methodenkoffer und führten an den Schulen Methodentage durch. Restbestände an Materialien und Gewohnheiten aus dieser Zeit sind noch heute an manchen Schulen vorhanden.

Was zum Teil übersehen wurde, war erstens, dass man vor allem Lernende im Blick hatte, die sich ein Methodenrepertoire aneignen sollten, dass das aber in einer Umgebung geschah, in der die Lehrkräfte ihre alten Methoden priorisierten, um additiv auch mal was Neues auszuprobieren, was sich dann oft nicht nachhaltig im Methodenrepertoire niederschlug.

Außerdem begünstigte der Hype die Fehlvorstellung, man könne Methoden ohne Inhalte und Ziele lernen bzw. diese wären austauschbar. In diesem Zusammenhang entstand eine Vielzahl von neuen Unterrichtsmethoden, von denen immer nur eine überschaubare Anzahl hilfreich war, wenn man auf eine konkrete Lehrperson im Kontakt mit einer konkreten Klasse in einer konkreten Situation mit konkreten Bedingungen fokussierte.

Die explodierte Anzahl an Unterrichtsmethoden warf irgendwann Fragen auf wie: „Sind Lehrervortrag und Frontalunterricht eigentlich auch Methoden – in diesem Fall eine gute und eine schlechte?"

Man ist dann dazu übergegangen, Methoden in Großformen und Kleinformen zu unterscheiden, in Makromethoden und in Mikromethoden. Weil wir

133 Heinz Klippert ist wohl der populärste Autor aus dieser Phase. Sein Methodentraining von 1994 verkauft sich noch heute, inzwischen in der 18. Auflage (Klippert 1994 / 2006). Bärbel Barzel, Andreas Büchter und Timo Leuders schafften es bis in eine elfte Auflage mit einem Buch, in dem 31 erprobte Unterrichtsmethoden beschrieben werden (Barzel / Büchter / Leuders 2007). Und nicht zu vergessen sind Diethelm Wahl und Hilbert Meyer.

keine Übereinstimmungen in der Literatur gefunden haben, wo die Grenze zwischen Makro und Mikro verläuft, verzichten wir darauf, diese explizit zu unterscheiden, und fangen mit den Methoden an, die wir für Großformen halten.

Lehrervortrag

Es ist schon interessant, dass die nächstliegende und häufig angewandte Methode im Mathematikunterricht in Publikationen über Methoden selten erwähnt wird. Weil sie so selbstverständlich ist? Weil sie als „Frontalunterricht" mit einer falschen Lichtfarbe beleuchtet wird? Weil sie mit „fragend-entwickelndem Unterrichtsgespräch" verwechselt wird?

Lehrervortrag ist eine Unterrichtsmethode, mit der die Lehrkraft aufgrund ihres Wissensvorsprungs den Lernenden einen Sachverhalt darbietet, so wie sie sich das zuvor zurechtgelegt hat, und sie präsentiert das oft mediengestützt. Der kürzeste Lehrervortrag ist der informierende Unterrichtseinstieg.

Bewusst bietet die Lehrkraft den Lernenden an, Wissenselemente, die sie ihnen voraus hat, an diese in angepasster Sprache weiterzugeben. Der Lehrervortrag ist in allen Sozialformen möglich und bei Weitem nicht nur darauf beschränkt, dass die Lehrkraft an einer Tafel steht und der ganzen Klasse einen Vortrag hält oder eine PowerPoint-Präsentation moderiert, außer sie hat die Präsentation selbst und genau für diesen Anlass erstellt. Lehrervorträge zeichnen sich dadurch aus, dass die Lehrkraft keine Fragen stellt, deren Antworten sie schon kennt.

Der Einsatz von Präsentationsmedien als Basis des Vortrags oder von Videofilmen setzt sich zunehmend durch. Durch letztere erweitern sich die Möglichkeiten, dass einzelne Lernende dann Zugriff auf einen Lehrervortrag nehmen, wenn sie es in ihrem individuellen Lernprozess für sinnvoll erachten, oder dass sie nur für sich einen Lehrervortrag ein zweites Mal anhören, dann über ein digitales Medium.

Erklären

„Können Sie mir das bitte erklären?" – „Was hast du denn nicht verstanden?" kann die Eröffnung eines diagnostisch orientierten und individuell ausgerichteten Gesprächs zwischen Lernendem und Lehrkraft sein.

Mit „Ich check gar nichts" oder „Das nicht" signalisieren Lernende dagegen eher, dass sie sich gerne zurücklehnen, von den Worten der Lehrkraft berieseln und jegliche Verantwortung für den Lernerfolg ablehnen würden. Man sollte sich als Lehrkraft auf solche Wünsche konsequent nicht einlassen, sonst kann deren Erfüllung leicht zur Gewohnheit werden.

Was erwarten Lernende, wenn sie eine Erklärung als ernsthaftes Anliegen vorbringen? Zunächst haben sie ein Detail nicht verstanden, und sie erwarten von der Lehrkraft, dass sie den Sachverhalt noch einmal darbietet, aber nicht wortgleich wiederholt, sondern

- in einfacherer Sprache,
- mit mehr Bezug zu bereits Gelerntem,
- unter Zuhilfenahme von Veranschaulichungen,
- langsamer, in kleineren Schritten,
- Schritt für Schritt Rückmeldungen des Fragenden abwartend,
- auf gezielte Nachfragen eingehend.

Erklären ist eine angemessene Reaktion auf Nachfragen. Was wir mit Erklären nicht meinen, sind Lehrervorträge, die nicht, wie oben definiert, Sachverhalte darbieten, sondern die Lernwege vorgeben, den Lernenden also vorwegnehmen, wie sie zu verstehen und zu lernen haben.

Es ist nicht leicht, beides allgemein gegeneinander abzugrenzen, im konkreten Fall dann schon. Vorwegnehmend erklärendes Lehren fängt zum Beispiel an mit vorauseilenden Visualisierungen, die Fragen beantworten, bevor sie gestellt werden können, die also Lernchancen aus dem Weg räumen zugunsten der Übernahme fremden Wissens.

Oder mit Überlegungen wie der, es gäbe Was-, Wo- und Wie-Erklärungen. Erklärungen sind Antworten, wozu sollte man mögliche Fragen sortieren und in Schubladen stecken, bevor sie gestellt wurden?

Wenn Erklären als Erfüllen von angemeldeten Bedarfen verstanden wird und nicht als grundsätzliche Lehrstrategie, dann verliert es den allgemein verbreiteten negativen Beigeschmack und das Bild der Lehrkraft, die „gut erklären kann", bekommt eine freundliche Farbe.

Nicht nur die Lehrkraft kann erklären, sondern wir erwarten zunehmend von Lernenden, dass sie zu argumentieren lernen, und das Erklären gehört als Teilkompetenz dazu.

Erklärungen sind immer adressatenbezogen, inhaltsbezogen und haben eine didaktische Funktion (Wagner / Wörn 2011, S. 20 / 21). Das kann man Lernenden in vereinfachter Sprache vermitteln: „Bitte erkläre mir ..., sodass ich es verstehe, und schreibe deine Erklärung auf."

Fragend-entwickelndes Unterrichtsgespräch

Diese Methode geht auf Platon zurück und war zu seiner Zeit sicher ein großer Fortschritt. Heute ist sie Merkmal einer Unterrichtsmethodik, die auf Belehrung setzt und sich über den inszenierten Umweg über vermeintliche Äußerungen von Lernenden disqualifiziert.

Fragend-entwickelnde Unterrichtsgespräche finden an vielen Schulen immer noch statt oder dominieren sogar den Unterricht. Ein guter Ratschlag, aus dieser Dominanz herauszukommen, ist, den Klassen einfach die Informationen darzubieten, anstatt sie ihnen mühsam aus der Nase zu ziehen. Also: Ersetzen Sie fragend-entwickelnde Unterrichtsgespräche durch ehrlich belehrende Lehrervorträge, erklären Sie auf Nachfrage Unverstandenes und sparen Sie damit Zeit für wirksamere Methoden.

Erzählen

Wenn die Lehrkraft im Unterricht eine Geschichte erzählt, dann hören die Lernenden oft gerne zu. Entweder weil die Lehrkraft die Kunst des Erzählens beherrscht, da ist es dann nicht so wichtig, was sie erzählt, weil sie es gut erzählt. Oder weil damit Unterrichtszeit vergeht, in der man sich nicht anstrengen muss.

In der Zeit nach dem Zweiten Weltkrieg erzählten die Lehrkräfte oft von ihren Erlebnissen im Krieg oder auf der Flucht. Das hatte nicht immer einen direkten Bezug auf den Unterrichtsstoff und folgte eher den Bedürfnissen der Lehrkraft.

Wenn Lehrkräfte heute im Unterricht erzählen, dann meistens, um eine Unterrichtsstunde zu eröffnen, die Lernenden zu interessieren oder eine Aufgabe einzukleiden, also aus methodischen Gründen. Viele Textaufgaben entstehen auf der Basis von Erzählungen. Beim Erzählen kommt es sehr darauf an, wie authentisch die Erzählung ist.

B

Standort eines Rettungshubschraubers

Die Erzählung ist, dass der Standort des der Region zugeordneten Rettungshubschraubers Christoph 41 vom Kreiskrankenhaus Leonberg weiter nach Süden verlegt werden soll, damit Unfallorte auf der Schwäbischen Alb schneller erreicht werden. Im Gespräch sind zwei Alternativen: eine Wiese bei Wannweil zwischen Reutlingen und Tübingen und das Dach der Universitätsklinik Tübingen. An beiden Standorten gibt es Befürworter und Gegner, an beiden Standorten entstehen nicht unerhebliche Kosten.

Die Erzählung basiert auf wahren Tatsachen und ist für Lernende im betroffenen Gebiet nicht nur authentisch, sondern sie könnten unmittelbar selbst betroffen sein. Aber auch anderswo kann diese Geschichte tragfähig sein, um sich mit dem mathematischen Thema Umkreismittelpunkt und Umkreis auseinanderzusetzen, weil sie auch dort als echt wahrgenommen werden kann.

Handytarif oder E-Scooter

Die Erzählung ist, die Lehrkraft wolle sich ein neues Handy anschaffen, habe bei drei Anbietern Angebote eingeholt und möchte nun die Klasse bitten, sie bei ihrer Entscheidung zu unterstützen, weil sie es allein nicht schaffe.

Die Erzählung war als Einstieg in das Thema *Lineare nichtproportionale Funktionen* vor vielen Jahren authentisch, ist es aber heute nicht, denn für ein Mobiltelefon bezahlt man schon lange nicht mehr die Summe aus einer Grundgebühr und verbrauchten Einheiten. Man könnte sie heute ersetzen durch den Vergleich der Tarife für E-Scooter, die sich aus dem Entsperren und einem Zeitfaktor zusammensetzen. Solange mietbare E-Scooter noch nicht verboten sind.
Ebenfalls nicht authentisch ist, dass die erwachsene Lehrkraft der Klasse vorlügt, sie komme mit einem einfachen Alltagsproblem nicht zurecht und bräuchte deshalb die Hilfe von Vierzehnjährigen.

Geschenk einpacken

Die Erzählung ist, der Neffe der Lehrkraft habe Geburtstag und sie habe ihm ein Geschenk gekauft und das auch schon eingepackt. Jetzt wolle sie aber noch ein Geschenkband um das Paket binden, wüsste aber nicht, wie lang das sein solle.
Die Erzählung soll als Einstieg in eine Stunde dienen, in der Umfänge von Quadern unterschieden werden sollten. Der Kontext Geschenk einpacken ist okay; man kommt dann auch noch auf die Strategie Term aufstellen. Aber warum präsentiert eine Lehrkraft, die womöglich noch nicht einmal einen Neffen hat, der Klasse eine frei erfundene Geschichte und erwartet, damit glaubwürdig zu wirken?
Wenn die Lehrkraft vor den Augen der Klasse stattdessen ein Paket mit einem Geschenkband versieht und nach der Länge fragt, kann sie dieselbe Stunde halten, ohne eine Lügengeschichte erzählt zu haben.[134]

Es ist uns leider leichter gefallen, uns an missglückte Erzählungen im Mathematikunterricht zu erinnern als an geglückte. Erzählen im Unterricht ist eine empfehlenswerte Methode. Aber was man als Lehrkraft im Unterricht erzählt, sollte der Wahrheit entsprechen.

Moderation

Mit dem Begriff *Moderieren* ist eine Methode der Führung von Unterrichtsgesprächen gemeint, die davon geprägt ist,

- dass alle Beteiligten gleichberechtigt eingebunden sind,
- dass die moderierende Lehrkraft das Unterrichtsgespräch zwar steuert und die Verantwortung trägt, aber nicht inhaltlich dominiert,
- dass die Lehrkraft anregt, Fragen stellt, das Gespräch in eine Richtung lenkt, aber sich mit Belehrungen zurückhält,

134 Ausführliche Beschreibung der Stunde in Storz 2018, S. 190 – 202

- dass der Lehrkraft mehr daran gelegen ist, die Lernenden untereinander zum Austausch zu bewegen, als selbst in den Dialog mit einzelnen Lernenden zu kommen.

Das moderierte unterscheidet sich vom fragend-entwickelnden Unterrichtsgespräch vor allem dadurch, dass die Lehrkraft nicht vorher schon genau weiß, was bei dem Gespräch herauszukommen hat. Mit solcher Offenheit tun sich Berufsanfängerinnen und Berufsanfänger, Anwärterinnen und Anwärter oft schwer. Das ist nachvollziehbar, aber daran müssen wir arbeiten, gemeinsam.

Moderation ist eine Methode, einen gemeinsamen Lernprozess anzuregen und zu gestalten, kein Unterrichtsprinzip. In anderen Unterrichtsphasen setzt die Lehrkraft andere Methoden ein, denn sie verfolgt Ziele, die es zu erreichen gilt.

Ich – Du – Wir

Die Methode *Ich – Du – Wir* haben wir schon an anderer Stelle beschrieben (Kap. 6.4 und Kap. 6.5.1). Sie besteht aus einer Frage oder einer offenen Aufgabenstellung, verbunden mit der festgelegten Abfolge von drei Lösungsphasen in den Sozialformen Einzelarbeit – Partnerarbeit – Klassenunterricht.

Die Ich-Du-Wir-Methode wird angewandt, um individuellem Lernen den Vorrang vor Belehrung einzuräumen und um Kommunikation und Kooperation zu fördern.

In der Ich-Phase kommen gemachte Erfahrungen, Vorstellungen und Begriffe der Lernenden sowie deren individuelle Ressourcen zum Einsatz.
Was kann ich schon?
Wie würde ich das machen?

Ich

In der Du-Phase findet ein kommunikativer Austausch mit parallel Lernenden statt. Es wird über Mathematik kommuniziert, dadurch verändern sich die singulären Sprachen, weil die Lernenden oft von sich aus auf mathematische Fachsprache, Darstellungen und Formeln zugreifen.
Was machen wir auf die gleiche Art?
Was machst du anders?
Warum machst du es anders?

Du

In der Wir-Phase findet auf der Basis gemachter Erfahrungen und erworbenen Wissens eine Reflexion in der Rückschau statt; die Sprache wird fachspezifisch, ökonomisch und effizient.

Wir

Wie macht man das?
Wie nennt man das?
Wie wollen wir das handhaben?

In der ersten Phase hält sich die Lehrkraft konsequent heraus, in der zweiten empfehlen wir das weitgehend. Erst die letzte dieser drei Phasen wird von der Lehrkraft moderiert. Es hat sich bewährt, die zeitliche Abfolge der Phasen zu takten, das heißt die beiden ersten Phasen nach zeitlicher Vorgabe auch dann zu beenden, wenn noch nicht alle Lernenden fertig sind oder einzelne Lernende zusätzlichen Zeitbedarf anmelden. Denn was machen dann die anderen?

Placemat

Placemat (Platzdeckchen) ist eine Methode der kooperativen Ideenfindung, bei der Lernende in Gruppen sitzend auf einem großen Blatt Papier Ideen zu einer gestellten Aufgabe notieren. Das Blatt enthält pro Gruppenmitglied ein Feld und wird schrittweise um ein Feld weitergedreht, sodass ab dem zweiten Schritt jeder die Ideen der anderen Gruppenmitglieder lesen, kommentieren oder ergänzen kann, nachdem er zunächst unbeeinflusst seine eigenen Ideen festgehalten hat.
Abschließend einigt man sich auf eine gemeinsame Stellungnahme oder Lösung, die zentral auf dem Blatt festgehalten wird. Wir stützen unsere Beschreibung der Methode auf Barzel / Büchter / Leuders 2007, S. 152 – 155 und das dort beschriebene Beispiel: Was sind Prozente? Die Methode eignet sich vor allem zum Erkunden.

In der Literatur wird die Methode teilweise auch ohne die Möglichkeit beschrieben, die Felder der anderen zu verändern. Dann stellt sie eine Artikulationsform der Ich-Du-Wir-Methode dar.

Stille Post

Ein mathematisches Objekt wird von einem Lernenden auf einen Zettel geschrieben und in Umlauf gebracht. Der Empfänger muss das Objekt in eine vereinbarte andere Darstellung bringen und dann weitergeben. Mit vorbereiteten Formularen kann der Ablauf optimiert werden. Die Methode kann bei einfachen Objekten auch flüsternd durchgeführt werden. Dann geht es darum, dass am Ende die ursprüngliche Darstellungsform gefunden wird.

Die Methode wird zum Beispiel beschrieben von Barzel u. a. 2007, S. 212 – 217 und eignet sich vor allem zum Vertiefen. Im Download befindet sich ein Beispiel.

Kartenabfrage

Eine Kartenabfrage ist eine leicht zu organisierende und zeitökonomische Methode der Sicherung und der Wiederholung. Besonders geeignet ist sie, wenn sie häufig und ritualisiert eingesetzt wird.

In der analogen Form haben alle Lernenden ihren Kartensatz (Grün, Gelb, Rot) immer dabei und entscheiden mit dem Hochhalten der jeweiligen Karte je aus ihrer Sicht über die Richtigkeit von drei Aussagen oder Lösungen, die zu unterschiedlichen Fragen angeboten werden. Auf der jeweils nächsten Folie kommt die Lösung und sofort geht es weiter mit der nächsten Frage. Die Farben sind in umgekehrter Reihenfolge zu einer Verkehrsampel angeordnet, um Suggestionen über die Richtigkeit nur aufgrund der Farbe zu vermeiden.

Die Kartenabfrage besteht aus einer überschaubaren Anzahl von eindeutig zu beantwortenden Fragen, die direkt aus den Lernzielen abgeleitet wurden (ein Beispiel zum Thema Flächeninhalt und Umfang befindet sich im Download ⬇).

Diskutiert wird nicht oder wenn doch, dann erst nach Abschluss der ganzen Kartenabfrage.

Wichtig ist, dass es schnell geht und dass auch Mehrfachnennungen enthalten sind; dann wird mehr selbst gedacht als nach dem Nachbarn geschaut. Die Lehrkraft erhält dadurch einen guten Überblick, ob und wie weit sie die Lernziele erreicht hat, die Lernenden auch, aber ohne selbst aktiv nachfragen zu müssen oder sich womöglich bloßzustellen. Denn dafür ging es viel zu schnell.

Digitale Entsprechungen zur Kartenabfrage

Digitale Entsprechungen zu Kartenabfragen sehen wir in Audience-Response -Systemen (ARS) wie *Oncoo*, *Plickers* oder *Mentimeter*.[135] Eine hybride Alternative ist *Plickers*. Hierbei benötigt die Lehrkraft lediglich ein digitales Endgerät, während die Lernenden ihre Antwortauswahl mittels drehbarer QR-Codes kommunizieren (vgl. Storz / Schneider / Takin 2022, S. 115 – 119).

Auch Quizformate basieren auf der Grundidee der Kartenabfrage. *Kahoot* ist eine beliebte Quizanwendung, die Unterrichtsinhalte auf spielerische Weise vermittelt. Mit einem Beamer werden Fragen gestellt, und die Lernenden wählen ihre Antworten digital aus, was zu einer interaktiven und ansprechenden Lernumgebung führt. Die Bedienung ist unkompliziert: Lehrkräfte können einfach Quizfragen und Antwortoptionen eingeben und Bilder hinzu-

135 Bei *Mentimeter* steht aber der Server in den USA, was aus Gründen des Datenschutzes gegen den Einsatz spricht.

fügen. Lernende erhalten sofortiges Feedback, ohne bloßgestellt zu werden, was ihre Motivation und den Lernerfolg fördert. Analyseergebnisse ermöglichen es Lehrkräften, den Unterrichtserfolg zu evaluieren und gezielte Fördermaßnahmen zu ergreifen.

Advance Organizer

Advance Organizer ist eine Expertenstruktur, die im Voraus durch Vortrag der Lehrkraft vermittelt wird, meist mediengestützt. Sie beginnt mit einer Problemstellung, dann werden zentrale Begriffe in vernetzter Struktur dargestellt.

Den Lernenden wird also aus einer Perspektive der Rückschau im Voraus vermittelt, was sie lernen werden. Im Mathematikunterricht sehen wir die Einsatzmöglichkeiten dieser Methode eher als begrenzt. Der Advance Organizer geht auf David Paul Ausubel zurück (Ausubel 1960) und soll eine Brücke bauen zwischen dem Vorwissen der Lernenden und den Lernzielen der Lehrkraft.

Wir sehen den Einsatzort dieser Methode im Einstieg in einen Lehrervortrag, wenn für die Strukturierung bereits bekannte Begriffe verwendet werden.

Gruppenpuzzle

Ein Thema wird in Teilaspekte aufgeteilt und von Teilgruppen der Lernenden arbeitsteilig bearbeitet, die sich die erarbeiteten Lernfortschritte dann in neuen Gruppenzusammensetzungen gegenseitig vermitteln. Das fördert kooperatives Lernen. Es soll kooperative Lernformen mit individueller Verantwortungsübernahme verbinden (Barzel u. a. 2007, S. 96).

Auch wir haben das ausprobiert. Aber die Effekte waren eher übersichtlich und wir hatten das Gefühl, dass irgendwie verloren gegangen ist, dass Methoden Wege zur Erreichung von Zielen sind.

6.13 Spiele im Mathematikunterricht

Zunehmend werden Spiele im Mathematikunterricht eingesetzt, und dies oft mit großem Erfolg. Wir hätten sie gerne als Methoden eingeordnet, aber das sind sie nicht, genauso wie Aufgaben keine Methoden sind. Sondern die Methode ist jeweils, Spiele oder Aufgaben zu verwenden, um die Lernziele zu erreichen.

Unter einem Spiel versteht man „eine freiwillige Handlung oder Beschäftigung, die innerhalb gewisser festgesetzter Grenzen von Zeit und Raum nach freiwillig angenommenen, aber unbedingt bindenden Regeln verrichtet wird, ihr Ziel in sich selber hat und begleitet wird von einem Gefühl der Spannung und Freude und einem Bewusstsein des ‚Andersseins‘ als das ‚gewöhnliche Leben‘“ (Huizinga 1991, S. 37). Ein Spiel ist also durch folgende Merkmale gekennzeichnet:

- Freiwilligkeit,
- Grenzen,
- Regeln,
- Selbstzweck,
- Gefühl.

Dazu ist für den Mathematikunterricht anzumerken:

- *Freiwilligkeit Nein:* Lernende entscheiden sich oft für Spiele, wenn ihnen das im Unterricht als Wahlmöglichkeit angeboten wird. Aber eine solche Abwägung ist keine Freiwilligkeit. Erst recht hat es nichts mit Freiwilligkeit zu tun, wenn eine Lehrkraft verbindlich festlegt: Methode Spiel.
- *Grenzen Ja:* Die Spiele finden im Mathematikunterricht zu einer vorgegebenen Zeit in einem vorgegebenen Raum statt.
- *Regeln Ja:* Die Regeln sind bindend, aber die Regeln müssen bekannt sein oder erlernt werden. Das braucht Zeit.
- *Selbstzweck Nein:* Spiele im Mathematikunterrichtet werden von der Lehrkraft zielgerichtet eingesetzt, dienen eben nicht einem Selbstzweck.
- *Gefühl Nein:* Die Lehrkraft entscheidet, ob man trotz Verlierens weiterspielen muss, meistens auch darüber, ob man überhaupt spielt. Und der Aspekt des Andersseins trifft auch nicht zu, denn die Spiele finden im Mathematikunterricht statt, also in einem sogar strikt regulierten Teil des aus der Perspektive der Lernenden „gewöhnlichen Lebens“.

Im Mathematikunterricht eingesetzte „Spiele“ erfüllen die Kriterien von Spielen also nicht, vor allem weil ihr Einsatz mit Zielen verbunden ist. Wenn im Rahmen von didaktischen Überlegungen von „Spielen“ die Rede ist, ergibt sich das Paradox, dass bereits dadurch das Wort „Spiel“ falsch verwendet wird.

Vielleicht ist das Teil einer Erklärung dafür, dass in der didaktischen Literatur Spiele nur am Rande vorkommen, obwohl sie an den Schulen immer mehr aus methodischen Überlegungen und erfolgreich eingesetzt werden. Und das ist auch sinnvoll und richtig.

Didaktische Funktion

Spiele haben selbst also keine didaktische Funktion, weil sie, wenn sie eine hätten, per Definition keine Spiele wären. Aber wenn eine Lehrkraft ein Spiel einsetzt, dann weist sie dem Spiel eine didaktische Erwartung zu. Das Spiel verliert seine Eigenschaft als Spiel, wird im unterrichtlichen Kontext zum Aufgabenformat.

Aufgabenformat Spiel

Das Verhältnis zwischen strategischem Denken und Glück für den Erfolg sollte bei einem für den Unterricht ausgewählten Spiel ausgewogen sein. Die Spielregeln sollten kurz und leicht verständlich sein, optimal ist eine Konvergenz zu bekannten und beliebten Gesellschaftsspielen oder Computerspielen.

Spiele im Mathematikunterricht kann man nach den Anforderungen einteilen, die sie an die Spieler stellen:

- zuordnen (Aufgabe und Ergebnis, Bild und Symbol, verschiedene Darstellungen),
- aus Fehlern lernen (Versuch und Irrtum),
- planen, vorausschauend denken, kombinieren,
- Wissen wiedergeben.

Die Spielregeln müssen vor Spielbeginn lückenlos geklärt, einige Spielzüge beispielhaft vorgeführt werden. Das zeitliche Verhältnis zwischen Spielerklärung und Spielzeit muss stimmig sein.

Ein verkürztes Artikulationsmodell für die Organisation von Spielen im Unterricht: Spielregeln, Gruppeneinteilung, Materialausgabe, Notation, Kontrolle.

Gehört zum Spielen zwingend dazu, dass es Gewinner und Verlierer geben muss? Man kann auch gegen die Zeit spielen. Es gibt schon immer kooperative Brettspiele, wo nicht nur gegeneinander, sondern miteinander gespielt wird. *Escape-Rooms* und *Edu-Breakouts* sind ebenfalls kooperative Spiele.

Ist es unproblematisch, wenn immer dieselben gewinnen? Nicht für alle Lernenden stellen Spiele im Unterricht eine Attraktion dar.

Spiele können in unterschiedlichen Kernprozessen des Mathematiklernens eingesetzt werden, bevorzugt im Erkunden und im Vertiefen. Im Download ⬇ befindet sich das „Würfelspiel". Im Download befindet sich das „Würfelspiel" als einfaches Beispiel für ein Spiel, das im Erkunden eingesetzt werden kann, also ein „Lernspiel". Bei der Durchführung des Spiels stellt sich wieder die Frage: Ist das ein Spiel oder eine Methode?

Gesellschaftsspiele

Sofern Spiele im Unterricht eingesetzt werden, dann ist von Vorteil, wenn es Entsprechungen zu Gesellschaftsspielen gibt. Im Download ⬇ befinden sich zwei Kopiervorlagen als Beispiele für selbst erstellte Spiele.

Das Würfelspiel zur Entdeckung der Teilbarkeitsregel für 4 ist eine stark vereinfachte Version von Kniffel (Schmidt Spieleverlag Berlin). Man würfelt mit drei Würfeln, trägt die Ergebnisse in eine vorgegebene Liste ein und verfolgt bei der Entscheidung, wo man einträgt, eine Gewinnstrategie.

Der Term Poker für Bruchterme ist genauso einfach. Hier wurde das Würfeln noch um ein Element ergänzt, das man zum Beispiel aus dem Spiel *Monopoly®*[136] kennt, nämlich den Kärtchen, die man vor dem Würfeln ziehen muss.

Als weitere Gesellschaftsspiele, die sich als Vorlagen für den Mathematikunterricht eignen, nennen wir Memory, Domino und Quartett. Diese eignen sich hauptsächlich, um den Wechsel verschiedener Darstellungsarten für mathematische Objekte oder den Wechsel zwischen Zahldarstellungen zu üben.

Fernsehenformate

Man kann Aufgaben auch in Anlehnung an TV-Formate gestalten. Das ist weniger eine Empfehlung als eine Erfahrung unsererseits. Paradebeispiel ist „Wer wird Millionär?“ und bleibt es wohl, solange Günther Jauch noch im Fernsehen lebt.

Wir haben großartige und aufwendig vorbereitete Unterrichtsstunden gesehen, in denen über analoge oder digitale Medien Aufgaben im Stil von „Wer wird Millionär?“ oder verwandten Formaten gestellt und ausgewertet wurden. Oft, aber nicht immer, wurden mit solchen Stunden gute Bewertungen erzielt.

Was in der Aufregung einer Prüfungssituation bei den Anwärterinnen und Anwärtern meistens nicht ankam, obwohl es ihnen gesagt wurde: Beeindruckt haben die Prüfungskommission in der Mehrheit der Fälle andere Aspekte, in denen die Anwärterinnen und Anwärter auch überdurchschnittliche Anstrengungen und Leistungen vorzuweisen hatten.

Sie beherrschten nicht nur die aufwendige Erstellung von Unterrichtsmedien, sondern sie wandten sich den Lernenden eben auch angemessen, respektvoll und zielgerichtet zu, und das trug mehr zur Bewertung bei als der Medieneinsatz, denn Fernsehformate als Vorbilder für Spiele im Mathematikunterricht sind lediglich Fragen des Medieneinsatzes und haben mit Alltagsunterricht oft wenig zu tun.

136 *Monopoly®* ist eines der weltweit am weitesten verbreiteten Gesellschaftsspiele. Es gibt unzählige Varianten davon. In Deutschland wurde das Spiel seit 1936 mit Lizenz des Schmidt Spieleverlags Berlin vertrieben. Die Lizenznehmer wechselten mehrmals. Heute wird das Spiel unter Lizenz von *Parker Brothers* vertrieben.

Videospiele

Ältere, nicht spieleaffine Lehrkräfte würden zwar manches, was sie im Internet finden, um sich mit Mathematik zu beschäftigen, als Videospiele bezeichnen. Unsere Lernenden sind da anspruchsvoller.

Videospiele sind große, aufwendige Computerspiele, und das gibt es für den Bildungssektor nicht, weil dahinter milliardenschwere Unternehmen stehen, die Geld verdienen wollen. Was man im Internet unter „Videospiele" findet, sind eher Restbestände von Übungssoftware aus den 1990er- und 2000er-Jahren und wird von heutigen Lernenden eher belächelt.

6.14 Medieneinsatz

Was sind Unterrichtsmedien und warum sind sie wichtig?

Medieneinsatz gehört zu den Strukturelementen von Unterricht und wurde bereits in den 1960er-Jahren als eigenständig anerkannt (Heimann / Otto / Schulz 1965, S. 23), also nicht nur als Unterkategorie von Methoden. Medieneinsatz hat grundsätzlich mehrere Dimensionen:

- Welche Ziele verfolgt die Lehrkraft mit den ausgewählten Medien, die sie im Unterricht einsetzt? Dieser Aspekt steht im Konzept der Berliner Schule (Heimann / Otto / Schulz 1965) im Vordergrund.
- Wie gehen die Schülerinnen und Schüler mit den Medien um, die ihnen im Unterricht zur Verfügung gestellt werden bzw. deren Nutzung ihnen erlaubt wird?
- Welche Synergieeffekte zwischen den inner- und außerschulischen Wirklichkeiten der Lernenden gibt es und wie können sie genutzt werden? Hier liegen die pädagogischen Chancen des Einbezugs digitaler Medien in die Schule, aber auch anderer Wirklichkeitsaspekte und generell der Verwendung von Realobjekten als Unterrichtsmedien.

Unter Unterrichtsmedien verstehen wir alle Mittler in Lernprozessen zwischen Lernenden, Lehrkräften und Lerninhalten (Storz / Schneider / Takin 2022, S. 222). Das „Didaktische Dreieck" (vgl. Kap. 1.3 Johann Friedrich Herbart) beschreibt die Interdependenzen zwischen diesen Beteiligten und wird heute oft als trivial angesehen (Böhm 2005, S. 160).

Problematisch wird daran gesehen, dass in diesem Modell die Perspektive der Lernenden zu wenig gewürdigt und Lernen als unmittelbare Folge des Lehrens interpretiert werden könnte (Riecke-Baulecke in Abshagen u. a. 2017, S. 151), und dass damit ein überholtes Verständnis von Lehren und Lernen transportiert wird.

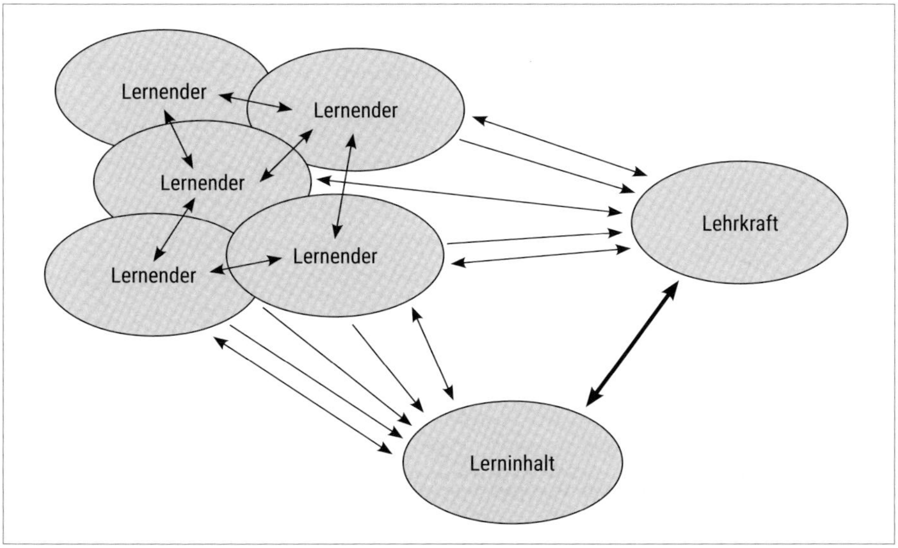

Abb. 6.12: Medien als Mittler im Lernprozess

Bei den meisten Darstellungen, die in Literatur und Internet noch reichlich zu finden sind, ist dies in der Tat der Fall. An der Spitze des Dreiecks steht sehr oft der Lerninhalt (z. B. Reusser u. a. 2010, S. 16) und nicht selten die Lehrkraft (z. B. Jank / Meyer 2002 / 2014, S. 55). Obwohl schon Herbart den Lernenden an die Spitze des Dreiecks stellte, um damit das Prinzip der Schülerzentrierung zum Ausdruck zu bringen (Benner 1997, S. 4).

Unsere Darstellung des Didaktischen Dreiecks in Abb. 6.12 berücksichtigt die Tatsache, dass an der Kommunikation in der Regel viele Lernende beteiligt sind und diese auch untereinander kommunizieren und dass andererseits die Kommunikation der Lehrkraft mit dem Lerninhalt für die Lerngruppe wirksamer ist als die jedes einzelnen Lernenden.

Schließlich ist es hauptsächlich die Lehrkraft, die über den Medieneinsatz entscheidet. Wir sehen im Didaktischen Dreieck also nicht die Symmetrie, wie sie in anderen Darstellungen zum Ausdruck kommt, unabhängig von der Beantwortung der Frage, wie wünschenswert eine solche Symmetrie wäre.

Der Medieneinsatz wird sowohl von der Lehrkraft als auch von den Lernenden gesteuert. Dabei ist es möglich, dass Lernende und Lehrkraft auf verschiedene Medien zugreifen, zum Beispiel wenn ein Lernender eine Frage stellt, also das Medium Sprache gewählt hat, und die Lehrkraft mit einer spontan erstellten Skizze antwortet, oder wenn ein Lernender seinen Beitrag gestisch statt sprachlich ausführt.

Da der Unterrichtsinhalt im Mathematikunterricht in der Regel aus mathematischen Objekten und abstrakten mentalen Konstrukten besteht, ist ein Zugang fast immer nicht ohne technische Medien möglich. Das erklärt unter anderem, warum Lehramtsanwärterinnen und Lehramtsanwärter einen großen Teil ihrer Vorbereitungszeit auf Lehrproben damit verbringen, technische Medien auszuwählen und zu erstellen.

Bei fertig ausgebildeten Lehrkräften ist das im Übrigen nicht wesentlich anders, nur vertrauen diese zu recht viel mehr auf die vielfältigen Möglichkeiten und die Wirksamkeit personaler Medien, weil sie wissen, dass sie deren Einsatz beherrschen.

Medieneinsatz ist im Mathematikunterricht ein zentrales Thema, und ganz am Anfang der Unterrichtstätigkeit bringen Erfahrungen mit Medieneinsatz den Anfängerinnen und Anfängern die meisten Erkenntnisse über die Wirksamkeit eigener Handlungen. Deshalb plädieren wir auch dafür, dieses Thema in der praxisbezogenen Lehrerausbildung zeitlich möglichst weit nach vorne zu stellen.

Für Personen, die in der Lehrkräfteausbildung der zweiten Phase tätig sind, ist das ein Hinweis, dass wir es nicht für sinnvoll halten, die Inhalte der Lehrveranstaltungen nach der Logik der Fachdidaktik anzuordnen. Sondern das, was den Anfängerinnen und Anfängern am meisten weiterhilft, kommt zuerst, in diesem Fall also Medieneinsatz als zweite oder dritte Veranstaltung und nicht fast am Ende wie hier im Buch.

B

Stellen Sie sich folgende Situation vor. Sie möchten einer Person diese Information zukommen lassen: „Ich liebe dich!“, oder auch das Gegenteil. Welches Medium wählen Sie? Einen Brief, eine *SMS*, eine *WhatsApp*, eine Sprachnachricht, rufen Sie an, über Festnetz oder Handy, oder suchen Sie das persönliche Gespräch? Warum oder in welcher Situation wählen Sie welches Medium aus? Wie kommt die Information beim Empfänger an? Und was meinen Sie überhaupt genau mit „Ich liebe dich!“? Machen sie einen Unterschied zwischen „mögen“, „gernhaben“ und „lieben“? Enthält das „Lieben“ eine Auszeichnung, die dem „Mögen“ oder „Gernhaben“ fehlt, oder sind das für Sie Synonyme? Und gibt es für die Übermittlung dieser Information womöglich auch dann ungeeignete Medien, obwohl sie beim Adressaten ankommt?

Medieneinsatz ist in seiner Wirkung nie neutral. Eine Information kann vollkommen unterschiedlich aufgenommen werden, je nachdem über welches Medium sie übermittelt wird, wer der Adressat ist und nicht zuletzt welcher Altersgruppe er oder sie angehört. Im Mathematikunterricht ist das genauso: Es gibt nicht den richtigen Medieneinsatz, sondern dessen Qualität muss immer adressaten-, alters- und situationsbezogen beurteilt werden. Und er muss zielführend sein, also begründete Lernziele unterstützen.

Schon der Philosoph Friedrich Nietzsche[137] machte im Jahr 1882, nachdem er sich eine Schreibmaschine angeschafft hatte, die Beobachtung, dass es einen Unterschied ausmachte, ob er Stift und Papier oder dieses neuartige Medium verwendete: „Unser Schreibwerkzeug arbeitet mit an unseren Gedanken. Wann werde ich es über meine Finger bringen, einen langen Satz zu drücken?“[138] Vermutlich wurden Nietzsches Sätze durch die Verwendung der Schreibmaschine kürzer, und das gefiel ihm nicht.

Auch wir können solche Änderungen an uns feststellen. Zum Beispiel antwortete ich auf eine Anfrage von Freunden per *WhatsApp*, ob ich mich noch in meinem Zweitwohnsitz an der Ostsee aufhielte, denn sie wären ganz in der Nähe auf Urlaub, nur mit der Information, dass ich schon wieder in Süddeutschland zurück sei, und fügte lediglich hinzu: Schade. Ich wunderte mich anschließend über mich selbst, denn hätte ich per E-Mail geantwortet, hätte ich meinen Freunden plastisch geschildert, dass ich mich sehr über einen Besuch, ein Treffen oder eine gemeinsame Unternehmung gefreut hätte, wenn ich noch da gewesen wäre, und ich würde mich ganz besonders auf ein nächstes Mal freuen. Oder ich hätte angerufen und dabei wären wir sicher in ein längeres Gespräch geraten.

WhatsApp aber hat mich wortkarg gemacht. Wohl weil ich es nicht gern bediene, darin nicht flink bin und weil nachträgliche Korrekturen umständlich sind. Eine auf *WhatsApp* empfangene Nachricht gibt mir aber das Gefühl, möglichst unmittelbar und über dasselbe Medium antworten zu müssen. Da geht es mir ähnlich wie Nietzsche: Auch meine Sätze werden kürzer.

Auf den Mathematikunterricht bezogen bedeutet dies, dass der Einsatz von Medien das Denken und Handeln der Lernenden beeinflusst, und damit das Lernen. Diese Erkenntnis kann man als Lehrkraft nutzen; man kann sie aber auch missbrauchen oder verschwenden.

Viele Leserinnen und Leser dieses Buches haben einen anderen Übergang selbst erlebt: Auch das Schreibwerkzeug Computer arbeitet an unseren Gedanken. Denn anders als die Schreibmaschine gestattet es uns ohne Nachteile, Unfertiges festzuhalten und die Gedanken immer wieder zu korrigieren, umzustellen oder zu verfeinern, ohne dass dabei Gedachtes verloren ginge oder bereits Geschriebenes komplett neu bearbeitet werden müsste. Der Gedanke, ausgerechnet Lernenden die Möglichkeit zu verwehren, Unfertiges, Unvollständiges, Vorläufiges festzuhalten, um später daran weiterzuarbeiten, erscheint bei gründlichem Nachdenken abwegig.

137 Krommer u. a. 2019, S. 47
138 Gast 1908 / 2014, S. 97

Neuere Versionen von Textverarbeitungsprogrammen machen kooperatives Erstellen von Texten möglich, ohne dass die kooperierenden Personen sich am selben Ort und zur selben Zeit aufhalten müssten. Diese Möglichkeit der Kooperation ist für die technischen Endgeräte, von denen jeder Lernende und jede Lernende eines in der Tasche hat, eine Selbstverständlichkeit.

Oftmals benutzen wir den Begriff „Medium" im Sinne eines „Lebensraums" oder einer „Umgebung", wenn von Tieren die Rede ist. So hält sich der Regenwurm im Medium „Land" auf und der Fisch lebt im Medium „Wasser". Beide sterben, wenn sie aus ihrem passenden in ein „falsches" Medium transportiert werden. Wenn man Unterrichtsmedien als „Umgebungen" auffasst, ist offensichtlich, dass diese nicht neutral sind und die Lernenden (in ihrem Denken) beeinflussen. Auch mathematische Inhalte können Schaden nehmen, wenn sie in ein nicht passendes Medium geworfen werden.

Eine solche Sichtweise auf den Medienbegriff zeigt auch, dass die Benutzerinnen und Benutzer von Medien durchaus umgekehrt diese beeinflussen können. Ein Fisch hat Einfluss auf seine Umgebung und verändert diese durch seine Anwesenheit. Auch Lehrkräfte und Lernende beeinflussen durch den Einsatz von Medien selbst den Mathematikunterricht.

So war beispielsweise der Messengerdienst *WhatsApp* nicht dafür gedacht, Mathematikhausaufgaben zu versenden. Es ist unbestreitbar, dass *WhatsApp* jedoch genau dafür genutzt wird. Das hat unter Umständen Einfluss darauf, in welcher Form und auf welche Art heutzutage und in Zukunft Hausaufgaben aufzugeben sind.

Manche Tiere fühlen sich in mehreren Medien beheimatet. Der Pinguin lebt beispielsweise sowohl an Land als auch im Wasser und eigentlich hat er sogar Flügel (Muuß-Merholz 2019). Überträgt man dieses Bild auf den Mathematikunterricht, dann bedeutet dies, dass der Wechsel zwischen Medien und die eigenständige, begründete Auswahl derselben eine wichtige Rolle spielen und dass die Verfügbarkeit von Medien verloren gehen kann, wenn sie nicht genutzt werden. So wie der Pinguin seine Flügel nicht mehr nutzen kann, verlieren wir allmählich die Fähigkeit, händisch zu rechnen oder Bleistiftzeichnungen anzufertigen, weil wir es nicht mehr brauchen.

Die Geschichte des Pinguins wirft die Frage auf, ob es so etwas wie ein Leitmedium im Sinne eines engeren Medienbegriffs gibt: Land, Wasser oder Luft. Mit Sicherheit wäre dieses Leitmedium im Mathematikunterricht das Schulbuch und es stellt sich die weitere Frage, wie rasch das jahrhundertealte Leitmedium Buch für Wissensspeicherung und Wissensvermittlung wegen neuer medialer Zugänge im digitalen Zeitalter durch andere Leitmedien abgelöst wird, und wie rasch sich diese Entwicklung in die Schulen überträgt.

Die Übermittlung durch Medien im engeren Sinne kann analog (zum Beispiel mit einem Schulbuch oder einem Zirkel) oder digital (zum Beispiel mit einer App oder einem Erklärvideo) stattfinden. Dabei ist die Abgrenzung nicht ganz einfach, denn „analog" ist gegenständlich, „digital" ist virtuell. Aber was ist dann eine Daten-CD, eine externe Festplatte oder ein Datenstick? Ich kann sie anfassen, aber die Informationen darauf sind digital verschlüsselt, nicht real vorhanden, also virtuell. Vielleicht ist aber auch eine Abgrenzung gar nicht so bedeutend, denn die zentrale Frage ist doch, ob ich die Adressaten mit meinem Medium erreiche.

Das Zeitalter der Digitalität ermöglicht neue mediale Zugänge und hinterfragt die Idee eines technischen Leitmediums. Das soll nicht bedeuten, dass das Schulbuch im Besonderen und das Buch im Allgemeinen in Zukunft keine Rolle mehr spielen wird, sondern dass es ein Medium unter mehreren ist und nicht ein alleiniges.

Erweiterter Medienbegriff

Ein weit gefasster Medienbegriff (Bruder u. a. 2015, S. 461 f.) umfasst nicht nur technische Unterrichtsmedien, sondern auch nicht technische Medien, die wir als personale Medien bezeichnen, also Sprache, Gestik und Mimik (siehe Abb. 6.13). Auch personale Medien unterstützen die Kommunikation über den Unterrichtsinhalt, ja mit der Sprache enthalten sie nach unserer Auffassung das Wichtigste, weil wirksamste Unterrichtsmedium überhaupt.

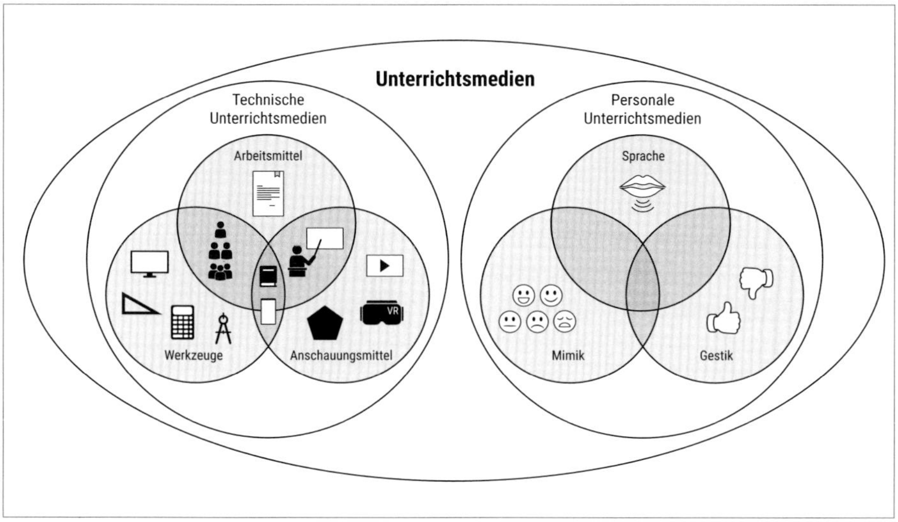

Abb. 6.13: Technische und personale Unterrichtsmedien

Die personalen Medien Sprache, Mimik und Gestik können, wie die technischen Medien, analog oder digital übertragen werden. Man denke nur an Erklärvideos, bei denen Sprache, Mimik und Gestik enorm wichtig sind und die digitale Übertragung unverzichtbar ist.

Technische Medien

Technische Medien kann man in Arbeitsmittel, Werkzeuge und Anschauungsmittel unterscheiden. Darauf haben wir schon in Kap. 3.7, Abb. 3.12 hingewiesen.

Mit Arbeitsmitteln wie dem Schulbuch oder einem Arbeitsblatt können die Lernenden auf mathematische Inhalte einwirken, zum Beispiel indem sie gestellte Aufgaben lösen.

Werkzeuge wie Schulrechner oder Geodreieck sind in der Anwendung vielfältiger und lassen alternative Möglichkeiten der Verwendung zu.

Arbeitsmittel		Werkzeuge		Anschauungsmittel	
analog	digital	analog	digital	analog	digital
Schulbuch	Schulbuch	Schulbuch	Schulbuch	Schulbuch	Schulbuch
Arbeitsblatt	Arbeitsblatt				
Schülerheft	Schülerheft				
Kreidetafel		Kreidetafel		Kreidetafel	
Tageslicht-projektor	Whiteboard	Tageslicht-projektor	Whiteboard	Tageslicht-projektor	Whiteboard
Zeichen-projekte	Computer-programme	Zeichengeräte	Computer-programme	Zeichengeräte	Computer-programme
Plakat		Plakat	Schulrechner	Realobjekt	
Spiel	Spiel	Schülerheft		Foto	
Karteikarten			Computer		Beamer
	Podcast		Internet		Podcast
strukturiertes Lernmaterial	Erklärvideo		kollaborative Medien	strukturiertes Lernmaterial	Erklärvideo
	Apps		Apps		Apps
	Online-Tests		Tablet		
			Smartphone		
			Notebook		

Abb. 6.14: Technische Medien

Anschauungsmittel wie geometrische Körpermodelle oder Erklärvideos dienen dazu, dass die Lehrkraft den Lernenden etwas verdeutlicht. Die Lernenden haben hier nur wenige Möglichkeiten, auf die Inhalte einzuwirken, nutzen sie also in einem gewissen Sinne passiv. Da auch Werkzeuge als Anschauungsmittel verwendet werden können, platzieren wir sie so, dass sie in die Schnittmenge reichen.

Die oben genannten Begriffe sind generell nicht trennscharf und können sich überschneiden. So kann das Schulbuch sowohl eine Funktion als Arbeitsmittel (Bearbeitung von Aufgaben) als auch als Anschauungsmittel (Visualisierung geometrischer Figuren) übernehmen, es kann in analoger oder digitaler Form übermittelt werden, wobei die Nutzung des Schulbuchs in analoger Form zurzeit noch dominiert.

Und natürlich kommen in einem technischen Medium wie Film oder Erklärvideo auch Sprache, Mimik und Gestik zum Einsatz. Aber der Einsatz ist ein anderer als bei personaler Übermittlung, weil Sprache, Mimik und Gestik vorgefertigt sind und nicht situativ abgestimmt werden können.

In Abb. 6.14 haben wir ohne einen Anspruch auf Vollständigkeit technische Medien zusammengestellt, deren Einsatz im Mathematikunterricht möglich ist, herkömmliche, die wir „analog“ nennen, und „digitale“. Wo wir Entsprechungen gesehen haben, haben wir die Medien zusammengerückt. Eher traditionelle technische Medien haben wir oben in der Tabelle untergebracht, eher „neue“ weiter unten. Mit dieser Zusammenstellung möchten wir der Leserschaft Folgendes bewusst machen:

- Es gibt eine sehr große Anzahl an technischen Medien, die sich im Mathematikunterricht einsetzen lassen.
- Die Auswahl an Medien mit digitalem Übertragungsweg steht den analog übertragenden Medien nicht nach.
- Die Nutzung digitaler Medien braucht also nicht daran zu scheitern, dass es sie nicht gibt.
- Mathematikunterricht an den Schulen konzentriert sich noch immer weitgehend auf die in der Tabelle am weitesten oben stehenden Medien: Schulbuch, Schülerheft, Arbeitsblatt und Tafel. Der Tageslichtprojektor ist überwiegend aus den Klassenzimmern verschwunden und wurde vom Whiteboard abgelöst.
- Mathematikunterricht beschränkt sich aktuell nicht nur weitgehend auf die obersten Zeilen, sondern darin auch auf den analogen Übermittlungsweg. Wenn allerdings die Kreidetafel durch ein interaktives Whiteboard ersetzt wird, bedeutet das nicht automatisch ein Ende der Dominanz des lehrerzentrierten, belehrenden Unterrichts (Vollrath/Roth 2012, S. 157), dem der Medieneinsatz weiterhin zuarbeitet.

Werden also die vielfältigen Möglichkeiten des Einsatzes technischer Medien im Mathematikunterricht ausgeschöpft und wenn nicht, warum?

Personale Medien

Auf die Sprache wirkt sich der Übertragungsweg wenig aus, aber Mimik und Gestik unterscheiden sich deutlich, je nachdem ob sie analog übertragen werden, also ob die kommunizierenden Personen in direktem Kontakt stehen, oder ob ein technisches Medium dazwischengeschaltet ist.

Bei der Sprache unterscheiden wir in Alltagssprache, Unterrichtssprache und Fachsprache (mehr dazu in Kap. 6.8), jeweils analog oder digital übertragen, also in direktem Kontakt oder über Video.

Dieselbe Unterscheidung in analog und digital gibt es bei Mimik und Gestik. Hier gibt es deutliche Unterschiede. Analog erlebte Mimik und Gestik ist authentisch, die Lehrkraft steht so vor der Klasse, wie sie ist.

Es gibt Ratgeber und Kurse über Körpersprache im Unterricht, die inhaltlich den Rahmen dieses Buchs übersteigen würden. Unsere Erfahrung umfasst lediglich die Erkenntnis, dass Lehrkräfte am erfolgreichsten im Umgang mit Lernenden sind, wenn sie sich geben, wie sie sind, und nicht, wie sie sein wollen. Also Lehrkräfte, die solche Ratgeber nicht brauchen, was wir bitte als subjektive Erfahrung unbewiesen stehen lassen wollen.

Bei der digitalen Übertragung kann die Wirksamkeit von Mimik und Gestik beeinflusst werden. Kein Spielfilm zeigt die Schauspieler so, wie sie sind, sondern so, wie sie gezeigt werden wollen oder meistens sollen. Das gelingt hervorragend, indem Mimik und Gestik gezielt hervorgehoben oder isoliert gezeigt werden.

Bei digital in den Unterricht übertragener Mimik und Gestik geht das zwar auch, wir raten davon aber ab. Gelungene Erklärvideos zeichnen sich dadurch aus, dass die erklärende Person als Lehrkraft akzeptiert wird, sei es die eigene oder eine aus dem Internet.

Und diese erklärende Person kommt keine Showtreppe herab, sondern verspricht sich schon auch mal oder sagt etwas, was sie eigentlich schon gesagt hat, nur mit anderen Worten. Oder sie zeichnet freihändig einen Strich, der nicht ganz gerade ist. Auch im digitalen Unterricht wirkt eine Lehrkraft dann authentisch, wenn sie wirklich Lehrkraft ist – und nicht nur eine Rolle spielt.

Grundsätze beim Medieneinsatz

- Der beste Medieneinsatz ist eine konkrete Begegnung mit der Realität.
- Medieneinsatz ist immer zielführend.
- Es gibt a) didaktisch neutrale, also nicht für den Einsatz im Unterricht konzipierte, b) funktionsspezifische und c) selbstunterrichtende Medien.

- Wo Medieneinsatz die Qualität des Unterrichts nicht verbessert, sollte darauf verzichtet werden.
- Jeder Medieneinsatz muss in die Unterrichtssituation und das Verhältnis von Lehrkraft und Lernenden eingepasst sein.
- Von Dritten erstellte Medien transportieren didaktische Entscheidungen, die unter Umständen mit den von der Lehrkraft intendierten Zielen kollidieren können.
- Dass dies auch für personale Medien zutrifft, weiß jeder aus eigener Erfahrung, der schon einmal gemeinsam mit einer zweiten Lehrkraft im Team unterrichtet hat.
- Umfangreicher technischer Medieneinsatz kann Abwechslung bieten und übergeordnete Bildungsziele fördern, tut dies aber nicht zwangsläufig.
- Der Einsatz personaler Medien ist fast immer dem Einsatz technischer Medien überlegen, optimal ist eine gelungene Balance personaler und technischer Medien.
- Das beste Arbeitsblatt ist immer das, das ich als Lehrkraft selbst erstellt habe, weil es durch mich hindurchgegangen ist.

Lernumgebungen

Wir wissen es nicht mit Gewissheit, aber wir haben den Eindruck, dass Lehrkräfte die Herstellung von Unterrichtsmedien zunehmend „outsourcen". Die Nutzung kooperativer kostenloser oder kommerzieller Lehrerplattformen nimmt zu. Lehrkräfte gehen zunehmend dazu über, technische Medien für ihren Unterricht zu recherchieren, statt sie selbst zu erstellen.

Auch scheint die Bereitschaft gewachsen zu sein, dafür eigenes Geld einzusetzen. Auf den ersten Blick ist das ein abwegiger Gedanke, denn bei aller pädagogischen Begeisterung und didaktischen Überzeugung ist man doch primär Lehrkraft geworden, um das Geld für den Lebensunterhalt zu verdienen, und nicht, um eigenes Geld mitzubringen.

Das soll auf keinen Fall eine Spitze gegen Lehrkräfte sein nach dem Motto, sie seien zu faul, ihre Arbeitsblätter selbst zu gestalten. Nein. Lehrkraft ist eine zeit- und kräfteraubende Tätigkeit.

Wenn an einer Schule Lernumgebungen erarbeitet werden, dann sind diese in der Regel qualitativ solchen überlegen, die zugekauft sind, weil sie
- fachsprachlich an das verwendete Schulbuch angepasst sind,
- kooperativ erarbeitet wurden,
- auf freiwilliger Basis von parallel unterrichtenden Lehrkräften eingesetzt werden,
- wahrscheinlich laufend aktualisiert werden.

Für den Begriff *Lernumgebung* gibt es keine einheitliche Definition. Nach Vollrath / Roth ist damit ein „Arrangement von Unterrichtsmethoden und -techniken sowie von Lernmaterialien und Medien zu verstehen. Es besteht aus einem Netzwerk kleinerer Aufgaben, die durch Leitideen strukturiert und gebunden werden" (Vollrath / Roth 2012, S. 150).

Wenn Lernumgebungen zunehmend digital aufbewahrt werden, dann erhöhen sich die Möglichkeiten des aktuellen Zugriffs und der laufenden Optimierung.

Wegen der Ferienabschnitte ist die Arbeitsbelastung der Lehrkräfte extrem ungleich verteilt, wenn sie auch eigenen jahrelangen Aufzeichnungen zufolge in der Jahressumme mit der Arbeitszeit anderer Tätigkeiten im öffentlichen Dienst annähernd übereinstimmt[139], vorausgesetzt, man rechnet freiwillige Mehrarbeit wie Autorentätigkeit und bezahlte Fortbildungen nicht mit ein.

Winkelmesser

Bevor es das Geodreieck gab, wurde in den Schulen Geometrie betrieben wie bei den alten Griechen. Nicht ganz, denn es gab das „Hilfsmittel" Winkelmesser zusätzlich zum Lineal. Schon der Winkelmesser hat seine Tücken, denn er bildet nur einen Halbkreis ab, und jeder Strich auf dem Halbkreis steht für zwei Winkel, je nachdem ob es ein spitzer oder ein stumpfer ist. Die Skalen sind gegenläufig. 120° und 60° werden von demselben Strich abgelesen. Das kann man noch verstehen, wenn man spitze und stumpfe Winkel unterscheiden kann. Aber auf welcher Seite

139 Ein gut gemeinter Tipp am Rande: Dokumentieren Sie Ihre Arbeitszeit. Nur für sich.
Legen Sie eine Excel-Tabelle an, in der Sie täglich Ihre Arbeitszeit in Zeitstunden eintragen, unterschieden nach dem Ort, an dem Sie gearbeitet haben. In der Schule ist es die Zeit der dortigen Anwesenheit, denn auch in Hohlstunden sind Sie normalerweise ansprechbar und sitzen nicht untätig herum, sondern erledigen etwas, das zu Ihren Aufgaben gehört. Verkaufspersonal wird auch bezahlt, wenn keine Kunden kommen. Und Pausenaufsicht ist mehr Aufsicht als Pause. Unterrichtsvorbereitung, Korrekturen, Elterngespräche, Konferenzen, das alles ist Arbeitszeit.
Erst recht wichtig wird die Dokumentation der Arbeitszeit, wenn Sie zusätzliche Aufgaben übernommen haben, zum Beispiel als Mentor, Fachleiter, Fortbildner oder Fachberater, wofür Sie Ermäßigungsstunden bekommen und nie so richtig wissen, ob diese angemessen sind. Ihre Excel-Tabelle braucht dann zusätzliche Spalten, damit Sie mehr Klarheit über die Entlohnung zusätzlicher Aufgaben bekommen.
Wenn Sie das mindestens zwei Jahre lang gemacht haben, oder wie ich seit vielen Jahren immer, wissen Sie, wie hoch das Niveau ist, auf dem sie klagen, wie Sie Ihre verschiedenen Aufgaben möglicherweise besser koordinieren können, und wie zufrieden Sie eigentlich sein müssten. Zum Vergleich: Im öffentlichen Dienst in Baden-Württemberg beträgt die jährliche Arbeitszeit 1809 Stunden á 60 Minuten, wenn Urlaubstage schon abgezogen sind.
Den Tipp bekam ich vor vielen Jahren von Prof. Dr. Lars Holzäpfel von der Pädagogischen Hochschule Freiburg, und ich bin ihm immer noch dankbar dafür. Ich weiß dadurch, dass ich immer fleißig gearbeitet habe, dass die Ermäßigungsstunden für andere Tätigkeiten richtig dosiert waren, dass die zusätzlich übernommenen Aufgaben unbezahlte oder anders bezahlte „Überstunden" erzeugt haben, aber dass die Verhältnisse der bezahlten Tätigkeiten gestimmt haben. Das macht zufrieden.

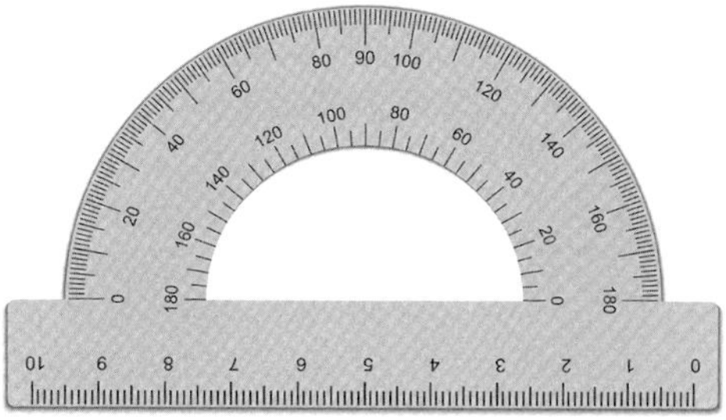

von diesem Strich lese ich jetzt 107°, 112°, 59° und 61° ab?
Überstumpfe Winkel können nicht direkt abgelesen werden, sondern da müssen gedanklich Winkelgrößen addiert werden.
So wie beim „Bruchrechnen" der Punkt erreicht ist, dass ehemals gute Schülerinnen und Schüler sagen: „Das verstehe ich nicht", und auch nach Erklärungsversuchen dabeibleiben, so ist das Winkelmessen ein ähnlicher Punkt, an dem viele Lernende trotz Anstrengungen aussteigen. Haben sie eben noch mit Mühen verstanden, dass ein Winkel etwas anderes ist als ein Dreieck, auch kein Teil eines Dreiecks, so verstehen viele nur noch Bahnhof, wenn es ans Winkelmessen geht, spätestens wenn Winkelweiten über 90° dabei sind.

An dieser Stelle rächt es sich, wenn ein Winkel als Ausschnitt einer Ebene „eingeführt", also ein statischer Winkelbegriff gefördert wurde, und dann geht es rasch weiter. Es gibt keine „einfachen" Winkelmesser an den Schulen mehr, aber das Werkzeug Geodreieck ist nichts anderes, nur dass es noch zusätzliche Hilfslinien anbietet.

Der Winkelmesser bzw. das Geodreieck mit seiner Kernkompetenz sind schwer zu beherrschende Werkzeuge. Lehrkräfte sollten über die Schwierigkeiten in der Handhabung dieses Werkzeugs nicht hinweggehen, sondern sich die dafür notwendige Zeit nehmen.

Wir haben wenige Schulbücher gefunden, in denen dem Gebrauch des Werkzeugs Geodreieck, also im Kern seiner Funktion Winkelmesser, mehr als eine halbe Seite gewidmet wird, einmal war es eine ganze, und das halten wir für verbesserungswürdig.

Geodreieck

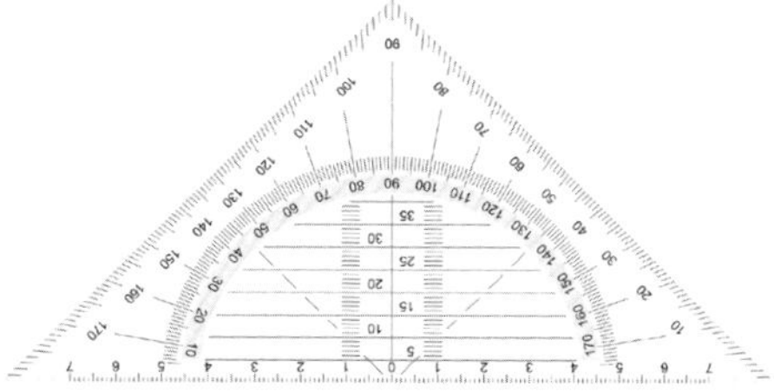

Das Geodreieck wurde 1964 von der Firma Aristo entwickelt und ist im Prinzip nichts anderes als eine pfiffige Weiterentwicklung des Winkelmessers, die mit zusätzlichen Hilfslinien versehen und bedienungsfreundlicher gestaltet ist. Wegen seiner etwas größeren Ausmaße macht es außerdem das Mitführen eines zusätzlichen Lineals weitgehend überflüssig. Ein gut durchdachtes nützliches multifunktionales Werkzeug.

Wenn auch das Geodreieck von Lehrkräften als Hilfe für die Lernenden angesehen wird, so enthält es doch Schwierigkeiten, die der Winkelmesser zwar auch schon enthielt, die aber immer noch bestehen:

- Welches ist die Zeichenkante?
- Warum ist die Null in der Mitte und sind die Werte links der Null dann negativ? Man bedenke, dass die Lernenden zeitlich fast parallel zu verstehen versuchen, was negative Zahlen sind, und dass Zahlengeraden der Zeichenkante des Geodreiecks sehr ähnlich sind.
- Warum kann ich das Geodreieck auf den zu messenden Winkel legen und an einer der Katheten ablesen, mein Mathelehrer dreht aber das Geodreieck auf einem Schenkel, bis dort das gewünscht Winkelmaß erscheint, zieht dann auf der Zeichenkante eine Linie, um mir eine neue Beispielaufgabe zu stellen?
- Wo muss dann nochmal die Null liegen?
- Das Zeichnen von rechten Winkeln erzeugt weniger Probleme, aber wo muss die Null liegen und welche Linie des Geodreiecks muss auf welcher Linie meiner Zeichnung liegen?
- Das Zeichnen von Parallelen erzeugt in der Regel noch weniger Probleme, sofern die Lernenden bereit sind, mit angemessener Genauigkeit vorzugehen.
- Die Hilfslinien für 45° werden von den Lernenden selten genutzt, auch nicht, wenn sie räumliche Darstellungen anfertigen, denn auch hier muss ihnen gezeigt werden, wozu man sie benutzt.
- Auch beim räumlichen Zeichnen wird das Geodreieck selten benutzt, obwohl es doch mit zwei Geodreiecken sehr bequem möglich ist, Linien beliebiger Ausrichtung parallel zu verschieben, indem man ein zweites Geodreieck gegen eine beliebige Kathete des ersten Geodreiecks drückt und dann am ersten Dreieck die Hypotenuse verschiebt.

Das Geodreieck ist ein Werkzeug, dessen Bedienung durchaus anspruchsvoll ist und dessen Nutzung überall üblich ist, wenn nicht sogar vom Bildungsplan vorgeschrieben wird (z. B. BP BW 2016, S. 23). Unsere Wahrnehmung ist, dass diese Benutzung nicht immer und überall optimal gezeigt und erklärt wird.

Die Nutzung von Werkzeugen ist ein handwerklicher Aspekt. Das Geodreieck ist Werkzeug und kein Lerninhalt.

> „Wenn ich ein technisches Hilfsmittel […] gebrauche, interessiert mich dieses Produkt in der Regel nicht als solches."
>
> (Heymann 1996 / 2013, S. 139)

Aber wenn ich ein Werkzeug in die Hand nehme, um es zu benutzen, muss ich wissen, wie das geht, warum das so geht, und wenn die Nutzung schwierig ist, muss ich sie üben. Beim Umgang mit Werkzeugen sollte man nicht nur darüber Bescheid wissen, wie das Werkzeug funktioniert, sondern auch, warum es funktioniert (Ludwig / Schelldorfer 2015, S. 3).

Wer eine Holzsäge benutzen will, dem muss auch vorher gezeigt werden, wie das geht: Werkstück fest einspannen, Werkzeug richtig in die Hand nehmen, Sicherheitsvorkehrungen beachten, damit am Ende noch alle Finger dran sind, Ansetzen, Bewegungsablauf.

Und wem erklärt wird, wie die Säge arbeitet, der wird „auf Zug" und „auf Stoß" zu unterscheiden lernen, deshalb Kraft sparen, weil er sie nicht beim falschen Teil des Bewegungsablaufs vergeudet. Und er wird nicht auf dem Strich sägen, sondern am Strich, damit die Leiste am Ende nicht kürzer ist als gewollt.

Wer Werkzeuge benutzt, muss sich eine gewisse Zeit lang auf das Werkzeug selbst konzentrieren, bis er es kann. Beim Werkzeug Geodreieck ist das nicht anders als bei einer Säge.

Wenn in digitalen Medien Geodreiecke eingesetzt werden, die mittels Maus bedient werden können, dann wird vorausgesetzt, die Lernenden könnten das virtuelle Geodreieck bedienen, weil sie mit dem analogen Geodreieck umgehen können. Wenn das aber nicht der Fall ist, nutzt die digitale Einfachheit wenig.

Vollwinkelmesser

Der Einsatz von Vollwinkelmessern statt bzw. begleitend zum Geodreieck kann das Problem lösen oder zumindest abmildern. Wir haben in vielen Jahren gute Erfahrungen damit gemacht, indem Winkel anfänglich mit Vollwinkelmessern gemessen werden, und diese Vollwinkelmesser auch noch als Hilfsmittel erlaubt werden, nachdem die Nutzung des Werkzeugs Geodreieck gelernt wurde. Vollwinkelmesser gibt es zu kaufen zu Preisen, die unwesentlich über den Kosten eines Geodreiecks liegen. Wir haben uns für eine Selbstbauvariante entschieden, siehe die Kopiervorlage.

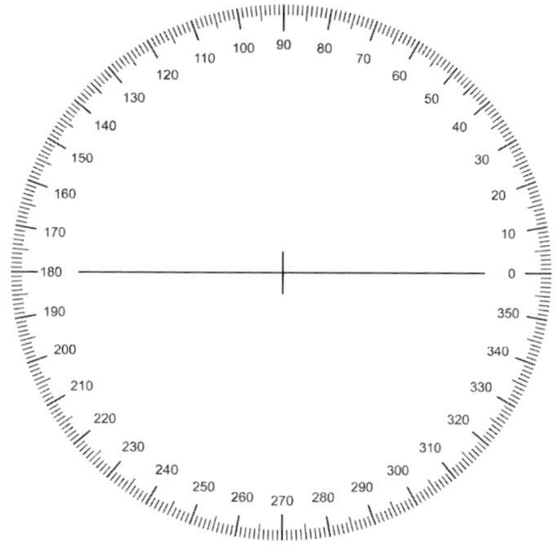

Alle Schülerinnen und Schüler erhalten eine Kopie der Vorlage (im Download) auf Transparentfolie, schneidet beide Teile aus, schneidet sie entlang der Linien ein, steckt die Scheiben ineinander und hat einen Winkelmesser, auf dem er oder sie alle Winkel von 0° bis 360° einstellen kann.

Seinen Vollwinkelmesser darf jeder und jede Lernende so lange benutzen, bis er oder sie das Geodreieck wegen der höheren Genauigkeit bevorzugt. Irgendwann mittendrin im Lernprozess wurde erörtert, dass der Grundaufbau des Geodreiecks entsteht, wenn man den Vollwinkel „in der Mitte" faltet, und dann wird auch noch besser verstehbar, weshalb jeder Strich mit zwei Zahlen versehen ist, deren Summe 180 ist.

Taschenrechner – es war einmal

Bis in die 2010er-Jahre blickte man als Mathematiklehrkraft in ein Zimmer voll erwartungsvoll glitzernder Augenpaare, wenn man im Lauf des 7. Schuljahrs mit einem Karton voller Taschenrechner, die damals noch so hießen, in die Klasse kam. Endlich war es so weit.

Fortan erlaubte man den Lernenden, die Grundrechenarten mit dem Taschenrechner auszuführen. Das Gerät zeigte nur die eingegebene Zahl an, und wenn man auf die Taste „=" drückte, das Ergebnis. Es kannte Rechenregeln wie „Punkt vor Strich", aber als Lehrkraft riet man den Lernenden, nur die „Nebenrechnungen" mit dem Taschenrechner auszuführen.

Die Lernenden waren mehrheitlich glücklich, die Leistungen der von Rechenschwäche betroffenen Lernenden verbesserten sich schlagartig, und die Lehrkraft musste lernen, nicht hinzusehen, wenn ihr einzelne Lernende zur Lösungskontrolle nur das Display des Taschenrechners unter die Nase hielten.

Nach wie vor wurde auf sinnvolles Runden bestanden, was der Taschenrechner nicht kannte, und Brüche konnten in den Taschenrechner nicht eingegeben werden, folglich konnte er auch nicht Bruchrechnen. Spätere Generationen der immer noch als Taschenrechner bezeichneten Geräte konnten mit Brüchen rechnen, aber nicht viel mehr als ihre Vorgänger.

Bei Leistungskontrollen mussten die Lehrkräfte besser aufpassen, denn schon die allerersten Taschenrechner hatten Speicher und boten damit eine Variante des Täuschungsversuchs durch Gerätetausch an. Um solchen zu verhindern, ohne die Vergesslichen zu benachteiligen, hatten Lehrkräfte bei Klassenarbeiten immer zwei, drei Ersatzgeräte dabei.

Schulrechner

Irgendwann fiel auf, dass kein Mensch mehr ein kleines Rechengerät in der Tasche hatte, außer er war auf dem Weg in die Schule, also nannte man die Dinger fortan Schulrechner. Die Entwicklung des Taschenrechners zum

Schulrechner war damit verbunden, dass die Geräte immer mehr konnten bis hin zum Abschluss des Gymnasiums, dass sie die eingegebenen Terme parallel zum Ergebnis anzeigten, sodass die unbedingte Notwendigkeit, Termumformungen zu dokumentieren, aus Sicht vieler Schülerinnen und Schüler entfiel. Lehrkräfte der Sekundarstufe II fragten sich zunehmend, welche Kompetenzen sie den Schülerinnen und Schülern eigentlich noch abverlangen sollten.

Lehrkräfte der Sekundarstufe I machten die Erfahrung, dass die Schulrechner ihren Lernenden nicht mehr die erwarteten Hilfen gaben. Das Lernmittel war so leistungsfähig und gleichzeitig kompliziert geworden, dass es für einfache Aufgaben bald keine Hilfe mehr war, weil seine Bedienung zum Lernstoff geworden war. Man sparte erst dann Rechenaufwand mit dem Taschenrechner, wenn man gelernt hatte, ihn zu bedienen, und das wurde zunehmend aufwendig.

Es gab Lehrkräfte, die die vom Schulträger angeschafften wissenschaftlichen Schulrechner gar nicht mehr auspackten, sondern auf dem Dachboden der Schule aus den ausgemusterten alten Taschenrechnern einen Klassensatz zusammenklaubten. Als kleine Kostprobe ist im Download ⬇ ein Arbeitsblatt einsehbar, das wir aus purer Not selbst zum Einsatz des Schulrechners in einer Klasse 7 der Realschule zusammengestellt haben.

Das zweiseitige Arbeitsblatt enthält nur die wichtigsten Hinweise für die Benutzung des Schulrechners, ist aber geeignet, die Lust auf einen solchen zu verderben, auch der Lehrkraft.

„Darf ich auch mein Handy benutzen?“ Das Handy kann genau das, was früher ein Taschenrechner konnte: Grundrechenarten rechnen, und es zeigt Aufgabe und Lösung an. Meines kann außerdem Wurzelziehen, Winkelfunktionen, also fast alles, was für den mittleren Bildungsabschluss notwendig ist außer Grafik. Und weil jeder ein Handy in der Tasche hat, ist es das heute: der Taschenrechner.

Woher kommen solche unsinnigen Zustände: Lernende werden gezwungen, Geräte zu benutzen, die viel mehr können als benötigt und deshalb so kompliziert zu bedienen sind, dass sie zum Lerngegenstand werden?

Es gibt verschiedene Konstellationen. Wir kennen die folgende aus eigener Erfahrung.

Die Kosten für einen Schulrechner liegen über der Bagatellgrenze, fallen also unter die Lernmittelfreiheit. Der Schulträger muss folglich für die Kosten aufkommen und entscheidet sich, dieser Verpflichtung dadurch nachzukommen, dass er die Geräte anschafft und über Leihverfahren den Lernenden zur Verfügung stellt. Weil der Schulträger alle Schularten gleich versorgen will, was ja für einen Entscheidungsträger in einer Stadtverwaltung ein naheliegender Gedankengang ist, entscheidet er sich für ein Schulrechnermodell, das an allen Schularten den Anforderungen genügt, auch den Vorgaben des Kultusministeriums für das Abitur. Das ist gerecht, aber auch ein Beispiel dafür, dass Gerechtigkeit nicht immer der richtige Weg ist, wenn sie mit Gleichbehandlung gleichgesetzt wird.

Warum aber ersparen wir dem Schulträger nicht die Kosten für Schulrechner dort, wo sie aus fachdidaktischen Gründen verzichtbar sind, und erlauben stattdessen den Lernenden, die Taschenrechnerfunktion ihres eigenen Handys zu nutzen? Für den einen oder die zwei, der oder die kein eigenes Handy besitzen, hält die Schule ein Gerät bereit, das sie oder er dann leihweise benutzen kann.

Weil die Lernenden sich stattdessen dann in den sozialen Netzwerken vergnügen könnten, statt am Unterricht teilzunehmen? Oder im Mathematikunterricht auf Pornoseiten surfen? Man kann Lehrkräften zutrauen, dass sie es hinbekommen werden, ihre Lernenden daran zu hindern, Unerwünschtes mit ihrem eigenen Gerät anzustellen, wenn man es zulässt, dass es eingeschaltet ist.
Lehrkräften gelingt es schließlich auch, während der Pausenaufsicht Lernende daran zu hindern, zum Bäckerladen auf der gegenüberliegenden Straßenseite zu rennen. Trotzdem schafft es manchmal einer.
Wir haben uns als Kinder auch ausnahmsweise(!) dazu hinreißen lassen, Mitschülerinnen, die vor uns saßen, mit der Zirkelspitze zu piesacken, was nicht schön war. Trotzdem gab es an unserer damaligen Schule keine Zirkelverbote und die Schule hatte Mittel, die geeignet waren, dass wir das niemals wieder auch nur versucht hätten.

Untersagter Medieneinsatz

Historische Beispiele: Geodreieck, Taschenrechner, Formelsammlung, Mobiltelefon. Untersagter Medieneinsatz[140] ist das Gegenteil der Förderung von Medienkompetenz. Also weg damit! Immer mehr Wissen ist heute universell verfügbar, abfragbares Wissen hat an Wert verloren, schon weil es einer stän-

140 Über Ja oder Nein zu Handy- oder Smartphoneverboten wird seit Langem kontrovers diskutiert und es gibt für beide Positionen empirische Untersuchungen, die diese jeweils bestätigen. Dieses Buch ist nicht der Ort, eine solche Kontroverse aufzulösen. Wenn wir hier die Nutzung von Smartphones befürworten, dann meinen wir einen erlaubten gezielten Einsatz als Medium im und für den Unterricht. Ob das im Einzelfall durchsetzbar ist, hängt von der Qualität des Unterrichts ab bzw. genauer von Lehrerpersönlichkeit und Klassenführung. Wir haben die persönliche Erfahrung gemacht, dass die Erlaubnis des Einsatzes zum Beispiel des eigenen Smartphones für gezielte Zwecke sich positiv auf das Verhältnis Lernender / Lehrkraft auswirkt und dass sie selten missbraucht wird. Wir können das aber nicht empirisch belegen.

digen Aktualisierung unterworfen ist. So hat auch die Vermittlung von Wissen an Wert verloren. Man schaut heute zuerst im Internet nach statt im Lexikon, sofern man überhaupt noch eines hat, wenn man neues Wissen sucht oder altes reaktivieren muss. Damit hat sich die Kompetenz der Wissensbeschaffung geändert, das Wissen steht digital schneller und breiter zur Verfügung als mit analogen Quellen. Man muss etwas nicht wissen, sondern wissen, wo es steht.

Man musste über relevante Denkstrukturen verfügen, um im Lexikon unter dem richtigen Stichwort nachzuschlagen, das ist digital nicht anders: Man muss wissen, wonach man wo sucht, um zu finden. Hinzugekommen ist die zunehmende Bedeutung der Kompetenz, beurteilen zu können, wie weit man angebotenen oder aufgefundenen Wissensquellen vertrauen kann und will. Man konnte sich darauf verlassen, dass richtig ist, was im Lexikon stand; was man im Internet findet, kann richtig sein. Es kann aber auch von fremden Interessen gesteuert, fahrlässig oder absichtlich falsch sein. Es kommt eben darauf an.

Eine von Künstlicher Intelligenz generierte Antwort kann richtig sein, muss aber nicht. Es kann auch sein, dass sie so überzeugend dargeboten wird, dass man den Wahrheitsgehalt nicht infrage stellt, es sei denn, man verfügt über die entsprechende Kompetenz.

Konsequenz daraus ist, dass Wissensvermittlung immer mehr ersetzt werden muss durch Vermittlung von Beurteilungskompetenz. Dieser Aspekt mag im Mathematikunterricht weniger wichtig erscheinen als in anderen Lebensbereichen, weil Mathematik sich in vielleicht geringerem Tempo verändert als anderes.

Bei Verfahren sind die Veränderungen deutlicher sichtbar. Zum Beispiel die Fertigkeit, Rechenverfahren zu den Grundrechenarten auszuführen, hat im Alltag an Bedeutung verloren, weil uns das fast überall von Maschinen und Geräten abgenommen wird.

Trotzdem muss man die Rechenverfahren für die Grundrechenarten nach wie vor kennen und ausführen können, aber nicht unbedingt mit großen Zahlen und in komplexen Kombinationen mehrerer Verfahren. Wichtiger als die Beherrschung der Grundrechenarten sind Kompetenzen geworden wie Runden, Überschlagen, Schätzen, Modellieren und Überprüfen.

Warum sind diese Aspekte im Kapitel Medieneinsatz wichtig, wo sie doch schon an anderer Stelle in diesem Buch erwähnt wurden? Weil konkret und speziell im Mathematikunterricht solche Fragen direkt mit Fragen des Medieneinsatzes verknüpft sind. Wenn etwa Lernenden die Nutzung von Hilfsmitteln, die doch vorhanden sind, untersagt wird, sollten sie in jedem Fall verstehen, weshalb. Die Vorstellung von einer Lehrkraft, die Medien dazu benutzt, um ihr Wissen auf die Lernenden zu übertragen, ist überholt.

Sondern Medien sind Mittler zwischen Lernenden, Lerninhalt und Lehrkraft. Und weil die Diversität der Lernenden immer vordergründiger wird, die Lerninhalte immer abstrakter werden und die Lehrkräfte immer weniger die Vermittlungen im didaktischen Dreieck steuern, sondern sie immer mehr nur ermöglichen, stellt sich immer deutlicher heraus, dass die Strategie, Medieneinsatz zu verhindern oder zu erschweren, unangemessen ist.

Künstliche Intelligenz

Am 30. November 2022 stellte die Firma *OpenAI* das Programm *ChatGPT* vor. Das löste unmittelbar euphorisierte wie dramatisierende Reaktionen aus. Weil die Nutzung von *ChatGPT* zunächst kostenlos war, fand sie auch massenhaft statt. Wenn dieses Buch erscheint, liegt die Veröffentlichung von *ChatGPT* noch keine drei Jahre zurück, und es gibt bereits Stimmen, es stünde eine neue technische Revolution an. Inzwischen gibt es mehrere Konkurrenzprodukte.

Sprachfähigkeit gilt als Hinweis für tatsächliche oder simulierte Intelligenz. Christoph Drösser legte 2022 und 2023 der damals aktuellen Version von *ChatGPT* einen Online-IQ-Test vor. Das zweite Testergebnis ergab, dass das Chatbot inzwischen mit einem Intelligenzquotienten von 111 beziffert wurde.

> „Damit wäre ChatGPT intelligenter als 77 Prozent der Menschheit."
>
> (Drösser 2024, S. 25)

Das wirft die Frage auf, was bei Intelligenztests gemessen wird und ob das damit übereinstimmt, was wir unter Intelligenz verstehen. Dass sich eine Maschine mehr Informationen merken kann als ein menschliches Gehirn, ist weder neu noch beunruhigend. Solche riesigen Informationsspeicher kann man ja als Werkzeuge nutzen.

Die von KI verwendeten Sprachmodelle mit ihren riesigen Datenmengen liefern keine gesicherten Informationen wie Suchmaschinen, sondern nutzen Verbindungen, die sie am häufigsten in den zugrunde gelegten Daten finden.

In sozialen Netzwerken ist das ähnlich. Nicht die Informationen verbreiten sich am schnellsten, die nachweislich die wahren, richtigen und „wertvollen" sind, sondern die, die am meisten Aufmerksamkeit auf sich ziehen.

Selbst die Schöpfer der Systeme können nicht vorhersagen, wie das System reagieren wird, sondern seine Reaktionen nur empirisch erforschen, so wie ein Zoologe eine neu entdeckte Tierart erforscht (Drösser 2024, S. 38).

Künstliche Intelligenz kann gut Texte zusammenfassen und auch Texte verfassen. Besinnungsaufsätze und Erörterungen beherrscht *ChatGPT* besonders gut. Dass Lernende und Studierende zu Hause Texte verfassen, die dann zu Leistungsmessungen herangezogen werden, wird in der Tat der Vergangenheit angehören.

Texte, die von KI generiert sind, haben keinen Urheber, sind also urheberrechtlich nicht geschützt. Das stellt offene Fragen des Urheberrechts. Auch Plagiatsdetektoren funktionieren bei *ChatGPT* nicht, weil ja nicht abgeschrieben wird, sondern es entstehen mit technischer Unterstützung neue Texte.

Internetrecherche als erster Schritt beim Verfassen von Texten ist genauso legitim wie das Studium gedruckter Literatur. Wer beim Verfassen seiner Texte die Hinweise der Rechtschreibkontrolle des Textverarbeitungsprogramms beachtet, verwendet keine unerlaubten Hilfsmittel.

In Verbindung mit Künstlicher Intelligenz bekommt *Blended Learning* neue Bedeutung. Und zwar in der Form, dass Lernende am häuslichen Lernort neue Inhalte erkunden und den gemeinsamen Unterricht dadurch vorbereiten, und im gemeinsamen Unterricht werden die zusammengetragenen Inhalte bewertet und geordnet. Die Lernenden zu überwachen, welche Hilfsmittel und Werkzeuge sie heranziehen, erübrigt sich dadurch.

Warum soll man also nicht mithilfe von KI die Rohform eines Basistexts verfassen, um Ideen zu sammeln, die man dann durch Umstellen, Verfeinern, Ergänzen und Schwerpunktesetzen zu einer individuellen Leistung verdichtet? Werden solche Texte dann zu Leistungsmessungen verwendet, dann muss die persönliche Leistung erkennbar sein. Das ist eher eine Frage der Prüfungsformate als ein Anlass, die Nutzung von KI als Werkzeug zu verbieten, weil das sowieso nicht effektiv kontrollierbar ist.

KI kann Texte in eine andere Sprache übersetzen, wobei diejenigen Nutzer benachteiligt sind, die eine Sprache mit geringer Verbreitung verstehen, weil die Künstliche Intelligenz in diesem Fall dann auf nur geringe Datenmengen zugreifen kann. Es bleibt also bei bestehenden Ungerechtigkeiten, Künstliche Intelligenz schafft dafür wenige Verbesserungen.

KI lernt mit wenig Sensibilität und keinen eigenen Vorstellungen, aber riesigen Mengen an Informationen. Menschliches Lernen muss mit geringen Datenmengen auskommen, verbindet Sprache aber mit Objekten und Vorstellungen, die in der Realität verankert sind. Das kann Künstliche Intelligenz nicht, sondern sie ist nur ein Werkzeug, dessen Nutzung zu verbieten, genauso wenig durchsetzbar ist wie die Nutzung von Handys. Werkzeuge, die zur Verfügung stehen, sollte man nutzen.

7 Mathematikunterricht in der digitalisierten Welt

Was Sie in diesem Kapitel erwartet:

- Erweiterung des Medienbegriffs,
- Einbindung digitaler Medien in das didaktische Konzept,
- veränderte Hausaufgaben in digitalen Zeiten,
- Basiswissen über Künstliche Intelligenz,
- Einsatz von Erklärvideos,
- rechtliche Aspekte.

Die umgebende Welt ist längst digitalisiert, die Nutzung von Technik in den Schulen hinkt der Technik außerhalb der Schulen um ein Vierteljahrhundert hinterher (Storz / Schneider / Takin 2022, S. 7 – 12). Lange wurde versäumt, die digitale Realität in die analog dominierte Schulwelt zu integrieren. Verbindung statt Abgrenzung ist der Weg, Rückstände aufzuholen und schulische Bildung wieder näher an die Lebenswirklichkeit heranzuführen.

Heute hat fast jeder ständig ein kleines, leistungsstarkes Gerät bei sich, das Zugang zu einem Großteil allen Wissens bietet, Routinen übernehmen kann und vielfältige Kommunikationsmöglichkeiten eröffnet. Man kann die Nutzung dieser Geräte in den Schulen verbieten. Aber warum? Nur um sicherzustellen, dass Lernende das tun, was die Lehrkraft anordnet und wann sie es anordnet? Um den Preis, dass Lernende die Schule als außerhalb der von ihnen gelebten Realität empfinden?

Digitale Medien ermöglichen im Mathematikunterricht Zugänge und Lernmethoden, die noch vor Kurzem undenkbar waren. Wenn auch zaghaft, aber die digitale Transformation an den Schulen ist im Gange.

Dabei muss gute digitale Bildung nicht teuer sein. Die hier aufgeführten Beispiele sind größtenteils ohne weitere Kosten zu realisieren. Entscheidend sind mutige und engagierte Lehrkräfte, die die digitalen Potenziale erkennen und nutzen. Dieses Kapitel liefert einige Werkzeuge, Praxisbeispiele und Inspiration, um digitalen Mathematikunterricht erfolgreich zu gestalten und die Begeisterung der Lernenden zu wecken.

7.1 Was sind digitale Medien?

Mit dem Medienbegriff haben wir uns bereits in Kapitel 6.14 befasst. Was versteht man unter digitalen Medien? Der Begriff Digitalisierung beschreibt den Fakt, dass analoge Daten binär, also in Ketten aus Nullen und Einsen übertragen oder dass Daten direkt so erfasst werden.[141] Die Verarbeitung der Daten erfolgt zunehmend automatisiert und Daten sind über Datennetze weltweit verfügbar. Digitale Medien sind „dann solche Medien, die Informationen mithilfe elektronischer Geräte digital speichern oder übertragen und in bildhafter oder symbolischer Darstellung wiedergeben“ (Pallack 2018, S. 72). Es stellt sich die Frage, ob eine Trennung zwischen digitalen und analogen Medien überhaupt noch nötig oder möglich ist. Der Medieneinsatz im Unterricht sollte eigentlich unabhängig davon bewertet werden, ob das Medium analog ist oder digital. Allerdings kann der Einsatz digitaler Medien, wenn er denn gelingt, die pädagogischen Spektren erweitern um Möglichkeiten, die es analog noch nicht gab.

Der Grad des Einbezugs digitaler Medien kann mit dem SAMR-Modell[142] (Abb. 7.1) nach R. Puentedura („Substitution“, „Augmentation“, „Modification“, „Redefinition“) verdeutlicht werden. Je höher die Stufe ist, desto größer der Unterschied zu analogem Medieneinsatz. Das SAMR-Modell zeigt die Stufen, auf denen digitale Medien im Unterricht verwendet werden können:

- Stufe S (Substitution, Ersetzung): Aufgaben werden zum Beispiel statt in Papierform als PDF per E-Mail übermittelt oder auf einer Plattform bereitgestellt.
- Stufe A (Augmentation, Erweiterung): Den Aufgaben werden Links oder QR-Codes hinzugefügt, die zu Erklärvideos führen und passende Hilfen bieten.
- Stufe M (Modification, Änderung): Aufgaben werden umgestaltet etwa durch Einbindung in digitale Spieleumgebungen.
- Stufe R (Redefinition, Neubelegung): Aufgaben werden multimedial bearbeitet und es entstehen bisher nicht vorstellbare Darstellungsformen.

Erst digitaler Medieneinsatz auf den Ebenen „M: Modifikation“ und „R: Neubelegung“ verändert den Mathematikunterricht grundlegend. Erst über die Umgestaltung von Unterricht mit digitalen Medien werden Veränderungen ermöglicht, die analog undenkbar gewesen wären.

Eine mediale Umgestaltung des Mathematikunterrichts zieht nicht zwangsläufig erhöhten Kompetenzzuwachs nach sich. Der Grundsatz „Viel hilft viel“

141 vgl. Döbeli Honegger 2017, S. 16

142 Puentedura: https://adrianwilke.de/museum/uni-paderborn/blog/2016/01/06/SAMR-Puentedura-deutsch/index.html [Zugriff: 19.02.2025]

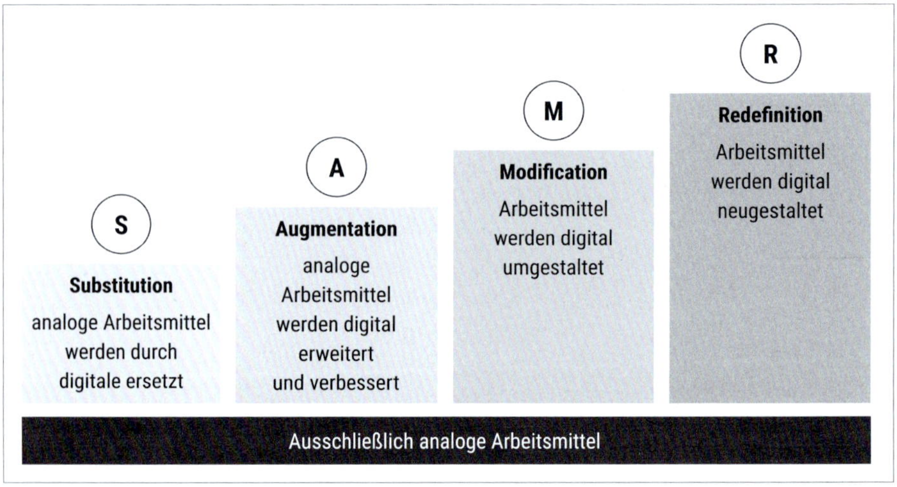

Abb. 7.1: Abstufung digitalen Medieneinsatzes Modell SAMR

gilt eben nicht, wie das bei analogem Medieneinsatz auch schon war. Eher das Gegenteil ist richtig. Medieneinsatz ist generell nur dann gerechtfertigt, wenn dadurch eine Verbesserung der Unterrichtsqualität zu erwarten ist.

7.2 Potenziale digitalen Mathematikunterrichts

Mit einzelnen Praxisbeispielen aus allen Kernprozessen des Mathematiklernens (siehe Kap. 5.8) werden im Folgenden die Potenziale digitalen Medieneinsatzes exemplarisch aufgezeigt.

Kernprozess *Erkunden*

Mobiles Lernen in Form mathematischer Wanderwege gibt es im englischen Sprachraum schon seit den 1980er-Jahren. Die App *MathCityMap*[143] (MCM) ist eine moderne Wiederaufnahme dieser Idee, die die Umwelt aus einer mathematischen Perspektive entdecken lässt und moderne Technologien wie GPS-Lokalisierung und netzbasierte interaktive Apps nutzt.

Auf einer Karte sind interessante Objekte markiert, die mit mathematischen Modellieraufgaben verbunden sind. Ein ausführlich beschriebenes Beispiel ist zu finden in Storz/Schneider/Takin 2022, S. 13–21. Die Aufga-

143 https://mathcitymap.eu/de/der-mathcitymap-jahresrueckblick-2024/ [Zugriff: 12.06.2025]

ben werden in kleinen, heterogenen Gruppen gelöst. Ein Smartphone und ein Gliedermaßstab pro Gruppe reichen als Ausrüstung.

Lehrkräfte können eigene Wanderwege erstellen oder auf die weltweite Community zugreifen, in der mittlerweile 40 000 Nutzer knapp 100 000 geprüfte Aufgaben erstellt haben (Stand 16.12.2024). Die Aufgaben sind nach Jahrgangsstufen sortiert und lassen sich mit Schulmathematik lösen. Die App bietet dabei gestufte Hinweise, die bei Bedarf angefordert werden können, um die Lernenden bei der Problemlösung konstruktiv zu unterstützen.

Kernprozess *Sammeln und Systematisieren*

Der Satz des Pythagoras wird oft falsch angewendet, weil die Voraussetzung ignoriert wird, unter der die bekannte Formel gilt. Durch den Einsatz einer dynamischen Geometriesoftware erkunden Lernende die Zusammenhänge des Satzes auf vielfältige Weise. Während sie interaktiv mit der Software arbeiten, generieren und sammeln sie zahlreiche Beispiele, die die Abhängigkeit der Quadrate über den Seiten in unterschiedlichen Dreiecksformen verdeutlichen.

Die Lernenden beobachten schnell, dass sich der Flächeninhalt der Quadrate in Abhängigkeit von der Dreiecksform ändert (Abb. 7.2). Ohne zwingende Anleitung entdecken die Lernenden mithilfe der numerischen Darstellungen Beziehungen wie:

- Bei *spitzwinkligen Dreiecken (a)* ist das Quadrat über der längsten Seite kleiner als die Summe der Quadrate über den beiden anderen Seiten.
- Bei *rechtwinkligen Dreiecken (b)* ist das Quadrat über der längsten Seite gleich der Summe der Quadrate über den beiden anderen Seiten.

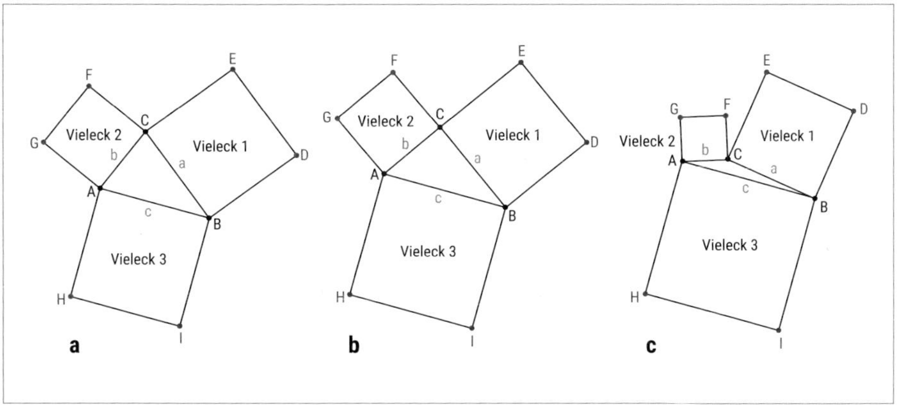

Abb. 7.2: Hinführung zum Satz des Pythagoras

- Bei *stumpfwinkligen Dreiecken (c)* ist das Quadrat über der längsten Seite größer als die Summe der Quadrate über den beiden anderen Seiten.

Mithilfe der Geometriesoftware wird der Satz des Pythagoras zum Spezialfall eines funktionalen Zusammenhangs und damit nicht mehr als Einzelphänomen erlebt. Gleichzeitig wird als Beifang entdeckt, dass stumpfwinklige Dreiecke in Alltagssprache zutreffend als sehr spitz beschrieben werden können.

Solche eigenständigen Formulierungen des Satzes des Pythagoras zeigen ein tieferes Verständnis als die Kenntnis der Formel, weil die Handlungsabläufe dem Muster „Wenn …, dann …“ folgen. Lernende, die den Satz auf diese Weise erfahren, neigen weniger dazu, ihn in nicht rechtwinkligen Dreiecken anzuwenden.

Ähnliche Vorgehensweisen lassen sich in anderen mathematischen Kontexten anwenden und fördern mithilfe digitaler Werkzeuge das Verständnis komplexer mathematischer Konzepte:

- *Ordnung von Dreiecksformen und -arten:* Mit digitalen Mitteln können Lernende leicht verschiedene Dreiecke erstellen und deren Eigenschaften untersuchen.
- *Das Haus der Vierecke:* Induktives und kooperatives Erarbeiten der Eigenschaften von Vierecken wird durch digitale Tools wie *GeoGebra* unterstützt.
- *Lösen von Gleichungssystemen:* Lernende können selbst entdecken, ob ein Gleichungssystem keine, eine oder unendlich viele Lösungen hat, indem sie die gemeinsamen Lösungen zweier Funktionen erforschen.
- *Transparenz von Tarifsystemen:* Digitale Mittel ermöglichen es, lineare und nicht-lineare Tarife zu untersuchen und zu verstehen, warum Transparenz für Anbieter manchmal unerwünscht ist.

Kernprozess *Sichern*

Im Kernprozess *Sichern* werden Ergebnisse nachhaltig festgehalten und dokumentiert. In diesem Zusammenhang sollte darüber nachgedacht werden, wie groß die Berechtigung des herkömmlichen Merkhefts auf Papier noch ist, sei es in ein Schulheft geschrieben, in einem Schnellhefter abgelegt oder im Schulbuch gedruckt.

Was spricht dagegen, dass Lernende ihre Wissensspeicher digital mit einem Textverarbeitungsprogramm oder in einer Notizapp erstellen und selbst verwalten? Bereits gesichertes Wissen kann im Nachhinein ergänzt werden. Die Wissensspeicher vergangener Schuljahre aufzubewahren und immer dabeizuhaben, macht keine Schultasche schwer. Die Identifikation mit dem eigenen Wissensspeicher ist größer, wenn nicht einfach ein vorgegebener Text abgeschrieben oder ein Arbeitsblatt ausgefüllt wurde und wenn nicht mit dem Beginn eines neuen Schuljahrs alles auf Null gestellt und so getan wird, als ob jetzt alles von vorn anfinge.

Sichern besteht aber nicht nur aus dem Anlegen und der Pflege eines Wissensspeichers. Maßnahmen der Sicherung sind auch, dass Gelerntes noch einmal durchgeführt wird, dass es in einem Kontext verwendet oder in anderen Worten oder Darstellungen noch einmal wiederholt wird. Digitale Medien bieten weitere vielfältige Möglichkeiten des Sicherns:

- Interaktive Checklisten, sie unterscheiden sich von analogen Checklisten dadurch, dass sie unmittelbar Rückmeldungen geben und auf Hilfen verweisen,[144]
- Spiele zum kooperativen Problemlösen wie *Edu-Breakouts*[145]. Ein *Edu-Breakout* ist eine besondere Form eines *Escape-Rooms* (man muss in einer gewissen Zeit Aufgaben lösen, um aus dem Raum zu entkommen) und wendet sie auf den Bildungsbereich an,
- Kartenabfragen mit digitalen Quizformaten wie *Kahoot,*
- Erstellen von Portfolios mithilfe eines Präsentationsprogramms,
- Erstellen von Erklärvideos,
- Schätzwettbewerbe, die digital ausgewertet werden, wobei die prozentualen Abweichungen per App angezeigt werden können.

Kernprozess *Vertiefen und Üben*

Das Vertiefen und Üben schafft „die Absicherung, dass das erworbene Wissen flexibel und nachhaltig verfügbar bleibt“ (Leuders / Prediger 2012, S. 54). Vertiefen bedeutet im Gegensatz zur materialen Erstellung eines Wissensspeichers die Fortführung in eine mentale Form von Wissensspeicher, der durch wiederholtes Ausführen und Vernetzen von bereits Gelerntem gepflegt wird. Dies kann mit digitalen Medien effizienter gestaltet werden als mit analogen, da hierbei das Potenzial der Diagnostik genutzt werden kann.

Die Zuordnung von Vertiefen-Aufgaben kann digital individualisiert werden. Zum Beispiel können Lernplattformen wie *mathebattle.de* mit einem Knopfdruck aufgrund der Diagnose individuelle Übungspakete für die Lernenden zusammenzustellen, ohne dass die Lehrkraft unzählige Kopien auf Papier erstellen müsste, und trotzdem bekommt jeder und jede Lernende ein hoffentlich passendes Lernpaket.

---

144 Auf dem Bildungsserver des Landes Baden-Württemberg (https://www.schule-bw.de) werden zahlreiche interaktive Checklisten zum kostenlosen Download bereitgestellt [Zugriff: 12.06.2025].

145 lehrerweb.wien/praxis/themensammlung-edu-breakout [Zugriff: 12.06.2025]

Intelligente tutorielle Systeme (ITS) befinden sich in der Entwicklung, die mithilfe von Künstlicher Intelligenz Lerndaten sammeln, analysieren und verarbeiten und adaptiv auf die Lernenden reagieren können, indem sie personalisierte Inhalte zusammenstellen sowie unmittelbares Feedback und Unterstützung (Scaffolding) bieten.

Trotz des sicher großen Potenzials solcher Systeme gilt es, die Erwartungen zu dämpfen. Die Hattie-Studie widerlegt die These, dass durch den Einsatz technischer Neuerungen der Unterricht fundamental lernwirksamer geworden wäre (Hattie 2015, S. 260). Technische Neuerungen der Jetztzeit und vermutlich der Zukunft werden nicht zwingend wirksamer sein als ähnliche Innovationen vor Jahrzehnten.

Man sollte aber auch nicht zu dem Umkehrschluss gelangen, sich dem technischen Fortschritt aus diesem Grund zu verschließen. Dann müsste man nämlich Meinungen vertreten wie die, dass es überflüssig war, in den 1980er-Jahren Personal Computer an den allgemeinbildenden Schulen einzuführen.

Um mit Künstlicher Intelligenz zu kommunizieren, bedarf es gemeinsamer Begriffe. Dabei kann es an der Künstlichen Intelligenz liegen, wenn die Kommunikation misslingt. Wenn man von Künstlicher Intelligenz falsche Antworten bekommt, hilft immer noch menschliche Intelligenz, zum Beispiel ein engmaschiges Netz von Begriffen, um Fehler zu erkennen.

7.3 Hausaufgaben – geht das heute noch und wenn ja, wie?

Hat ein Lernender einmal seine Hausaufgaben nicht bewältigt, so sollte die Lehrkraft darauf bestehen, einen Lösungsansatz bzw. eine lückenhafte Ausführung zu sehen, gleichzeitig aber auch die Bereitschaft erkennen lassen, den nicht verstandenen Unterrichtsstoff noch einmal aufzugreifen (Bovet/Huwendiek 1994, S. 440/441). Dieser Ratschlag stammt aus einem damals weit verbreiteten dicken Buch *Leitfaden für die Schulpraxis* aus den 1990er-Jahren. Wer bei der ritualisierten Hausaufgabenkontrolle vorweisen konnte, dass er oder sie es wenigstens versucht hatte, bekam keinen „Strich“ für nicht erledigte Hausaufgaben und hatte folglich keine Konsequenzen zu befürchten.

Die weniger Ehrlichen ließen sich auf solche Arrangements nicht ein, sondern schrieben vor dem Unterricht die Hausaufgaben von Parallellernenden ab und wurden nur manchmal von einer Aufsicht führenden Lehrkraft dabei erwischt.

Das ist Vergangenheit. Heute steht den Lernenden eine üppige Vielfalt an technischen Helfern zur Verfügung, um vorzutäuschen, man habe die Hausaufgabe selbst gemacht. Hausaufgabenkontrolle ist vergeudete Unterrichtszeit, war es damals auch schon, sobald erwähnenswerte zeitliche Ressourcen dafür eingesetzt wurden.

Die Idee von Hausaufgaben ist, dass die Lernenden sich im häuslichen Umfeld allein und ohne personelle Hilfe mit den Unterrichtsinhalten beschäftigen sollen; das danebensitzende Elternteil, das bei Bedarf helfend oder motivierend eingreift, entsprach noch nie dem Grundgedanken von Hausaufgaben, auch nicht die Nachhilfeindustrie.

Heute gibt es Schulkonzepte, in denen Hausaufgaben nicht mehr vorkommen, meistens sind das Ganztagesschulen. Das individuelle Üben, woraus Hausaufgaben früher bestanden, wurde verlagert in individualisierte Phasen, in denen allein gearbeitet wird, aber eben in der Schule. Wie die klassische Hausaufgabe hat auch dieses Modell den Nachteil, dass in individuellen Phasen vorwiegend geübt und weniger gelernt wird.

Vorteil von individualisierten Phasen in der Schule ist, dass die Lehrkräfte für Differenzierung sensibilisiert worden sind und der Satz „Der Rest ist Hausaufgabe“ nur noch selten zu hören ist.

Konzepte wie *Blended Learning, Hybrides Lernen* und *Flipped Classroom* machen deutlich, dass die Verteilung des Lernens auf die Lernorte Schule und zu Hause auch anders gestaltet werden kann als nur so, dass daheim geübt wird, was in der Schule gelernt wurde.

Blended Learning

Blended Learning bezeichnet ein Lehrmodell, in dem digital gestütztes individuelles Lernen mit gemeinsamen Lernphasen variationsreich verzahnt wird. Die individuellen Lernphasen können, müssen aber nicht zu Hause absolviert werden. Hausaufgaben werden dabei Teil des Unterrichts, der dessen Inhalte nicht nur vertieft, sondern zum Teil auch vorbereitet.

Nicht gemachte Hausaufgaben verschaffen in diesem Modell den Lernenden spürbare Nachteile, weil sie nicht nur aus Wiederholung bestehen, sondern auch zu Teilen die Basis bilden für das, was aktuell im gemeinsamen Unterricht gemacht wird.

Hybrides Lernen

Hybrides Lernen steht für eine Mischform aus digitalem und analogem Unterricht, aus Distanz und Präsenz. Hausaufgaben stehen dabei für Distanz, der gemeinsame Unterricht für Präsenz.

Als Artikulationsmodell hybriden Lernens kann man sich beispielsweise vorstellen, dass vorbereitende Aufgaben im Anforderungsbereich I in Distanzphasen, sprich die Hausaufgaben, ausgelagert werden, um anspruchsvolleren Erarbeitungen im Anforderungsbereich II und III mehr gemeinsame

Lernzeit zuzugestehen (Nagel 2021, S. 34). Für Gymnasien mit überwiegend lernbereiter Schülerschaft ist das ein sinnvolles Modell.

Es kann aber auch dazu führen, dass Schwache und Unwillige noch mehr benachteiligt werden als im traditionellen Unterricht, weil sie die Aufgaben zu Hause nicht erledigen und dann dem Unterricht in der Schule noch weniger folgen können als bisher.

Flipped Classroom

Die konsequente Fortführung von *Blended Learning* und *Hybridem Lernen* sehen wir im Konzept *Flipped Classroom*. Das englische Wort „to flip" bedeutet in etwa „umkehren, drehen oder wenden". Die Grundidee von Flipped Classroom ist, dass die Zuordnung von Lernphase und Lernort im Vergleich zu traditionellem Unterricht umgekehrt wird. Das bedeutet, dass die Lernenden sich die mathematischen Inhalte selbstständig bzw. allein zu Hause aneignen, also das Erkunden zu Hause stattfindet – ohne Gewähr auf Richtigkeit und Vollständigkeit. Das greift zurück auf das alte Prinzip der „vorbereitenden Hausaufgaben".

> „Flipped Classroom ist somit eine spezifische Form von Blended Learning."
>
> (Stade / Wampfler 2021, S. 82)

Überwiegend wird mithilfe von kurzen Videos gelernt. In der Schule wird dann geübt; das Vertiefen findet also im Beisein der Lehrkraft statt. Dabei kann die Lehrkraft diagnostisch tätig sein, gezielt Rückmeldung und Unterstützung anbieten (siehe Abb. 7.3).

Die Idee, einen lehrkraftgeführten Vortrag oder eine Einführung den Lernenden per Video zur Verfügung zu stellen, bietet einige Vorteile. Lernende können sich neue Inhalte in ihrem eigenen Lerntempo aneignen. Wird etwas nicht verstanden, können sie das Video zurückspulen oder anhalten. Die Lehrkraft ist im Video immer guter Laune und vor allem stehen die Videos mit Impulsen, Inhalten und Einführungen etc. den Lernenden immer zur Verfügung.

Zusätzlich gibt es die Möglichkeit, Videos anderer Anbieter hinzuzuziehen, also eine zweite Meinung einer anderen Lehrkraft einzuholen. Der Zeitgewinn durch die Auslagerung des Lernens in die zu Hause verbrachte Zeit kommt den Lernenden durch mehr Übungszeit im Unterricht zugute. Sie benachteiligt aber auch diejenigen Lernenden, denen zu Hause kein persönlicher Rückzugsraum zur Verfügung steht.Stellt man sich die Frage, welche Kernprozesse des Mathematiklernens sich in die Hausaufgaben auslagern lassen, ist die Antwort eindeutig: Das Ordnen insgesamt ist es nicht. Hier ist

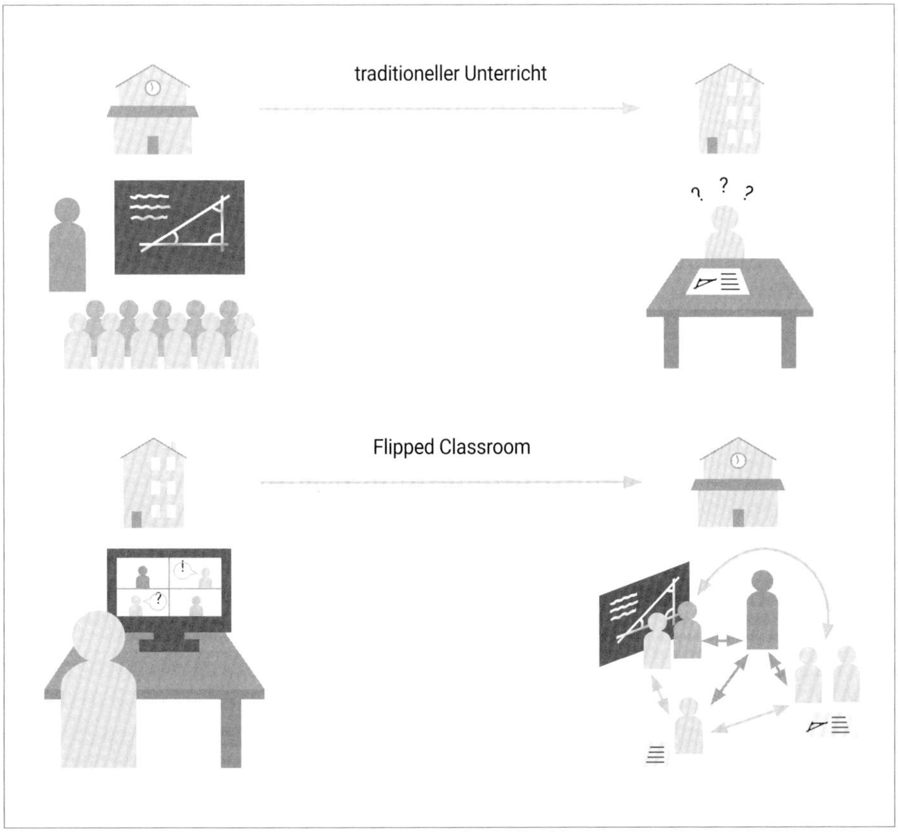

Abb. 7.3: Prinzip Flipped Classroom

die Lehrkraft als Anwältin der sachlichen Richtigkeit unersetzlich. Und auch der Einstieg in ein neues Thema sollte im Unterricht stattfinden, um den Lernenden die Sinnstiftung zu vermitteln, ihre Motivation zu wecken und gemeinsam an das Vorwissen anzuknüpfen. Dazu ist direkte Kommunikation nötig. Ansonsten kann man sowohl das Erkunden als auch das Vertiefen gut in die Hausaufgaben verschieben.

Allerdings müssen Hausaufgaben, wo es sie gibt, ernst genommen werden, als das, was sie sind: Teil des Unterrichts. Digitale Geräte und Programme machen das Lernen zu Hause um ein Vielfaches einfacher und Hausaufgaben liegen deshalb näher, als das in der rein analogen Vergangenheit der Fall war. Wenn es gelingt, durch geeignete Hausaufgabenstellungen die Lernenden dazu zu bringen, dass sie einen Teil ihrer Handynutzungszeit für Lernen und Üben abzweigen, dann ist mehr gewonnen, als wenn ihnen die Handynutzung verboten oder schlechtgeredet wird. Ist der Einsatz von Technik gemeinsam im Unterricht geübt, so ist das Potenzial höher, dass die Lernenden die Technik für sich gewinnbringend einsetzen können. Früher diente der Taschenrechner zur Ergebniskontrolle – heute gilt Gleiches für den Einsatz von Künstlicher Intelligenz. Für besser, als sie zu verteufeln, halten wir es, den Lernenden zu zeigen, wie sie damit umgehen können. Nicht, um ihre Hausaufgaben zu machen, sondern um sie zu kontrollieren.

Die Lehrkraft fotografiert beispielsweise eine Aufgabe und bittet im Unterricht die KI, diese vor den Augen der Lernenden zu lösen und zu erklären. Algebraische Aufgabenstellungen und andere numerische Berechnungen lassen sich meist durch direkte Anwendung von Formeln und Regeln lösen, was KI-Modelle besonders gut können.

Bei trigonometrischen Aufgaben, vor allem wenn sie auf Zeichnungen dargestellt sind, kommen zusätzliche Herausforderungen hinzu: Das Interpretieren und Verstehen der visuellen Darstellung erfordert nicht nur mathematische Kompetenz, sondern auch Fähigkeiten in der Interpretation der Darstellung. Die Lehrkraft weist auf den kritischen Umgang hin und führt dies beispielhaft an einer Aufgabe aus der Trigonometrie vor. Die KI liefert in diesem Fall eine kurze und fehlerhafte Lösung, was verständlicherweise bei den Lernenden Enttäuschung hervorruft. Das zunächst als Wundermittel erscheinende KI ist somit nicht perfekt.

Die Lehrkraft ermutigt die Lernenden dazu, mögliche Gründe für die fehlerhafte Lösung zu erörtern, und erläutert, weshalb die KI in diesem Kontext erhebliche Probleme hat. Es wird festgehalten, dass die KI eine wertvolle Unterstützung sein kann, dennoch jedoch stets kritisch geprüft werden muss, ob die gelieferten Antworten korrekt und sinnvoll sind.

7.4 Künstliche Intelligenz

Künstliche Intelligenz revolutioniert das digital gestützte häusliche Lernen, indem sie personalisierte Lerninhalte und -pfade für Schülerinnen und Schüler bereitstellt. Durch adaptive Lernplattformen kann KI den individuellen Fortschritt und die Bedürfnisse der Lernenden analysieren und entsprechende Empfehlungen geben. Virtuelle Tutoren, die auf KI basieren, bieten unmittelbare Unterstützung und beantworten Fragen rund um die Uhr. Darüber hinaus fördert KI interaktive und ansprechende Lernumgebungen durch den Einsatz von spielerischen Elementen und Simulationen. Diese Technologien ermöglichen es, den Lernfortschritt kontinuierlich zu überwachen und gezielt auf Schwächen einzugehen. So trägt KI dazu bei, die Effizienz und Wirksamkeit des häuslichen Lernens zu steigern und gleichzeitig die Motivation der Schülerinnen und Schüler zu erhöhen. Kurz gesagt, KI ist ein Schlüsselinstrument, um Bildung personalisierter und zugänglicher zu machen.

Ist Ihnen etwas an dem Abschnitt in dem Kasten aufgefallen? Nein? Er wurde nicht von uns geschrieben, sondern von einer Künstlichen Intelligenz (KI) erzeugt (Prompting siehe Abb. 7.4). Sie hat damit zwar noch nicht den Turing-Test[146] bestanden, aber wenn Ihnen nichts aufgefallen ist, dann zeigt das schon mal, wie mächtig KIs bereits heutzutage sind.

Man kann darüber diskutieren, was Intelligenz ist und inwiefern sie wofür und wobei eine Rolle spielt. Künstliche Intelligenz kann menschliche Intelligenz nur simulieren, nicht ersetzen. Weil es KI gibt, ist es zu einer wichtigen Kompetenz geworden, Ergebnisse künstlicher von Ergebnissen menschlicher Intelligenz unterscheiden zu können. Künstliche Intelligenz könnte man auch genauer als algorithmische Intelligenz bezeichnen, denn darin besteht die Künstlichkeit. Andererseits ist algorithmisches Denken auch Bestandteil menschlicher Intelligenz.

Wie arbeiten aktuell gängige KIs?

Viele KIs[147] (*ChatGPT, Gemini, Copilot ...*) sind sogenannte Large Language Models (LLMs). Sie sind darauf trainiert, menschliche Sprache zu „verstehen" und zu erzeugen. Allerdings ist „verstehen" vielleicht nicht das geeignete Wort, aber dazu später mehr.

Für die reibungslose Funktion eines LLMs sind zwei Hauptbestandteile von besonderer Bedeutung: eine immens große Datenmenge (zunächst waren das überwiegend Texte und daher Large Language) und Algorithmen[148], die mit Wahrscheinlichkeiten arbeiten. Diese Datenmenge kann z. B. das Internet sein. Allerdings gibt es auch thematisch sortierte Daten, auf die zuge-

146 Alan Turing formulierte bereits 1950 eine Vorgehensweise zur Feststellung, ob ein Computer (oder eine Maschine) ein dem Menschen gleichwertiges Denkvermögen hat. Vereinfacht gesagt führt ein menschlicher Fragesteller via Tastatur eine Unterhaltung mit zwei unbekannten Gesprächspartnern. Der eine Gesprächspartner ist ein Mensch und der andere eine Maschine. Kann der Fragesteller nach einer intensiven Befragung nicht herausfinden, welcher Gesprächspartner eine Maschine ist, gilt der Turing-Test als bestanden. Natürlich ist das obige Beispiel in diesem Sinne kein Turing-Test, weil es keine Möglichkeit gibt, Fragen zu stellen, und die Leserschaft davon ausgeht, dass wir das Buch geschrieben haben und nicht eine KI.

147 Wir sind Lehrkräfte und keine ausgewiesenen Experten auf diesem Gebiet. Die Darstellung ist stark verkürzt und vielleicht technisch oberflächlich. Allerdings geht es im Wesentlichen um die Funktion, damit Abschätzungen getroffen werden können, wie KI im Unterricht eingesetzt werden kann und wo sie ihre Grenzen hat.

148 Aus diesem Grund plädieren einige Forschende auf diesem Gebiet, statt von Künstlicher Intelligenz von Algorithmischer Intelligenz zu sprechen.

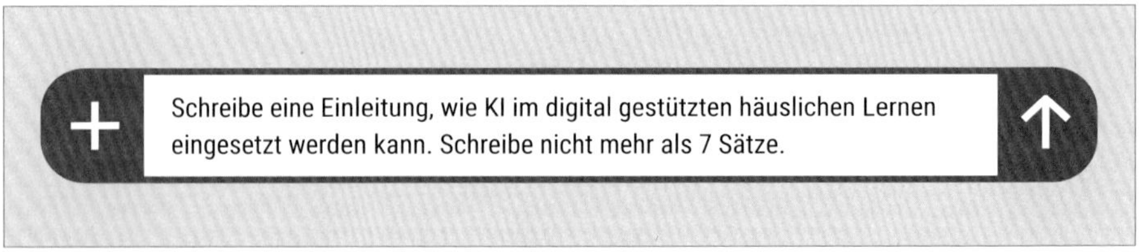

Abb. 7.4: Screenshot „Prompting“

griffen wird, um bessere Ergebnisse zu speziellen Themenbereichen zu erzeugen.

Welche Daten verwendet werden, ist nicht immer ersichtlich, mal abgesehen davon, wie es um das Urheberrecht der verwendeten Texte steht. Wurden eine oder mehrere Datenmengen ausgewählt, analysieren Algorithmen die in der Datenmenge enthaltenen Daten. Man sagt auch, dass das LLM trainiert wird.

Dabei werden Muster und Zusammenhänge in den Daten erkannt und gelernt. Dies geschieht durch maschinelles Lernen (ML) oder tiefe neuronale Netze (Deep Learning). Was technisch der Unterschied ist, möchten (und können) wir an dieser Stelle nicht weiter ausführen. Vielleicht ein Beispiel: Bei der Spracherkennung würde ein maschinelles Lernmodell vielleicht bestimmte Schlüsselwörter erkennen. Ein Deep-Learning-Modell könnte hingegen Kontext „verstehen“, Emotionen aus der Stimme erfassen und sogar neue Sprachmuster erlernen. Maschinelles Lernen ist wie ein Gärtner, der sorgfältig Pflanzen auswählt, den Boden vorbereitet und jede Pflanze individuell pflegt. Deep Learning wäre hingegen ein wild wachsender Wald, der durch natürliche Prozesse gedeiht und ein komplexes Ökosystem bildet.[149]

Diese Modelle verwenden Algorithmen und Wahrscheinlichkeiten, um Entscheidungen zu treffen oder Vorhersagen zu machen. Schauen wir uns das für das Beispiel Sprache an. Das LLM analysiert mithilfe von Algorithmen z. B. Wortfolgen oder ganze Satzsegmente und deren Wahrscheinlichkeiten. So folgt auf die beiden Wörter „Hänsel und“ sehr häufig *„Gretel“* und wahr-

149 Auch dieser Abschnitt wurde mit Unterstützung von KI am 18.02.2025 generiert. Folgende Prompts wurden getätigt: „Wie funktioniert eine KI?“ und „Was ist der Unterschied zwischen maschinellem Lernen und Deep Learning?“. Hierfür wurde Copilot von Microsoft verwendet. Als besonders beeindruckend empfinden wir die Metapher, die Aspekte aus der Biologie heranzieht, um den Unterschied zwischen maschinellem Lernen und Deep Learning zu verdeutlichen.

scheinlich ganz selten „*Gustav*“. Die Algorithmen verarbeiten die Eingabedaten und liefern eine Ausgabe basierend auf dem bereits „gelernten Wissen“.

Nach diesem Training erfolgt die Validierung. Dabei wird die KI mit neuen und unbekannten Daten konfrontiert, um sicherzustellen, dass sie korrekt funktioniert. Dieser Prozess verläuft zunächst automatisiert. Eine unvorstellbare Menge an Texten wird auf diese Weise analysiert und Wahrscheinlichkeiten werden erhoben.

Allerdings müssen die von einem LLM generierten Inhalte gesichtet werden, denn gerade am Anfang wird eine Menge Output erzeugt, der wenig Sinn ergibt, rassistisch, sexistisch oder in anderer Form verstörend ist. Diese Sichtung und Wertung des Outputs erfolgt oft von Menschen in Billiglohnländern[150] unter sehr fragwürdigen Bedingungen.

Nach dieser Sichtung erfolgt eine Verbesserung des LLMs und der Prozess erfolgt erneut, so lange, bis das LLM sinnvolle Texte ausgibt und auf den Markt[151] gehen kann.

Hierbei wird neben ethischen Fragen und der Ressourcenfrage auch ein Aspekt deutlich. Mit Intelligenz, wie wir Autoren es verstehen, hat dies wenig zu tun. Wenn man eine KI fragt: „Was ergibt zwei plus eins?“, dann rechnet die KI nicht im eigentlichen Sinn oder hat eine Zahlvorstellung, sondern sie spuckt das Ergebnis „drei“ aus, weil das Wort „drei“ am häufigsten auf die obige Fragestellung in der verwendeten Datenbank folgt.

Das heißt auch, dass die Antwort einer KI auf eine Frage nicht richtig ist, sondern sie kann mit hoher Wahrscheinlichkeit richtig sein. Demzufolge müssen Anwender einer KI die Antworten stets kritisch hinterfragen und abschätzen können, was sie damit anfangen.

Diese Kompetenz ist es, die wir den Lernenden vermitteln müssen. Das hat größere Bedeutung, als sie daran zu hindern, mithilfe von Künstlicher Intelligenz zu einer unzutreffenden Leistungsbewertung zu kommen.

KI in den Händen der Lehrkraft

Der Schutz von personenbezogenen Daten der Lernenden muss stets gewährleistet sein.[152] Wie kann KI sinnvoll und effizient angewendet werden? Die Lehrkraft kann sich durch ihren Einsatz mit höherwertigen Aufgaben be-

150 vgl.: https://www.tagesschau.de/wirtschaft/unternehmen/ki-klickarbeiter-100.html [Zugriff: 30.01.2025]

151 Marktreife bedeutet im Übrigen nicht, dass die KI dann nicht trotzdem ein verhältnismäßig engstirniges Weltbild vermittelt, welches durchaus auch rassistische und sexistische Tendenzen haben kann. Zur Erinnerung: Der Output einer KI hängt von der Datenbank ab, mit der sie trainiert wurde (vgl. Meckel/Steinacker 2024, S. 233 ff.). Zudem sei an dieser Stelle erwähnt, dass KI-Systeme nur unter Einsatz massiver ökologischer Ressourcen betrieben werden können (vgl. Meckel / Steinacker 2024, S. 259 ff.).

152 Hierzu mehr in Kapitel 7.7.

fassen, da die KI einen Teil ihrer Aufgaben übernimmt. Sie kann beispielsweise Ideen für den Unterricht liefern und somit bei der Unterrichtsplanung unterstützen.

Der Prompt[153] könnte z. B. folgendermaßen lauten: „Nenne mir fünf Möglichkeiten, quadratische Gleichungen in einer neunten Klasse einzuführen." Die KI wird fünf Möglichkeiten nennen und man entscheidet als Lehrkraft, ob man eine dieser Möglichkeiten auswählt, teilweise übernimmt oder alle verwirft.

Des Weiteren kann man von einer KI Materialien erstellen lassen. So ist es möglich, dass man sich Aufgabenstellungen[154] inklusive ausführlicher Lösung erzeugen lässt, welche man natürlich kritisch prüft, ob sie den Kriterien für gute Aufgaben (Kap. 8.3) genügen. Künstliche Intelligenz kann Modellierungsaufgaben[155] erstellen und lösen, einen Erwartungshorizont generieren sowie ein Bewertungsraster entwickeln. Auch hier gilt, dass die Lehrkraft die Ergebnisse sorgfältig überprüft und anpasst.

Außerdem kann KI Bilder generieren, welche problemlos eingesetzt werden können, da sie (noch) nicht dem Urheberrecht unterliegen.[156] Eine weitere Einsatzmöglichkeit ist, dass man komplizierte Texte vereinfachen lässt[157] und Lernenden, die sprachliche Schwierigkeiten haben, damit einen Zugang ermöglicht. Natürlich ist auch das Übersetzen in eine andere Sprache möglich.

Nicht zu unterschätzen ist die Möglichkeit, dass die Lehrkraft KI einsetzt, um Aufgaben der Organisation besser bewerkstelligen zu können. Briefe oder E-Mails sind mithilfe von KI teilweise schneller erstellt und unter Umständen sprachlich eleganter, als wenn man auf dieses Hilfsmittel verzichtet.

Denkbar ist auch, dass KI zur Differenzierung und Individualisierung eingesetzt wird. Schulbuchverlage werben bereits für KI-basierte Lernplattfor-

153 Ursprünglich ein Begriff aus der IT. Der Benutzer wird aufgefordert, eine Eingabe zu tätigen. In diesem Fall handelt es sich um eine Texteingabe für eine KI. Ein Beispiel dafür ist die Aufgabe an die KI, die daraufhin den Text im Kasten weiter oben erzeugt hat.

154 Ein Prompt könnte wie folgt lauten: „Erstelle fünf Aufgaben zum Thema quadratische Funktionen. Berücksichtige hierbei die Aspekte des produktiven Übens. Gib mögliche Lösungswege an." Die Ergebnisse sind durchaus brauchbar.

155 Man sollte hierbei bedenken, dass die Lernenden KI ebenfalls nutzen können, um die Modellierungsaufgabe zu lösen. Wir haben festgestellt, dass KI uns bekannte Modellierungsaufgaben in wenigen Sekunden lösen kann. Die Annahmen sind zum Teil besser als die eigenen, da die KI Zugriff auf Daten hat, die wir mühevoll recherchieren müssen. Die Lösungswege sind nachvollziehbar und das Fazit ist korrekt. Im Unterricht könnte man daher die Lösung der KI nach der Bearbeitung der Modellierungsaufgabe als weitere Lösung zur Diskussion stellen.

156 Eine KI ist keine natürliche Person und hat kein Recht auf Urheberschaft.

157 Wie anspruchsvoll ein Text ist, berechnet die KI aus der Anzahl der Wörter, der Anzahl der Sätze und der Anzahl langer Wörter.

men. Die Lernenden bearbeiten dort eine Auswahl an Aufgaben und bekommen von der KI neue Aufgaben zugewiesen. Diese Anwendung steckt zwar noch in den Kinderschuhen, kann aber schon in wenigen Jahren gängige Praxis geworden sein.

7.5 Das Medium Erklärvideo

Erklärvideos werden in der Literatur zum Teil auch als Lernvideos bezeichnet. Diese Bezeichnung vermeiden wir, weil das Format auf einen Wissenszuwachs ausschließlich über Nachvollzug abzielt und wir unter Lernen mehr Selbstaktivität verstehen. Lehrkräfte sollten sich damit beschäftigen, um sich zu informieren, welche Medien Lernende außerhalb des Unterrichts heranziehen,

- um den Lernenden gezielt gelungene Videos zu empfehlen,
- um sie selbst im Unterricht einzusetzen,
- um selbst Videos für die eigene Klasse zu produzieren.

Was versteht man unter einem Erklärvideo?

> „Erklärvideos sind eigenproduzierte, kurze Filme, in denen Inhalte, Konzepte und Zusammenhänge erklärt werden (Erklärvideos im engeren Sinne) oder Tätigkeiten und Prozesse demonstriert und kommentiert werden (Tutorial), jeweils mit der Intention, beim Betrachter ein Verständnis zu erreichen bzw. einen Lernprozess auszulösen"
>
> (Findeisen u. a. 2019, S. 18)

Die Videos können zu jeder Zeit und an jedem Ort genutzt werden, Lernende können sich quasi die Lehrkraft aussuchen, deren Erklärungen sie am besten verstehen, oder überspringen, was sie schon wissen. Sie können die Videos mehrfach oder zusammen mit ihren Eltern oder Mitlernenden anschauen.

Viele Erklärvideos, die wir uns in den vergangenen Jahren angesehen haben, wären geeignet, uns fachdidaktisch in die weit zurückliegende Vergangenheit zurückzuwerfen, und es wäre fatal, wenn die Lernenden unkritisch einer selbsternannten Lehrkraft im Internet mehr vertrauen oder mehr zutrauen als der Mathematiklehrkraft in der Schule.

Ein gutes Erklärvideo sollte keineswegs darauf beschränkt sein, die einzelnen Schritte allein wie eine „Rezept"-Anweisung darzubieten (Barzel / Schreiber 2017, S. 206). Man könnte das genannte Qualitätsmerkmal auch so formulieren: Erklärvideos sollten nicht nur beschreiben und vorführen, wie etwas geht, sondern auch begründen, weshalb. Und noch besser ist, wenn ein Erklärvideo auch beschreibt, wie etwas nicht geht oder noch anders gehen könnte.

Lineare Medien wie Erklärvideos verleiten schon durch die Technik zum Lehren durch Instruktion. Lösungswege können zwar bei Videos nicht offengehalten werden, aber auch linear können Alternativen aufgezeigt und Begründungen gegeben werden.

Qualität von Erklärvideos

Aus einer Anzahl von Studien zu Erklärvideos lassen sich Qualitätsmerkmale herausarbeiten und ableiten (Findeisen u. a. 2019, S. 17). Auf Internetportalen wie *mebis* (Medien, Bildung, Service) findet man Qualitätsmerkmale für Erklärvideos.[158] Diese können helfen, passende Erklärvideos für den Unterricht auszusuchen, und auch bei der Produktion eigener Videos unterstützend wirken. Wir können uns vorstellen, die Erstellung von Erklärvideos in die schulische Leistungsmessung einfließen zu lassen und spätestens dann bedarf es verbindlicher Qualitätsmerkmale (ausführlicher beschrieben in Storz/Schneider/Takin 2022, S. 195–199).

Segmentierung

Segmentierung ist in Verruf geraten (Ruf/Gallin 2011, S. 61/62), weil der Lernstoff von der Lehrkraft aus der Perspektive der Rückschau in Einzelteile zerlegt und bei den Lernenden Stein für Stein wieder aufgebaut wird.

Beim Einsatz von Erklärvideos ist es aber nicht die Lehrkraft, die die Steine wieder aufbaut, sondern die Lernenden suchen sich die Steine aus, die ihnen noch fehlen. Deshalb sollte ein konkretes, eng gefasstes Thema in kurzer Zeit möglichst umfassend präsentiert werden.

Empirische Studien legen nahe, dass ein Erklärvideo nicht länger als sechs Minuten dauern sollte.[159] Komplexere Themen werden in einzelne Videos unterteilt, also weiter segmentiert. Playlists in Form von Verweisen an Stellen, an denen es weitergehen könnte, stellen dann den Zusammenhang her. Jeder Lernende nutzt nur die Segmente, die für ihn persönlich relevant sind in der von ihm präferierten Reihenfolge.

Inhaltliche und didaktische Fundiertheit

Die Inhalte müssen fachlich richtig und didaktisch sinnvoll dargeboten werden.

158 vgl. mebis-Redaktion 2021, Qualitätskriterien von Erklärvideos, in: mebis – Landesmedienzentrum Bayern, URL: https://www.mebis.bayern.de/p/70182 [Zugriff: 07.02.2025]

159 vgl. Findeisen u. a. 2019, S. 16 – 36

Linearität

Wenn es zum Lernstand des Adressaten passt, kann ein gut gemachtes Erklärvideo als digitale Form des Lehrervortrags einen Lernfortschritt erzeugen, weil das Video von den Lernenden individuell genutzt werden kann, genau dann, wenn es gebraucht wird. Eine wirksame Strategie ist, wenn grundsätzlich jeder Begriff erklärt wird, also die Annahme, dass nichts von dem, was erklärt werden soll, schon bekannt ist (Jung 2020, S. 32) und alle Fachbegriffe in Unterrichtssprache übersetzt werden.

Videoperspektive

Wenn die erklärende Person Handlungen durchführt, sollten diese aus der Perspektive des Erklärenden gezeigt werden. Damit ist kein Perspektivenwechsel nötig und die Lernenden schauen der erklärenden Person quasi über die Schulter wie der an der Tafel agierenden Lehrkraft im analogen Unterricht.

Klarheit und Korrektheit

Ein klar benanntes Thema, ein aussagekräftiger Titel und eine Beschreibung des Inhalts sind hilfreich.

Person und Sprache

Emotionale Faktoren wie das Auftreten der Person im Video, deren Aussehen, die Stimmfarbe oder der Enthusiasmus beim Darlegen der Inhalte wirken sich auf die Qualität des Videos aus. Studien legen nahe, dass erklärenden Personen, die älter sind, mehr Kompetenz zugeschrieben wird als gleichaltrigen, was sich positiv auf den Lernerfolg auswirkt (Findeisen u. a. 2019, S. 30).

Das Sprachniveau sollte nicht zu komplex sein, der Satzbau einfach, Fremdwörter sollten vermieden werden. Eine ausgewogene Balance von Alltags-, Bildungs- und Fachsprache ist in Erklärvideos noch wichtiger als im Präsenzunterricht, weil die per Video erklärende Person auf keinerlei Rückmeldungen der Lernenden zugreifen kann.

Visualisierung der Inhalte

Durch unterschiedliche Darstellungsformen werden die Lernenden über unterschiedliche Kodierungskanäle angesprochen. Die erklärende Person sollte souverän zwischen der enaktiven, ikonischen und symbolischen Abstraktionsebene wechseln. Das Gesagte sollte mit dem Gezeigten immer übereinstimmen. Die Ästhetik und die Nutzerfreundlichkeit des Designs wirkt sich positiv auf die Emotionen, die Motivation und den Lernerfolg der Lernenden aus (Findeisen u. a. 2019, S. 30).

Einsatz interaktiver Elemente
Studien belegen, dass interaktive Elemente in Erklärvideos einen positiven Effekt auf den Lernerfolg haben können (Findeisen u. a. 2019, S. 30). Fast alle Erklärvideos sind allerdings linear aufgebaut und erfordern kaum Eigenaktivität der Lernenden, erlauben sie aber auch nicht.

B

Daniel Jung[160] nimmt sich 20 Minuten Zeit für die Aufnahme eines Erklärvideos: „Vier bis sechs Minuten. Länger nicht." Er arbeitet ohne Schnitt, schaltet die Kamera ein und dann dauert es zwei, drei Sekunden, bis er im Bild ist und beginnt. „Videos so schlicht wie möglich gestalten: ohne Effekte, ohne didaktische Spielchen. Einfach nur Mathe." Minimalstil: „Weiße Tafel, Stift. Keine Vorrede, kein Nachwort. Einfach nur: Thema. Erklären. Rechnen" (Jung 2020, S. 42).

Einsatz von Erklärvideos

Erklärvideos können und werden von Lernenden zu Hause aktiv eingesetzt. Darauf hat die Lehrkraft nur bedingt Einfluss. Es bietet sich aber an, dass sie gelungene Erklärvideos auswählt und zum Beispiel auf einem Lern-Management-System bereitstellt.

Erklärvideos können auch im Unterricht verwendet werden. Damit sind für die Lehrkräfte neue Aufgaben hinzugekommen:

> „Videos sichten, kuratieren, nach pädagogischen und didaktischen Kriterien filtern."
>
> (Google 2021b, S. 20)

Statt ständig dieselben Inhalte selbst zu erklären, kann die Lehrkraft Videos empfehlen. Die Lernenden können diese wiederholt anschauen, zurückspulen, Passagen überspringen und anhalten.

Eine Möglichkeit ist, sie als Differenzierungsmaßnahme einzusetzen. Es bietet sich beispielsweise an, in Übungsphasen hilfreiche Erklärvideos mit einem QR-Code zugänglich zu machen.

Findet sich kein geeignetes Erklärvideo, kann die Lehrkraft selbst eines produzieren. Allerdings schrecken viele Lehrkräfte davor zurück. Manche Lehrkräfte scheuen den vermeintlich hohen Zeitaufwand oder denken,

160 Nach eigenen Angaben gilt er derzeit als der meistgesehene Mathe-Online-Educator in Europa und als einer der meistgesehenen weltweit mit 180 Millionen Views (Stand 2019), prognostiziert für das Jahr 2022 eine Milliarde Views (Jung 2020, S. 28).

dass man viel Ausrüstung beziehungsweise komplizierte Software benötigt. Das ist aber nicht der Fall, Näheres findet man bei Storz / Schneider / Takin, S. 201 – 205.

7.6 Rechtliche Rahmenbedingungen

Hinweis zu diesem Kapitel

Die Autoren dieses Buches sind Lehrkräfte, keine Juristen, keine Informatiker und keine Techniker. Wir möchten einen Überblick[161] bezüglich der Thematik aus der Sicht von Lehrkräften geben und haben bei der Recherche große Sorgfalt walten lassen, übernehmen aber aus dem genannten Grund für die Vollständigkeit der hier dargelegten Aussagen keine Haftung. Jede Lehrkraft muss die datenschutzrechtlichen und urheberrechtlichen Aspekte zur Verwendung digitaler Medien, die exakt in ihrem Bundesland und für ihre Schulart relevant sind, im Detail selbst abklären.

Der Anschein von Kostenfreiheit im Internet ist eine vielfach wiederholte Erzählung. Dabei ist es nur eine Frage der Währung. Nicht mit Geld wird bezahlt, sondern mit der Preisgabe von Daten und der Bereitschaft, Zeit mit dem Konsum von Werbung zu verbringen und manipuliert zu werden.

Ausgeklügelte Algorithmen großer Technologieunternehmen sammeln Daten der Nutzerinnen und Nutzer, werten diese aus und erstellen individuelle Profile. Die Entwicklung und Weiterentwicklung digitaler Medien verlaufen dermaßen rasant, dass die Rechtsprechung Mühe hat, Schritt zu halten. Erst drei Jahrzehnte[162] nachdem die Nutzung des Internets für zivile Zwecke begann, wurde im Jahr 2016 im Europäischen Parlament die sogenannte Europäische Datenschutz-Grundverordnung (EU-DSGVO) verabschiedet, welche 2018 in Kraft getreten ist.

Ein angestrebtes Ziel dieser Verordnung ist die Wahrung der Grundrechte und Grundfreiheiten, insbesondere das Recht auf Schutz personenbezogener Daten.

161 Diese Kapitel ist eine verkürzte und aktualisierte Version des Kapitels 7 Rechtliche und technische Rahmenbedingungen in Storz / Schneider / Takin 2022, S. 146 – 168.

162 vgl.: „Chronologie des Internets“ in: Wikipedia – Die freie Enzyklopädie. URL: https://de.wikipedia.org/w/index.php?title=Chronologie_des_Internets&oldid=213826550 [Zugriff: 04.08.2021]

Aber um welche Daten geht es eigentlich?

Laut der EU-DSGVO werden unter personenbezogenen Daten „alle Informationen, die sich auf eine identifizierte oder identifizierbare natürliche Person (im Folgenden ‚betroffene Person') beziehen“[163] verstanden. Identifizierbar ist eine Person direkt oder indirekt „mittels Zuordnung zu einer Kennung wie Namen, zu einer Kennnummer, zu Standortdaten, zu einer Online-Kennung“.[164] Eine Person gilt ebenfalls als identifizierbar, wenn aufgrund eines oder mehrerer Merkmale (physisch, physiologisch, genetisch, psychisch, wirtschaftlich, kulturell oder sozial) Rückschlüsse auf ebendiese Person gezogen werden können.[165]

Die Datenschutz-Grundverordnung regelt, dass die Grundeinstellungen von Einverständniserklärungen technisch nicht so gestaltet werden dürfen, dass man durch eine pauschale Äußerung jeder Nutzungsart zustimmt.[166] Sondern jeder Nutzungsart muss einzeln zugestimmt werden; es reicht auch nicht als Zustimmung, wenn eine Nutzungsart nicht ausgeschlossen wird.

Im Bildungsbereich sind die Auswirkungen der EU-DSGVO gravierend. Denn Bildungseinrichtungen haben die Pflicht, personenbezogene Daten der Lernenden und des Personals zu schützen. Dementsprechend müssen beispielsweise Schulnetzwerke abgesichert werden, damit keine Daten von außen abgegriffen werden können oder dass die Lernenden keine nachverfolgbaren Datenspuren erzeugen.

Arbeit mit digitalen Medien im Mathematikunterricht

Zunächst sollten Sie überlegen, welche Hardware genutzt wird. Werden beispielsweise Medienwägen mit 30 Tablets verwendet, ist der Einsatz digitaler Medien verhältnismäßig unbedenklich. Warum? Die Tablets sind in der Regel nicht personalisiert.[167] Zwar werden Daten gesammelt, diese können unter Umständen einem Tablet zugeordnet werden, aber in der Regel nicht der Person, die das Tablet benutzt hat.

163 EU-DSGVO: Begriffsbestimmung Art. 4

164 ebd.

165 EU-DSGVO: Begriffsbestimmung Art. 25

166 EU-DSGVO 2: Verordnung (32)

167 Allerdings gibt es auch Schulen, bei denen sich die Lernenden mit dem Account anmelden, mit dem sie sich auch z. B. im Computerraum anmelden müssen. Dann ist die Situation eine andere. In diesem Fall sind die Tablets personalisiert und personenbezogene Daten könnten abgeschöpft werden.

Eine andere Situation ergibt sich, wenn es sich um sogenannte Tablet-Klassen handelt. In diesem Fall sind die Tablets personalisiert und personenbezogene Daten könnten abgeschöpft werden. Gleiches gilt für das Arbeiten im Computerraum, da die Lernenden meist einen personalisierten Account besitzen, und natürlich auch, wenn die privaten mobilen Endgeräte (BYOD[168]) genutzt werden. Nachdem man sich mit der Hardware auseinandergesetzt hat, betrachtet man die Software. Was benutzten die Lernenden überhaupt?

Relativ unbedenklich ist Software, für die kein Internet notwendig ist. Das können im Mathematikunterricht beispielsweise Tabellenkalkulationsprogramme sein. Allerdings müssen diese dann lokal auf den Geräten installiert sein und dürfen keine Cloud[169] nutzen. Problematisch wird es, wenn onlinebasierte Programme verwendet werden. Diese müssen dann der EU-DSGVO entsprechen.[170]

Ähnliches gilt für Apps. Wenn sie lokal auf dem Tablet installiert sind und das Tablet im optimalen Fall zu einem Medienwagen gehört, ist die Nutzung weitgehend unbedenklich. Ist allerdings ein Online-Account notwendig, wird es schon etwas komplizierter. Dann gilt es, darauf zu achten, dass die App der EU-DSGVO entspricht, womit viele Anbieter aus dem Bildungsbereich explizit werben. Zudem kann man sich überlegen, ob die Lernenden beim Erstellen des Accounts Klarnamen verwenden oder Pseudonyme, die gegebenenfalls nur für die Lehrkraft ersichtlich sind.

Eine weitere Kategorie sind browserbasierte Anwendungen. Wenn man auf solche Anwendungen zugreift, sollte man überprüfen, ob diese der EU-DSGVO entspricht. Oftmals muss man, um die Anwendung vollumfänglich nutzen zu können, einen Account erstellen. Dabei gelten die gleichen Überlegungen wie bei der Verwendung von Apps.

168 BYOD = **B**ring **Y**our **O**wn **D**evice: Das bedeutet, dass die Lernenden ihre eigenen mobilen Endgeräte in den Unterricht mitbringen, sich im WLAN der Schule einloggen und es nutzen. Diese kostengünstige Variante hat den Vorteil, dass die Lernenden sich sehr gut mit ihrem eigenen Gerät auskennen, aber es bringt auch Nachteile mit sich. Neben der Problematik mit dem Datenschutz kann es zu sozialen Herausforderungen kommen. Zudem muss sich die Lehrkraft auf unterschiedlichste Systeme einstellen und hat so gut wie keine Kontrollmöglichkeiten.

169 Clouddienste sind deshalb problematisch, weil die Daten oft unverschlüsselt auf Servern außerhalb der EU gespeichert werden. In diesem Fall gilt die EU-DSGVO nicht, sondern die Regelung des Landes, in dem der Server steht (z. B. den USA).

170 Ein problematisches Beispiel wäre *GoogleDocs*. Dem Nutzer dürfte hoffentlich klar sein, dass *Google* maximales Interesse an den Nutzerdaten hat und die Server überwiegend in den USA stehen. Eine Alternative ist https://cryptpad.fr/. Der Anbieter gibt an, dass die Daten verschlüsselt und in Frankreich gespeichert werden. Demzufolge würde die EU-DSGVO eingehalten werden.

Personenbezogene Daten der Lernenden

Nachdem wir die konkrete Unterrichtssituation betrachtet haben, werfen wir einen Blick auf den Umgang mit personenbezogenen Daten von Lernenden durch die Lehrkraft. Dazu zählen zum Beispiel Noten, Lernberichte, Protokolle von Elterngesprächen und vieles mehr.

Bei der Verarbeitung personenbezogener Daten müssen allgemein folgende Grundsätze[171] berücksichtigt werden:

- *Rechtmäßigkeit, Verarbeitung nach Treu und Glauben, Transparenz:* Die Daten dürfen nur verarbeitet werden, wenn dies rechtmäßig ist und in einer für die Person, deren Daten verarbeitet werden, nachvollziehbaren Weise geschieht.
- *Zweckbindung:* Personenbezogene Daten dürfen nur für festgelegte, eindeutige und legitime Zwecke erhoben werden.
- *Datenminimierung:* Es dürfen nur relevante Daten erhoben werden.
- *Richtigkeit:* Die Daten müssen sachlich richtig und auf dem neusten Stand sein.
- *Speicherbegrenzung:* Die Daten dürfen nur so lange gespeichert werden, wie es im Sinne der Zweckbindung erforderlich ist.
- *Integrität und Vertraulichkeit:* Die Daten dürfen nur in einer Weise verarbeitet werden, die eine angemessene Sicherheit gewährleistet.
- *Rechenschaftspflicht:* Der Verantwortliche muss die Einhaltung der Grundsätze im Zweifel nachweisen können.

Was bedeutet das nun für die Praxis?

Zunächst sollte man nur die Daten speichern, welche erforderlich sind. Für die Berechnung der Mathematiknote im Zeugnis ist die Religionszugehörigkeit beispielsweise nicht erforderlich. Es empfiehlt sich, die Daten regelmäßig zu überprüfen und nicht mehr benötigte Daten zu löschen.

Die Daten sollten z. B. durch ein Passwort geschützt werden, um Dritten den Zugang zu erschweren. Außerdem ist es sinnvoll, die Daten lokal und nicht in einer Cloud zu speichern. Leider erschwert dies das ortsunabhängige Arbeiten, aber ist wahrscheinlich am sichersten. Wer nicht auf die Cloud verzichten möchte, sollte darauf achten, dass sein Cloudanbieter die EU-DSGVO berücksichtigt.

Was die EU-DSGVO für die Schulen bedeutet, möchten wir an dieser Stelle nicht weiter ausführen, da dies den Rahmen sprengen würde und sich das Buch überwiegend an Mathematiklehrkräfte oder solche, die es werden wol-

171 sinngemäß nach EU-DSGVO: Begriffsbestimmung Art. 5

len, richtet und weniger an Schulleitungen. In unserem Buch *Mathematik digital unterrichten* haben wir diesen Aspekt näher beleuchtet.

Abschließend zu diesem Thema möchten wir noch mal einige Leitfragen auflisten, ohne den Anspruch auf Vollständigkeit bzw. rechtliche Absolutheit, sondern eher als Orientierung:

- Werden personenbezogene Daten im Sinne der EU-DSGVO gespeichert?
- Ist eine Registrierung seitens der Lehrkraft und / oder der Lernenden notwendig?
- Werden Daten seitens der Anwendung erhoben, gespeichert oder verarbeitet?
- Sind alle personenbezogenen Daten notwendig und zweckbezogen?
- Wo werden die Daten gespeichert?
- Befinden sich die Server innerhalb der EU?
- Werden die Daten an Dritte weitergegeben?

8 Qualität von Mathematikunterricht

Was Sie in diesem Kapitel erwartet:

Die Qualität von Mathematikunterricht ist ein Thema, mit dem man sich intensiv beschäftigen muss, denn sie droht an den Schulen nachzulassen. Gerade auch in Zeiten, in denen der Einzug der Digitalität vieles auf den Kopf zu stellen scheint und in denen aufgrund von Lehrkräftemangel Quereinsteiger zu Recht nach Orientierung suchen, denn auch sie wollen gute Arbeit leisten. In diesem Kapitel geben wir einen Überblick, was man unter Qualität von zeitgemäßem Mathematikunterricht verstehen kann, um der Leserschaft zu ermöglichen, Qualität gezielt zu benennen und einzelne Qualitätsmerkmale selbst zu priorisieren.

Sicht- und Tiefenstrukturen

Bei der Beurteilung der Qualität von Unterricht lassen sich Strukturen auf zwei Ebenen unterscheiden: der Sichtstruktur und der Tiefenstruktur.[172] Als Metapher für den Unterricht wird gern ein Baum mit Ästen für die Sichtstruktur und Wurzeln für die Tiefenstruktur verwendet (Abb. 8.1) oder auch die eines Eisbergs, bei dem sich der größere Teil, auf den es vor allem ankommt, unter der Oberfläche befindet.

Beide Strukturen sind miteinander verbunden und aufeinander angewiesen. Die Sichtstruktur betrifft das Planen und Organisieren des Lehrens, sie ist für die Lehrkraft oder Unterrichtsbeobachtung direkt wahrnehmbar.

> „Die Sichtstrukturen liefern den von der Lehrkraft auch fachmethodisch inszenierten und von außen beobachtbaren Rahmen des Unterrichtens, während die Tiefenstrukturen auch die fachliche Qualität der Auseinandersetzung mit den Unterrichtsinhalten und die tatsächlich stattfindenden fachlichen Lernprozesse der Schülerinnen und Schüler klären."
>
> (Wilhelm / Rehm / Reinhardt 2018, S. 16)

172 Die Begriffe „Sichtstruktur" (das Planen und Organisieren des Lehrens) und „Tiefenstruktur" (das Planen und Organisieren des Lernprozesses) gehen auf den Ansatz „Choreographies of teaching, Bridging instruction to learning" von Oser/Baeriswyl (2001) zurück. In der deutschsprachigen Literatur wird statt des Begriffs „Sichtstruktur" teilweise auch der Begriff „Oberflächenstruktur" verwendet.

Abb. 8.1: Metapher für Sicht- und Tiefenstruktur

Wie sich Lernende im Unterricht verhalten, welche Handlungen sie vollziehen, spielt sich in der Sichtstruktur ab und lässt sich beobachten. Die Tiefenstruktur dagegen betrifft das Lernen, und dieses ist nur von den Lernenden selbst wahrnehmbar. Wer was wann gelernt hat, bleibt der Lehrkraft und der Beobachtung meist verschlossen, schon deshalb, weil es sich bei jedem und jeder einzelnen Lernenden anders verhält. Über die Tiefenstruktur von Unterricht können Hoffnungen ausgesprochen und Vermutungen angestellt, aber selten gesicherte Erkenntnisse gewonnen werden. Trotzdem ist es hauptsächlich die Tiefenstruktur, die über die Qualität des Unterrichts entscheidet.

Lernziele sind Ausdrücke von Erwartungen und Hoffnungen von Lehrkräften. Beziehen sie sich auf die Sichtstruktur, dann sind sie leicht zu formulieren und ihre Erreichung ist gut nachzuprüfen. Aber die wichtigeren und wirksameren Lernziele betreffen die Tiefenstruktur. Ein Baum ohne Äste bleibt ein Baum, ein Baum ohne Wurzeln anscheinend auch, aber er fällt schon bei leichtem Wind um. Und ein Baum kann nur Früchte tragen, wenn er beides hat: gesunde Wurzeln und gesunde Äste.

Den „guten Unterricht“ im Sinne idealer Methoden und Sozialformen gibt es nicht. Wenn aber positive Merkmale vorhanden sind, ist ein mehr

Qualitätsmerkmale für Mathematikunterricht (aktualisiert nach Storz 2020)

Pädagogische Qualitätsmerkmale
- Klassenführung
- Vielfalt der Lernangebote
- Lernenden-Orientierung und Individualisierung (Adaptivität)
- Sicherung

Fachdidaktische Qualitätsmerkmale
- kognitive Aktivierung
- Verstehensorientierung
- konstruktiver Umgang mit Lösungswegen und Fehlern
- Durchgängigkeit

Fachmethodische Qualitätsmerkmale
- Differenzierung
- intelligentes Üben
- Kommunikationsförderung
- Aufgabenkultur

als additives Zusammenwirken umso wahrscheinlicher, je mehr dieser positiven Merkmale vorhanden sind. Erst ein Zusammenwirken mehrerer positiver Merkmale ergibt guten Unterricht. Die gute Lehrkraft bündelt positive Merkmale, setzt Prioritäten und profitiert von den verstärkenden Wechselwirkungen.

8.1 Pädagogische Unterrichtsqualität

Keine Lehrkraft in der Sekundarstufe ist nur Lehrkraft in ihrem Unterrichtsfach, sondern sie ist immer auch pädagogisch tätig und wirksam. Dass der pädagogische Anteil der Tätigkeit als Lehrkraft immer wichtiger wird und immer mehr in den Vordergrund rückt, hört man von erfahrenen Lehrkräften oft. Manchmal wird das negativ konnotiert mit Klagen wie „Man kommt ja gar nicht mehr zu …, weil man zuerst … muss“.

Aber eigentlich ist es nichts grundsätzlich Schlechtes, wenn im Vordergrund der Arbeit als Lehrkraft die Auseinandersetzung mit den anvertrauten Persönlichkeiten steht und erst dann mit dem „Stoff“, zu dem man ihnen einen Zugang vermitteln soll und will.

Klassenführung

Gute Klassenführung erkennt man an gegenseitig respektvollem Umgang, klaren und verbindlichen Rollenzuweisungen und Regeln. Verantwortung und Führung liegen bei der Lehrkraft, die sich bemüht, gerecht zu sein und effektiv handelt. Zudem agiert die Lehrkraft bevorzugt präventiv und nur selten reaktiv, und ihre Unterrichtsführung passt in die vorgefundene und vorbereitete Umgebung.

Zu guter Klassenführung gehört auch, dass die Lehrkraft in der Lage ist, mit den Lernenden zu vereinbaren, wann und wie Medien und Hilfsmittel genutzt werden und was damit im Unterricht gemacht und was nicht gemacht wird.

Das gelingt nicht immer vollständig, aber es gelang in der Vergangenheit auch nicht immer vollständig, dass alle Lernenden alles dabeihatten, was verlangt wurde, und dass sie im Unterricht nur das machten, wozu sie angewiesen wurden und was von ihnen erwartet wurde.

Wenn eine angehende Lehrkraft aber merkt, dass sie in Bezug auf Klassenführung Defizite aufweist, dann gilt es, solche Defizite zu beheben, bevor es sich überhaupt lohnt, über weitere Qualitätsmerkmale nachzudenken. Das ist auch der Grund, weshalb dieses Merkmal der häufigste Anlass ist, wenn Ausbildungsphasen von angehenden Lehrkräften verlängert oder womöglich abgebrochen werden, wenn sich nämlich die Klassenführung als problematisch herausgestellt hat.

Vielfalt der Lernangebote

Langeweile ist ein wirkmächtiger Förderer von Desinteresse und Demotivation. Das bedeutet nicht, dass es im Unterricht darum gehen soll, die Lernenden mit möglichst abwechslungsreichen Unterhaltungsangeboten zu bespaßen und ihre Reizüberflutung noch weiter zu befeuern.

Im Gegenteil. Weil Lernen individuell und die Zugänge dazu unendlich vielfältig sind, ist guter Unterricht ein Unterricht, in dem die Vielfalt der Lernangebote und Lernwege aufgrund der Unterschiedlichkeit der Beteiligten und ihrer Potenziale unaufdringlich genutzt wird. Verschiedene Lernwege werden geöffnet, nicht aufgedrängt.

Dabei ist die Basis jeder Vielfalt die Palette an Zielen, die erreicht werden müssen, sollen oder können, und die Vielfalt muss an ihrer Angemessenheit bewertet werden.

Zum Beispiel haben wir oft bei Unterrichtsbesuchen erlebt, dass die Vielfalt an Methoden, Medien und Unterrichtsphasen die Qualität der Unterrichtsstunde trotz hoher Qualität der Vorbereitung nahezu erschlagen hat.

Die alte goldene Regel „Nach spätestens zwanzig Minuten sollte in einer Unterrichtsstunde ein Wechsel der Methode und/oder der Sozialform stattfinden, weil sonst die Aufmerksamkeit nachlässt“ können wir bestätigen, sehen uns aber veranlasst, aufgrund der Erfahrungen in zahlreichen Unterrichtshospitationen am anderen Ende der Skala ebenfalls eine Marke zu setzen: „... aber insgesamt sollte eine 45 Minuten lange Unterrichtsstunde auch nicht in mehr als sechs Phasen aufgeteilt werden.“

Wenn hier also eine Vielfalt an Lernangeboten als Qualitätsmerkmal angeboten wird, dann unter den Einschränkungen, dass die Vielfalt erstens der Erreichung von Zielen dienen und zweitens angemessen sein muss.

Lernenden-Orientierung und Individualisierung (Adaptivität)

Mit Lernenden-Orientierung ist gemeint, dass sich die Lehrkraft bei Planung und Durchführung ihres Unterrichts konsequent an den Interessen, dem Vorwissen und der Aktivierung der Lernenden orientiert (Helmke 2015). Neue Lerninhalte bauen auf bereits Gelerntem auf und werden sorgfältig damit vernetzt.

Dass Lernwege sehr verschieden und wenig vorhersehbar sein können, wird respektiert. Lernen geht von vorhandenem Wissen aus, eigene Interessen und persönliche Zugänge spielen dabei eine große Rolle. Obgleich der Fokus auf dem Individuum liegt, nimmt die Lehrkraft eine aktive, initiative Rolle ein und leistet mehr, als die Lernenden nur zu begleiten. Sie stellt eine ausgewogene Balance zwischen Selbststeuerung aufseiten der Lernenden und Initiative, Instruktion und Unterstützung durch sich selbst als Lehrkraft her.

Oft wird Lernenden-Orientierung vereinfachend als eine Form von Offenheit verstanden, die gerade von Lehramtsanwärtern und von Anfängern gescheut oder gefürchtet wird. Lernenden-Orientierung, in welcher Phase auch immer, sei wenig planbar, weil die Lehrkraft sich schlecht darauf vorbereiten könne und unsicher sei, was „von den Lernenden kommen kann“.

Das ist nur zum Teil richtig. Auf abweichende Lernwege kann sich die Lehrkraft vorbereiten, indem sie für sich vorab alle möglichen Lösungswege systematisch zusammenstellt: richtige, elegante, umständliche, falsche. Dann ist sie gut vorbereitet und offen für die Reaktion auf Lernwege der Lernenden, für sinnvolle, falsche und umständliche.

Erst dann stellt sie sich Fragen wie: „Welches ist der nächste Schritt im Denken und Handeln des Kindes, und was hat die wissenschaftliche Erkenntnis bzw. die beste verfügbare Analyse der Lebenspraxis zu seiner Verwirklichung anzubieten?“ (Aebli 2011, S. 388).

Sicherung

Der erste Schritt, Lernergebnisse zu sichern, ist deren Identifizierung in Form von Lernzielen. Sicherung bedeutet, Maßnahmen zu initiieren, die dazu beitragen, dass der Ertrag des Unterrichts, den die Lehrkraft als Ziele definiert hat, nicht verloren geht, sondern reaktiviert werden kann.

Die Methoden der Sicherung können unterschiedlich sein: mündliche Wiederholung, schriftliche Fixierung, Kartenabfrage, interaktive Kontrollen. Gute Sicherung erkennt man

- daran, dass der Verständniskern gesichert wird;
- daran, dass echte Lernergebnisse gesichert werden, nicht Zwischenschritte;
- an der Vernetzung neuer Elemente des Wissens und Könnens mit vorhandenem Wissen und Können;
- am Bestandschutz für bereits gesichertes Wissen und Können;
- an zeitnahem erneutem Gebrauch des Gesicherten durch Übung.

8.2 Fachdidaktische Unterrichtsqualität

Kognitive Aktivierung

Wenn die Lernenden sich in Lehrproben Aufgaben aussuchen, diese bearbeiten, Lösungen kontrollieren, dann sich der nächsten Aufgabe zuwenden und dies alles diszipliniert und ruhig verläuft, entsteht rasch eine Zufriedenheit darüber, es sei gelungen, die Klasse zu aktivieren.

Es könnte aber auch sein, dass die Lernenden nur beschäftigt worden sind und sich nicht wirklich mit Mathematik auseinandersetzen, dass sie zwar aktiv sind, aber nicht unbedingt kognitiv aktiv.

Gehen wir dem Begriff der „kognitiven Aktivierung“ etwas auf den Grund: „kognitiv“ bedeutet nach Duden: „die Erkenntnis betreffend, erkenntnismäßig“. Wer Mathematikaufgaben löst, ist nicht zwingend kognitiv aktiv. Es kann auch sein, dass längst beherrschte Verfahren oder Routinen abgearbeitet werden.

Dass Lernende nicht hinreichend kognitiv aktiv sind, kann man zum Beispiel daran erkennen, dass eine entdeckte fehlerhafte Lösung unreflektiert durch die richtige ersetzt wird und keine weiteren Aktivitäten auslöst.

Wenn Lernende im Unterricht von sich aus kognitiv aktiv sind, ist das das Optimale, was einer Lehrkraft passieren kann. Aber für sich allein betrachtet, ist es noch kein Merkmal guten Unterrichts; vielleicht hat die Lehrkraft mit ihren Schülerinnen und Schülern einfach Glück gehabt.

Kognitive Aktivierung beinhaltet, dass es der Unterricht ist, der „die Lernenden zum Mitdenken, Nachdenken, Querdenken und Selberdenken anregen“ soll (Lambert in Vogel 2018, S. 71), beinhaltet also neben der eigenen Auseinandersetzung der Lernenden mit dem Lerninhalt, dass es der Unterricht ist, der die kognitiven Aktivitäten herausfordert und fördert.

Damit derartige Aktivierung gelingen kann, muss die Lehrkraft Lernstände analysieren und die Ziele des Unterrichts transparent halten. Sie muss die Lernenden „abholen", wo sie sind, was bedeutet, dass sie Vorwissen, Vorerfahrungen und Motivation treffend einschätzen können muss.

Und sie muss ihnen überzeugend zeigen, wo sie sie „hinbringen" möchte, muss also in der Lage sein, die Sinnstiftung adressatengerecht zu vermitteln. Sinnstiftung entsteht durch Kontexte, die selbst Fragen stellen, bedeutet, dass relevante Alltagsprobleme gelöst und Alltagsphänomene erklärt werden, und ist daran zu erkennen, dass die Lernenden nicht motiviert werden, sondern sind. Die Lernziele müssen nicht nur im Unterrichtsentwurf stehen, sondern den Lernenden transparent gemacht und von ihnen als erstrebenswert akzeptiert werden.

Lernendenorientierung und Zielklarheit schaffen günstige Bedingungen für kognitive Aktivierung. Auch geeignete und herausfordernde Aufgaben schaffen gute Voraussetzungen für kognitive Aktivierung, wenn es mit ihrer Hilfe gelingt, die Lernenden „dazu (zu) bringen, dass sie Sachverhalte und Zusammenhänge möglichst vielseitig visualisieren, reduzieren, elaborieren, korrigieren und recherchieren; dass sie ihr Vorgehen reflektieren und planen (vgl. Hattie 2009, Helmke 2012)" (Felten in Vogel 2018, S. 46/47). Kognitive Aktivierung beinhaltet also wesentlich mehr, als dass die Lernenden nur aktiv sind und man unterstellt, sie würden dabei denken.

Verstehensorientierung

Eine Lehrkraft möchte, dass die Lernenden das, was sie lernen, verstehen, das müsste eigentlich eine Selbstverständlichkeit sein. Andererseits lernen wir selbst unheimlich viele Dinge, die wir nicht einmal zu verstehen versuchen: die Geheimzahl unserer Kreditkarte, den Weg nach Hause, die Namen unserer Lernenden und wie sie stattdessen genannt werden möchten, die Anzahl der Spielwürfel, die wir im Unterricht ausgegeben haben und die wir danach wieder vollständig zurückhaben wollen. Wenn wir uns sicher sind, wie viele Würfel wir der Klasse gegeben haben, ist die Chance groß, sie auch wieder vollständig zurückzubekommen. Unverstandenes Wissen ist also nicht grundsätzlich wertlos.

Auch im Mathematikunterricht werden Dinge gelernt, die man nicht verstehen, aber wissen muss: Begriffe wie Quader und Quadrat, Regeln wie Punkt vor Strich, Verfahren wie schriftliche Multiplikation und Division.

Solche Wissenselemente sind abzugrenzen gegen den großen Rest, der verstanden werden muss. Verstehensorientierung schreiben wir einem Unterricht zu,

- in dem Fachbegriffe erst dann verwendet werden, nachdem dafür Grundvorstellungen aufgebaut worden sind;

- in dem angebotene und geförderte Vorstellungen vielfältig, passend und tragfähig sind;
- in dem der Aufbau neuer Vorstellungen nie damit verbunden ist, dass vorhandene Vorstellungen ersetzt werden müssen, sondern diese werden erweitert oder präzisiert;
- in dem Handlungserfahrungen ermöglicht werden als Basis für den Aufbau neuer Vorstellungen;
- in dem enaktive, ikonische und symbolische Darstellungsformen stets berücksichtigt und genutzt und zueinander in Beziehung gesetzt werden;
- in dem die Lehrkraft Kernideen anbietet;
- in dem die Lehrkraft zuerst fragt und zuhört, bevor sie invasiv erklärt;
- in dem zielführendes Miteinander und Nacheinander von Umgangssprache, Unterrichtssprache, Bildungssprache und Fachsprache gepflegt wird und nur Verstandenes fachsprachlich ausgedrückt wird;
- in dem Lernende selbstverständlich eigene Lernwege beschreiten und darin bestärkt werden.

Mathematik ist kumulativ, die Inhalte bauen aufeinander auf, es gibt wenige wirkliche Neueinstiege. Deshalb ist Mathematik stärker als andere Fächer auf das Verstehen angewiesen, im Mathematikunterricht „ist Verstehensorientierung gerade im Hinblick auf die langfristigen Lernprozesse absolut zentral“ (Prediger in Vogel 2018, S. 157).

Weil es in der Vergangenheit so viel Mathematikunterricht gab, der eben nicht auf Verstehen aufbaute, können Prominente ungestraft in der Öffentlichkeit bekunden, „in Mathematik habe ich nichts verstanden“, was dann wahrscheinlich auch zutrifft, und genau das sollte sich inzwischen für nachfolgende Generationen eigentlich geändert haben.

Konstruktiver Umgang mit Lösungswegen und Fehlern

Lösungswege werden grundsätzlich zugelassen und wenn überhaupt, dann erst im Nachhinein bewertet. Eine Lösung gilt erst dann als falsch, wenn der Lösungsweg gegen gemeinsam getroffene oder gelernte Vereinbarungen verstößt. Lösungswege dürfen umständlich, unüblich oder wenig elegant sein, nur nachweislich falsche Lösungsschritte werden für den künftigen Gebrauch versperrt.

Fehler werden nicht als Störfaktoren erlebt, sondern als selbstverständliche Bestandteile des Lernens. Deshalb werden Fehlerquellen nicht im Voraus aus dem Weg geräumt, sondern im Gegenteil werden lernzielfördernde Fehlerquellen von Lehrkräften bewusst gesucht, gefunden und genutzt. Korrekturen von Fehlern sind stets mit Begründungen verbunden.

Einen Lösungsweg zu finden und ihn zu beschreiben, wird höher bewertet als das fehlerfreie Beschreiten eines vorgegebenen Lösungswegs und das Finden der Lösung oder einer Lösungszahl. Lösungszahlen, Lösungen und Lösungswege werden unterschieden, wobei Lösungszahlen aus diesem Trio am uninteressantesten sind.

Grundsätzlich werden keine möglichen Lösungswege versperrt, auch nicht, wenn sie der Lehrkraft zu einfach oder anspruchslos erscheinen. Lernenden-Äußerungen wie „ich kenne da eine App" gehören nicht in die Schmuddelecke unerlaubter Hilfsmittel. Denn sie sind genau das: die Anwendung der heuristischen Strategie, Hilfsmittel zu nutzen: „Was lässt sich aus dem Gegebenen unmittelbar berechnen? Mit welchen Hilfsmitteln (Formeln o. Ä.) ist dies möglich?" (Bruder/Collet 2011, S. 107).

Digitale Medien und Geräte sind oft so aufgebaut, dass das Machen von Fehlern als normale oder oft sogar einzige Lernstrategie für deren Bedienung angeboten wird. Sie werden intuitiv bedient und man lernt ihren Gebrauch, indem man einfach probiert, was passiert, wenn man die Eingabeelemente betätigt.

Ältere Nutzer haben damit oft Probleme, weil sie es gewohnt sind, möglichst geführt von einer schriftlichen Bedienungsanleitung, Schritt für Schritt die Nutzung eines Geräts beigebracht zu bekommen. Aber Unterricht wird für junge Nutzer gemacht, für die es normal ist, durch Probieren und Spielen zu lernen. Die Diskussion, ob Probieren eine legitime Problemlösungsstrategie sei, sollten wir beenden, auch wenn es sich nicht um „systematisches Probieren" (Bruder/Collet 2011, S. 70) handelt, sondern um diffuses und chaotisches.

Durchgängigkeit der Inhalte

Lernen in Mathematik ist immer ein Weiterlernen. Eine unbedingte Voraussetzung für neues Verstehen ist der Bestandschutz für bereits Verstandenes. Wenn Lernende aufgefordert oder gezwungen werden, bereits Gelerntes „anders" zu verstehen, erschüttert das ihr Vertrauen in die Richtigkeit dessen, was sie schon verstanden haben, und verhindert damit genau langfristiges Lernen.

Das wirkt sich bis ins Erwachsenenalter aus und bleibt als Überzeugung, Mathematik noch nie verstanden zu haben, in der Selbstwahrnehmung haften. Dabei ist Mathematik oft anfangs sehr wohl verstanden worden, denn sie ist verständlich aufgebaut. Das Verständnis brach erst irgendwann ab, wenn die Durchgängigkeit unterbrochen wurde.

Mathematik wird den Lernenden in der Schule als aufeinander aufbauend vermittelt, weshalb es ihnen schwerfällt, neue Inhalte zu verstehen, wenn sie bei alten Inhalten Verstehenslücken haben, solche nur unterstellt werden oder ihnen gesagt wird, was sie in der Vergangenheit gelernt hätten, gelte nicht mehr.

Durchgängigkeit der Darstellungen

Beim Aufbau neuer Grundvorstellungen muss darauf geachtet werden, dass diese nicht mit bereits vorhandenen Vorstellungen kollidieren, sondern dass neue Vorstellungen bereits bestehende erweitern oder präzisieren.

Zur Veranschaulichung des Zahlbegriffs werden in der Primarstufe Darstellungen verwendet wie: Einerwürfel, Zehnerstange, Hunderterplatte, Tausenderwürfel: Würfel, Stange, Platte, dann wieder Würfel (siehe Kap. 5.2). Damit wird auf der Basis der Dreidimensionalität eine Vorstellung für das dezimale System unterstützt. Zehnersprünge und Hundertersprünge beim Addieren und Subtrahieren können damit veranschaulicht werden: eine Zehnerstange wird voll oder eine neue Hunderterplatte muss angebrochen werden und so weiter. Die Vorstellung scheint endlich zu sein, weil sie vermeintlich bei der Zahl 1000 endet.

Das stimmt aber nicht. Denn aus zehn Tausenderwürfeln wird eine Zehntausenderstange, aus zehn Zehntausenderstangen wird eine Hunderttausenderplatte und aus zehn Hunderttausenderplatten wird ein Millionenwürfel. In gleicher Weise folgen Milliardenwürfel, Billionenwürfel usw.; das lässt sich endlos fortsetzen und ist deshalb tatsächlich eine tragfähige Vorstellung für das gesamte dezimale Stellenwertsystem und nicht nur für den Zahlenraum bis 1000.

Man muss diese Vorstellung nur nutzen. Dass sie sich zeichnerisch ab einem gewissen Punkt nicht mehr darstellen lässt, schadet nicht, denn es ist ja eine Vorstellung und es gibt noch Stellenwerttafeln. Nach drei Spalten in der Stellenwerttafel folgen neue Namen.

Es gibt aber eine Stolperstelle, die die Lernenden zwingt, auswendig zu lernen, statt zu verstehen. Denn die durchgängigen Bezeichnungen für die großen Zahlennamen wären der Vorstellung der Dreidimensionalität folgend Million, Billion und Trillion (Bi- für zweimal und Tri- für dreimal den Faktor 1000 angewendet). In den USA und im englischen Sprachraum ist das auch so.

In unserem Sprachraum wurde irgendwann im 17. Jahrhundert von der Durchgängigkeit der Zahlennamen abgewichen. Das war eine nachhaltige Entscheidung, denn bis in unsere Zeit behindert sie den Aufbau von Vorstellungen für sehr große Zahlen. Dass ab der Million nur zwei sich entsprechende Zahlennamen verwendet werden (Million / Milliarde, Billion / Billiarde) widerspricht der Durchgängigkeit, was die einzelne Lehrkraft zwar nicht ändern kann, aber es ist hilfreich, wenn es ihr bewusst ist.

Jenseits der Eins trägt die Vorstellung so weit wie rechts der Eins: Ein Würfel besteht aus Zehntel-Platten, aus Hundertstel-Stangen und aus Tausendstel-Würfeln. Weil von der Eins als Einheit nicht vergröbert, sondern verfeinert wird, ist die Reihenfolge der Multiplikatoren-Namen umgekehrt. Bei Milliardstel hätten wir dann dasselbe Problem wie oben beschrieben. Weitere Beispiele für Durchgängigkeit von Darstellungen:

- Rechteckfeld für Multiplikation, Distributivität, binomische Formeln, Wahrscheinlichkeit, Flächeninhalt, Integral (Ademmer u. a. 2024, S. 15);
- Streifendarstellungen für Anteile, Prozente, Bruchzahlen, Zinsrechnung, Wachstum (Holzäpfel u. a. 2024, S. 5);
- Zahlenstrahl für natürliche, ganze, rationale, reelle Zahlen;
- Koordinatensystem für die Ortsbestimmung und Darstellung von Zuordnungen im zweidimensionalen und dreidimensionalen Raum;
- Stellenwerttafel für Zahlen und für Größeneinheiten;
- Venn-Diagramme für Begriffsstrukturen und Wahrscheinlichkeiten.

Bei der Auswahl von Darstellungen sollten immer diejenigen Darstellungen bevorzugt werden, die gut fortgesetzt werden können, gute Möglichkeiten des Anknüpfens bieten und die wenig Lücken enthalten, die Aufarbeitungsbedarf erzeugen (Holzäpfel u. a. 2024, S. 3).

Durchgängigkeit der Schularten

Der Grundgedanke eines dreigliedrigen Bildungssystems im Westdeutschland der Nachkriegszeit war die Volksschule, auf die „das Volk" geschickt wurde, also fast alle. Je nach Bundesland nach vier oder sechs Jahren konnten besonders begabte Kinder auf eine „mittlere" oder „höhere" Schule wechseln.

In der DDR besuchten alle Lernenden dieselbe Schulart, der Übertritt in die darauf aufbauende Schule war erst später möglich als im Westen und nicht alternativ, sondern additiv.

Die Volksschulen im Westen wurden später in Grund- und Hauptschulen umbenannt, was ihren Auftrag besser beschrieb. Die Schule vereinte Grundschule und Hauptschule, also Primarstufe und „niedrige" Sekundarstufe in einem Gebäude, mit einem Kollegium und einer Schulleitung. Zwar wurden die Lehrkräfte schwerpunktmäßig in einer der Stufen eingesetzt, hatten auch auf einem Stufenschwerpunkt studiert, aber es gab Überschneidungen.

Diese Überschneidungen waren vor allem personeller Art, die Lehrkräfte betreffend, wirkten sich aber auch auf den fachlichen Austausch aus. Eine Mathematiklehrkraft der Hauptschule bekam automatisch mit, was die Lehrkräfte in der Grundschule machten und umgekehrt, weil man im Lehrerzimmer nebeneinandersaß. Wo es sinnvoll war, nutzte man dieselben Medien in beiden Schularten. Grund- und Hauptschulen waren vor allem pädagogisch erfolgreich, weil sie ihren Auftrag im Sinne des Stufenmodells (Abb. 8.2 weiter unten) verstanden und umsetzten und weil das Verhältnis zwischen Lernenden und Lehrkräften von hoher Kontinuität gekennzeichnet war. An Waldorfschulen ist das bis heute noch so.

Leider verlor die Schulform Hauptschule bei Lernenden-Eltern zunehmend an Akzeptanz, sodass viele Grund- und Hauptschulen zu reinen Grundschulen umgebaut wurden. Damit ging aber ein wichtiges Merkmal der ehemals vereinten Schularten verloren, die Durchgängigkeit.

Verstärkt wird dieser Mangel durch die Trennung der Lehrämter. Heute wird man Primarstufenlehrer oder Sekundarstufenlehrer oder Gymnasiallehrer, entscheidet sich also für die Altersstufe der Lernenden und nicht für eine gesellschaftliche Zugehörigkeit, die zu Recht nicht erwünscht wird, wird allerdings immer noch danach bezahlt (also doch wieder gesellschaftliche Zuordnung?).

Konsequenz aus dieser Situation ist die Notwendigkeit der Kooperation von Schularten, die aufeinander aufbauen, die, wenn überhaupt, meistens nur ansatzweise stattfindet. Die Durchgängigkeit zwischen aufeinander aufbauenden Schularten sehen wir als wichtige Chance, den Ertrag schulischer Bildung zu verbessern. Es kann nicht sein, dass die Grundschule abgeschlossen wird, und dann fängt die aufbauende Schulart bei Null an, als ob davor nichts gewesen wäre. Wir hoffen, die Leserschaft nicht durch einen erneuten Hinweis auf die Rechenverfahren des Subtrahierens (Kap. 4.1) zu langweilen.

8.3 Fachmethodische Qualitätsmerkmale

Differenzierung

Differenzierung meint den Umgang mit Heterogenität, die es immer gibt, und beinhaltet die Passung von Unterricht, Lernvoraussetzungen und Lernmöglichkeiten mit allem, was dazu dient, das schulische Lehren dem Denken und Können der Lernenden möglichst individuell anzupassen (Storz 2014). Differenzierung ist immer notwendig, sobald mehr als ein Lernender oder eine Lernende beteiligt sind, und es geht dabei um mehr als um Zusatzaufgaben für die leistungsfähigeren und Hilfen für die schwächeren Lernenden. Differenzierung umfasst,

- dass leistungsstarke Lernende in gleichem Maße gefordert wie leistungsschwache gefördert werden;

- dass die Lehrkraft bewusst und adressatenbezogen zwischen Alltags-, Bildungs- und Fachsprache wechselt;
- dass Wechsel der enaktiven, ikonischen und symbolischen Darstellungsform gezielt genutzt werden;
- an die Leistungsfähigkeit der Lernenden gekoppelte Leistungserwartungen.

Für Lehrkräfte, die mit der Nutzung digitaler Medien vertraut sind, ist Differenzierung einfacher geworden, weil sie vorhandene Materialien kennen und niederschwellig zur Verfügung stellen können. So können Lösungen kontrolliert, automatisierte Rückmeldungen gegeben, Hilfen angeboten und weiterführende Aufgaben zugeordnet werden, ohne dass die Lehrkraft das im Einzelfall selbst veranlassen muss. Dadurch ergeben sich Freiräume, die von den Lehrkräften genutzt werden können, um sich gezielt um einzelne Lernende zu kümmern.

Intelligentes Üben

Es gibt nur wenige Lernende, die freiwillig üben, und wenn doch, dann meistens zu Hause. Üben im Mathematikunterricht ist fast immer durch zeitlich und inhaltlich passende Initiativen der Lehrkraft veranlasst. Deshalb trägt auch die Lehrkraft die Verantwortung dafür, dass intelligent geübt wird.

Üben hat nur einen Sinn, wenn dadurch Verbesserungen zu erwarten sind. Wer übt, was er oder sie schon sicher kann, reproduziert, wird also nur beschäftigt, und verliert möglicherweise das Interesse an einer Sache, die sie oder ihn fasziniert hat, als die Sache noch eine Herausforderung bedeutete.

Es gibt nicht nur abstumpfende und langweilige, weil gleichförmige Übungen, sondern auch solche mit interessanten Variationen und mit Entdeckungsmöglichkeiten für Neues.

Jahrelang haben wir immer wieder die Übungen in Schulbüchern analysiert und dabei festgestellt, dass in der Tat das intelligente Üben stetig im Vormarsch ist, wenn auch noch Luft nach oben bleibt[173]. Intelligentes Üben erkennt man

- am Einsatz von operativen und produktiven Übungsaufgaben;
- daran, dass Übungsaufgaben so einfach anfangen, dass allen Lernenden ein Zugang möglich ist, und Teilanforderungen enthalten, die nur wenige Lernende erfüllen werden, die also differenzieren können;

173 Friedrich Zech unterscheidet Verständnisübungen, stabilisierendes Üben, operatives Üben, automatisierendes Üben, anwendungsorientiertes Üben und Wiederholungsübungen (Zech 1977/1996, S. 208). Nachdem Zech sein Buch geschrieben hat, sind noch die produktiven und die differenzierenden Übungen hinzugekommen.

- daran, dass die Aufgaben Entdeckungsmöglichkeiten enthalten, die über den eigentlichen Übungsgegenstand hinausreichen;
- daran, dass nicht selektiv, sondern vernetzt geübt wird.

„Lernen wir noch, oder üben wir schon?" Wir sind sehr dafür, die Kernprozesse des Mathematiklernens (vgl. Kap. 5.8), in denen das Üben „Vertiefen" heißt, trennscharf abzugrenzen. Denn man kann nur üben, was man schon gelernt hat. Üben ist eine gezielte Wiederholung von einem Teil der Abläufe, die beim Lernen stattgefunden haben. Das bedeutet nicht, dass wir Lernen und Üben organisatorisch trennen wollen, im Gegenteil: Damit neu Gelerntes ins Langzeitgedächtnis gelangen kann, sollte davon innerhalb von zwanzig Minuten, also in derselben Unterrichtsstunde, erneut Gebrauch gemacht werden (Heymann 1998). In jeder Unterrichtsphase sollte der Lehrkraft klar sein, ob und wann ihr didaktischer Fokus auf dem Lernen oder dem Üben liegt.

Kommunikationsförderung

„Kommunikation untereinander und mit der Lehrkraft ist essenziell zum Mathematiklernen" (Holzäpfel u.a. 2024, S. 3). Diesem Satz müssten wir eigentlich zustimmen. Aber gibt es nicht diese lichtscheuen Einzelgänger, die sich in Büchern vergraben und in einsamen Gedankenwelten versinken, während sie Mathematik lernen, damit erfolgreich sind, über Mathematik immer mehr wissen und immer weniger über den Rest der Welt? Doch, die gibt es.

Der Kontext ist hier ein anderer. Es geht weniger um das freiwillige hingebungsvolle Lernen Einzelner zu Mathematik, sondern darum, wie man organisieren kann, dass Personen Mathematik lernen, die nicht unbedingt von sich aus auf die Idee gekommen sind, sondern die Mathematik deshalb lernen, weil sie in einem Alter sind, in dem die Gesellschaft genau das von ihnen erwartet, damit sie ihr und sich selbst später nützlich sind. Für diesen Personenkreis ist Kommunikation über Mathematik wichtig.

Die Kommunikationsförderung hat also weniger mit Mathematik zu tun als mit Methoden, Mathematik zu lehren. Kommunikation war schon immer ein wesentlicher Faktor des Wissenserwerbs:

- klassischer Briefwechsel;
- Telefonate;
- Diskussionen, Debatten und Unterrichtsgespräche;
- E-Mail-Kommunikation;
- Videokonferenzen;
- Podcasts;
- Nutzung sozialer Netzwerke.

Dabei besteht ein wesentlicher Unterschied, ob die Kommunikation synchron (gleichzeitiger Informationsaustausch) oder asynchron (zeitlich versetzter Informationsaustausch) erfolgt (Zumbach 2021, S. 82). Auf synchrone Kommunikation kann spontan reagiert werden, was für kooperative Lernformen enorme Vorteile bietet. Demgegenüber hätte sich mancher Politiker in der Vergangenheit weniger oft entschuldigen müssen, wenn die Kommunikation in sozialen Netzwerken nicht synchron wäre.

Denken wir an das didaktische Dreieck aus Lernenden, Lehrkraft und Lerninhalt, dann sollten wir nicht vergessen, dass es Konstellationen gibt, in denen die Lehrkraft überflüssig wird, und wenn wir ehrlich sind, ist das doch eigentlich der Idealfall. Kommunikation ist überall sinnvoll und wichtig, aber was zählt, ist die Qualität der Kommunikation.

Kommunikationsförderung bedeutet, über Mathematik zu sprechen (Holzäpfel u. a. 2024, S. 3), fördert die prozessbezogenen Kompetenzen *Mathematisch argumentieren* und *Mathematisch kommunizieren*, also das gemeinsame Bearbeiten von Aufgaben und den Austausch über Lösungswege und Strategien. Teil der Kommunikation ist der korrekte Gebrauch von Fachsprache. Unterstützt wird sie unter anderem durch Methodeneinsatz wie *Ich – Du – Wir* und den Einsatz von digitalen Medien.

Kommunikationsförderung ist auch begründet in den Erwartungen, die die Gesellschaft an die Erträge von Bildung stellt. Sie steht für zwei der vier Dimensionen der Bildung[174]: Kommunikation und Kooperation. Dazu gehört die Bereitschaft zu Kommunikation und Kooperation sowie die entsprechenden Fähigkeiten.

Aufgabenkultur

Aufgaben sind keine Beschäftigungsmaßnahmen, und sollten auch in ungünstigen Situationen nicht dazu verkommen, sondern sie dienen dazu, kostbare Lernzeit zielorientiert zu initiieren und zu strukturieren, ob sie nun kooperativ oder singulär verbracht wird. Die Lehrkraft erstellt oder wählt Aufgaben in der Regel in entspannten, kontemplativen Situationen aus, so dass es ihr leicht möglich ist, hinsichtlich der Aufgaben hohe Qualität zu erreichen.

Aufgaben sollten zielführend ausgewählt werden und die Lehrkraft muss mit ihnen vertraut sein. Jede Lehrkraft kennt die Situation, dass spontan und kurzfristig ein Kollege oder eine Kollegin vertreten werden muss und einem selbst die Aufgaben nicht vertraut sind, die die Lernenden bearbeiten. Das

174 4 K-Skills: Kreativität, Kritisches Denken, Kommunikation, Kollaboration. Dargestellt in Fadel u.a. 2017, S. 129 – 141

führt dann oft dazu, dass die Lernenden zwar beaufsichtigt und improvisierend beraten werden, aber das verdient in der Regel nicht die Bezeichnung „Unterricht". Wann immer möglich, stellen Aufgaben Alltagsbezüge her, dennoch sind gute Aufgaben mit rein innermathematischem Kontext gegenüber solchen mit unrealistischem oder fehlerhaftem Realitätsbezug zu bevorzugen.

Aufgaben transportieren didaktische und methodische Entscheidungen. Solange das Schulbuch Leitmedium ist, unterwirft sich die Lehrkraft damit zu einem gewissen Maß der Konzeption des Schulbuchs. Mit Aufgaben, die die Lehrkraft selbst konstruiert und erstellt hat, können die Lernziele leichter erreicht werden als mit dem Abarbeiten von Aufgabenplantagen.

Aufgaben sollten fachlich und sprachlich so einfach aufgebaut sein, dass allen Lernenden ein Einstieg möglich ist. Umgekehrt sollte bei differenzierenden Aufgabenangeboten die Passung gewährleistet sein. Lernende, die Aufgaben bearbeiten, die sie nicht verstehen, haben davon genauso wenig wie andere, die unterfordert sind.

Eine große Auswahl an Mathematikaufgaben steht im Internet zur Verfügung, oft kostenfrei. Auf Online-Plattformen[175] tauschen Lehrkräfte Materialien, also hauptsächlich Aufgaben oder Aufgabenensembles aus. Die Qualität ist dabei nur bei einem Teil der Materialien geprüft, wie zum Beispiel auf den Bildungsservern der Bundesländer, der größere Teil aber nicht.

Und schließlich hat die Lehrkraft die Möglichkeit, Aufgaben mithilfe von Künstlicher Intelligenz zu erzeugen, was den Vorteil hat, dass sie sehr genau sagen kann, was sie von den Aufgaben erwartet. Der Lehrkraft kann die Verantwortung nicht abgenommen werden, alle Materialien, die sie zu Unterrichtszwecken einsetzt, selbst zu überprüfen.

Wenn Aufgabenplantagen zum ausschließlichen Eintrainieren von Verfahren, wie sie aus den Schulbüchern weitgehend verschwunden sind, auf digitalen Wegen in den Unterricht zurückkehren würden, wäre das sicher ein Rückschritt.

175 Hier gibt es unterschiedliche Anbieter, welche die Materialien teilweise kostenfrei, teilweise kommerziell, teilweise geprüft und teilweise ungeprüft offerieren. Z. B. eduki.com/de oder 4teachers.de. Digitales Material von Kollegen für Kollegen, aber ohne Qualitätssicherung, gibt es reichlich z. B. bei learningapps, learningsnacks, kahoot, mathebattle.de. Weiterhin gibt es Anbieter, die großen Wert auf OER-Materialien legen. Hier sind zum Beispiel die Suchmaschine für freie Bildungsmaterialien wirlernenonline.de, die Zentrale für Unterrichtsmedien zum.de und die Landesbildungsserver zu nennen.

8.4 Bewertung von Unterricht – wofür bekommt man als Lehrkraft eine gute Note?

Qualität auf der Sichtstruktur ist leichter beobachtbar als in der Tiefenstruktur, wirksame Unterrichtsqualität manifestiert sich aber hauptsächlich in der Tiefenstruktur. Aus empirisch gewonnenen Erkenntnissen lässt sich schließen, dass ein in der Tiefenstruktur anspruchsvoller Unterricht erst dann erfolgreich sein kann, wenn die Qualität in der Sichtstruktur gegeben ist (Pietsch 2013, S. 26). Erfolgreich inwiefern?

Eine Lehrkraft, die eine Bewertung vor sich hat, muss also zunächst für gute Sichtstruktur sorgen, bevor sie eine gute Tiefenstruktur anbieten und durchsetzen kann. Lehramtsanwärter müssen zunächst lernen, Unterricht gut zu organisieren, um dann in gut organisiertem Unterricht durch methodisch und später didaktisch zielgerichtetes Handeln eine gute Tiefenstruktur zu fördern, die aber leider nicht so leicht nachprüfbar ist. In Studien wurde nachgewiesen, dass es ohne gute Klassenführung keine gute Unterrichtsqualität gibt.[176]

Eine Lehrkraft, die inhaltlich schlechten Unterricht gut organisieren kann, ist fast immer erfolgreicher in der Bewertung als eine Lehrkraft, die inhaltlich guten Unterricht schlecht organisiert, zumindest was die kurzfristig beobachtbaren Lernergebnisse anbelangt.[177] Ziel muss aber ein gut organisierter inhaltlich guter Unterricht mit nachhaltiger Wirkung sein.

Will man also Qualitätsmerkmale für Mathematikunterricht in der Praxis für Selbstevaluation, Beratung oder Bewertung anwenden, dann kommt man nicht umhin, sie zu hierarchisieren und zu gewichten, und wenn es nur aus prüfungstaktischen Erwägungen ist.

Ein Werkzeug für solch eine Hierarchisierung ist das (empirisch begründete) Hamburger Stufenmodell mit vier Abstufungen für von Stufe zu Stufe steigende bewertungsbezogene Unterrichtsqualität:[178]

- Lehrerpersönlichkeit,
- Klassenführung,
- Methode,
- Didaktik.

176 Helmke 2022, S. 145 – 146, Klieme u.a. 2006, S. 765 – 773

177 Genau hier liegt ein Kritikpunkt an einer lediglich empirisch orientierten Sicht auf die Qualität von Unterricht: Empirik fokussiert zwangsläufig auf gut beobachtbare Aspekte der Unterrichtsqualität, und diese liegen eben auf der Sichtstruktur. Lehramtsprüfungen tun dies auch.

178 Stufenmodell zur Unterrichtsqualität der Schulinspektion Hamburg nach Pietsch 2013, S. 26; die Kriterien haben wir fachbezogen angepasst und die Grafik haben wir durch eine eigene ersetzt.

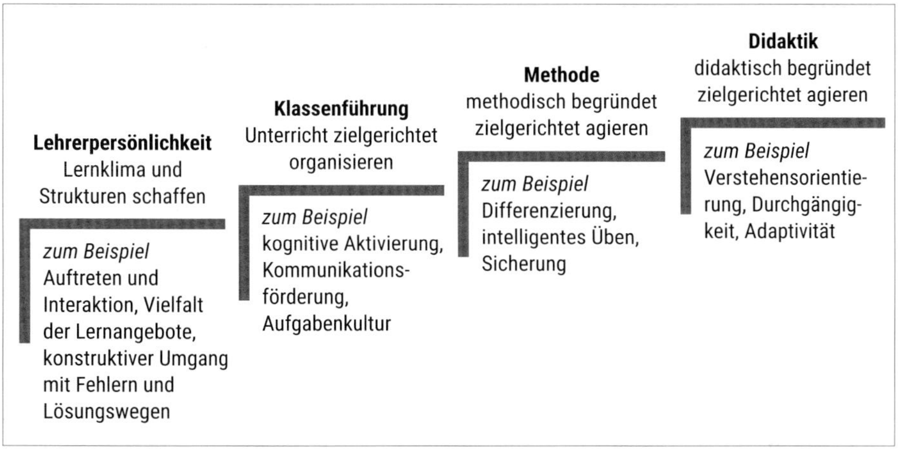

Abb. 8.2: Stufenmodell zur Beurteilung der Unterrichtsqualität

Das Modell haben wir hier mit den Qualitätsvorstellungen für Mathematikunterricht abgeglichen und konkretisiert (Abb. 8.2).

Dieses Stufenmodell zeigt ausbildenden Personen auch, dass in der praktischen Lehrerausbildung nicht eine Vorgehensweise im Sinne von „zuerst die Didaktik, dann die Methode" zielführend ist, sondern die Kompetenz, guten Mathematikunterricht zu halten, muss Stufe für Stufe von unten nach oben aufgebaut werden, wobei anfangs stufenangemessene Toleranz für Qualitätsmängel zu empfehlen ist.

8.5 Unterrichtsprinzipien

„Nach welchen didaktischen oder methodischen Prinzipien gehen Sie in Ihrem Unterricht vor?" Diese oder ähnliche Fragen werden in fast jeder mündlichen Prüfung oder jedem Kolloquium gestellt. Damit wird dem oder der Prüfungskandidatin die Möglichkeit gegeben, die Inhalte des Prüfungsgesprächs zu beeinflussen und das Prüfungsgespräch ein Stück weit zu steuern. Deshalb sollte man darauf vorbereitet sein.

Prinzipien sind Handlungsmaximen, die helfen, Entscheidungsspielräume zu beschreiben und getroffene Entscheidungen zu begründen, zu kommunizieren und zu bewerten. Insofern ist eine Antwort auf die oben geäußerte Frage dann eine gute Antwort, wenn sie das bestätigt, was die prüfende Kommission in der dem Kolloquium vorausgegangenen Lehrprobe selbst wahrgenommen hat, sofern es eine solche gegeben hat.

Prinzip der minimalen Hilfe

Durch Prinzipien werden Handlungsmöglichkeiten sortiert und bewertet. Zum Beispiel gibt das „Prinzip der minimalen Hilfe“ (Kap. 3.3) der Lehrkraft vor, einem nach Hilfe fragenden Lernenden nicht einfach zu sagen, wie es geht, sondern ihm oder ihr nur beim nächsten Lernschritt zu helfen mit der Zuversicht, dass die dann folgenden Schritte wieder ohne Hilfe bewältigt werden können. Für Fälle, in denen das nicht weiterhilft, gibt das Prinzip der minimalen Hilfe eine Taxonomie[179] direkt oder indirekt gegebener Hilfen vor:

- Motivationshilfen („Du wirst es schaffen“),
- Rückmeldungshilfen („Bis hierher ist dein Lösungsweg richtig“),
- allgemeine strategische Hilfen („Suche nach einer anderen Darstellungsform“),
- inhaltsorientierte strategische Hilfen („Stelle eine Gleichung auf“),
- inhaltliche Hilfen („Man kann hier den Satz des Pythagoras verwenden“).

Dieses Prinzip verorten wir auf der Stufe *Klassenführung,* also auf der Oberflächenstruktur von Unterricht, weil leicht zu beobachten ist, ob die Lehrperson sich daran hält.

Das Spiralprinzip

Das Spiralprinzip (Bruner 1973) besagt, dass Begriffe auf Lernpfaden immer wieder auftauchen und zunehmend verfeinert werden. Die Vorstellung einer Spirale verbindet damit die Ansprüche Anknüpfen und Fortsetzen. Weil die Spirale (Abb. 4.4) einen einzigen Pfad zeigt, der zwar immer ausladender wird, ist klar, dass nach diesem Prinzip stets das Vorwissen, also bereits Gelerntes, und das zukünftig zu Lernende widerspruchsfrei auseinander hervorgehen und sich aufeinander beziehen lassen müssen. Das erfordert einerseits, dass Inhalte durch vorgelagerte Vereinfachung nicht verfälscht werden dürfen, und andererseits, dass neue Inhalte nicht alte Inhalte im Nachhinein infrage stellen dürfen.

Dass wir dieses Prinzip für sehr wichtig halten, ist der aufmerksamen Leserschaft dieses Buchs sicher schon an mehreren Stellen aufgefallen. Neue Aufmerksamkeit hat es durch das Projekt QuaMath erhalten, in dem es prominent herausgestellt und mit dem Begriff *Durchgängigkeit* bezeichnet wird: Welche Grundvorstellungen sind so tragfähig, dass sie in der gesamten Schulzeit immer wieder aufgegriffen und erweitert werden können?

179 vgl. Zech 1977/1996, S. 315 – 317

Die Berücksichtigung des Spiralprinzips bzw. der Durchgängigkeit verorten wir auf der Stufe der Didaktik und damit in der Tiefenstruktur von Unterricht. Sie ist nicht leicht beobachtbar, aber es gibt Indikatoren:

- auf zurückliegende Inhalte wird Bezug genommen,
- bereits bekannte Begriffe werden weiterverwendet,
- auf kommende Inhalte wird vorbereitet,
- unerwartetes Vorwissen Lernender wird aufgegriffen,
- zur Erklärung neuer Sachverhalte werden bereits bekannte Begriffe und Zusammenhänge herangezogen,
- es gibt keine Begriffe für Neuanfänge wie z. B. „Bruchrechnen".

Es kann in einer Prüfung hilfreich sein, wenn Stoffverteilungsplan oder Kolloquium der Prüfungskommission diesbezügliche Hinweise geben.

Das E-I-S-Prinzip

Das Prinzip der Darstellungsebenen *enaktiv – ikonisch – symbolisch* wird in Kap. 3.5 beschrieben (Abb. 3.7). Friedrich Zech formulierte eine Anzahl Unterprinzipien dazu: Rückschaltprinzip, Zwischenschaltprinzip, Abschirmungsprinzip (Zech 1977/2002, S. 124) und trug damit zur Prinzipien-Inflation in der Mathematikdidaktik bei.

In der Summe tragen diese Unterprinzipien nur die Aussage, dass man sich die Ebenen E–I–S besser nicht als Treppe vorstellen sollte, sondern als nebeneinanderstehende Säulen, zwischen denen vielfältige Wechsel möglich sind, wobei die Säule für die Enaktivität als Einstieg am besten geeignet ist (vgl. Kap. 3.5).

Das E-I-S-Prinzip beinhaltet also auch eine Vernetzung der Darstellungsebenen.

Prinzip der Lernenden-Orientierung

Die Lehrkraft orientiert sich daran, was Lernende wissen und können, und hält sich ansonsten aus dem Lernprozess heraus. Ein gutes und sinnvolles Prinzip. Didaktik und Methodik vermischen sich dabei. Das Prinzip der Lernenden-Orientierung begegnet uns in der Literatur auch unter der Bezeichnung Adaptivität.

Es ist aber auch ein Beispiel für Prinzipien, die aus heutiger Sicht schlechte Prinzipien sein können, denn „der Lehrer sollte nichts sagen, was nicht auch ein Schüler sagen könnte"; was früher als Prinzip der Schülerorientierung bezeichnet wurde, hat die Verbreitung des fragend-entwickelnden Unterrichtsgesprächs enorm gefördert und wurde zu einem Merkmal von Unterricht, der sich eben nur scheinbar an den Lernenden orientierte.

Zurück zu den guten Prinzipien

Wir werden keine Zusammenstellung anbieten, denn der Begriff Prinzip ist einer derjenigen, die in der fachbezogenen Literatur inflationär verwendet werden; die Zeitschrift *mathematik lehren* hat Ende 2020 dem Thema „Didaktische Prinzipien" immerhin eine ganze Ausgabe gewidmet.[180]

Deshalb begnügen wir uns mit dem Ansatz einer Aufzählung von weiteren Beispielen[181] aus der Perspektive der Lehrkraft ohne Anspruch auf Vollständigkeit:

- Prinzip der Veranschaulichung: Man redet nicht nur über Dinge und Sachverhalte, sondern man zeigt sie oder geeignete Repräsentanten vor;
- Genetisches Prinzip: Mathematik wird nicht als fertiges Konstrukt vermittelt, sondern im Aufbau;
- Exemplarisches Prinzip: Man wählt Lerninhalte aus, die beispielhaft für andere Lerninhalte sind und an denen bestimmte Zusammenhänge besonders gut erkennbar sind, die für andere Lerninhalte auch gelten;
- Prinzip des entdeckenden Lernens: Man schafft Situationen, in denen Lernende (aus ihrer Perspektive) Neues entdecken können;
- Prinzip der Realitätsnähe: Mathematik wird in Zusammenhängen mit dem realen Leben der Lernenden gelernt;
- Prinzip der Selbsttätigkeit: Man schafft Situationen, in denen die Lernenden selbstgesteuert aktiv tätig werden, statt Lernergebnisse nur zu übernehmen;
- Operatives Prinzip: Lernen durch Verinnerlichung tatsächlich vollzogener oder mental vorgestellter Handlungen;
- Prinzip der Variation: Mathematische Merkmale werden dadurch hervorgehoben, dass nebensächliche Merkmale vielfach variiert werden.

Die Formulierung von Prinzipien ist immer mit Vereinfachungen verbunden, weil Prinzipien einem Richtig-/Falsch-Schema folgen. Auch warnt die Tatsache, dass es Prinzipien gibt, die zu entgegengesetzten Handlungsentscheidungen führen, vor einem allzu festen Glauben an ihre konsequente Befolgung. Das Prinzip der Altersgerechtigkeit führt zum Beispiel zu Entscheidungen, die durch das Spiralprinzip leicht widerlegt werden können und umgekehrt.

Wir möchten auch an die Fehlentwicklung des Prinzips der Operationalisierung von Lernzielen in den 1970er-Jahren erinnern, die sich mit dem

180 mathematik lehren Heft 223, Friedrich Verlag Hannover 2020

181 Bei der Auswahl der Prinzipien haben wir uns von Scherer/Weigand 2017, S. 28 inspirieren lassen, ohne deren Zusammenstellung komplett zu übernehmen.

Prinzip der Kompetenzrasterung Anfang dieses Jahrhunderts eigentlich fast identisch wiederholt hat. Was beide Male gestört hat, war der Anspruch der Allgemeingültigkeit: Nur so kann es funktionieren. Mit Generalisierungen kommt man schnell in ein ungutes Fahrwasser von Elementarisierung und Segmentierung.

Auch in diesem Buch haben Sie oft das Wort „Prinzip" gelesen, aber wir haben hoffentlich trotzdem klargestellt, dass es uns wichtiger ist, den Leserinnen und Lesern Informationen zu bieten und Entscheidungsgrundlagen anzubieten, statt konkrete Handlungsanweisungen zu geben, was sie zu tun und zu lassen haben, womöglich Schritt für Schritt präsentiert. Trotzdem sollten Sie nach Prinzipien handeln, aber nicht nach vorgegebenen, sondern nach einer Auswahl, die sie selbst getroffen haben.

Verwendete Literatur

ABSHAGEN, M./BARZEL, B./KRAMER, J./RIECKE-BAULECKE, T./RÖSKEN-WINTER, B./SELTER, C. (Hrsg.), Basiswissen Lehrerbildung: Mathematik unterrichten. Kallmeyer in Verbindung mit Klett Friedrich Verlag, Seelze 2017

ADEMMER, C./PEITZ, E./PREDIGER, S., „Wieso mal nehmen?", in: mathematik lehren Heft 242/2024, Friedrich Verlag, Hannover 2024

AEBLI, H., Zwölf Grundformen des Lehrens. Klett-Cotta, Stuttgart 1983/14. Aufl. 2011

APPELL, K., Lernwerkstatt Mathematik, in: mathematik lehren, Heft 122/2004, Friedrich Verlag, Seelze

ARENS, T./HETTLICH, F./KARPFINGER, C./KOCKELKORN, U./LICHTENEGGER, K./STACHEL, H., Mathematik. Springer Spektrum im Springer-Verlag, Berlin 4. Auflage 2018

AUSUBEL, D. P., Educational Psychology, A Cognitive View. Holt, Rinehart and Winston, New York 1968

BABENDERERDE, H. u. a., Themenheft Umwelt Technik: Technisches Zeichnen. Ernst Klett Verlag, Stuttgart 2010

BACKHAUS, M. u.a., Schnittpunkt 7 Mathematik Basisniveau Rheinland-Pfalz. Ernst Klett Verlag, Stuttgart 2010

BACKHAUS, M. u. a., Schnittpunkt 5 Mathematik – Differenzierende Ausgabe. Ernst Klett Verlag, Stuttgart 2015a

BACKHAUS, M. u. a., Schnittpunkt 6 Mathematik – Differenzierende Ausgabe. Ernst Klett Verlag, Stuttgart 2015b

BACKHAUS, M. u. a., Schnittpunkt 7 Mathematik – Differenzierende Ausgabe. Ernst Klett Verlag, Stuttgart 2016

BACKHAUS, M. u. a., Schnittpunkt 8 Mathematik – Differenzierende Ausgabe. Ernst Klett Verlag, Stuttgart 2017

BACKHAUS, M. u. a., Schnittpunkt 9 Mathematik – Differenzierende Ausgabe. Ernst Klett Verlag, Stuttgart 2018

BACKHAUS, M. u. a., Schnittpunkt 10 Mathematik – Differenzierende Ausgabe. Ernst Klett Verlag, Stuttgart 2019

BARZEL, B., Einstiege, in: mathematik lehren Heft 109/2001, Friedrich-Verlag, Velber

BARZEL, B., Ich – Du – Wir ..., in: mathematik lehren Heft 139/2006, Friedrich Verlag, Seelze

BARZEL, B./HOLZÄPFEL, L., Leitfragen zur Unterrichtsplanung, in: mathematik lehren Heft 158/2010, Friedrich Verlag, Seelze

BARZEL, B./HOLZÄPFEL, L., Strukturen als Basis der Algebra, in: mathematik lehren Heft 202/2017, Friedrich Verlag, Seelze

BARZEL, B./SCHREIBER, C., Digitale Medien im Unterricht. in: ABSHAGEN, M. u. a. (Hrsg.), Basiswissen Lehrerbildung: Mathematik unterrichten. Klett Kallmeyer in Friedrich Verlag, Seelze 2017

BARZEL, B./BÜCHTER, A./LEUDERS, T., Mathematik Methodik, Cornelsen Verlag Scriptor, Berlin 2007

BARZEL, B./HERGET, W., Zahlen, Symbole, Variablen – abstrakt und konkret, in: mathematik lehren Heft 136, Friedrich-Verlag, Velber 2006

BARZEL, B./HOLZÄPFEL, L. (Hrsg.), Start in den Unterricht Mathematik Klasse 5 – 10. Friedrich Verlag, Seelze 2011

BARZEL, B./HUSSMANN, S./LEUDERS, T. (Hrsg.), Computer, Internet & Co. im Mathematik-Unterricht. Cornelsen Verlag Scriptor, Berlin 5. Aufl. 2009

BARZEL, B./HUSSMANN, S./LEUDERS, T./PREDIGER, S. (Hrsg.), Handreichungen zur Mathewerkstatt Baden-Württemberg 1. Cornelsen Verlag, Berlin 2012a

BARZEL, B./HOLZÄPFEL, L./LEUDERS, T./STREIT, C., Mathematik unterrichten: Planen, durchführen, reflektieren. Cornelsen Verlag Scriptor, Berlin 2011

BARZEL, B./HUSSMANN, S./LEUDERS, T./PREDIGER, S. (Hrsg.), Mathewerkstatt Baden-Württemberg 1. Cornelsen Verlag, Berlin 2012b
BARZEL, B./HUSSMANN, S./LEUDERS, T./PREDIGER, S. (Hrsg.), Mathewerkstatt Baden-Württemberg 2. Cornelsen Verlag, Berlin 2013
BARZEL, B./HUSSMANN, S./LEUDERS, T./PREDIGER, S. (Hrsg.), Mathewerkstatt Baden-Württemberg 3. Cornelsen Verlag, Berlin 2014
BARZEL, B./HUSSMANN, S./LEUDERS, T./PREDIGER, S. (Hrsg.), Mathewerkstatt Baden-Württemberg 4. Cornelsen Verlag, Berlin 2015
BARZEL, B./HUSSMANN, S./LEUDERS, T./PREDIGER, S. (Hrsg.), Mathewerkstatt Baden-Württemberg 5. Cornelsen Verlag, Berlin 2016
BARZEL, B./HUSSMANN, S./LEUDERS, T./PREDIGER, S. (Hrsg.), Mathewerkstatt Baden-Württemberg 6. Cornelsen Verlag, Berlin 2017
BARZEL, B./HUSSMANN, S., Zentrale Perspektiven auf Mathematik Lernen. Hauptvortrag der DZLM-KOSIMA-Bundestagung, Köln 2014
BARZEL, B./HUSSMANN, S./LEUDERS, T./PREDIGER, S. (Hrsg.), Mathewerkstatt Rechenbausteine, Selbsttest und Training. Cornelsen Verlag, Berlin 2011b
BARZEL, B./HUSSMANN, S./LEUDERS, T./PREDIGER, S. (Hrsg.), Zeitschrift PM Praxis der Mathematik, Heft 37/2011, Aulis Verlag, Hallbergmoos 2011c
BARZEL, B./HUSSMANN, S./LEUDERS, T./PREDIGER, S. (Hrsg.), „Das macht Sinn!", Sinnstiftung mit Kontexten und Kernideen, in: Zeitschrift Praxis der Mathematik in der Schule 53/2011, Aulis Verlag, Hallbergmoos 2011d
BARZEL, B./PREDIGER, S./LEUDERS, T./HUSSMANN, S., Kontexte und Kernprozesse – Aspekte eines theoriegeleiteten und praxiserprobten Schulbuchkonzepts, Beiträge zum Mathematikunterricht 1. WTM Verlag, Münster 2011e
BARZEL, B./HUSSMANN, S./LEUDERS, T./PREDIGER, S. (Hrsg.), Mathewerkstatt Baden-Württemberg 1. Cornelsen Verlag, Berlin 2012a
BARZEL, B./HUSSMANN, S./LEUDERS, T./PREDIGER, S. (Hrsg.), Mathewerkstatt Baden-Württemberg 1 Handreichungen. Cornelsen Verlag, Berlin 2012b
BARZEL, B./HUSSMANN, S./LEUDERS, T./PREDIGER, S. (Hrsg.), Mathewerkstatt Baden-Württemberg 5. Cornelsen Verlag, Berlin 2016
BARZEL, B./HUSSMANN, S./LEUDERS, T./PREDIGER, S. (Hrsg.), PM Praxis der Mathematik, Heft 37/2011, Aulis Verlag, Hallbergmoos
BARZEL, B./KLEINE, M., Verhältnisse – Ein Thema quer durch die Schulmathematik, in: mathematik lehren, Heft 179/2013, Friedrich Verlag, Seelze
BAYERISCHER LANDTAG, 16. Wahlperiode. Drucksache 16/3993 vom 24.03.2010
BECK, J./OLEKSIK, N., Schere – Stein – Papier: mit oder ohne Brunnen?, in: mathematik lehren, Heft 209/2018. Friedrich Verlag, Seelze
BELING, B., Sehen, wo ihr steht. Mit Plickers diagnostizieren und planen, in: mathematik lehren, Heft 215/2019. Friedrich Verlag, Hannover
BENNER, D., Johann Friedrich Herbart: Systematische Pädagogik. Deutscher Studienverlag, Stuttgart 1986/1997
BERNHARD, I. u. a., Rechnet mit allen! Ihr neuer Schnittpunkt Mathematik erscheint 2025. Ernst Klett Verlag, Stuttgart 2024
BERNITZKE, F., Heil- und Sonderpädagogik, Bildungsverlag EINS, Köln 2015
BERTRAM, J./GEISLER, S., Wie kommen wir wieder raus?, in: Mathematik 5 bis 10 Heft 51/2010. Friedrich Verlag, Hannover
BESSER, C., Langfristiger Kompetenzaufbau im Mathematikunterricht, in: ENGEL, M. (Hrsg.), Erfolgreiche Unterrichtsentwürfe Mathematik Band 1, Freiburger Verlag, Freiburg im Breisgau 2010
BICKER, U., Negativer Test – bin ich gesund?, in: Mathematik 5 bis 10 Heft 53/2020. Friedrich Verlag, Hannover
BICKER, U., Welcher Würfel ist am besten?, in: Mathematik 5 bis 10 Heft 53/2020. Friedrich Verlag, Hannover

BICKER, U./SCHÜTTE-SEITZ, D., Was hast du dir vorgestellt?, in: Mathematik 5 bis 10 Heft 51/2020. Friedrich Verlag, Hannover
BIKNER-AHSBAHS, A. (Hrsg.), Mathematikunterricht inklusiv gestalten. Klett Kallmeyer, Hannover 2019
BIEHLER, R., Leitidee Daten und Zufall – Fundamentale Ideen aus Sicht der Statistik, in: LINNEWEBER-LAMMERSKITTEN, H. (Hrsg.), Fachdidaktik Mathematik. Kallmeyer in Verbindung mit Klett im Friedrich Verlag, Seelze 2014
BLOMBERG, J./HOLZÄPFEL, L., Unterschieden beim Systematisieren und Sichern begegnen, in: PM Praxis der Mathematik in der Schule, Heft 70. Aulis Verlag, Hallbergmoos 2016
BLUM, W./DRÜKE-NOE, C./HARTUNG, R./KÖHLER, O. (Hrsg.), Bildungsstandards Mathematik: konkret. Cornelsen Verlag Scriptor, Berlin 2006/4. Aufl. 2010
BLUM, W./LEISS, D., Modellieren im Unterricht mit der „Tanken“-Aufgabe, in: mathematik lehren, Heft 128/2005. Friedrich Verlag, Velber
BLUM, W./WIEGAND, B., Offene Aufgaben – wie und wozu?, in: mathematik lehren, Heft 100/2000, Friedrich Verlag, Seelze
BÖHM, W., Wörterbuch der Pädagogik. Alfred Kröner Verlag, Stuttgart, 16. Aufl. 2005
BOSSEK, H./WEBER, K. (Hrsg.), Basiswissen Schule, Mathematik Abitur. Paetec Verlag im Dudenverlag, Mannheim 4. Aufl. 2003
BOECKMANN, K., Unterrichtsmedien selbst gestalten. Luchterhand Verlag, Neuwied 1990
BÖHM, T., „Nein, du gehst jetzt nicht aufs Klo“ – Was Lehrer dürfen. Mvg Verlag, München 7. Aufl. 2019
BÖTTNER, J. u. a., Schnittpunkt 1, Mathematik für Realschulen Baden-Württemberg. Ernst Klett Verlag, Stuttgart 2004
BÖTTNER, J. u. a., Schnittpunkt 2. Mathematik für Realschulen Baden-Württemberg. Ernst Klett Verlag, Stuttgart 2005a
BÖTTNER, J. u. a., Schnittpunkt 3, Mathematik für Realschulen Baden-Württemberg. Ernst Klett Verlag, Stuttgart 2005b
BOHL, T., Prüfen und Bewerten im Offenen Unterricht. Beltz Verlag, Weinheim und Basel 4. Aufl. 2015
BONHOFF, A./LEHR, G., Ratgeber Rechenschwäche, Institut für Rechenschwäche-Therapie Berlin (Hrsg.). Verlag Dr. Köster, Berlin 2006
BONHOFF, A./LEHR, G., Ratgeber Rechenschwäche/Dyskalkulie. Therapie-Zentrum für Rechenschwäche/Dyskalkulie. Reutlingen, 6. Aufl. 2010
BOSSEK, H./WEBER, K. (Hrsg.), Duden Basiswissen Schule Mathematik Abitur. Paetec Verlag, Berlin 2003
BOVET, G./HUWENDIEK, V. (Hrsg.), Leitfaden Schulpraxis, Cornelsen Verlag, Berlin 1994
BRANDT, D. u. a., Lambacher Schweizer 4 Mathematik für Gymnasien Baden-Württemberg. Ernst Klett Verlag, Stuttgart/Leipzig 2006
BROWN, R., Mathe in 30 Sekunden. Verlag Librero, Kerkdriel 2012
BRUCKMAIER, G./BINDER, K., Eine Frage der Taktik – Fairness beim Spiel „Schere – Strein – Papier“, in: mathematiklehren Heft 230/ 2022, Friedrich Verlag, Hannover
BRUDER, R., Üben mit Konzept, in: mathematik lehren Heft 147/2008a, Friedrich Verlag, Velber
BRUDER, R., Wider das Vergessen – Fit bleiben durch vermischte Kopfübungen, in: mathematik lehren Heft 147/2008b, Friedrich Verlag, Velber
BRUDER, R., Forschen, Explorieren, Problemlösen, in: LINNEWEBER-LAMMERSKITTEN, H. (Hrsg.), Fachdidaktik Mathematik. Kallmeyer in Verbindung mit Klett im Friedrich Verlag, Seelze 2014
BRUDER, R./BAUER, C., Algorithmische Vorschriften, in: mathematik lehren Heft 188/2015, Friedrich Verlag, Seelze
BRUDER, R./Collet, C., Problemlösen lernen im Mathematikunterricht. Cornelsen Verlag Scriptor, Berlin 2011
BRUDER, R. u. a. (Hrsg.), Handbuch der Mathematikdidaktik. Springer Spectrum, Berlin/Heidelberg 2015
BRUDER, R./LEUDERS, T./BÜCHTER, A., Mathematikunterricht entwickeln, Cornelsen Verlag Scriptor, Berlin 2008

BRUDER, R./REIBOLD, J., Weil jeder anders lernt, in: mathematik lehren, Heft 162/2010, Friedrich Verlag, Seelze
BRUDER, R./WEIGAND, H.-G., Medien. In: BRUDER, R./HEFENDEHL-HEBEKER, L./SCHMIDT-THIEME, B./WEIGAND, H.-G. (Hrsg.), Handbuch der Mathematikdidaktik. Springer, Berlin/Heidelberg 2015
BRUNER, J. S., The act of discovery, Harvard Educational Review 31, S. 21–32, Harvard Education Verlagsgruppe, Cambridge 1961
BRUNER, J. S., Der Prozess der Erziehung. Berlin Verlag, Berlin 3. Aufl. 1973
BRUNER, J. S., Entwurf einer Unterrichtstheorie. Berlin Verlag, Berlin 1974
BRUNNER, E., Mathematisches Argumentieren, Begründen und Beweisen. Springer Spectrum Verlag, Berlin/Heidelberg 2014
BÜCHTER, A., Das Spiralprinzip, in: mathematik lehren, Heft 182/2014, Friedrich Verlag, Seelze 2014
BURGER, D., Silvestergespräche eines Sechsecks. Verlag Deubner 1964 und 9. Aufl. Aulis Verlag Deubner, Hallbergmoos 2006
BUROW, O. A. (Hrsg.), Schule digital – wie geht das? Beltz Verlag, Weinheim/Basel 2019
BUTTLAR, H./GEIGER, R./WIECHMANN, J. C., Zwischen zwei Giganten, in: Zeitschrift Stern, Heft 29/2021 vom 15.07.2021 Verlag Gruner + Jahr, Hamburg
CAMPEN, M., Wie passt der Stab in den Karton?, in: Zeitschrift Mathematik 5 bis 10, Heft 4/2008, Kallmeyer bei Friedrich Verlag, Velber
DOEBLI HONEGGER, B.: Mehr als 0 und 1 – Schule in einer digitalisierten Welt. hep verlag, Bern 2. Aufl. 2017
DOHRMANN, C., Herausforderungen bei der Winkelmessung. In: mathematik lehren, Heft 210/2018, Friedrich Verlag, Seelze
DRÄGER, J./MÜLLER-EISELT, R., Die digitale Bildungs-Revolution. DVA Deutsche Verlags-Anstalt München, 2. Aufl. 2015
DRÖSSER, C., Duden: Was macht KI mit unserer Sprache? Cornelsen Verlag, Berlin 2024
DRÜKE-NOE, C./SILLER, H., Aufgaben als Aufgabe – Aufgaben auswählen, charakterisieren, variieren, in: mathematik lehren, Heft 209, Friedrich Verlag, Seelze 2018
DUDEN, Das neue Lexikon in zehn Bänden. Dudenverlag, Mannheim/Leipzig/Wien/Zürich 3. Aufl.1996
DUDEN, Die sinn- und sachverwandten Wörter. Dudenverlag, Mannheim/Leipzig/Wien/Zürich 2. Aufl. 1997
DUDEN, Rechnen und Mathematik. Dudenverlag, Berlin 6. Aufl. 2000
ELSCHENBROICH, H., Bildungsstandards Mathematik: eine (nicht nur) aktuelle Diskussion, in: mathematik lehren, Heft 122/2004, Friedrich Verlag, Seelze
ENGEL, J., Daten im Mathematikunterricht: Wozu? Welche? Woher?, in: Der Mathematikunterricht Heft 3/2007, Friedrich Verlag, Seelze
EU-DSGVO Europäische Datenschutz-Grundverordnung, https://dsgvo-gesetz.de/art-4-dsgvo/ [Zugriff: 04.08.2021]
EU-DSGVO Verordnung (EU) des europäischen Parlaments und des Rates vom 27. April 2016, eur-lex.eu/legal-content/DE/TXT/PDF/?uri=CELEX:32016R0679&from=DE [Zugriff: 18.09.2021]
EVERMANN, C./STOIBER, T., Alles klar im Haus der Vierecke?, in: mathematik lehren, Heft 191/2015, Friedrich Verlag, Seelze
FACKELDEY, K., Die Goldbachsche Vermutung und ihre bisherigen Lösungsversuche, Freie Universität Berlin 2002. URL: https://page.math.tu-berlin.de/~fackelde/publications/GoldbachFackeldey.pdf. [Zugriff: 04.09.2024]
FADEL, C./BIALIK, M./TRILLING, B./MUUSS-MERHOLZ, J., Die vier Dimensionen der Bildung – Was Schülerinnen und Schüler im 21. Jahrhundert lernen müssen. Verlag ZLL21 e. V., Hamburg 2017
FAUTH, B./LEUDERS, T., IBBW Institut für Bildungsanalysen Baden-Württemberg (Hrsg.), Kognitive Aktivierung im Unterricht, 2. Aufl. Stuttgart 2022
FES Friedrich Ebert Stiftung, https://www.fes.de/themenportal-bildung-arbeit-digitalisierung/bildung/artikelseite-bildungsblog/zum-aktuellen-stand-der-inklusion-in-deutschlands-schulen [Zugriff: 12.06.2025]

FAHSE, C./LINNEMANN, T., Genügt der Beweis, oder soll ich das auch erklären?, in: PM Praxis der Mathematik in der Schule, Heft 64/2015, Aulis Verlag, Hallbergmoos
FAST, V./VOM HOFE, R., Geometrisch wird's anschaulich, Das Pfeilmodell als Vorstellungsbasis für negative Zahlen, in: mathematik lehren, Heft 183/2014, Friedrich Verlag, Seelze
FAUTH, B./LEUDERS, T., Kognitive Aktivierung im Unterricht. Wirksamer Unterricht Band 2. Landesinstitut für Schulentwicklung Baden-Württemberg. Stuttgart 2018
FILK, C., „Online"-Partizipation für alle. In: BUROW, O. A. (Hrsg.), Schule digital – wie geht das? Beltz Verlag, Weinheim/Basel 2019
FILLER, A./NÜHRENBÖRGER, M., Messen, in: ABSHAGEN, M./BARZEL, B./KRAMER, J./RIECKE-BAULECKE, T./RÖSKEN-WINTER, B./SELTER, C. (Hrsg.), Basiswissen Lehrerbildung: Mathematik unterrichten. Klett-Kallmeyer, Seelze 2017
FINDEISEN, S./HORN, S./SEIFRIED, J., Lernen durch Videos – Empirische Befunde zur Gestaltung von Erklärvideos. In: MedienPädagogik: Zeitschrift für Theorie und Praxis der Medienbildung 2019 (Occasional Papers), https://doi.org/10.21240/mpaed/00/2019.10.01.X [Zugriff: 02.01.2022]
FREIE UND HANSESTADT HAMBURG, BEHÖRDE FÜR SCHULE UND BERUFSBILDUNG (Hrsg.), Anlage zum Bildungsplan Stadtteilschule Jahrgangsstufen 5–11 Mathematik, zur Umsetzung der KMK-Strategie „Bildung in der digitalen Welt". Hamburg 2020
FREIE UND HANSESTADT HAMBURG, BEHÖRDE FÜR SCHULE UND BERUFSBILDUNG (Hrsg.), Bildungsplan Stadtteilschule Jahrgangsstufen 5–11 Mathematik, Hamburg 2011
FREY, B. J./FREY, H. Schnittpunkt 2 Mathematik für Realschulen Baden-Württemberg Serviceband. Ernst Klett Verlag, Stuttgart 2005
FRIEDRICH, K. H., Mit Erfolg ist zu rechnen. In: Mathematik 5 bis 10 Heft 50, Friedrich Verlag Hannover 2020
FROHN, D., Primzahlen: Ganz natürlich und doch kryptisch!, in: PM Praxis der Mathematik in der Schule, Heft 59/2014, Aulis Verlag, Hallbergmoos
FÜHRER, L., Mathematikunterricht nach dem 7. Schuljahr – warum eigentlich für alle? Mitteilungen der Mathematischen Gesellschaft Hamburg, Datenbank MATHDI/MATHDUC Band 17/1998
GALLIN, P./RUF, U., Sprache und Mathematik in der Schule. Kallmeyer Verlag, Seelze 1998
GALLIN, P., Dialogisches Lernen im Mathematikunterricht, in: LEUDERS, T./HEFENDEHL-HEBECKER, L./WEIGAND, H. (Hrsg.), Mathemagische Momente. Cornelsen, Verlag Berlin 2009
GALLIN, P., Dialogisches Lernen im Mathematikunterricht, PDF-Broschüre 2014, zuletzt heruntergeladen am 15.11.2024 unter Artikel(5)_Gallin_Hansekolloquium2014.doc
GAST, P. (Hrsg.), Friedrich Nietzsches Gesammelte Briefe. Band 4. Berlin 1908, nexx-Verlag, Villingen-Schwenningen 2014
GECK, E., Die negativen Zahlen, in: Der Mathematikunterricht, Heft 4/1955, Ernst Klett Verlag, Stuttgart 1955
GOOGLE Island Limited in Zusammenarbeit mit SZ Scala, Anzeigensonderveröffentlichung 2019-02_Aufbrauch Datensicherheit_Ausgabe#14(2).pdf [Zugriff: 26.04.2021]
GOOGLE Island Limited in Zusammenarbeit mit SZ Scala, Anzeigensonderveröffentlichung 2019-09_Aufbrauch Video.pdf [Zugriff: 26.04.2021]
GOOGLE Island Limited in Zusammenarbeit mit SZ Scala, Anzeigensonderveröffentlichung Nr. 22_ Daten und Fortschriff.pdf [Zugriff: 26.04.2021]
GOTTSCHALK, A., Thesen zur Digitalisierung der Bildung und Stufen zur Umsetzung. In: BUROW, O. A. (Hrsg.), Schule digital – wie geht das? Beltz Verlag, Weinheim/Basel 2019
GRAVE, B./THIEMANN, R., Erfahrungen mit Blütenaufgaben, in: mathematik lehren, Heft 162/2010, Friedrich Verlag, Seelze
GREEFRATH, G., Modellieren lernen. Aulis Verlag, Hallbergmoos 3. Aufl. 2010
GREEFRATH, G., Didaktik des Sachrechnens in der Sekundarstufe. Spektrum Akademischer Verlag, Heidelberg 2010
GREEFRATH, G./SCHUKAJLOW, S., Wie Modellierung gelingt, in: mathematik lehren, Heft 207/2018, Friedrich-Verlag, Seelze

GREEFRATH, G./ULM, V., Integral: Grundvorstellungen dynamisch visualisiert, in: mathematik lehren Heft 224/2021, Friedrich Verlag, Hannover
GROEBEN, A./KAISER, I., Werkstatt Individualisierung. Bergmann und Helbig Verlag, Hamburg 2012
GRÖTZSCHEL, S., Lehrplananalyse zum Technikunterricht in Deutschland. In: BINDER, M./WIESMÜLLER, C./FINKBEINER, T. (Hrsg.), Technikunterricht: handfest und geistreich, 21. Tagung der DGTB in Flensburg 2019
GRONAU, D., Vorlesung zur frühen Geschichte der Mathematik. Institut für Mathematik der Karl-Franzens-Universität Graz 2009, PDF online
GURJANOW, I./JABLONSKI, S/LUDWIG, M./ZENDER, J., Modellieren mit MathCityMap. In: GRAFENHOFER, I./MAASS, J. (Hrsg.), Neue Materialien für einen realitätsbezogenen Mathematikunterricht 6. Springer Fachmedien, Wiesbaden 2019
HÄSEL-WEIDE, U./PREDIGER, S., Förderung und Diagnose im Mathematikunterricht – Begriffe, Planungsfragen und Ansätze. In: ABSHAGEN, M./BARZEL, B./KRAMER, J./RIECKE-BAULECKE, T./ RÖSKEN-WINTER, B./SELTER, C. (Hrsg.), Basiswissen Lehrerbildung: Mathematik unterrichten. Klett-Kallmeyer, Seelze 2017
HAFNER, T./VOM HOFE, R., Aufgaben analysieren und Schülervorstellungen erkennen, in: Zeitschrift mathematik lehren, Heft 150/2008, Friedrich Verlag, Seelze
HAMMER, C., Lesen, Schreiben und Sprechen im Mathematikunterricht, in: Bayerisches Staatsministerium für Unterricht und Kultus und Staatsinstitut für Schulqualität und Bildungsforschung (Hrsg.), Pro Lesen. Auf dem Weg zur Leseschule – Leseförderung in den gesellschaftswissenschaftlichen Fächern. Auer-Verlag, Donauwörth 2010
HANDSCHUH, K./BULLINGER, R., Mathematik am, im und um den Bodensee? in: KÖHLER, H. (Hrsg.), Kreative Ideenbörse Mathematik Sekundarstufe I. Olzog-Verlag, München 2008
HARNISCHFEGER, J. u. a., Klippert Schülerheft Mathematik: Geometrie, Stochastik. Ernst Klett Verlag, Stuttgart 2007
HARNISCHFEGER, J. u. a., Klippert Schülerheft Mathematik: Terme, Variablen, Gleichungen, Funktionen. Ernst Klett Verlag, Stuttgart 2008
HARNISCHFEGER, J. u. a., Klippert Schülerheft Mathematik: Ganze Zahlen, Rationale Zahlen. Ernst Klett Verlag, Stuttgart 2010
HARNISCHFEGER, J. u. a., Klippert Schülerheft Mathematik: Prozente, Zuordnungen. Ernst Klett Verlag, Stuttgart 3. Aufl. 2012
HATTIE, J., Lernen sichtbar machen für Lehrpersonen. Überarbeitete deutschsprachige Ausgabe von „Visible Learning for Teachers" besorgt von BEYWL, W. und ZIERER, K. Schneider Verlag Hohengehren, Baltmannsweiler 2014
HAYEN, J./VOLLRATH, H./WEIDIG, I., Gamma 5, Mathematik für Realschulen in Baden-Württemberg. Ernst Klett Verlag, Stuttgart 1984
HAYEN, J./VOLLRATH, H./WEIDIG, I., Gamma 6, Mathematik für Realschulen in Baden-Württemberg. Ernst Klett Verlag, Stuttgart 1984
HECKHAUSEN, H., Motive und ihre Entstehung (Kap.3), Einflussfaktoren der Motiventwicklung (Kap. 4.), Bessere Lernmotivation und neue Lernziele (Kap. 18), in: Weinert, F. E. u. a. (Hrsg.), Funkkolleg Pädagogische Psychologie Band 1, Frankfurt a. M. 1974
HECKMANN, L., Wichtig oder nicht? Die relevanten Daten in Textaufgaben erkennen und markieren, in: Zeitschrift Mathematik 5 bis 10, Heft 1/2007, Kallmeyer bei Friedrich Verlag, Velber
HECKMANN, L./VERNAY, R./WITZMANN, C., Textaufgaben? Kann ich nicht!, in: Zeitschrift Mathematik 5 bis 10 Heft 1/2007, Kallmeyer bei Friedrich Verlag, Velber
HEIDEGGER, G., Von Schlüsselqualifikationen zu Schlüsselkompetenzen. In: GONON, P. (Hrsg.), Schlüsselqualifikationen kontrovers. Sauerländer Verlag, Aarau 1996
HEIMANN, P./OTTO, G./SCHULZ, W., Unterricht Analyse und Planung. Hermann Schroedel Verlag, Hannover 1965/5. Aufl. 1970
HELMKE, A., Was wissen wir über guten Unterricht?, in: Pädagogik Heft 2/2006 Beltz Verlag, Weinheim
HELMKE, A., Unterrichtsqualität und Lehrerprofessionalität. Klett Kallmeyer Verlag, Seelze 6. Aufl. 2015

HELMKE, A., Unterrichtsqualität und Professionalisierung. Diagnostik von Lehr-Lern-Prozessen und evidenzbasierte Unterrichtsentwicklung. Klett-Kallmeyer, Seelze 2022
von HENTIG, H., Einführung in den Bildungsplan 2004, in: Ministerium für Kultus, Jugend und Sport Baden-Württemberg, Bildungsplan 2004 Realschule. Stuttgart 2004, S. 7–20
HERGET, W., Prüfziffern und Strichcode – „Computer-Mathematik" auch ohne Computer, in: mathematik lehren, Heft 33/1989, Friedrich Verlag, Seelze
HEYMANN, H. W., Allgemeinbildender Mathematikunterricht – was könnte das sein?, in: mathematik lehren, Heft 33/1989, Friedrich Verlag, Seelze
HEYMANN, H. W., Der „Stoff" ist nicht entscheidend, in: Praxis Schule 5–10, Heft 3/1996
HEYMANN, H. W., Mathematikunterricht und sein (möglicher) Beitrag zur Allgemeinbildung, in: Zeitschrift Pädagogik 1/1997 Beltz Verlag, Weinheim
HEYMANN, H. W., Allgemeinbildung und Mathematik. Beltz Verlag, Weinheim 1996/2. Aufl. 2013
HEYMANN, H. W., Üben und Wiederholen – neu betrachtet, in: Pädagogik 10/1998, Beltz Verlag Weinheim
HEYMANN, H. W., Mathematik für das Leben – Konturen eines allgemeinbildenden Mathematikunterrichts, in: Friedrich Jahresheft 43, Friedrich Verlag, Hannover 2025
HILGENHEGER, N., J. F. Herbarts „Allgemeine Pädagogik als praktische Überlegung. Nodus Publikationen, Münster 1993
HINTZ, D./PÖPPEL, K. G./REKUS, J., Neues schulpädagogisches Wörterbuch. Beltz-Juventa, Weinheim/München 2001
HÖLZL, R./KÜTTEL, M., Die kognitive Bedeutung von Werkzeugen für das Lernen und Lehren von Mathematik, in: LINNEWEBER-LAMMERSKITTEN, H. (Hrsg.), Fachdidaktik Mathematik. Kallmeyer in Verbindung mit Klett im Friedrich Verlag, Seelze 2014
HOFFKAMP, A./PODEMSKI, J., Stellenwert-App. Stellenwerte bei Dezimalzahlen wirklich verstehen. In: mathematik lehren Heft 215/2019. Friedrich Verlag, Hannover 2019
HOLZÄPFEL, L./LOIBL, K./UFER, S., Fehler ≠ Fehler, in: mathematik lehren, Heft 191/2015, Friedrich Verlag, Seelze
HOLZÄPFEL, L./LACHER, M./LEUDERS, T./ROTT, B., Problemlösen lehren lernen. Kallmeyer in Verbindung mit Klett. Friedrich Verlag, Seelze 2018
HOLZÄPFEL, L./PREDIGER, S./GÖTZE, D./RÖSKEN-WINTER, B./SELTER, C., Qualitätsvoll Mathematik unterrichten: fünf Prinzipien, in: mathematik lehren, Heft 242/2024. Friedrich Verlag, Hannover 2024a
HOLZÄPFEL, L./RÖSKEN-WINTER, B./ PREDIGER, S., Editorial mathematik lehren, Heft 242/2024. Friedrich Verlag, Hannover 2024b
HUF, C./BREIDENSTEIN, G., Schülerinnen und Schüler bei der Wochenplanarbeit. Beobachtungen zur Eigenlogik der „Planerfüllung", in: Pädagogik, 61/2009, Beltz Verlag, Weinheim
HUIZINGA, J., Homo ludens – Vom Ursprung der Kultur im Spiel. Originalausgabe von 1938. Rowohlt Verlag Reinbek bei Hamburg 1991
HUMBACH, M., Arithmetische Basiskompetenzen in der Klasse 10: Qualitative und quantitative Analysen. Universitätsverlag, Duisburg-Essen 2008
HUSSMANN, S./LEUDERS, T./PREDIGER, S./BARZEL, B. (Hrsg.), Mathewerkstatt Baden-Württemberg 4. Cornelsen Verlag, Berlin 2015
HUSSMANN, S./PREDIGER, S./BARZEL, B./LEUDERS, T. (Hrsg.), Rechenbausteine Handbuch.Cornelsen Verlag, Berlin 2011
HUSSMANN, S./PREDIGER, S./BARZEL, B./LEUDERS, T. (Hrsg.), Mathewerkstatt Rechenbausteine Training. Cornelsen Verlag, Berlin 2012
HUSSMANN, S./SCHINDLER, M., Ein Kontext für negative Zahlen – auch für die Multiplikation, in: mathematik lehren, Heft 183/2014, Friedrich Verlag, Seelze
HUSSMANN, S./SCHWARZKOPF, R., Funktionaler Zusammenhang, in: ABSHAGEN, M./BARZEL, B./ KRAMER, J./RIECKE-BAULECKE, T./RÖSKEN-WINTER, B./SELTER, C. (Hrsg.), Basiswissen Lehrerbildung: Mathematik unterrichten. Klett-Kallmeyer, Seelze 2017
HUSSY, W., Denkpsychologie: Ein Lehrbuch, Band 1. Kohlhammer Verlag, Stuttgart 1984

IQB Institut zur Qualitätsentwicklung (Hrsg.), Kompetenzentwicklung im Mathematik-Unterricht: Modellieren, in: Handreichungen zu VERA 8 Mathematik, Berlin 2009
IQB-Ländervergleich 2012 – Mathematische und naturwissenschaftliche Kompetenzen am Ende der Sekundarstufe I, Waxmann-Verlag Münster 2013
JANK, W./MEYER, H., Didaktische Modelle. Cornelsen Schulverlage, Berlin 11. Aufl. 2014
JANNACK, W., Mit Wahrscheinlichkeit anfangen, in: Mathematik 5 bis 10 Heft 2. Kallmeyer bei Friedrich Verlag, Velber 2008
JASCHKE, T., Nachhaltiges Sichern und Systematisieren. Unveröffentlichter Entwurf für einen Fortbildungsbaustein, Uhingen 2013
JORDAN, A./VOM HOFE, R., Diagnose von Schülerleistungen, in: mathematik lehren Heft 150, Friedrich Verlag, Seelze 2008
JUNG, D., Let's rock education – Was Schule heute lernen muss. Droemer Verlag München 2020
KEHLMANN, D., Die Vermessung der Welt. Roman Rowohlt Verlag, Reinbek 9. Aufl. 2009
KINDT, M., Als een kat om de hete algebrij (Wie eine Katze um die heiße Algebra), in: De Wiskrant, Tijschrift voor Nederlands Wiskundeonderwijs, Heft 5(21), 1980
KLAFKI, W., Das Problem der Didaktik, in: für Pädagogik Heft 3 Beiheft, Beltz Weinheim 1964
KLEE, W./WAMPFLER, P./KROMMER, A. (Hrsg.), Hybrides Lernen – Zur Theorie und Praxis von Präsenz- und Distanzlernen. Beltz Verlag, Weinheim/Basel 2021
KLEIN-LANDECK, M., Kleine Schritte zur Freiarbeit – Montessori in der Regelschule, in: Pädagogik 52. Jahrgang, Heft 11, Beltz Verlag, Weinheim 2000
KLETT MATHETRAINER Klasse 5, 6, 7, 8, 9, 10. Übungssoftware auf CD-ROM. Klett Verlag, Stuttgart 2005, 2006, 2007, 2009, 2010
KLIEME, E. u. a., Empirische Unterrichtsforschung: aktuelle Entwicklungen, theoretische Grundlagen und fachspezifische Befunde, in: Zeitschrift für Pädagogik, Heft 6, 52. Jahrgang 2006
KLINGBERG, L., Einführung in die allgemeine Didaktik. Vorlesungen, Volk und Wissen, Berlin 1974
KLINGER, M./SCHÜLER-MEYER, A., Wenn die App rechnet. Smartphone-basierte Computer-Algebra-Apps brauchen eine geeignete Aufgabenkultur, in: mathematik lehren, Heft 215/2019. Friedrich Verlag, Hannover 2019
KLIPPERT, H., Methoden-Training. Beltz Verlag, Weinheim/Basel 1994/16. Aufl. 2006
KORTENKAMP, U./LAMBERT, A., Wenn ..., dann ... bis .... Algorithmisches Denken (nicht nur) im Mathematikunterricht, in: mathematik lehren, Heft 188/2015, Friedrich Verlag, Seelze 2015
KORTENKAMP, U./WOLLRING, B., Raum und Form. In: ABSHAGEN, M. u. a. (Hrsg.), Basiswissen Lehrerbildung: Mathematik unterrichten. Kallmeyer in Verbindung mit Klett Friedrich Verlag, Seelze 2017
KORTENKAMP, U./HOFFKAMP, A., Mathe in der Hosentasche. Keine Angst vor Apps und Co. im Unterricht, in: mathematik lehren Heft 215/2019. Friedrich Verlag, Hannover 2019
KRAMER, M., Mathematik als Abenteuer. Aulis Verlag Deubner, Köln 2008
KRATHWOHL, D., A revision of Bloom's taxonomy. An overview, in: Theorie into Prachtice Nr. 41/4, Ohio 2001
KRATZ, H., Wege zu einem kompetenzorientierten Mathematikunterricht. Kallmeyer/Klett, Friedrich Verlag, Seelze 2011
KREUTZER, T. u. a., Nicht alles, was geht, ist auch erlaubt. Downloaden, tauschen, online stellen – Urheberrecht im Alltag. Materialien für den Unterricht. https://www.klicksafe.de/fileadmin/media/documents/pdf/klicksafe_Materialien/Lehrer_LH_Zusatzmodule/LH_Zusatzmodul_Urheberrecht_klicksafe.pdf [Zugriff: 11.08.2021]
KRIPPNER, W., Mathematik differenziert unterrichten. Schroedel Schulbuchverlag, Hannover 1992
KRIPPNER, W., Differenzierte Aufgabenfelder statt linearer Übungssequenzen, in: Praxis Schule 5 – 10, Heft 2/1997
KROMMER, A./KLEE, W./WAMPFLER, P. (Hrsg.), Routenplaner #digitale Bildung. Auf dem Weg zu zeitgemäßem Lernen. Eine Orientierungshilfe im digitalen Wandel, Verlag ZLL21 e. V. Hamburg 2019
KRÜGER, K., Statistische Grundbildung fördern, in: mathematik lehren, Heft 197, Friedrich Verlag, Seelze 2016

KULTUSMINISTERKONFERENZ der Länder in der Bundesrepublik Deutschland, Bildungsstandards im Fach Mathematik für den Primarbereich, Beschluss der Kultusministerkonferenz vom 15.10.2004. Verlag Wolter Kluwer, München 2005
KULTUSMINISTERKONFERENZ, Bildungsstandards Mathematik (2022). Primarstufe und Sekundarstufe I, Sekretariat der Kultusministerkonferenz Berlin. Online-Broschüre freigegeben 23.03.2023
KULTUSMINISTERKONFERENZ der Länder in der Bundesrepublik Deutschland, Bildungsstandards im Fach Mathematik für den Mittleren Schulabschluss, Beschluss der Kultusministerkonferenz vom 4.12.2003. Verlag Wolter Kluwer, München 2004
KULTUSMINISTERKONFERENZ der Länder in der Bundesrepublik Deutschland, Inklusive Bildung von Kindern und Jugendlichen mit Behinderungen in Schulen, Beschluss der KMK vom 20.10.2011. www.kmk.org/fileadmin/veroeffentlichungen_beschluesse/2011/2011_10_20-Inklusive-Bildung.pdf [Zugriff: 28.11.2021]
KULTUSMINISTERKONFERENZ der Länder in der Bundesrepublik Deutschland, Bildungsstandards im Fach Mathematik für die Allgemeine Hochschulreife, Beschluss der Kultusministerkonferenz vom 18.10.2012. www.kmk.org/fileadmin/veroeffentlichungen_beschluesse [Zugriff: 28.11.2021]
KULTUSMINISTERKONFERENZ der Länder in der Bundesrepublik Deutschland, Bildung in der digitalen Welt, Beschluss der Kultusministerkonferenz vom 8.12.2016 in der Fassung vom 7.12.2017. kmk.org/fileadmin/Dateien/pdf/PresseundAktuelles/2018/Digitalstrategie_2017_mit_Weiterbildung.pdf [Zugriff: 26.04.2021]
KULTUSMINISTER KONFERENZ KMK, Lehren und Lernen in der digitalen Welt – Ergänzungen zur Strategie der Kultusministerkonferenz „Bildung in der digitalen Welt". Beschluss der Kultusministerkonferenz vom 09.12.2021. https://www.kmk.org/fileadmin/Dateien/veroeffentlichungen_beschluesse/2021/2021_12_09-Lehren-und-Lernen-Digi.pdf [Zugriff: 09.12.2021]
KULTUSMINISTERKONFERENZ, Bildungsstandards Mathematik (2022) Primarstufe und Sekundarstufe I. Sekretariat der Kultusministerkonferenz Berlin, Online-Broschüre freigegeben am 23.03.2023
KULTUSMINISTERKONFERENZ, Handlungsempfehlungen für die Bildungsverwaltung zum Umgang mit Künstlicher Intelligenz in schulischen Bildungsprozessen. Sekretariat der Kultusministerkonferenz kmk.org, Berlin 2024
KUSCH, L./AITS, D./AITS, U., Mathematik Klasse 5. Verlag Girardet, Essen 4. Aufl. 1975
KUSCH, L./AITS, D./AITS, U., Mathematik Klasse 6. Verlag Girardet, Essen 3. Aufl. 1975
KUSCH, L./AITS, D./AITS, U., Mathematik Klasse 7. Verlag Girardet, Essen 2. Aufl. 1978
KUSCH, L./AITS, D./AITS, U., Mathematik Klasse 8. Verlag Girardet, Essen 3. Aufl. 1980
KUSCH, L./AITS, D./AITS, U., Mathematik Klasse 9. Verlag Girardet, Essen 3. Aufl. 1980a
KUSCH, L./AITS, D./AITS, U., Mathematik Klasse 10. Verlag Girardet, Essen 2. Aufl. 1980b
KUSCH, L./AITS, D./AITS, U., Mathematik Klasse 10. Verlag Girardet, Essen 1976/1980
LANDESINSTITUT FÜR SCHULENTWICKLUNG STUTTGART (Hrsg.), Mit Kompetenzrastern dem Lernen auf der Spur, NL04, Stuttgart 2012
LANDESINSTITUT FÜR SCHULENTWICKLUNG STUTTGART (Hrsg.), Kompetenzraster als Instrument zur individuellen Förderung mit gymnasialen Standards, Teilband Mathematik NL13/M, Stuttgart 2012
LANDESRECHT NORDRHEIN-WESTFALEN §120 SchulG – Schutz der Daten von Schülerinnen und Schülern und Eltern. http://www.lexsoft.de/cgi-bin/lexsoft/justizportal_nrw.cgi?t=162805847120730166&sessionID=13808486281639002340&chosenIndex=Dummy_nv_68&templateID=document&source=context&source=context&highlighting=off&xid=492252,121 [Zugriff: 04.08.2021]
LANGELA-BICKENBACH, A./WAMPFLER, P., Lernwirksame Videokonferenzen. In: KLEE, W./WAMPFLER, P./KROMMER, A. (Hrsg.), Hybrides Lernen – Zur Theorie und Praxis von Präsenz- und Distanzlernen. Beltz Verlag, Weinheim/Basel 2021
LEBERT, B., Crazy. Roman. Verlag Kiepenheuer & Witsch, Köln 1999
LEISEN, J., Handbuch Sprachförderung im Fach Grundlagenteil. Ernst Klett Sprachen, Stuttgart 2013
LEISEN, J., Handbuch Fortbildung Sprachförderung im Fach. Ernst Klett Sprachen, Stuttgart 2017
LENGNINK, K., Vorstellungen bilden: Zwischen Lebenswelt und Mathematik, in: LEUDERS, T./HEFENDEHL-HEBEKER, L./WEIGAND, H.-G. (Hrsg.), Mathemagische Momente. Cornelsen Verlag, Berlin 2009

LENZE, M. u. a. (Hrsg.), Mathematik Sekundo 5. Bildungshaus Schulbuchverlage Schroedel, Braunschweig 2009
LEUDERS, J./PHILIPP, K. (Hrsg.), Mathematik – Didaktik für die Grundschule. Cornelsen Schulverlage, Berlin 2015
LEUDERS, T. Qualität im Mathematikunterricht der Sekundarstufe I und II. Cornelsen Verlag Scriptor, Berlin 2001
LEUDERS, T. (Hrsg.). Mathematik-Didaktik. Cornelsen Verlag Scriptor, Berlin 2003
LEUDERS, T./LEUDERS, J., Erfolgreiches Lernen ermöglichen – Konzepte und Prinzipien des Förderns im Mathematikunterricht. In: Friedrich Jahresheft 32 Fördern, Friedrich Verlag, Seelze 2014
LEUDERS, T., Entdeckendes Lernen – Produktives Üben, in: LINNEWEBER-LAMMERSKITTEN, H. (Hrsg.), Fachdidaktik Mathematik. Kallmeyer in Verbindung mit Klett im Friedrich Verlag, Seelze 2014
LEUDERS, T., Guter Mathematikunterricht – Zwischen Evidenzbasierter Wirksamkeit und komplexer Praxis, in: VOGEL, M. (Hrsg.). Wirksamer Mathematikunterricht. Schneider Verlag Hohengehren, Baltmannsweiler 2018
LEUDERS, T./BARZEL, B., Größe, Maße und Messen, in: LINNEWEBER-LAMMERSKITTEN, H. (Hrsg.), Fachdidaktik Mathematik. Kallmeyer in Verbindung mit Klett im Friedrich Verlag, Seelze 2014
LEUDERS, T./PREDIGER, S., Flexibel differenzieren und fokussiert fördern im Mathematikunterricht. Cornelsen Verlag, Berlin 2016
LEUDERS, T./PREDIGER, S./BARZEL, B./HUSSMANN, S. (Hrsg.), Mathewerkstatt Baden-Württemberg 3, Cornelsen Verlag, Berlin 2014
LEUDERS, T./HUSSMANN, S./BARZEL,B./PREDIGER, S. „Das macht Sinn!". in: PM Praxis der Mathematik in der Schule Heft 37. Aulis Verlag, Hallbergmoos 2011
LIESER, F., Der Rahmen ist abgesteckt. In: Mathematik 5 bis 10 Heft 51. Friedrich Verlag, Hannover 2010
LINNEWEBER-LAMMERSKITTEN, H. (Hrsg.), Fachdidaktik Mathematik. Kallmeyer in Verbindung mit Klett im Friedrich Verlag, Seelze 2014
LOTZ, J., Enaktiv, ikonisch, symbolisch, in: mathematik lehren Heft 223, Friedrich Verlag, Hannover 2020
LÜTJE-KLOSE, B./RIECKE-BAULECKE, T./WERNING, R. (Hrsg.). Basiswissen Lehrerbildung: Inklusion in Schule und Unterricht. Klett/Kallmeyer in Friedrich Verlag, Seelze 2018
LUDWIG, M./BAUMANN-WEHNER, M./GURJANOW, I./JABLONSKI, S., Mathe draußen: MathCityMap. In: mathematik lehren Heft 215/2019. Friedrich Verlag, Hannover 2019
LUDWIG, M./LUTZ-WESTPHAL, B./BENZ, C., Entdeckendes, forschendes und projektartiges Lernen. Stiftung Rechnen Quickborn 3. Aufl. 2018
LUDWIG, M./SCHELLDORFER, R., Geometrie handfest – Werkzeuge der Geometrie, in: Zeitschrift PM Praxis der Mathematik in der Schule Heft 61, Aulis Verlag, Hallbergmoos 2015
LUTZ-WESTPHAL, B., Das forschende Fragen lernen, in: mathematik lehren, Heft 184, Friedrich Verlag, Seelze 2014
MAASS, K., Mathematisches Modellieren, Aufgaben für die Sekundarstufe I. Cornelsen Verlag Scriptor, Berlin 2007
MAGER, R. F., Motivation und Lernerfolg, Beltz Verlag, Weinheim 3. Aufl. 1970
MAGER, R. F., Lernziele und programmierter Unterricht. Beltz Verlag, Weinheim 3. Aufl. 1971
MAITZEN, C., „Wenn du sauber gefaltet hast ..." – Ein Tetraeder basteln und typische Größen berechnen, in: Mathematik 5 bis 10 Heft 68. Friedrich Verlag, Hannover 2024
MALLE, G., Didaktische Probleme der elementaren Algebra. Vieweg Verlag Braunschweig/Wiesbaden 1993
MALLE, G., Grundvorstellungen zu Bruchzahlen, in: mathematik lehren, Heft 123, Friedrich Verlag, Seelze 2004
MARTIN, C., Kompetenzraster aus dem schweizerischen Beatenberg – eine Option für berufliche Schulen in Deutschland?, in: bwp – Berufs- und Wirtschaftspädagogik online Ausgabe 13/2007
MAURER, S., Beziehungsräume schaffen, in: KLEE, W./WAMPFLER, P./KROMMER, A. (Hrsg.), Hybrides Lernen – Zur Theorie und Praxis von Präsenz- und Distanzlernen. Beltz Verlag, Weinheim/Basel 2021

MECKEL, M./STEINACKER, L., Alles überall auf einmal. Wie Künstliche Intelligenz unsere Welt verändert und was wir dabei gewinnen können. Rowohlt Verlag, Hamburg 2024

MERTENS, D., Schlüsselqualifikationen, in: Mitteilungen aus der Arbeitsmarkt- und Berufsforschung Heft 1/74, Berlin 1974

MESCHENMOSER, H., BAUWAS – Konstruktionsprogramm zur Entwicklung von Raumvorstellungen, Handbuch. Pro Business Verlag, Berlin 1995

MESCHENMOSER, H., Computergestützte Konstruktion und Visualisierung: das Konstruktionsprogramm BAUWAS zur Förderung von Raumvorstellung. Machmit-Verlag, Berlin 1999

MEYER, H., Unterrichtsmethoden I: Theorieband. Cornelsen Verlag Scriptor, Berlin 5. Aufl. 1987

MEYER, H., Unterrichtsmethoden II: Praxisband. Cornelsen Verlag Scriptor, Berlin 13. Aufl. 2010

MEYER, H., Was ist guter Unterricht? Cornelsen Verlag Scriptor, Berlin 10. Aufl. 2014

MINISTERIUM FÜR BILDUNG des Landes Sachsen-Anhalt (Hrsg.), Fachlehrplan Sekundarschule. Magdeburg 2012, Anpassung 2019

MINISTERIUM FÜR BILDUNG, WISSENSCHAFT UND KULTUR des Landes Mecklenburg-Vorpommern, Institut für Qualitätsentwicklung Fachbereich 4, verantwortlich Henning Lipski. Rahmenplan für die Sekundarstufe I, Regionale Schule, Gesamtschule Mathematik 2019

MINISTERIUM FÜR SCHULE UND BERUFSBILDUNG des Landes Schleswig-Holstein Kiel, Fachanforderungen Mathematik Allgemeinbildende Schulen Sekundarstufe I, Sekundarstufe II. Medienhaus, Kiel 2014

MINISTERIUM FÜR KULTUS UND SPORT BADEN-WÜRTTEMBERG. Bildungsplan für die Realschule, Kultus und Unterricht Lehrplanheft 7/1984. Neckar-Verlag, Villingen-Schwenningen 1984

MINISTERIUM FÜR KULTUS UND SPORT BADEN-WÜRTTEMBERG, Bildungsplan für die Realschule. Kultus und Unterricht Baden-Württemberg Lehrplanheft 3/1994. Neckar-Verlag, Villingen-Schwenningen 1994

MINISTERIUM FÜR KULTUS, JUGEND UND SPORT BADEN-WÜRTTEMBERG (Hrsg.). Bildungsplan 2016, Bildungsplan der Grundschule. Stuttgart 2016

MINISTERIUM FÜR KULTUS, JUGEND UND SPORT BADEN-WÜRTTEMBERG (Hrsg.). Bildungsplan 2016, Gemeinsamer Bildungsplan der Sekundarstufe I. Stuttgart 2016

MINNING, H., Die Vektoren als Hilfsmittel zur Einführung der Rechenregeln für relative Zahlen. Zeitschrift Der Mathematikunterricht, Heft 4. Ernst Klett Verlag, Stuttgart 1955

MINSKY, M., Mentopolis, Klett Cotta, Stuttgart 2. Aufl. 1994

MÜLLER, T., Den Raum freihändig bezwingen, in: PM Praxis der Mathematik in der Schule, Heft 69/2016, Aulis Verlag, Hallbergmoos

MÜLLER-WOLFANGEL, U./SCHREIBER, B., Duden Basiswissen Grundschule Mathematik, Bibliographisches Institut & Brockhaus, Mannheim/Berlin 2006

MÜSSENER, G., Johann Friedrich Herbart. Schneider Verlag, Hohengehren 2002

MUUSS-MERHOLZ, J., Das blaue und das grüne Medium – der Medienbegriff des Pinguins, in KROMMER, A./KLEE, W./WAMPFLER, P. (Hrsg.), Routenplaner #digitale Bildung. Auf dem Weg zu zeitgemäßem Lernen. Eine Orientierungshilfe im digitalen Wandel, S. 44 – 50. Verlag ZLL21 e. V. Hamburg 2019

MUUSS-MERHOLZ, J. (Hrsg.), Der Gold-Standard für OER-Materialien – ein Kompendium für die Erstellung von Open Educational Ressources. Verlag ZLL21 e. V. 2020, Hamburg.

MUUSS-MERHOLZ, J., Die 4 Ks – was bedeuten Kreativität, kritisches Denken, Kommunikation, Kollaboration? Agentur J&K – Jöran und Konsorten. Video NLQ-Impulse 5, youtube.com/watch?v=lOlwWS3uiM [Zugriff: 23.01.2022]

NAGEL, C., Synchrones und asynchrones Lernen im Bildungsgang Abitur-Online in KLEE, W./WAMPFLER, P./KROMMER, A. (Hrsg.), Hybrides Lernen – Zur Theorie und Praxis von Präsenz- und Distanzlernen. Beltz Verlag, Weinheim/Basel 2021

NITSCH, R., Schülerfehler verstehen, in: mathematik lehren, Heft 187/2014, Friedrich Verlag, Seelze

NÜHRENBÖRGER, M./SCHULZ, A., Grundvorstellungen zum Messen, in: Mathematik 5 bis 10 Heft 66/2024. Friedrich Verlag, Hannover

ORTH, B./MERKEL, C. (2020) Die Drogenaffinität Jugendlicher in der Bundesrepublik Deutschland 2019. Teilband Computerspiele und Internet. BZgA-Forschungsbericht. Köln: Bundeszentrale für gesundheitliche Aufklärung. DOI: 10.17623/BZGA: 225-DAS19-INT-DE-1.0

OSER, F./BAERISWYL, F., Choreographies of Teaching: Bridging Instruction to Learning, in: RICHARDSON, V. (Ed.), Handbook of research on teaching American Educational Research Association, Washington D.C. 2001

PADBERG, F., Didaktik der Bruchrechnung. Spektrum Akademischer Verlag, Heidelberg 4. Aufl. 2009

PALLACK, A., Die Multiplikation ganzer Zahlen – mit oder ohne Kontext?, in: mathematik lehren Heft 183, Friedrich Verlag Seelze 2014

PALLACK, A., Digitale Medien nutzen, in: mathematik lehren, Heft 189/2015, Friedrich Verlag, Seelze

PALLACK, A., Digitale Medien im Mathematikunterricht der Sekundarstufe I + II. Verlag Springer Spektrum, Berlin 2018

PANT, H./STANAT, P. u. a. (Hrsg.), IQB-Ländervergleich 2012 – Mathematische und naturwissenschaftliche Kompetenzen am Ende der Sekundarstufe I. Waxmann-Verlag, Münster 2013

PEARSON, R. J., Clicker versus Plicker, Journal of Chemical Education 2020 97(8), https://pubs.acs.org/sharingguidelines for options on how to legitimately share published articles [Zugriff: 27.10.2021]

PETER, A., Von Brüchen und mehr, in: mathematik lehren, Heft 180, Friedrich Verlag, Seelze 2013

PETKO, D., Einführung in die Mediendidaktik. Beltz Verlag, Weinheim/Basel 2014

PHILIPP, K./HEROLD-BLASIUS, R., Schlüssel zum Erfolg, in: PM Praxis der Mathematik in der Schule Heft 68/2016, Aulis Verlag, Hallbergmoos

PIAGET, J., Psychologie der Intelligenz. Verlag Klett-Cotta, Stuttgart 10. Aufl. 2000

PICKOVER, C. A., Das Mathebuch, deutschsprachige Ausgabe Librero b. v., Kerkdiel, Niederlande 2013

PIES-HÖTZINGER, A., Bienenwaben, in: Mathematik 5 bis 10, Heft 65/2023, Friedrich Verlag, Hannover

PIES-HÖTZINGER, A./WAASMAIER, S., Mathematik und Natur, in: Mathematik 5 bis 10 Heft 65/2023, Friedrich Verlag, Hannover

PIETSCH, M., Was guten Unterricht auszeichnet, in: bildung & wissenschaft Heft 12/2013, Süddeutscher Pädagogischer Verlag, Stuttgart

PLÖGER, S., Gute Aussichten für morgen – Wie wir den Klimawandel bewältigen und die Energiewende schaffen können. Westend-Verlag, Frankfurt/M. 2012

P.M. Magazin, Heft 4/2022. Bruckmann Verlag, München 2022

PÓLYA, George, Schule des Denkens. Francke Verlag Bern 1949, Tübingen 4. Aufl. 1995

PREDIGER, S., Verstehensorientiert und differenziert – von der Bedeutung, Lernziele zu spezifizieren, in: VOGEL, M. (Hrsg.), Wirksamer Mathematikunterricht. Schneider Verlag Hohengehren, Baltmannsweiler 2018

PREDIGER, S., Verstehen durch Vorstellen, in: LEUDERS, T./HEFENDEHL-HEBEKER, L./WEIGAND, H. G. (Hrsg.), Mathemagische Momente. Cornelsen Verlag, Berlin 2009/2010

PREDIGER, S./BARZEL, B./LEUDERS, T./HUSSMANN, S. Systematisieren und Sichern, in: mathematik lehren Heft 164, Friedrich Verlag, Seelze 2011

PREDIGER, S./BARZEL, B./HUSSMANN, S./LEUDERS, T. (Hrsg.), Mathewerkstatt 6, Cornelsen Verlag, Berlin 2013a

PREDIGER, S./BARZEL, B./HUSSMANN, S./LEUDERS, T. (Hrsg.), Mathewerkstatt Baden-Württemberg 2. Cornelsen Verlag, Berlin 2013b

PREDIGER, S./BARZEL, B./HUSSMANN, S./LEUDERS, T. (Hrsg.), Mathewerkstatt 7. Cornelsen Verlag, Berlin 2014a

PREDIGER, S./BARZEL, B./HUSSMANN, S./LEUDERS, T. (Hrsg.), Mathewerkstatt Baden-Württemberg 6. Cornelsen Verlag, Berlin 2017

PREDIGER, S./GLADE, M./SCHMIDT, U., Wozu rechnen wir mit Anteilen?, in: Praxis der Mathematik in der Schule, Heft 52/2011, Aulis Verlag, Hallbergmoos

PREDIGER, S./SCHROEDER, J., Mit der Vielfalt rechnen, Interkulturelles Lernen im Mathematikunterricht, in: mathematik lehren Heft 116/2003, Friedrich Verlag, Seelze

PREDIGER, S./WITTMANN, G., Verständiger Umgang mit Begriffen und Verfahren: Zentrale Grundlagen der Kompetenzaspekte Wissen – Erkennen – Beschreiben und Operieren – Berechnen. In: LINNEWEBER-LAMMERSKITTEN (Hrsg.), Fachdidaktik Mathematik. Klett-Kallmeyer, Seelze 2014
PRENGEL, A., Pädagogik der Vielfalt, VS Verlag für Sozialwissenschaften 3. Aufl. 2006
REIFF, R., Spicken erwünscht, in: Mathematik 5 bis 10 Heft 3. Kallmeyer bei Friedrich Verlag, Velber 2008
REINHARDT, V./REHM, M./WILHELM, M.(Hrsg.), Wirksamer Mathematikunterricht in der Reihe Unterrichtsqualität: Perspektiven von Expertinnen und Experten. Schneider Verlag Hohengehren, Baltmannsweiler 2018
REUSSER, K./PAULI, C./WALDIS, M. (Hrsg.), Unterrichtsgestaltung und Unterrichtsqualität. Waxmann Verlag, Münster 2010
REUSSER, K., Aufgaben – Träger von Lerngelegenheiten und Lernprozessen im kompetenzorientierten Unterricht, in: Seminar Heft 4/2014. Schneider Verlag Hohengehren, Baltmannsweiler
RHEINBERG, F., 2006: Motivation, in: SALISCH, M. v./SELG, H./ULICH, D. (Hrsg.), Grundriss der Psychologie Band 6 – 6, überarbeitete und erweiterte Aufl. Stuttgart, Kohlhammer Urban
RICHARZ, T./GREBE, U., Rechenschwäche im Brennpunkt, in: mathematik lehren, Heft 201/2017, Friedrich Verlag, Seelze
RIECKE-BAULECKE, T., Unterrichtsqualität, in: ABSHAGEN, M. u. a. (Hrsg.), Basiswissen Lehrerbildung: Mathematik unterrichten. Kallmeyer in Verbindung mit Klett Friedrich Verlag, Seelze 2017
ROLLES, G./UNGER, M. (Hrsg.), Duden Basiswissen Schule Mathematik. Paetec Verlag Dudenverlag, Mannheim 2001
ROLLES, G./UNGER, M. (Hrsg.), Duden Basiswissen Schule Mathematik. Duden Schulbuchverlag Mannheim, 3. Aufl. 2008
RÖMER, M., Bruchvorstellungen mit LEGO, in: PM Praxis der Mathematik in der Schule Heft 58/2014, Aulis Verlag, Hallbergmoos
ROTH, J./WEIGAND, H., Forschendes Lernen – Eine Annäherung an wissenschaftliches Arbeiten, in: mathematik lehren Heft 184/2014, Friedrich Verlag, Seelze
ROTT, B., Was ist eigentlich $\sqrt{(3)} \cdot \pi$? Vorstellungen zur Multiplikation (ir)rationaler Zahlen, in: mathematik lehren Heft 208. Friedrich Verlag, Seelze 2018
RUF, U./GALLIN, P. Dialogisches Lernen in Sprache und Mathematik, Band 1: Austausch unter Ungleichen. Kallmeyer Verlag, Seelze 1999a
RUF, U./GALLIN, P. Dialogisches Lernen in Sprache und Mathematik, Band 2: Spuren legen – Spuren lesen. Kallmeyer Verlag, Seelze 1999b
RUF, U./KELLER, S./WINTER, F. (Hrsg.), Besser lernen im Dialog, Dialogisches Lernen in der Unterrichtspraxis. Kallmeyer Verlag, Seelze 2008
RUMMLER, K./WOLF, K., Lernen mit geteilten Videos: aktuelle Ergebnisse zur Nutzung, Produktion und Publikation von Online-Videos durch Jugendliche, in: SÜTZL, W./STALDER, F./MAIER, R./HUG, T. (Hrsg.), Medien – Wissen – Bildung. Innsbruck 2012 University Press Innsbruck, http://www.uibk.ac.at/iup/buch_pdfs/9783902811745.pdf, S. 253 – 266
RYMES, R./WALTER, R./IBERER, U., Datenschutz beim Einsatz digitaler Medien in der Grundschule – Eine Handreichung für Lehrerinnen und Lehrer in Baden-Württemberg mit rechtlichen Grundlagen, pädagogischen Hinweisen und Fallbeispielen. Pädagogische Hochschule Ludwigsburg 2021.
SADEL, S., 2017 „Ein TApplet für die Mathematik. Zur Bedeutung von Handlungen mit physischen und virtuellen Materialien, in: BASTIAN, J./AUFENANGER, S. (Hrsg.), Tablets in Schule und Unterricht. Wiesbaden, Springer 2017
SÄCHSISCHES STAATSMINISTERIUM FÜR KULTUS (Hrsg.), Lehrplan Oberschule Mathematik, Dresden 2019
SCHACHT, F., Funktionen untersuchen mit Kopf, CAS & Hand, in: mathematik lehren Heft 189/2015, Friedrich Verlag, Seelze
SCHEID, H., Duden Rechnen und Mathematik. Dudenverlag, Berlin 6. Aufl. 2000
SCHERER, P./WEIGAND, H., Mathematikdidaktische Prinzipien, in: ABSHAGEN, M./BARZEL, B./KRAMER, J./RIECKE-BAULECKE, T./RÖSKEN-WINTER, B./SELTER, C. (Hrsg.), Basiswissen Lehrerbildung: Mathematik unterrichten. Kallmeyer in Verbindung mit Klett Friedrich Verlag, Seelze 2017

SCHLEICHER, A., (2019) Weltklasse – Schule für das 21. Jahrhundert gestalten. wbv Publikation, Bielefeld 2019
SCHMID, H.-C., Crazy, Verfilmung des gleichnamigen Romans von Benjamin Lebert. Constantin Film 2000
SCMITT-HARTMANN, R., Papierfalten geeignet gestalten, in: PM Praxis der Mathematik in der Schule Heft 72. Aulis Verlag, Hallbergmoos 2016
SCHÖNEBURG, S., Wer spielt, gewinnt und lernt, in: mathematik lehren Heft 186/2014, Friedrich Verlag, Seelze
SCHREIBER, J. R./SIEGE, H., Orientierungsrahmen für den Lernbereich Globale Entwicklung. Ergebnis des gemeinsamen Projekts der Kultusministerkonferenz (KMK) und des Bundesministeriums für wirtschaftliche Zusammenarbeit und Entwicklung (BMZ). Engagement Global Bonn und Cornelsen 2. Aufl. 2016
SCHREITER, S./VOGEL, M./EICHLER, A., Echt schräg: Galton revisited, in: mathematik lehren Heft 232, Friedrich Verlag, Hannover 2022
SCHRÖDER, M. (Hrsg.), Welt und Zahl Algebra 7. Schuljahr / 8. Schuljahr. Schroedel Schulbuchverlag, Braunschweig 1986a
SCHRÖDER, M. (Hrsg.), Welt und Zahl Geometrie 7. Schuljahr / 8. Schuljahr. Schroedel Schulbuchverlag, Braunschweig 1986b
SCHRÖDER, M. (Hrsg.), Welt und Zahl Algebra 9. Schuljahr / 10. Schuljahr. Schroedel Schulbuchverlag, Braunschweig 1986c
SCHRÖDER, M. (Hrsg.), Welt und Zahl Geometrie 9. Schuljahr / 10. Schuljahr. Schroedel Schulbuchverlag, Braunschweig 1986d
SCHRÖDER, M., Wann sind wir wirklich zufrieden? Bertelsmann Verlag, München 2020
SCHÜTTE, S., Rechenwegnotationen und Zahlenblick als Vehikel des Aufbaus flexibler Rechenkompetenzen, in: Journal für Mathematik-Didaktik, Jg. 25, Heft 2/2004, Springer, Wiesbaden
SCHULZ, L., Digitale Medien im Bereich Inklusion. In: LÜTJE-KLOSE, B./RIECKE-BAULECKE, T./WERNING, R. (Hrsg.), Inklusion in Schule und Unterricht. Verlag Klett-Kallmeyer in Friedrich Verlag 2018
SCHULZ, L., Digitale Medien und Inklusion – vielversprechende Möglichkeiten für den Unterricht (familienhandbuch.de) [Zugriff: 05.11.2021]
SCHUMACHER, E., Montessori-Pädagogik erstehen, anwenden und erleben. Beltz Verlag, Weinheim/Basel 2. Aufl. 2016
SCHUPP, H., Kompetenzorientierte Mathematikaufgaben, in: BLUM, W./DRÜKE-NOE, C./HARTUNG, R./KÖHLER, O. (Hrsg.), Bildungsstandards Mathematik: konkret. Cornelsen Verlag Scriptor, Berlin 2006/4. Aufl. 2010
SEKRETARIAT DER STÄNDIGEN KONFERENZ DER KULTUSMINISTER DER LÄNDER IN DER BUNDESREPUBLIK DEUTSCHLAND (Hrsg.), Bildungsstandards im Fach Mathematik für den Mittleren Schulabschluss. Verlag Wolters Kluwer, München 2004
SEKRETARIAT DER STÄNDIGEN KONFERENZ DER KULTUSMINISTER DER LÄNDER IN DER BUNDESREPUBLIK DEUTSCHLAND (Hrsg.), Bildungsstandards im Fach Mathematik für den Primarbereich (Jahrgangsstufe 4). Verlag Wolters Kluwer, München 2005
SEKRETARIAT DER STÄNDIGEN KONFERENZ DER KULTUSMINISTER DER LÄNDER IN DER BUNDESREPUBLIK DEUTSCHLAND (Hrsg.), Bildung in der digitalen Welt – Strategie der Kultusministerkonferenz. Verlag KMK (Eigendruck), Berlin 2016
SEYDEL, O., Abschaffung der Schule? In: BUROW, O. A. (Hrsg.), Schule digital – wie geht das? Beltz Verlag, Weinheim/Basel 2019
SELTER, C., Jedes Kind kann mathematisch forschen, in: LEUDERS, T./HEFENDEHL-HEBEKER, L./WEIGAND, H. (Hrsg.), Mathemagische Momente. Cornelsen Verlag, Berlin 2009
SELTER, C., Vorgehensweisen von Grundschüler(innen) bei Aufgaben zur Addition und Subtraktion im Zahlenraum bis 1000, in: Journal für Mathematik-Didaktik, Jg. 21 Heft 3–4/2000 Springer, Wiesbaden
SEYDEL, O., Abschaffung der Schule?, in: BUROW, O. A. (Hrsg.), Schule digital – wie geht das? Beltz Verlag, Weinheim/Basel 2019

SIEBER, H., Mathematische Tafeln mit Formelsammlung B, Ernst Klett Verlag, Stuttgart 1970/3. Aufl. 1983

STAATSMINISTERIUM FÜR KULTUS des Freistaats Sachsen, Lehrplan Grundschule Mathematik 2004/2009/2019

STADE, P./WAMPFLER, P., Präsenz- und Distanzunterricht kombinieren. In: KLEE, W. u. a. (Hrsg.), Hybrides Lernen – Zur Theorie und Praxis von Präsenz- und Distanzlernen. Beltz Verlag, Weinheim/ Basel 2021

STEINWEG, A., Schriftliche Rechenverfahren neu in den Blick genommen, in: mathematik lehren Heft 188/2015, Friedrich Verlag, Seelze

STERN, T., Förderliche Leistungsbewertung. Österreichisches Zentrum für Persönlichkeitsbildung und soziales Lernen (Hrsg.), Amedia GmbH, Wien, 2. Aufl. 2010

STEWART, I., Professor Stewarts mathematische Schätze, Rowohlt Verlag Reinbek bei Hamburg 3. Aufl. 2012

STÖCKER, C., Nerd Attack! Eine Geschichte der digitalen Welt vom C64 bis Twitter und Facebook. Deutsche-Verlags-Anstalt, München 2011

STORZ, R., Fachdidaktik-Seminar Mathematik. Pro Business Verlag, Berlin 2009

STORZ, R., Eine gelungene Frontalstunde, Die Winkelsumme im Viereck erarbeiten, in: mathematik lehren, Heft 158/2010, Friedrich Verlag, Seelze

STORZ, R., Was heißt schon „gleich"?, Die Idee der Gleichheit im Unterricht vermitteln, in: mathematik lehren, Heft 169/2011, Friedrich Verlag, Seelze

STORZ, R, Unterrichtseinheit „Satz des Pythagoras", in BARZEL, B./HOLZÄPFEL, L. (Hrsg.), Start in den Unterricht Mathematik Klasse 5 – 10. Friedrich Verlag, Seelze 2011

STORZ, R., Mathematik differenziert und individualisiert unterrichten. Aulis Verlag, Hallbergmoos 2014

STORZ, R., Mathematik kompetenzorientiert unterrichten. Aulis Verlag in Friedrich Verlag, Seelze 2018

STORZ, R., Guter Mathematikunterricht in der Sekundarstufe. Aulis Verlag in Friedrich Verlag, Hannover 2020

STORZ, R./SCHNEIDER, F./TAKIN, F., Digital Mathematik unterrichten, Kallmeyer in Verbindung mit Klett, Friedrich Verlag, Hannover 2022

STRAFGESETZBUCH (StGB) zuletzt geändert am 30.03.2021, http://www.gesetze-im-internet.de/stgb/pdf [Zugriff: 10.09.2021]

TRAUTWEIN, U./GÖLLNER, R./FAUTH, B./STÜRMER, K., Wirksame Klassenführung: Grundlage für erfolgreiches Lehren und Lernen, in: Ministerium für Kultus, Jugend und Sport Baden-Württemberg (Hrsg.), Klassenführung. Stuttgart 2018

ULM, V., Mathematikunterricht für individuelle Lernwege öffnen, Kallmeyer Verlag, Seelze-Velber 2004, 3. Aufl. 2008

ULM, V., Mathematikdidaktik im Kontext, Heft 4: Komplexe Zahlen. Elektronische Fassung https://epub.uni-bayreuth.de/view/series/Mathematikdidaktik_im_Kontext.html. Bayreuth 2020

ULM, V., Das ist neu, das erforsche ich!, in: mathematik lehren Heft 162/2010, Friedrich Verlag, Seelze

URFF, C., Digitale Lernmedien zur Förderung grundlegender mathematischer Kompetenzen: Theoretische Analysen, empirische Fallstudien und praktische Umsetzung anhand der Entwicklung virtueller Arbeitsmittel. Mensch und Buch Verlag, Berlin 2014

URHEBERRECHTSGESETZ (UrhG) zuletzt geändert am 26.11.2020, http://www.gesetze-im-internet.de/urhg/pdf [Zugriff: 08.09.2021]

VERNAY, R., Wie viele Luftballons passen in unseren Klassenraum?, in: Mathematik 5 bis 10 Heft 1/2007. Kallmeyer bei Friedrich Verlag, Velber

VERNAY, R., Berufe stellen sich vor, in: Mathematik 5 bis 10, Heft 4/2008. Kallmeyer bei Friedrich Verlag, Velber

VOGEL, M. (Hrsg.), Wirksamer Mathematikunterricht. Schneider Verlag Hohengehren, Baltmannsweiler 2018

VOGELSBERGER, K., „Drachelo-“ und „Trapelogramme“ – Die abbildungsgeometrische Erschließung der Struktur im „Haus der Vierecke“, in: mathematik lehren, Heft 60/1993, Friedrich Verlag, Velber
VOLK, D., Mathematik für's tägliche Leben. LEU – Landeszentrale für Erziehung und Unterricht Baden-Württemberg, Stuttgart 1994
VOLLRATH, H./ROTH, J., Grundlagen des Mathematikunterrichts in der Sekundarstufe. Spektrum Akademischer Verlag, Heidelberg, 2. Aufl. 2012
VOLLRATH, H., Funktionale Zusammenhänge, in: LINNEWEBER-LAMMERSKITTEN, H. (Hrsg.), Fachdidaktik Mathematik. Kallmeyer in Verbindung mit Klett, Friedrich Verlag, Seelze 2014a
VOLLRATH, H., Mathematikunterricht als Forschungsgebiet, in: LINNEWEBER-LAMMERSKITTEN, H. (Hrsg.), Fachdidaktik Mathematik. Kallmeyer in Verbindung mit Klett, Friedrich Verlag, Seelze 2014b
VOM HOFE, R., Mathematik entdecken, in: mathematik lehren Heft 105/2001, Friedrich Verlag, Seelze
VOM HOFE, R. Grundbildung durch Grundvorstellungen, in: mathematik lehren, Heft 118/2003, Friedrich Verlag, Seelze
VOM HOFE, R./HATTERMANN, M., Zugänge zu negativen Zahlen, in: mathematik lehren, Heft 183/2014, Friedrich Verlag, Seelze
VOM HOFE, R./TIEDEMANN, K., Inklusion – Eine Herausforderung auch für den Mathematikunterricht, in: mathematik lehren Heft 201, Friedrich Verlag Seelze 2017
WAGNER, A./WÖRN, C., Erklären lernen – Mathematik verstehen. Klett Kallmeyer, Seelze 2011
WAGNER, A./WÖRN, C., Erklär mal!, in: PM Praxis der Mathematik in der Schule, Heft 64/2015. Aulis Verlag, Hallbergmoos
WAHL, D., Wirkungsvoll unterrichten in Schule, Hochschule und Erwachsenenbildung, Klinkhardt Verlag, Bad Heilbrunn 2020
WARTHA, S. (Hrsg.), Atlas mathematischer Grundvorstellungen. Universität Bielefeld 2010
WARTHA, S., Grundvorstellungen analysieren und aufbauen. Vortrag am Staatlichen Seminar für Didaktik und Lehrerbildung (Realschule) Karlsruhe 21.9.2012
WARTHA, S., Grundvorstellungen und schriftliche Rechenverfahren? Vortrag am Staatlichen Seminar für Didaktik und Lehrerbildung (WHRS) Reutlingen 21.3.2014
WARTHA, S./ROTTMANN, T./SCHIPPER, W., Wenn Üben einfach nicht hilft, in: mathematik lehren, Heft 150/2008, Friedrich Verlag, Seelze
WARTHA, S./SCHULZ, A., Aufbau von Grundvorstellungen (nicht nur) bei besonderen Schwierigkeiten im Rechnen. Leibniz-Institut für die Pädagogik der Naturwissenschaften und Mathematik (IPN), Kiel 2011
WEIGAND, H. G., Form und Raum, in: LINNEWEBER-LAMMERSKITTEN, H. (Hrsg.), Fachdidaktik Mathematik. Kallmeyer in Verbindung mit Klett im Friedrich Verlag, Seelze 2014
WEINERT, F. E. (Hrsg.), Leistungsmessung in Schulen. Beltz Verlag, Weinheim/Basel 2001
WEIXLER, S./WEIXLER, P., Mathematik in Kaffeekapseln, in: PM Praxis der Mathematik in der Schule Heft 59/2014, Aulis Verlag in der Stark Verlagsgesellschaft, Hallbergmoos
WEIXLER, S./WEIXLER, P., Ich dachte, das sei zufällig, in: mathematik lehren, Heft 191/2015, Friedrich Verlag, Seelze 2015
WESSEL, L./BÜCHTER, A./PREDIGER, S., Weil Sprache zählt – Sprachsensibel Mathematikunterricht planen, durchführen und auswerten, in: mathematik lehren Heft, 206/2018, Friedrich Verlag, Seelze
WESSEL, L./SPRÜTTEN, F., Mathematik und Unterrichtssprache lernen – Antworten für den Unterricht mit neu Zugewanderten, in: mathematik lehren, Heft 206, Friedrich Verlag, Seelze 2018
WICHMANN, D., Inklusion, Sonderpädagogische Förderung in Distanz, in: KLEE, W./WAMPFLER, P./ KROMMER, A. (Hrsg.), Hybrides Lernen – Zur Theorie und Praxis von Präsenz- und Distanzlernen. Beltz Verlag, Weinheim/Basel 2021
WIENS, L., 9. Klasse Mathematik Lernheft von Daniel Jung. Study Help Paderborn 2021
WILHELM, M./REHM, M./REINHARDT, V., Qualitätsvoller Fachunterricht, in: VOGEL, M. (Hrsg.), Wirksamer Mathematikunterricht. Schneider Verlag Hohengehren, Baltmannsweiler 2018
WINTER, H., Begriff und Bedeutung des Übens im Mathematikunterricht, in: mathematik lehren, Heft 28/1984 Friedrich Verlag, Seelze

WINTER, H., Lernen durch Entdecken? in: mathematik lehren Heft 28, Friedrich Verlag, Seelze 1988
WINTER, H., Entdeckendes Lernen im Mathematikunterricht, Vieweg, Braunschweig 1989 und 3., aktualisierte Aufl. Springer Spektrum, Wiesbaden 2016
WITTMANN, E. C., Grundfragen des Mathematikunterrichts, Vieweg Verlag, Braunschweig/Wiesbaden, 6. Aufl. 1981
ZECH, F., Grundkurs Mathematikdidaktik. Beltz Verlag, Weinheim/Basel 1977/1996/10. Aufl. 2002
ZECH, F., Mathematik erklären und verstehen, Cornelsen Verlag, Berlin, 2. Aufl. 1995
ZIEGENBALG, J., Algorithmen – fundamental für Mathematik, Mathematikunterricht und mathematische Anwendungen, Vortrag Dresden 8. Februar 2000
ZIEGENBALG, J., O. und B., Algorithmen: von Hammurapi bis Gödel. Verlag Harri Deutsch, Frankfurt/M., 3. Aufl. 2010
ZIMMERMANN, F./EBERT, B., Pädagogisch-psychologische Diagnostik und sonderpädagogische Gutachten, in: LÜTJE-KLOSE, B./RIECKE-BAULECKE, T./WERNING, R. (Hrsg.), Inklusion in Schule und Unterricht. Verlag Klett-Kallmeyer in Friedrich Verlag, Seelze 2018

Bildquellenverzeichnis

Abb. 1.1: © Thomas Söllner/stock.adobe.com; Abb. 1.3: © HP_Photo/stock.adobe.com; Abb. 3.5: © 2016, Raja Herold-Blasius, Universität Duisburg-Essen, Bilder gezeichnet von Kismet Bayrak; Abb. 5.1: © Calado/stock.adobe.com; S. 157 (Waage): BACKHAUS, M. u. a., Schnittpunkt 7 Mathematik Basisniveau Rheinland-Pfalz. Ernst Klett Verlag Stuttgart 2010 (ISBN: 978-3-12-742611-3), S. 96, Zeichnung A © Ernst Klett Verlag GmbH; Abb. 6.6: © Cornelsen Verlag GmbH, Berlin; S. 158 (Wippe): ChatGPT; S. 321 (Winkelmesser): © Angela Ksen/stock.adobe.com; S. 321 (Geodreieck): © picoStudio/stock.adobe.com; S. 323 (Vollwinkelmesser): © picoStudio/stock.adobe.com; Abb. 8–1: KI von Illustrator

Danksagung

Wir danken Tim Schönemann, Valerie Lange vom Friedrich Verlag sowie Dirk Haupt für die vertrauensvolle Zusammenarbeit.